U0313899

从基础到应用

程朝斌
张水波 编著

Oracle
从基础到应用

清华大学出版社

北 京

内 容 简 介

Oracle 数据库是目前最为流行的关系型数据库之一。本书循序渐进地介绍了 Oracle 数据库开发的基础知识。本书共 15 章，介绍了 Oracle 11g 关系数据库的体系结构、SQL*Plus 命令、表空间和表的创建及使用、控制文件和日志文件的管理、SQL 语言的使用、PL/SQL 的高级应用、SQL 语句优化技巧、数据的加载和传输以及使用 RMAN 工具实现数据库备份和恢复的步骤等，最后以一个权限管理系统来介绍 Oracle 在实际开发中的应用。

本书适合 Oracle 初学者快速入门，也适合已有 Oracle 数据库基础的人员完善自己的 Oracle 知识体系。另外，对于大中专院校和培训班的学生，本书更是一本不可多得的教材。

图书在版编目（CIP）数据

Oracle 从基础到应用/程朝斌等编著. —北京：清华大学出版社，2014
从基础到应用
ISBN 978-7-302-31278-9

Ⅰ. ①O… Ⅱ. ①程… Ⅲ. ①关系数据库系统-教材 Ⅳ. ①TP311.138

中国版本图书馆 CIP 数据核字（2013）第 008362 号

责任编辑：夏兆彦
封面设计：胡文航
责任校对：徐俊伟
责任印制：沈　露

出版发行：清华大学出版社
　　网　　址：http：//www.tup.com.cn，http：//www.wqbook.com
　　地　　址：北京清华大学学研大厦 A 座　　　　邮　　编：100084
　　社 总 机：010-62770175　　　　　　　　　　邮　　购：010-62786544
　　投稿与读者服务：010-62776969，c-service@tup.tsinghua.edu.cn
　　质 量 反 馈：010-62772015，zhiliang@tup.tsinghua.edu.cn
印　刷　者：清华大学印刷厂
装 订 者：三河市新茂装订有限公司
经　　销：全国新华书店
开　　本：185mm×260mm　　　印　张：31　　　字　　数：774 千字
　　　　　附光盘
版　　次：2014 年 3 月第 1 版　　　　　　　　印　　次：2014 年 3 月第 1 次印刷
印　　数：1～4000
定　　价：59.00 元

产品编号：045973-01

FOREWORD

数据库已经成为现代信息社会的重要支柱性工具。Oracle 自从发布伊始就展现了强大的生命力。目前，Oracle 更成为全世界最强大、应用最为广泛的数据库系统，有超过 40%的市场占有率。因为其强大的功能和在数据库领域独特的优势，鼓励着越来越多的企业首选 Oracle 作为信息化过程中的数据库工具。同时，越来越多的 IT 从业人员也开始走上了 Oracle 的学习和开发之路。Oracle Database 11g 是 Oracle 公司在 2007 年 7 月 12 日推出的数据库软件，相对于以往的版本，Oracle Database 11g 增加了 400 多项功能，令其具有与众不同的特性，从而使 Oracle 数据库变得更可靠、性能更好。

本书内容

第 1 章：Oracle 关系数据库。首先介绍了 Oracle 数据库的特点、关系数据库范式理论以及实体与关系模型之间的转换，并详细介绍了 Oracle 11g R2 在 Windows 环境下的安装过程,然后简单介绍了 Oracle 数据库的默认用户和 OEM 的使用，最后以案例的形式介绍了数据库的创建过程。

第 2 章：Oracle 数据库体系结构。主要介绍了 Oracle 数据库体系结构中的物理存储结构和逻辑存储结构，以及 Oracle 的进程结构、内存结构，并简单介绍了 Oracle 数据库数据字典的概念及常用数据字典。

第 3 章：使用 SQL*Plus 工具。本章首先介绍了 SQL*Plus 工具的主要功能，然后简单介绍了操作数据库的常用 SQL*Plus 命令，以及格式化查询结果的命令，最后介绍了简单报表的创建。

第 4 章：表空间。首先介绍了基本表空间的创建、重命名、修改、移动和删除操作，然后介绍了临时表空间的创建和修改，以及非标准数据块表空间的创建，最后介绍了撤销表空间的管理。

第 5 章：表。主要介绍了表的创建、修改以及完整性约束的添加操作。

第 6 章：管理控制文件和日志文件。首先介绍了控制文件的管理，包括控制文件的创建、备份、恢复、移动、删除和查询，然后介绍了日志文件的管理，包括日志文件组及其成员的创建、重定义和删除操作，最后介绍了归档日志的管理，包括归档目标的设置和归档进程的跟踪级别设置等操作。

第 7 章：SQL 语言基础。主要介绍了基本查询和更新数据的 SQL 语句，并详细介绍了 SQL 语言中基本函数的使用，其中包括字符函数、数值函数、日期时间函数和聚合函数。最后介绍了 Oracle 数据库中的数据一致性与事务管理等知识。

第 8 章：子查询与高级查询。主要介绍了在不同的子句中使用子查询的方式、联合语句的应用，以及连接查询的多种实现方式。

第 9 章：PL/SQL 基础。首先介绍了 PL/SQL 的语言特点、基本语法和编程结构，然后详细介绍了 PL/SQL 中控制语句的使用，包括条件分支语句和循环控制语句两种，最后介绍了不同类型游标的创建和使用，以及 PL/SQL 中的异常处理。

第 10 章：PL/SQL 高级应用。首先介绍了不同类型触发器的创建和使用，然后介绍了自定义函数和存储过程的基本操作，包括创建、修改、删除和使用等，最后介绍了程序包的创建和调用，以及其他操作。

第 11 章：用户权限与安全。主要介绍了用户的创建和管理，以及系统权限和对象权限的异同，并详细介绍了 Oracle 数据库中角色的创建和管理，包括用户默认角色的修改、角色的启用和禁用、角色的修改和删除操作。

第 12 章：SQL 语句优化。主要介绍了一般的 SQL 语句优化技巧、连接表的优化技巧和使用索引的优化技巧。

第 13 章：其他模式对象。首先介绍了不同类型索引的创建和管理，接着介绍了临时表的创建和使用，以及视图的创建和数据更新操作，然后介绍了序列的创建和管理，最后介绍了同义词的创建和管理。

第 14 章：数据加载与传输。首先简单介绍了 Data Pump 工具的特点以及使用该工具前所做的准备，然后详细介绍了使用 Data Pump Export 导出数据的具体应用和使用 Data Pump Import 导入数据的具体应用，最后介绍了 SQL*Loader 工具的使用。

第 15 章：使用 RMAN 工具。主要介绍了 RMAN 工具的特点与体系结构，以及 RMAN 实现备份和恢复功能的操作步骤。

第 16 章：权限管理系统。通过一个应用程序介绍了 Oracle 在 Java 中的开发应用，通过该案例，读者可以了解到 Oracle 数据库在实际开发中的典型应用。

本书特色

本书中大量内容来自真实的 Oracle 程序，力求通过读者实际操作时的问题使读者更容易地掌握 Oracle 数据库应用。本书还引用了大量来自一线论坛的问题进行讲解，力求通过读者提出的疑难问题给出正确的答案。本书难度适中，内容由浅入深，实用性强，覆盖面广，条理清晰。

- ❑ **结构独特**　通过"概念、语法描述、示例描述、示例应用、示例分析、运行结果"的模式将每个知识与实际应用中的问题相结合。
- ❑ **形式新颖**　用准确的语言总结概念、用直观的图示演示过程、用详细的注释解释代码、用形象的比方帮助记忆。
- ❑ **内容丰富**　涵盖了实际应用中使用 Oracle 语言对数据库进行操作、备份和恢复等方面的热点问题。该本图书每章介绍完基本知识后，都会给出 1～2 个综合实例来综合应用本章知识，这些综合实例均采用一线实战技术，为读者以后的实际创作提供思路；每章将在章尾给出一些综合问题的处理方法。从而将本章的主要知识点在实际应用中容易出现的一些常见问题给予解决，能够帮助读者快速提高。

❑ **随书光盘**　本书为实例配备了视频教学文件，读者可以通过视频文件更加直观地学习 Struts 2 的使用知识。

❑ **网站技术支持**　读者在学习或者工作的过程中，如果遇到实际问题，可以直接登录 www.itzcn.com 与我们取得联系，作者会在第一时间内给予帮助。

❑ **贴心的提示**　为了便于读者阅读，全书还穿插着一些技巧、提示等小贴士，体例约定如下：

提示：通常是一些贴心的提醒，让读者加深印象或提供建议，或者解决问题的方法。

注意：提出学习过程中需要特别注意的一些知识点和内容，或者相关信息。

技巧：通过简短的文字，指出知识点在应用时的一些小窍门。

读者对象

本书具有知识全面、实例精彩、指导性强的特点，力求以全面的知识性及丰富的实例来指导读者透彻地学习 Oracle 基础知识。本书可以作为 Oracle 数据库的入门书籍，也可以帮助中级读者提高技能。

本书适合以下人员阅读学习：

❑ 没有数据库应用基础的 Oracle 入门人员。

❑ 有一些数据库应用基础，并且希望全面学习 Oracle 数据库的读者。

❑ 各大中专院校的在校学生和相关授课老师。

❑ 相关社会培训班的学员。

除了封面署名人员之外，参与本书编写的人员还有马海军、李海庆、陶丽、王咏梅、康显丽、郝军启、朱俊成、宋强、孙洪叶、袁江涛、张东平、吴鹏、王新伟、刘青凤、汤莉、冀明、王超英、王丹花、闫琰、张丽莉、李卫平、王慧、牛红惠、丁国庆、黄锦刚、李旎、王中行、李志国等。在编写过程中难免会有漏洞，欢迎读者通过我们的网站 www.itzcn.com 与我们联系，帮助我们改正提高。

CONTENTS

目录

X

XI

第 **1** 章

Oracle 关系数据库

Oracle 数据库和数据表是所有 Oracle 数据库对象的基础。Oracle 是以高级结构化查询语言（SQL）为基础的大型关系数据库，通俗地讲它是用方便逻辑管理的语言操纵大量有规律数据的集合。是目前最流行的客户/服务器（CLIENT/SERVER）体系结构的数据库之一。

本章将以关系数据模型为起点，逐渐讲述数据库的规范化理论以及数据库设计，以便了解关系数据库理论，并详细讲解 Windows 环境下 Oracle 的安装过程。最后简单介绍了 Oracle 数据库的默认用户，并以案例的形式介绍了创建数据库的简单步骤。

本章学习要点：

➢ 了解 Oracle 数据库的特点

➢ 掌握关系数据库范式理论

➢ 熟练掌握数据库的设计

➢ 熟练掌握在 Windows 环境下安装 Oracle 的步骤

➢ 了解 Oracle 的默认用户

➢ 熟练掌握数据库的创建

➢ 掌握 OEM 工具的使用

1.1 数据库简介

数据库（database）是数据存储仓库的简称。数据库发展至今，已经具备了比较完整的理论，并且在商业应用中展现了强大的生命力。本节将介绍数据库的基本知识，并讲述 Oracle 数据库的主要特点。

1.1.1 数据库系统基本概念

数据库是按照数据结构来组织、存储和管理数据的仓库。因此，数据库技术并不仅限于存储数据库，组织和管理数据库也是数据库技术的重要组成部分。本节将详细介绍有关数据库系统的基本概念。

1. 数据

数据（Data）是数据库中存储的基本对象，它的种类很多，包括文字、图形、图像、声音、视频、学生的档案记录等。数据就是描述事物的符号记录。描述事物的符号可以是数字，也可以是文字、图形、图像、声音、语言等，数据有多种表现形式，都可以经过数字化后存入计算机。

2. 数据库

所谓数据库（DataBase，DB）是指长期储存在计算机内的、有组织的、可共享的数据集合。数据库中的数据按一定的数据模型组织、描述和存储，具有较小的冗余度、较高的数据独立性和易扩展性，并可以为各种用户共享。

3. 数据库管理系统

数据库管理系统（DataBase Management System，DBMS）是数据库系统的一个重要组成部分。它是位于用户与操作系统之间的一层数据管理软件。主要包括以下几方面的功能。

1）数据定义功能

DBMS 提供数据定义语言（Data Definition Language，DDL），通过它可以方便地对数据库中的数据对象进行定义。

2）数据操纵功能

DBMS 还提供数据操纵语言（Data Manipulation Language，DML），可以使用 DML 操纵数据实现对数据库的基本操作，如查询、插入、删除和修改等。

3）数据库的运行管理

数据库在建立、运用和维护时由数据库管理系统统一管理、统一控制，以保证数据的安全性、完整性、多用户对数据的并发使用及发生故障后的系统恢复。

4）数据库的建立和维护功能

它包括数据库初始数据的输入、转换功能，数据库的转储、恢复功能，数据库的管理重组织功能和性能监视、分析功能等。这些功能通常是由一些实用程序完成的。

4. 数据库系统

数据库系统（DataBase System，DBS）是指在计算机系统中引入数据库后的系统，一般由数据库、数据库管理系统（及其开发工具）、应用系统、数据管理员和用户组成。应当指出的是，数据库的建立、使用和维护等工作只靠一个 DBMS 远远不够，还要有专门的人员来完成，这些人被称为数据库管理员（DataBase Administrator，DBA）。

 在不引起混淆的情况下，常常把数据库系统简称为数据库。

数据库系统在整个计算机系统中的地位如图 1-1 所示。

数据的处理是指对各种数据进行收集、存储、加工和传播的一系列活动的总和。数据管理则是指对数据进行分类、组织、编码、存储、检索和维护，它是数据处理的中心问题。

研制计算机的初衷是利用它进行复杂的科学计算。随着计算机技术的发展，其应用远远超出了这个范围。在应用需求的推动下，在计算机硬件、软件发展的基础上，数据管理技术经历了人工管理、文件系统、数据库系统三个阶段。这三个阶段的特点及其比较如表

1-1 所示。

图 1-1　数据库在计算机系统中的地位

表 1-1　数据管理三个阶段的比较

		人工管理阶段	文件系统阶段	数据库系统阶段
背景	应用背景	科学计算	科学计算、管理	大规模管理
	硬件背景	无直接存取存储设备	磁盘、磁鼓	大容量磁盘
	软件背景	没有操作系统	有文件系统	有数据库管理系统
	处理方式	批处理	联机实时处理、批处理	联机实时处理、分布处理、批处理
特点	数据的管理者	用户（程序员）	文件系统	数据库管理系统
	数据面向的对象	某一应用程序	某一应用	现实世界
	数据的共享程度	无共享，冗余度极大	共享性差、冗余度大	共享性高，冗余度小
	数据的独立性	不独立，完全依赖于程序	独立性差	具有高度的物理独立性和一定的逻辑独立性
	数据的结构化	无结构	记录内有结构、整体无结构	整体结构化，用数据模型描述
	数据控制能力	应用程序自己控制	应用程序自己控制	由数据库管理系统提供数据安全性、完整性、并发控制和恢复能力

与人工管理和文件系统相比，数据库系统的特点主要有以下几个方面。

1）数据结构化

数据结构化是数据库与文件系统的根本区别。在文件系统中，相互独立的文件的记录内部是有结构的。传统文件的最简单形式是等长同格式的记录集合。

在文件系统中，尽管其记录内容已有了某些结构，但记录之间没有联系。数据库系统实现整体数据的结构化，是数据库的主要特征之一，也是数据库系统与文件系统的区别。

在数据库系统中，数据不再针对某一应用，而是面向全组织，具有整体的结构化。不仅数据是结构化的，而且存取数据的方式也很灵活，可以存取数据库中的某一个数据项、一组数据项、一个记录或一组记录。而在文件系统中，数据的最小存取单位是记录，粒度不能细到数据项。

2）数据的共享性高、冗余度低、易扩充

数据库系统从整体角度看待和描述数据，数据不再面向某个应用而是面向整个系统，因此数据可以被多个用户、多个应用共享使用。数据共享可以大大减少数据冗余，节约存储空间。数据共享还能够避免数据之间的不相容性与不一致性。

所谓数据的不一致性是指同一数据不同复制的值不一样。采用人工管理或文件系统管理时，由于数据被重复存储，当不同的应用使用和修改不同的复制时就很容易造成数据的不一致。在数据库中数据共享，减少了由于数据冗余造成的不一致现象。

由于数据面向整个系统，是有结构的数据，不仅可以被多个应用共享使用，而且容易增加新的应用，这就使得数据库系统弹性大、易于扩充，可以适应各种用户的要求。可以取整体数据的各种子集用于不同的应用系统，当应用需求改变或增加时，只要重新选取不同的子集或加上一部分数据便可以满足新的需求。

3）数据独立性高

数据独立性是数据库领域中一个常用术语，包括数据的物理独立性和逻辑独立性。物理独立性是指用户的应用程序与存储在磁盘上的数据库中数据是相互独立的。也就是说，数据在磁盘上的数据库中怎样存储是由 DBMS 管理的，用户程序不需要了解，应用程序要处理的只是数据的逻辑结构，这样当数据的物理存储改变了，应用程序不用改变。

逻辑独立性是指用户的应用程序与数据库的逻辑结构是相互独立的，也就是说，数据的逻辑结构改变了，用户程序也可以不变。

数据独立性是由 DBMS 的二级映像功能来保证的。数据与程序的独立，把数据的定义从程序中分离出去，加上数据的存取又由 DBMS 完成，从而简化了应用程序的编制，大大减少了应用程序的维护和修改。

4）数据由 DBMS 统一管理和控制

数据库的共享是并发的共享，即多个用户可以同时存取数据库中的数据甚至可以同时存取数据库中同一个数据。为此，DBMS 还必须提供以下几方面的数据控制功能。

（1）数据的安全性（Security）保护。数据的安全性是指保护数据以防止不合法的使用造成的数据的泄密和破坏。使每个用户只能按规定，对某些数据以某些方式进行使用和处理。

（2）数据的完整性（Integrity）检查。数据的完整性指数据的正确性、有效性和相容性。完整性检查将数据控制在有效的范围内，或保证数据之间满足一定的关系。

（3）并发（Concurrency）控制。当多个用户的并发进程同时存取、修改数据库时，可能会发生相互干扰而得到错误的结果或使得数据库的完整遭到破坏，因此必须对多用户的并发操作加以控制和协调。

（4）数据库恢复（Recovery）。计算机系统的硬件故障、软件故障、操作员的失误以及故意的破坏也会影响数据库中数据的正确性，甚至造成数据库部分或全部数据的丢失。DBMS 必须具有将数据库从错误状态恢复到某一已知的正确状态（亦称为完整状态或一致状态）的功能，这就是数据库的恢复功能。

1.1.2　主流数据库

当前数据库市场，主流的数据库包括 Oracle、Sybase、DB2、SQL Server、MySQL 等。

（1）Oracle：开发商为美国的甲骨文公司（Oracle）。就规模来说，Oracle 数据库属于大型关系数据库，同时也是目前最流行、应用最广泛的客户端/服务器（Client/Server）体系结构的数据库。

（2）Sybase：开发商为 Sybase 公司。Sybase 数据库具有较高的性能和极高的安全性，并且具有跨平台的能力，可运行于 UNIX、Windows 及 Novell Netware 环境。

（3）DB2：开发商为 IBM。DB2 数据库支持各种机型及操作系统环境。DB2 支持面向对象编程，并有强大的开发和管理工具。

（4）SQL Server：开发商为微软公司。相对于以上 3 种数据库，SQL Server 在性能及安全性稍差，但是其占用系统资源较少，微软公司提供的开发和管理工具也非常简单易用。

（5）MySQL：由原 MySQL 公司开发。MySQL 数据库使用简单、操作方便，性能也较高。MySQL 是一款开源的免费数据库软件，这一策略也是 MySQL 发展较快的主要原因。

1.1.3　Oracle 数据库的特点

Oracle 的强大来源于自身的优点。相对于其他数据库，Oracle 数据库有以下特点：

❑ **强大的性能**

Oracle 的性能要远强于其他数据库，也是海量数据存储的首选。

❑ **独特的理念**

Oracle 提出了许多不同于其他数据库所使用的传统理论。例如，全新的表空间理念、更加高效的锁定机制。

❑ **增强的 SQL**

Oracle 所支持的 SQL 语句不仅支持 SQL 标准，而且不断进行增强。例如，层次化查询就是 Oracle 的特色查询。

❑ **良好的分布式管理功能**

Oracle 数据库提供了良好的分布式管理功能，用户可以很轻松地实现多数据库的协调工作。

1.1.4　关系数据库

关系数据库（Relational Database，RDB）就是基于关系模型的数据库。在计算机中，关系数据库是数据和数据库对象的集合。所谓数据库对象是指表、视图、存储过程、触发器等。关系数据库管理系统（Relational Database Management System，RDBMS）就是管理关系数据库的计算机软件。

在用户看来，一个关系模型的逻辑结构是一张二维表，它由行和列组成。关系中每一字段是表的一列，每一个记录是表中的一行。这种用二维表的形式表示实体间联系的数据模型称为数据模型。在关系模型中，列称为属性或字段，行被称为元组或记录等，有很多专有术语，下面就对关系数据模型中常用的术语作简单介绍。

❑ **关系**

一个关系就是一张二维表，每一个关系有一个关系名。

❑ **元组**

表中的行称为元组。一行是一个元组，对应存储文件中的一条记录值。

❑ **属性**

表中的列称为属性，每一列有一个属性。

❑ **域**

属性的取值范围，即不同元组对同一个属性的取值所限定的范围。

❑ **关键字**

属性或属性组合，其值能够唯一地标识一个元组。关键字也称码或主键。

❑ **关系模式**

对关系的描述称为关系模式。一个具体关系模型是若干个关系模式的集合。一般表示如下：

关系名（属性 1，属性 2，…，属性 n）

❑ **元数**

关系模式中属性的数目是关系的元数。

在关系模型中，实体以及实体间的联系都是用关系来表示。关系模型要求关系必须是规范化的，最基本的条件就是，关系的每一个分量必须是一个不可分的数据项，即不允许表中还有表，如图 1-2 所示。

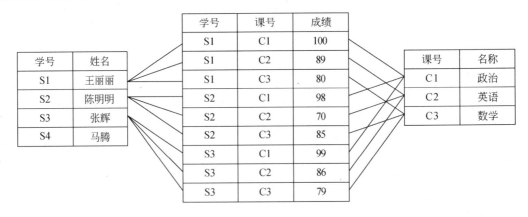

图 1-2　关系模型实例

关系数据模型的操纵主要包括查询、插入、删除和更新数据。这些操作必须满足关系的完整性约束条件。关系模型中的数据操作是集合操作，操作对象和操作结果都是关系，即若干元组的集合，其标准操作语言是 SQL 语言。

关系数据模型中，实体及实体间的联系都用表来表示。在数据库的物理组织中，表以文件形式存储，每一个表通常对应一种文件结构。关系模型有如下几个优点：

- 关系模型是建立在严格的数学概念的基础上的。
- 无论实体还是实体之间的联系都用关系来表示。对数据的查询结果也是关系（即表），因此概念单一，其数据结构简单、清晰。
- 关系模型的存取路径对用户透明，从而具有更高的数据独立性，更好的安全保密性，也简化了程序员的工作和数据库开发建立的工作。

同时，关系模型也有一个缺点：由于存取路径对用户透明，查询效率往往不如非关系数据模型。因此为了提高性能，必须对用户的查询请求进行优化，增加了开发数据库管理系统的负担。

1.2 关系数据库的范式理论

关系模型最终要转换为真实的数据表。数据表的设计除了要综合考虑整个数据库布局，还需要遵循数据库设计的范式要求。范式主要用于消除数据库表中的冗余数据，改进数据库整体组织，增强数据的一致性，增加数据库设计的灵活性。

目前，数据库的范式主要可以分为 6 种：第一范式（1NF）、第二范式（2NF）、第三范式（3NF）、BC 范式（BCNF）、第四范式（4NF）和第五范式（5NF）。其中最常见的是第一范式、第二范式和第三范式，一般情况下，数据库满足这三种范式即可，下面主要介绍这 3 种范式。

1.2.1 第一范式（1NF）

如果关系模式 R 的所有属性都是不可分的基本数据项，即每个属性都只包含单一的值，则称 R 满足第一范式，记为 R1NF。在任何一个关系数据库系统中，所有的关系模式必须是第一范式的。不满足第一范式要求的数据库模式就不能称之为关系数据库模式。第一范式是设计数据库表的最低要求，其最主要的特点就是实体的属性不能再分，映射到表中，就是列（或字段）不能再分。

第一范式是关系模型的最低要求，规则如下：

- 两个含义重复的属性不能同时存在于一个表中。
- 一个表中的一列不能是其他列的计算结果。
- 一个表中某一列的取值不能有多个含义。

假设表 1-2 不是关系模型，不符合第一范式，因为联系方式还可以再细分为联系电话和家庭住址，而表 1-3 就符合第一范式。

表 1-2 学生信息表

姓名	年龄	性别	联系方式
王丽丽	22	女	电话：13612345678；住址：河南省安阳市
马向林	22	女	电话：13652125232；住址：河南省郑州市
张会	22	女	电话：13548742151；住址：河南省安阳市

表 1-3　符合第一范式的学生信息表

姓名	年龄	性别	联系电话	家庭住址
王丽丽	22	女	13612345678	河南省安阳市
马向林	22	女	13652125232	河南省郑州市
张会	22	女	13548742151	河南省安阳市

只满足 1NF 的关系模式不一定是一个好的关系模式，如表 1-3 介绍的关系模式学生信息(姓名、年龄、性别、联系电话、家庭住址)就是 1NF 的，但它对应的关系却存在数据冗余过多、删除异常和插入异常等问题。

1.2.2　第二范式（2NF）

第二范式（2NF）是在第一范式（1NF）的基础上建立起来的，即满足第二范式（2NF）必须先满足第一范式（1NF）。2NF 要求数据库表中的每一列都与主键相关。为实现第二范式，通常需要为表加上一个列，以存储表中每一列的唯一标识。

例如，为表 1-3 中的学生信息表中添加学号一列，因为每个学生的学号是唯一的，因此每个用户可以被唯一区分。这个唯一属性列被称为主关键字或主键，如表 1-4 所示。

表 1-4　满足第二范式的学生信息表

学号	姓名	年龄	性别	联系电话	家庭住址
2012030501	王丽丽	22	女	13612345678	河南省安阳市
2012030502	马向林	22	女	13652125232	河南省郑州市
2012030503	张会	22	女	13548742151	河南省安阳市

2NF 要求实体的属性完全依赖于主键。所谓完全依赖是指不能存在仅依赖主键一部分的属性，如果存在，那么这个属性和主键的这一部分应该分离出来形成一个新的实体，新实体与原实体之间是一对多的关系。为实现区分通常需要为表加上一个列，以存储各个实例的唯一标识。简而言之，第二范式就是非主属性非部分依赖于主键。

1.2.3　第三范式（3NF）

第三范式建立在第二范式的基础之上。其定义为：数据表中如果不存在非关键列对任一主键的传递函数依赖，则符合第三范式。所谓传递函数依赖，指的是如果存在"A——B——C"的决定关系，则 C 传递函数依赖于 A。

假设学生信息表定义如表 1-4 所示，毫无疑问，该表符合第二范式，表的主键为学号，其他列均为非主键，并不存在部分依赖。但联系方式表中含有联系电话和家庭住址两个字段，故产生了传递依赖的关系：学号——联系方式——联系电话、家庭住址。

同样，存在传递函数依赖，也会导致数据冗余、更新异常、删除异常和插入异常。将学生信息表拆分为两个表，如表 1-5 和 1-6 所示。

表 1-5　学生信息表

学号	姓名	年龄	性别	联系方式编号
2012030501	王丽丽	22	女	1
2012030502	马向林	22	女	2
2012030503	张会	22	女	3

表 1-6　联系方式表

编号	联系电话	家庭住址
1	13612345678	河南省安阳市
2	13652125232	河南省郑州市
3	13548742151	河南省安阳市

1.3　实体-关系模型

实体-联系模型，即 E-R（Entity-Relationship）数据模型。E-R 模型的提出基于这样一种认识：数据库总是存储现实世界中有意义的数据，而现实世界是由一组实体和实体的联系组成的。E-R 模型可以成功描述数据库所存储的数据。本节将重点介绍实体-关系模型的概念、E-R 图的绘制以及 E-R 模型与关系模型的转换。

1.3.1　实体-关系模型概念

实体关系模型也称为 E-R 数据模型。设计 E-R 数据模型的出发点是为了更有效和更好地模拟现实世界，而不需要考虑在计算机中如何实现。下面介绍 E-R 数据模型的 3 个抽象概念。

1．实体

实体（Entity）是客观存在的事物。例如，学生王丽丽、马向林等都是实体。为了便于描述，可以定义"学生"这样一个实体集，所有学生都是这个集合的成员。

实体是 E-R 模型的基本对象，是现实世界中各种事物的抽象。凡是可以相互区别，并可以被识别的事、物、概念等均可认为是实体。

2．属性

实体一般具有若干特征，称为实体的属性（Attribute）。例如，学生信息包括学号、姓名、性别等属性。实体的属性值是数据库中存储的主要数据，一个属性实际上相当于关系数据库中表的一个列。

能唯一标识实体的属性或属性组称为实体集的实体键。如果一个实体集有多个实体键存在，则可以从中选择一个作为实体主键。

3．联系

联系（Relationship）是两个实体之间的关联。例如，人与人之间可能有领导关系等。

这种实体与实体之间的关系被抽象为联系。E-R 数据模型将实体之间的联系区分为一对一（1∶1）、一对多（1∶N）和多对多（M∶N）3 种，并在模型中明确地给出这些联系的语义。

- ❑ **一对一联系**　对于实体集 A 和实体集 B 来说，如果对于 A 中的每一个实体 a，B 中至多有一个实体 b 与之联系；而且，反过来也是如此，则称实体集 A 与实体集 B 具有一对一联系，表示为 1∶1。
- ❑ **一对多联系**　对于实体集 A 中的每一个实体，在实体集 B 中有 N 个实体与之联系；而且，对于实体集 B 中的每一个实体，实体集 A 中至多有一个实体与之联系，则称实体集 A 和实体集 B 具有 1 对多的联系，表示为 1∶N。
- ❑ **多对多联系**　如果对于实体集 A 中的每一个实体，实体集 B 中有 N 个实体与之联系；同时，对于实体集 B 中的每一个实体，实体集 A 有 M 个实体与之联系，则称 A 和 B 具有多对多联系，记为 M∶N。

1.3.2　E-R 图的绘制

E-R 图是表示实体-联系模型的常用手段。在 E-R 图模型中，实体符号用一个矩形表示，并标以实体名称；属性利用椭圆形表示，并标以属性名称；联系利用菱形表示，并标以联系名称，如图 1-3 所示。

图 1-3　E-R 图的基本元素

图 1-4 给出一个表示 1∶1 关系的 E-R 图（一个用户只能有一个角色，一个角色也只能对应一个用户）。

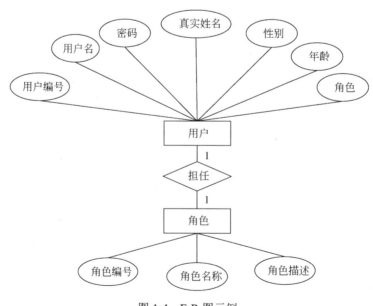

图 1-4　E-R 图示例

由于 E-R 图直观易懂，在概念上表示了一个数据库的信息组织情况，所以如果能够画出数据库系统的 E-R 图，也就意味着弄清楚了应用领域中的问题，此后就可以根据 E-R 图，并结合具体的数据库管理系统（DBMS），将 E-R 模型演变为 DBMS 支持的数据模型。

1.3.3 E-R 模型到关系模型

关系数据库都采用关系模型。在关系模型中，一张二维表格（行、列）对应一个表格。二维表格中的每行代表一个实体，每个实体的列代表该实体的属性。E-R 图用于描述实体及实体间的联系，E-R 图最终需要转换为关系模型才有意义。本节将简单介绍如何将 E-R模型转换为关系模型。

1. 实体转化为关系

实体集转换为关系非常简单，只需将实体的属性作为关系的列即可。当然，这里的属性应该包括实体的所有属性。另外，主键也是必需的，即使这样的主键与业务无关。例如，实体学生与班级的关系如图 1-5 所示。

图 1-5 实体转化为关系

在学生和班级关系中，分别添加了学号和班级编号作为关系的主键。二者作为关系的唯一标识。

2. 联系转换为关系

相对于实体，联系转换为关系会稍微复杂些，本节将分别介绍一对一、一对多和多对多联系如何转换为实体。

1）一对一联系

一对一联系，需要将其中一个实体的主键作为另一实体的属性。反映到关系中，将一个关系的主键作为另一个关系的普通列。另外，联系本身所具有的属性也应该以列的形式植入。在用户和角色的实体中，我们可以将角色编号作为用户关系中的一个普通列，如图1-6 所示。

对于一对一联系，可以将主从关系进行颠倒，例如，将用户编号作为角色的一个普通列。无论采用哪种方式，都不会导致信息丢失。

2）一对多联系

一对多联系需要将一的一方作为主关系，将多的一方作为从关系，联系的所有属性作为从关系的列。这样才不会导致信息丢失。例如，对于实体学生和实体班级，可以建立如

图 1-7 所示的关系模型。

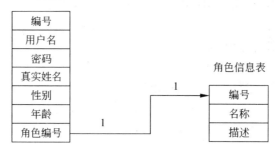

图 1-6　一对一联系转换为关系

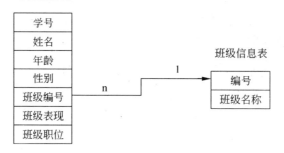

图 1-7　一对多联系转换为关系

在该示例中，只能将联系的属性班级表现和班级职位加入到学生关系中才不会导致信息丢失。

3）多对多联系

多对多联系中，无论将联系的属性加入到哪一方，都将造成信息的丢失。此时，应当为联系创建独立的关系。在学生与选课联系中，可以为学号、课程 ID，以及关系的属性——学生得分作为关系的列，来创建一个新的关系，如图 1-8 所示。

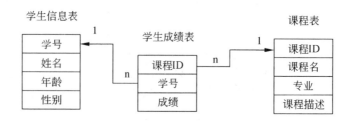

图 1-8　多对多联系转换为关系

在该示例中，我们添加了新的关系"学生成绩"，并建立了学生与学生成绩、课程与学生成绩的一对多关联。学生成绩可以不必再添加额外的主键，课程 ID 和学号的组合可以唯一标识一条学生成绩记录。

4）全局关系模型

在一个复杂的业务系统中，实体-联系模型是非常复杂的。相应的关系模型也应该具有全局性。全局关系模型只需将局部关系模型进行组合即可。例如，学生与课程产生联系，同时，学生与班级也进行了关联，可以将这些局部关系进行组装。相应的关系模型如图 1-9 所示。

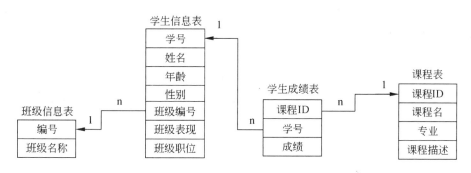

图 1-9　全局关系模型

1.4　安装 Oracle Database 11g

Oracle Database 11g 是一个大型数据库，在安装 Oracle Database 11g 前应该检查计算机的配置是否达到要求，同时也应该为将来数据库的扩展预留存储空间。本书主要讲解 Oracle Database 11g 在 Windows 环境下的安装过程。

1.4.1　在 Windows 环境下的安装过程

服务器的计算机名称对于后期登录到 Oracle 11g 数据库非常重要。如果在安装完数据库后，再修改计算机名称，可能造成无法启动服务，也就不能使用 OEM。如果发现这种情况，只需将计算机名称重新修改回原来的计算机名称便可。因此，在安装 Oracle 数据库前，就应该配置好计算机名称。

（1）从 Oracle 的官网上下载最新版本的 Oracle 11g，目前最新版本为 11.2.0.1.0。将下载下来的两个 ZIP 文件解压，将会得到一个名称为 database 文件夹。

（2）单击 database 目录下的 setup.exe 执行安装程序。在打开的对话框中禁用【我希望通过 My Oracle Support 接收安全更新】复选框，单击【下一步】按钮，将弹出【未指定电子邮件地址】对话框，如图 1-10 所示。

（3）单击【未指定电子邮件地址】对话框中的【是】按钮，关闭对话框。再次单击窗口中的【下一步】按钮，打开如图 1-11 所示的窗口，设置安装选项。

（4）在安装选项设置中，我们采用默认设置，然后单击【下一步】按钮，在打开的窗口进行系统类配置，这里选中【桌面类】单选按钮，如图 1-12 所示。

图 1-10　配置安全更新窗口　　　　　　　　　图 1-11　安装选项窗口

（5）单击【下一步】按钮，在打开的窗口中进行安装配置，在该窗口中，分别为 Oracle 11g 指定基目录、软件位置和数据库文件位置，并指定数据库的版本为企业版、字符集为默认值，最后需要填写全局的数据库名和管理口令，这里的全局数据库名采用默认值 orcl，管理口令为 admin。Oracle 11g 的安装配置如图 1-13 所示。

图 1-12　系统类配置窗口　　　　　　　　　图 1-13　安装配置窗口

　Oracle 推荐的口令需要同时满足 4 个条件：至少一个大写字母、至少一个小写字母、至少一个数字、至少八位字符。这里为了便于记忆，采用全小写的英文字母来作为管理口令。

（6）在单击【下一步】按钮之前先执行先决条件检查，如图 1-14 所示。在该步骤中检查计算机硬件配置是否满足 Oracle 的安装最低配置，如果不满足，则检查结果为失败。

（7）检查通过后，将打开如图 1-15 所示的窗口。在该窗口中，显示了安装设置，如果需要修改某些设置，则可以单击【后退】按钮，返回进行修改。

（8）确认无误后，单击【完成】按钮，进行安装 Oracle，如图 1-16 所示。

（9）安装到 100%之后，将会出现如图 1-17 所示的对话框，对数据库进行复制、创建实例等操作。

图 1-14　执行先决条件检查窗口

图 1-15　概要显示窗口

15

图 1-16　安装 Oracle 窗口

图 1-17　对数据库实例创建操作

（10）完成安装之后，将会出现如图 1-18 所示的界面。单击该窗口中的【口令管理】按钮，在弹出的【口令管理】窗口中，可以锁定、解除数据库用户账户和设置用户账户的口令。这里采用默认设置（默认解锁了 SYS、SYSTEM 两个账户）。

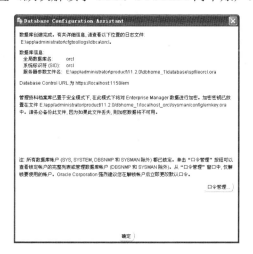

图 1-18　数据库创建完成

（11）单击【确定】按钮，经过短暂处理，将打开安装结束窗口。在该窗口中，单击【关闭】按钮结束安装。

1.4.2　Oracle 服务管理

在 Windows 操作系统环境下，Oracle 数据库服务器以系统服务的方式运行。可以通过执行【控制面板】｜【管理工具】｜【服务】命令，打开系统服务窗口，如图 1-19 所示。

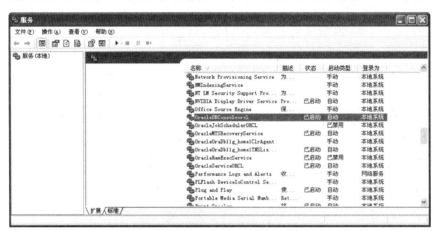

图 1-19　Windows 操作系统的【服务】窗口

在图 1-19 中，所有的 Oracle 服务名称都以 Oracle 开头。其中主要的 Oracle 服务有以下 3 种：

（1）Oracle<ORACLE_HOME_NAME>TNSListener：监听程序服务。

（2）OracleDBConsoleorcl：本地 OEM 控制。

（3）OracleService<SID>：Oracle 数据库实例服务，是 Oracle 数据库的主要服务。

> ORACLE_HOME_NAME 为 Oracle 的主目录；SID 为创建的数据库实例的标识。通过 Windows 操作系统的【服务】窗口，可以看到 Oracle 数据库服务是否正确地安装并启动运行，并且可以对 Oracle 服务进行管理，例如启动与关闭服务。

1.5　Oracle 默认用户

在安装 Oracle 时，大部分用户都被锁定。只有 SYS、SYSTEM、DBSNMP、SYSMAN 和 MGMT_VIEW 这 5 个用户默认为解锁状态，可以使用。

如果需要了解 Oracle 中的用户信息，可以查询数据字典 DBA_USERS，例如在 Oracle 的开发工具 SQL*Plus 中，使用 SYSTEM 用户登录数据库，然后使用 SQL 语言查询该数据字典，如下：

```
请输入用户名: system
输入口令:
连接到:
Oracle Database 11g Enterprise Edition Release 11.2.0.1.0 - Production
With the Partitioning, OLAP, Data Mining and Real Application Testing options
SQL> SELECT username,account_status FROM dba_users;
USERNAME                         ACCOUNT_STATUS
-------------------------------- -----------------------------------------
MGMT_VIEW                        OPEN
SYS                              OPEN
SYSTEM                           OPEN
DBSNMP                           OPEN
SYSMAN                           OPEN
OUTLN                            EXPIRED & LOCKED
FLOWS_FILES                      EXPIRED & LOCKED
MDSYS                            EXPIRED & LOCKED
ORDSYS                           EXPIRED & LOCKED
EXFSYS                           EXPIRED & LOCKED
WMSYS                            EXPIRED & LOCKED
...
已选择 36 行。
```

上面的查询语句中,USERNAME 字段表示用户名,ACCOUNT_STATUS 字段表示用户的状态。如果 ACCOUNT_STATUS 字段的值为 OPEN,则表示用户为解锁状态,否则为锁定状态。

如果需要为某个被锁定的用户解锁,例如为 SCOTT 用户解锁,可以使用如下命令:

```
SQL> ALTER USER scott ACCOUNT UNLOCK;
```

为解锁后的 SCOTT 用户设置口令,如下:

```
SQL> ALTER USER scott IDENTIFIED BY tiger;
```

上述语句表示为 SCOTT 设置口令为 tiger。

关于 SQL*Plus 工具以及 SQL 语言的使用,将在后面章节中详细介绍。

1.6 使用 OEM

Oracle 企业管理器(Oracle Enterprise Manager,OEM)是 Oracle 提供了基于 Web 界面的、可用于管理单个 Oracle 数据库的工具。通过 OEM,用户可以完成几乎所有的原来只能通过命令行方式完成的工作,包括数据库对象、用户权限、数据文本、定时任务的管理、数据库参数的配置、备份与恢复，性能的检查与调优等。

 由于 OEM 采用基于 Web 的应用，它对数据库的访问也采用 HTTP/HTTPS 协议，即使用 3 层结构访问 Oracle 数据库系统。

在成功安装 Oracle 后，OEM 也就被安装完毕。下面就来介绍启动和使用 OEM。

（1）启动 OEM。如果用户环境是 Windows 操作系统，则除了需要从控制面板上启动 Oracle 监听和 Oracle 服务外，还必须启动本地 OEM 控制 OracleDBConsoleorcl。

（2）在浏览器地址栏中请求 OEM 的 URL 地址，即 https://<machine_name>:1158/em，其中<machine_name>为计算机名，如果是本机也可以使用 localhost。如果是第一次请求 OEM 的 URL 地址，浏览器页面会提示证书错误，如图 1-20 所示。此时可以单击页面中的【继续浏览此网站（不推荐）】链接，在打开的页面中，浏览器在地址栏后面依然提示证书错误，如图 1-21 所示。

图 1-20　访问被阻止

图 1-21　证书错误

单击【证书错误】，在弹出的悬浮面板中选择【查看证书】，将打开【证书】对话框，在该对话框中单击【安装证书】按钮，然后在证书导入向导中选择【将所有的证书放入下列存储区】单选按钮，并设置证书存储位置为受信任的根证书颁发机构。当提示"导入成功"时，表示证书已经安装成功。

（3）当证书安装成功之后，将会出现 OEM 的登录页面，在该页面中输入登录用户名（例如 SYSTEM 用户）和该用户对应的口令，然后使用默认的连接身份（Normal），如图 1-22 所示。

（4）单击 OEM 登录页面中的【登录】按钮，将进入数据库实例：orcl 主页的主目录属性页，如图 1-23 所示。

 在数据库实例: orcl 主页中，可以对 Oracle 系统进行一系列的管理操作，包括: 性能、可用性、服务器、方案、数据移动，以及软件和支持。

图 1-22　OEM 登录页面图

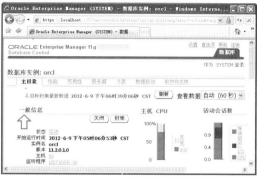

图 1-23　数据库实例：orcl 主页

（5）在数据库实例：orcl 页面中，单击菜单栏一行中的链接，可以进入到相应的操作页面。例如，单击【服务器】链接，进入到服务器管理页面，如图 1-24 所示。

（6）在【数据库配置】一档中，有数据库配置方面相关的内容，以链接的形式存在。例如，单击【初始化参数】链接，可以查看数据库 orcl 的所有初始化参数信息，如图 1-25 所示。单击页面中的【显示 SQL】按钮，可以查看操作生成的 SQL 语句，从而与 Oracle 操作命令结合起来。

图 1-24　服务器页面

图 1-25　【初始化参数】页面

在【服务器】页面中，有常见的一些分类：存储、数据库配置、Oracle Scheduler、统计信息管理、资源管理器、安全性、查询优化程序，以及更改数据库。每个分类属于一个单独的档。

Oracle 11g OEM 是初学者和最终用户管理数据库最方便的管理工具。使用 OEM 可以很容易地对 Oracle 系统进入管理，免除了记忆大量的管理命令。

1.7 项目案例: 创建数据库

在 Oracle 11g 中,创建数据库有两种方式:一种是使用 Oracle 的建库工具 DBCA (Database Configuration Assistant)进行创建数据库;另一种是使用脚本手工创建。本节将介绍如何使用数据库建模工具 DBCA 来创建数据库。

【实例分析】

数据库建模工具 DBCA 是 Oracle 提供的一个具有图形化用户界面的工具,内置了几种典型数据的模板,以帮助数据库管理员快速、直观地创建数据库。通过使用数据库模板,只需要做很少的操作就能够完成数据库创建。使用 DBCA 建库的步骤如下:

(1)执行【开始】|【程序】| Oracle - OraDb11g_home1 |【配置和移置工具】| Database Configuration Assistant 命令,打开【欢迎使用】窗口,在该窗口中单击【下一步】按钮,打开如图 1-26 所示的【操作】窗口。

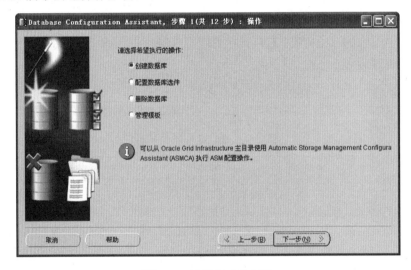

图 1-26   选择创建数据库

图 1-26 中各选项的含义如下:

① 创建数据库:创建一个新的数据库。

② 配置数据库选件:用来配置已经存在的数据库。

③ 删除数据库:从 Oracle 数据库服务器中删除已经存在的数据库。

④ 管理模板:用于创建或者删除数据库模板。

(2)选择【创建数据库】单选按钮,单击【下一步】,打开如图 1-27 所示的【数据库模板】窗口。在这里选择创建数据库时所使用的数据库模板,这里采用默认设置。

(3)单击【下一步】按钮。在打开的窗口中,打开【数据库标识】窗口,在该窗口中指定数据库的标识,如图 1-28 所示。单击【下一步】按钮,打开【管理选项】窗口,如图 1-29 所示,这里采用默认设置。

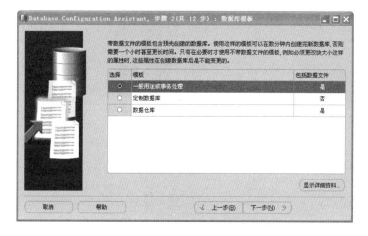

图 1-27 选择数据库模板

 在图 1-27 中选择某个模板并单击【显示详细资料】按钮，在打开的窗口中，可以查看该数据库模块的各种信息，包括常用选项、初始化参数、字符集、控制文件以及重做日志等。

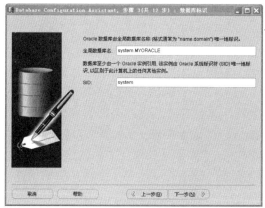

图 1-28 指定数据库标识 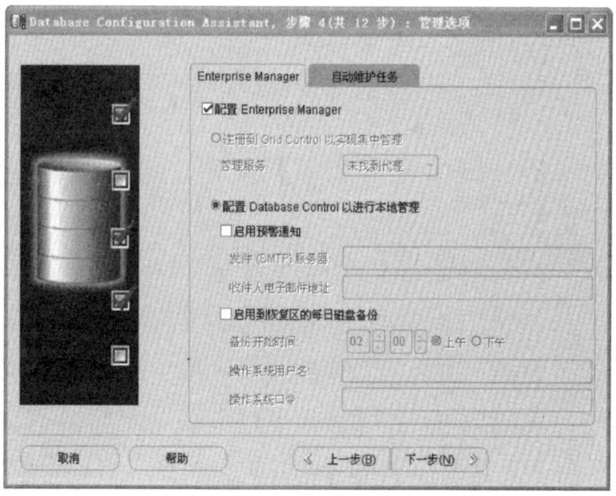 　　　　　　　　　图 1-29 管理数据库

（4）单击【管理选项】窗口中的【下一步】按钮，打开【数据库身份证明】窗口，在该窗口中，选择【所有账户使用同一管理口令】单选按钮，并设置口令，如图 1-30 所示。

（5）设置好口令后，单击【下一步】按钮，打开【数据库文件所在位置】窗口，在此窗口中指定数据库文件的存储类型和存储位置，如图 1-31 所示。

图 1-31 中各个可用选项的含义如下所示：

❑ **使用模板中的数据文件位置**

使用为此数据库选择的数据库模板中的预定义位置。

❑ **所有数据库文件使用公共位置**

为所有数据库文件指定一个新的公共位置。

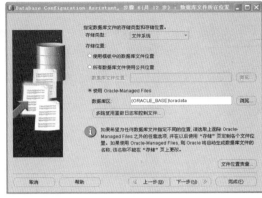

图 1-30　设置数据库口令　　　　　　　　　图 1-31　指定数据文件的存储位置

❑　**使用 Oracle-Managed Files**

可以简化 Oracle 数据库的管理。利用由 Oracle 管理的文件，DBA 将不必直接管理构成 Oracle 数据库的操作系统文件。用户只需提供数据库区的路径，该数据区用作数据库存放其数据库文件的根目录。

> 若单击【多路复用重做日志和控制文件】按钮，可以标识存储重复文件副本的多个位置，以便在某个目标位置出现故障时为重做日志和控制文件提供更强的容错能力。但是启用该选项后，在后面将无法修改这里设定的存储位置。

（6）单击【下一步】按钮，打开【恢复配置】窗口，如图 1-32 所示，这里采用默认配置。

（7）单击【恢复配置】窗口中的【下一步】按钮，打开【数据库内容】窗口。在该窗口中选择数据库创建好后运行的 SQL 脚本，以便运行该脚本来修改数据库。在【定制脚本】选项卡中，可以选择 SQL 脚本。例如，可以运行自定义脚本来创建所需的特定方案或表。由于定制脚本在 Oracle 的开发工具 SQL*Plus 中运行，因此需要确保在脚本开头提供连接字符串。【定制脚本】选项卡如图 1-33 所示。

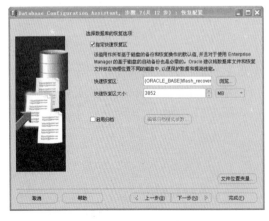
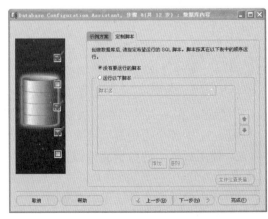

图 1-32　恢复配置　　　　　　　　　　　图 1-33　定制用户自定义脚本

（8）在【数据库内容】窗口中采用默认设置，单击【下一步】按钮，打开【初始化参数】窗口，这里所有的选项都采用默认设置。单击该窗口中的【下一步】按钮，将打开【数据库存储】窗口，如图 1-34 所示。在该步骤中，可以对数据库的控制文件、数据文件和重做日志文件进行设置。

（9）单击【数据库存储】窗口中的【下一步】按钮，打开如图 1-35 所示的【创建选项】窗口。

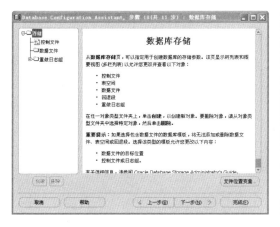

图 1-34　数据库存储

图 1-35　数据库创建选项

启用【创建选项】窗口中的【另存为数据库模板】复选框，表示将前面对创建数据库的参数配置另存为模板；启用【生成数据库创建脚本】复选框，表示将前面所做的配置以创建数据库脚本的形式保存起来，当需要创建数据库时，可以通过运行该脚本进行创建。

（10）单击【创建选项】窗口中的【完成】按钮，开始数据库的创建工作。下面的步骤比较简单，这里不再赘述。

1.8　习题

一、填空题

1．关系数据模型由关系数据结构、_____和关系的完整性约束 3 部分组成。

2．联系是两个实体之间的关联。E-R 数据模型将实体之间的联系区分为一对一、一对多和_____3 种。

3．Oracle<ORACLE_HOME_NAME>TNSListener 服务的作用是_____。

二、选择题

1．下列叙述正确的为_____。

A．主键（关键字）是一个属性，它能唯一标识一列

B．主键（关键字）是一个属性，它能唯一标识一行

C．主键（关键字）是一个属性或属性集，它能唯一标识一列

D．主键（关键字）是一个属性或属性集，它能唯一标识一行

2．数据库设计步骤包括_____5 个过程。

A．信息的收集、确定数据、建立实体-关系模型、进行规范化和编写 SQL 代码创建数据库

B．信息的收集、建立实体-关系模型、确定数据、进行规范化和编写 SQL 代码创建数据库

C．信息的收集、建立实体-关系模型、进行规范化、确定数据和编写 SQL 代码创建数据库

D．信息的收集、建立实体-关系模型、进行规范化、编写 SQL 代码创建数据库和确定数据

3．如果需要为 HR 用户解锁，下面的选项中哪个是正确的口令？_____

A．ALTER HR ACCOUNT UNLOCK;

B．ALTER HR ACCOUNT LOCK;

C．ALTER USER HR ACCOUNT UNLOCK;

D．ALTER USER HR ACCOUNT LOCK;

三、上机练习

1．对 HR 用户进行解锁

使用管理员（SYS、SYSTEM）用户登录，对 HR 用户进行解锁，并设置该用户的口令为 tiger。然后以 HR 用户登录，如图 1-36 所示。

图 1-36　HR 用户登录

1.9　实践疑难解答

1.9.1　Oracle 11g 安装时先决条件检查全部失败

Oracle 11g 安装时先决条件检查全部失败

网络课堂：http://bbs.itzcn.com/thread-19240-1-1.html

【问题描述】：安装 11.2.0.1.0 版本的 Oracle 时，先决条件检查全部失败，详细信息如下：

```
//物理内存
物理内存 - 此先决条件将测试系统物理内存总量是否至少为 922MB (944128.0KB)。
预期值
: N/A
实际值
: N/A
错误列表:
-
//可用物理内存
PRVF-7531: 无法在节点"LENOVO-F4F9938F"上执行物理内存检查 - Cause: 无法在指示的
节点上执行物理内存检查。 - Action: 确保可以访问指定的节点并可以查看内存信息。
可用物理内存 - 此先决条件将测试系统可用物理内存是否至少为 50MB (51200.0KB)。
预期值
: N/A
实际值
: N/A
错误列表:
-
PRVF-7563: 无法在节点"LENOVO-F4F9938F"上执行可用内存检查 - Cause: 无法在指示的
节点上执行可用内存检查。 - Action: 确保可以访问指定的节点并可以查看内存信息。
//交换空间大小
交换空间大小 - 此先决条件将测试系统是否具有足够的总交换空间。
预期值
: N/A
实际值
: N/A
错误列表:
PRVF-7574: 无法在节点"LENOVO-F4F9938F"上执行交换空间大小检查 -Cause: 无法在指示
的节点上执行交换空间检查。 - Action: 确保可以访问指定的节点并可以查看交换空间信息。
PRVF-7531: 无法在节点"LENOVO-F4F9938F"上执行物理内存检查 - Cause: 无法在指示的
节点上执行物理内存检查。 - Action: 确保可以访问指定的节点并可以查看内存信息。
……
```

Oracle 版本为 11.2.0 的，之前安装的 Oracle 11.1.0.6 没有任何问题啊！这是怎么回事呢？如何解决？

【解决办法】：Oracle 的 11.2.0 版本与 11.1.0.6 版本是有区别的，在安装上也有很大的差异。解决办法有很多中，最简单的办法如下：

（1）首先要保证 Oracle 服务开启。

（2）在命令提示符下键入如下的语句：

```
net share c$=c:
```

按回车键，C 盘默认为共享状态，这样问题就解决了。

原因就在于：不打开默认共享，Oracle 无法检查环境的可用性。

1.9.2　安装 Oracle 11g 后没有 OracleDBConsoleorcl 服务

安装 Oracle 11g 后没有 OracleDBConsoleorcl 服务

网络课堂：http://bbs.itzcn.com/thread-19234-1-1.html

【问题描述】：安装 Oracle 11g 后服务里没有 OracleDBConsoleorcl 服务，操作系统是 Windows 7 旗舰版的。

【解决办法】：该问题的解决办法就是重建一下 OEM，步骤如下：

（1）修改 DBSNMP 密码

重新配置 DBCONSOLE，需要输入 DBSNMP 密码，但任何密码都会显示错误，需要预先修改。

```
SQL>ALTER USER dbsnmp IDENTIFIED BY xxx;
```

（2）删除早期 DBCONSOLE 创建的用户

```
SQL >DROP ROLE mgmt_user;
SQL >DROP USER mgmt_view CASCADE;
SQL >DROP USER sysman CASCADE;
```

（3）删除早期 DBCONSOLE 创建的对象

```
SQL>DROP PUBLIC SYNONYM MGMT_TARGET_BLACKOUTS;
SQL>DROP PUBLIC SYNONYM SETEMVIEWUSERCONTEXT;
```

（4）重新创建 DBCONSOLE

```
$emca -config dbcontrol db -repos create
```

根据提示，先输入 SID，再输入 Y 继续；输入端口 1521，输入 SYS 密码，输入 DBSNMP 密码，输入 SYSMAN 密码，输入 Y 继续，最后完成。

1.9.3　SYSTEM 用户以 SYSDBA 的身份登录到 OEM 问题

SYSTEM 用户以 SYSDBA 的身份登录到 OEM 问题

网络课堂：http://bbs.itzcn.com/thread-19235-1-1.html

【问题描述】：使用 SYSTEM 用户以 SYSDBA 的身份登录到 OEM，却提示：您的用户名和/或口令无效。我确定在 OEM 的登录页面中，输入的用户名和口令是无误的，这是怎么回事呢？

【正确答案】：SYSTEM 是普通管理员，只能以 Normal 的身份登录到 OEM，而无法以 SYSDBA（系统管理员）的身份登录到 OEM。更换高权限的用户——SYS 登录即可，它拥有 SYSDBA 的权限。

第2章

Oracle 数据库体系结构

Oracle 数据库的体系结构主要包括物理存储结构、逻辑存储结构、内存结构和进行结构。对 Oracle 数据库的体系结构的掌握将直接影响后面对 Oracle 的学习。

本章除了介绍 Oracle 数据库的体系结构，还对数据字典进行了简单介绍。通过数据字典，可以了解 Oracle 数据库中的很多信息，如一个表的创建信息等。

本章学习要点：

➢ 了解物理存储结构

➢ 了解逻辑存储结构

➢ 理解 Oracle 体系的逻辑存储结构与物理存储结构的关系

➢ 了解 Oracle 实例

➢ 了解实例进程机构

➢ 了解内存结构

➢ 理解 Oracle 数据库中的数据字典的使用

2.1　物理存储结构

物理存储结构是指从物理角度分析数据库的组成，即 Oracle 数据库创建后所使用的操作系统文件。Oracle 数据库在物理上主要有 3 种类型的文件组成，分别是数据文件（*.dbf）、控制文件（*.ctl）和日志文件（*.log），另外还包括一些参数文件等。

 Oracle 数据库在物理上是由存储在磁盘中的操作系统文件所组成的。

2.1.1　数据文件

数据文件（Data File）用于存数数据库数据的文件，如表中的记录、索引、数据字典信息等都存储在数据文件中。

在存取数据时，Oracle 数据库系统首先从数据文件中读取数据，并存储在内存中的数据缓冲区中。当用户查询数据时，如果所要查询的数据不在内存的数据缓冲区中，那么 Oracle 数据库将启动相应的进程从数据文件中读取数据，并保存到数据缓存区中。当存储或修改数据时，用户存储或修改的数据会首先保存在内存的数据缓冲区中，然后由 Oracle

的后台进程 DBWn 将数据写入数据文件。

 这样的存取方式，减少了磁盘的 I/O 操作，提供了系统的响应性能。

数据文件一般有几个特点。

❑ 一个表空间由一个或多个数据文件组成。

 表空间是数据库存储的逻辑单位，表空间如果离开了数据文件将失去物理意义，关于表空间将在后面章节详细讲解。

❑ 一个数据文件只对应一个数据库，而一个数据库通常包含多个数据文件。

❑ 数据文件可以通过设置其参数，实现其自动扩展的功能。

可以通过查询数据字典 DBA_DATA_FILES 和 V$DATAFILE 来了解数据文件的信息，首先使用 DESC 命令了解 DBA_DATA_FILES 的结构，如下所示。

```
SQL> desc dba_data_files;
名称                              是否为空?        类型
----------------------------   --------------   ----------------------------
 FILE_NAME                                      VARCHAR2(513)
 FILE_ID                                        NUMBER
 TABLESPACE_NAME                                VARCHAR2(30)
 BYTES                                          NUMBER
 BLOCKS                                         NUMBER
 STATUS                                         VARCHAR2(9)
 RELATIVE_FNO                                   NUMBER
 AUTOEXTENSIBLE                                 VARCHAR2(3)
 MAXBYTES                                       NUMBER
 MAXBLOCKS                                      NUMBER
 INCREMENT_BY                                   NUMBER
 USER_BYTES                                     NUMBER
 USER_BLOCKS                                    NUMBER
 ONLINE_STATUS                                  VARCHAR2(7)
```

通过数据字典 DBA_DATA_FILES，可以了解数据文件的名称、大小及标识等信息。在上述结构中，其部分字段含义如下所示。

❑ **FILE_NAME**　数据文件的名称以及存放路径。

❑ **FILE_ID**　数据文件在数据库中的 ID。

❑ **TABLESPACE_NAME**　数据文件对应的表空间名。

❑ **BYTES**　数据文件的大小。

❑ **BLOCKS**　数据文件所占用的数据块数。

❑ **STATUS**　数据文件的状态。

❑ **AUTOEXTENSIBLE** 数据文件是否可扩展。

如查询一个名为 USERS 的表空间所对应的数据文件的部分信息，如下所示。

```
SQL> select file_name,bytes,blocks,status,autoextensi
  2  from dba_data_files
  3  where tablespace_name='USERS';
FILE_NAME
---------------------------------------------------------------
    BYTES     BLOCKS STATUS     AUT
---------- ---------- --------- ---
F:\ORACLE\ADMINISTRATOR\ORADATA\ORCL\USERS01.DBF
  5242880        640 AVAILABLE YES
```

数据字典 V$DATAFILE 是记录数据文件的动态信息，通过它可以了解数据文件的同步信息，如下所示。

```
SQL> select file#,name,checkpoint_change# from v$datafile;
FILE#   NAME                                           CHECKPOINT_CHANGE#
-----   ---------------------------------------------  ------------------
    1      F:\ORACLE\ADMINISTRATOR\ORADATA\ORCL\SYSTEM01.DBF    1124916
    2      F:\ORACLE\ADMINISTRATOR\ORADATA\ORCL\SYSAUX01.DBF    1124916
    3      F:\ORACLE\ADMINISTRATOR\ORADATA\ORCL\UNDOTBS01.DBF   1124916
    4      F:\ORACLE\ADMINISTRATOR\ORADATA\ORCL\USERS01.DBF     1124916
    5      F:\ORACLE\ADMINISTRATOR\ORADATA\ORCL\EXAMPLE01.DBF   1124916
```

在上述示例中，FILE# 为数据文件的编号，NAME 为数据文件名称，CHECKkPOINT_CHANGE#为数据文件的同步号，同步号随着系统的运行自动修改，以维持所有数据文件的同步。

2.1.2 控制文件

控制文件（Control File）是一个很小的二进制文件，它用于描述数据库的物理结构，数据控制文件一般在安装 Oracle 系统时自动创建。

控制文件存放了与 Oracle 数据库有关的控制信息，数据库发生物理变化时，会被自动更新，控制文件的内容只能够由 Oracle 本身来修改。

在 Oracle 数据库中，控制文件非常重要，一个 Oracle 数据库可以同时拥有多个控制文件（完全相同），但一个控制文件只能属于一个数据库。在数据库使用过程中，需要不断地更新控制文件，一旦控制文件损坏，则数据库将不能正常工作。

如果想了解控制文件的信息，可以通过查询数据字典 V$CONTROLFILE，例如要查看控制文件的 NAME，如下所示。

```
SQL> select name from v$controlfile;
NAME
---------------------------------------------------------------
```

```
F:\ORACLE\ADMINISTRATOR\ORADATA\ORCL\CONTROL01.CTL
F:\ORACLE\ADMINISTRATOR\FLASH_RECOVERY_AREA\ORCL\CONTROL02.CTL
```

如上述示例可看出，控制文件的名字通常是*.ctl 格式的。

> Oracle 系统一般会默认创建 3 个包含相同信息的控制文件，其目的是为了
> 当其中一个文件损坏时，可以调用其他控制文件。

2.1.3 日志文件

在 Oracle 中，日志文件也叫做重做日志文件。日志文件用于记录对数据库的修改信息，这样，对数据库的修改信息都被记录在日志文件中，就不会因故障而导致数据丢失，可以通过日志文件找到数据的修改，可以实现数据备份与恢复。

在 Oracle 数据中，为了确保日志文件的安全，运行对日志文件进行镜像。一个日志文件和它所有的镜像文件构成一个日志文件组，它们有着相同的信息。同一组的日志文件最后保存在不同的磁盘中。

> 在 Oracle 中日志文件是成组使用的，日志文件的组织单位叫做日志文件组，
> 日志文件组中的日志文件叫做日志成员。

如果想了解系统当前正在使用哪个日志文件组，可以通过查询数据字典 V$LOG，如下所示。

```
SQL> select group#,members,status from v$log;
   GROUP#    MEMBERS    STATUS
---------- --------- --------------------------
     1         1        INACTIVE
     2         1        CURRENT
     3         1        INACTIVE
```

如果 STATUS 字段的值为 CURRENT，表示系统当前正在使用该字段对应的文件组。从上述结果可以看出，系统当前正在使用第二组日志文件。

在日志工作过程中，多个日志文件组是循环使用的。当一个日志文件组的空间被占完后，将会发生日志切换，系统自动转换到另一个日志文件组。

数据库管理员也可以使用 ALTER SYSTEM 命令进行手动切换日志，如下所示。

```
SQL> alter system switch logfile;
系统已更改。
```

此时，再次查询数据字典 V$LOG，看看当前系统正在使用的日志文件是否已更改，如下所示。

```
SQL> select group#,members,status from v$log;
   GROUP#    MEMBERS    STATUS
---------- ---------- ----------------
       1         1        CURRENT
       2         1        INACTIVE
       3         1        ACTIVE
```

由查询结果可知，系统当前使用的日志文件已切换到第 1 组。

2.1.4　其他文件

除了构成 Oracle 数据库物理存储结构的三类主要文件外，还有参数文件、备份文件、归档重做日志文件及警告、跟踪日志文件等。

1. 参数文件

参数文件记录了 Oracle 数据库的基本参数信息，主要包括数据库名、控制文件所在路径、进程等。它分为文本参数文件（Parameter File，PFILE）和服务器参数文件（Server Parameter File，SPFILE），前者可以使用文本编辑器编辑，而后者为二进制文件不能用文本编辑器编辑。

2. 备份文件

文件受损时，可以借助于备份文件对受损文件进行修复。对文件进行还原的过程，就是用备份文件替换该文件的过程。

3. 归档重做日志文件

归档重做日志文件用于对写满的日志文件进行复制并保存，可以通过设置数据库在归档后自动地保存日志文件。具体功能由归档进程 ARCn 实现，该进程负责将写满的日志文件（或重做日志文件）复制到归档日志目标中。归档日志文件在数据库恢复时起决定性作用。

4. 警告、跟踪日志文件

每一个服务器和后台进程都可以写入一个相关的跟踪日志文件。当一个进程发现了一个内部错误的时候，它把关于错误的信息转储到它的跟踪文件里。

警告文件是一种特殊的跟踪文件，它包含错误事件的说明，而随之产生的跟踪文件则记录该错误的详细信息。一个数据库的警告文件就是按时间排序的消息和错误的记录。

2.2　逻辑存储结构

Oracle 的逻辑存储结构是从逻辑的角度分析数据库的构成，即创建数据库后形成的逻辑概念之间的关系，主要包括表空间、段、区和数据块。这 4 者之间存在如下关系：多个数据块组成一个区；多个区组成一个段；多个段组成一个表空间。而一个数据库是由多个表空间组成。

Oracle 数据库的逻辑存储结构如图 2-1 所示。

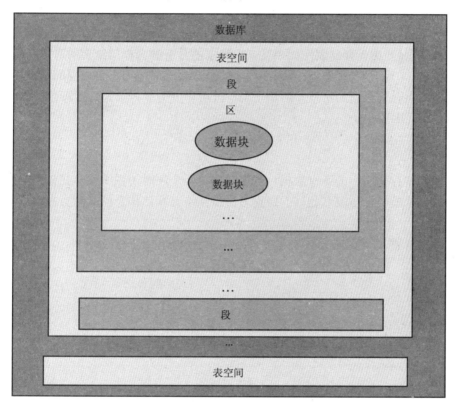

图 2-1　Oracle 数据库逻辑存储结构图

2.2.1　表空间（Tablespace）

在 Oracle 数据库中，最大的逻辑存储结构是表空间（Tablespace），用户在数据库中建立的所有内容都被存储在表空间中。Oracle 使用表空间将相关的逻辑结构组织在一起，表空间与物理上的数据文件相对应。

一个表空间只能属于一个数据库，一个表空间可以有多个数据文件，但一个数据文件只能对应一个表空间。一个表空间的大小等于构成该表空间的所有数据文件的大小的总和。

Oracle 除了用户创建的存放数据对象的数据表空间外，还有以下类型的表空间。

❑ **SYSTEM**　系统表空间，用于存放表空间名称、表空间所含数据文件等管理数据库自身所需信息，如数据字典、存储过程、包、数据对象定义等。

❑ **SYSAUX**　辅助系统表空间，用于减少系统表空间的负荷，提供系统效率。

❑ **TEMP**　临时表空间，用于存储实例运行过程中产生的所有临时数据，如执行 SQL 语句产生的临时表。

❏ **EXAMPLE** 实例表空间，其中存放实例数据库的模式对象信息等。

❏ **UNDOTBSI** 撤销表空间，用于自动撤销管理方式下存储撤销信息。

❏ **USERS** 用户表空间，用于存储永久性用户对象和私有信息。

2.2.2 段（Segment）

段（Segment）用于存储表空间中某一中特定的具有独立存储结构的对象的所有数据。段是一组盘区，它由一个或多个区组成。段一般是数据库终端用户将处理的最小存储单位。

按照段中所存储数据的特征和用途不同，段可以分为 5 种类型：数据段、索引段、临时段、LOB 段和回退段。

1. 数据段

数据段用于存储表中的所有数据。当用户创建一个表时，系统就会在该用户的默认表空间中为该表分配一个与表名相同的数据段，以便将来存储该表的所有数据。

 如果创建的是分区表，则系统为每个分区分配一个数据段。

2. 索引段

索引段用于存储表中的所有索引信息。在 Oracle 中，如果用户创建一个索引，则系统会自动为该索引创建一个索引段，且索引段的名称与索引的名称相同。

 如果创建的是分区索引，则系统为每个分区分配创建一个索引段。

3. 临时段

临时段用于存储临时数据。当用户进行排序或汇总时所产生的临时数据都存储在临时段中，该段由系统在用户的临时表空间中自动创建，并在排序或汇总结束时自动取消。

4. LOB 段

LOB 段用于存储表中的大型数据对象。在 Oracle 中，大型数据对象主要有 CLOB 和 BLOB。

5. 回退段

回退段用于存储用户数据被修改之前的值，以便在特定条件下回退用户对数据的修改。在 Oracle 中，如果需要对用户的数据进行回退操作即恢复操作，就要使用回退段。

 每个数据库都至少要有一个回退段，供数据恢复时使用。

2.2.3　区（Extent）

区（Extent）是由物理上连续存放的数据块组成的数据库存储空间。区是 Oracle 进行存储分配的最小单位。

区是由段分配的，段的增大是通过增加区的个数实现的，但在一个数据段中，区的个数并不是无限制的，它有两个参数决定，如下所示。

❑ **MIN_EXTENTS**　定义一个段时分配区的总数，也就是段的最少可分配的区的个数。

❑ **MAX_EXTENTS**　定义一个段时最多可以分配的区的个数。

可以通过数据字典 DBA_TABLESPACES 了解表空间信息，及表空间的最小和最大区的个数，如下所示。

```
SQL> select min_extents,max_extents,tablespace_name from dba_tablespaces;
MIN_EXTENTS  MAX_EXTENTS T ABLESPACE_NAME
-----------  -------------- -----------------------
          1    2147483645          SYSTEM
          1    2147483645          SYSAUX
          1    2147483645          UNDOTBS1
          1                        TEMP
          1    2147483645          USERS
          1    2147483645          EXAMPLE
已选择 6 行。
```

2.2.4　数据块（Block）

数据块（Block）也称逻辑块或 Oracle 块，是 Oracle 数据库进行逻辑读写操作的最小单元，也是最小的逻辑存储单位。数据块对应磁盘上一个或多个物理块，其大小由参数 DB_BLOCK_SIZE 决定。一旦数据库创建完成后，将无法修改数据块的大小，可以使用 SHOW PARAMETER DB_BLOCK_SIZE 命令查看该参数信息，如下所示。

```
SQL> show parameter db_block_size;
NAME                           TYPE       VALUE
------------------------  ---------  -------------
db_block_size                  integer    8192
```

在数据块中可以存储各种类型的数据，如表数据、索引数据和簇数据等。无论数据块中存放何种类型的数据，每个数据块都具有相同的结构。一个数据块主要由 5 部分组成：块头部、表目录、行目录、空闲空间和行空间。

1. 块头部

包含了此数据库的概要信息，如块地址及此数据块所属的段的类型等。

2．表目录

如果数据块中存储的数据是某个表的的数据（表中一行或多行记录），则关于该表的信息将存放在表目录中。

3．行目录

此区域包含数据块中存储的数据行的信息。

4．空闲空间

数据库中还没有使用的存储空间。

5．行空间

包含了表或者索引的实际数据，所以行空间是数据块中已经使用的存储空间。

 由于块头部、表目录和行目录并不保存实际数据，所以一个数据块的容量实际上是由空闲空间与行空间容量的总和。

2.3　Oracle 进程结构

Oracle 进程是操作系统中一个独立的可调度的活动，Oracle 数据库启动时，会启动多个 Oracle 后台进程，后台进程是用于执行特定任务的可执行代码块，在系统启动后异步地为所有数据库用户执行不同的任务。本节将讲解 Oracle 中部分重要的后台进程。

2.3.1　DBWn 进程

DBWn（Database Writer，数据库写入）进程负责将数据块缓存区内变动的数据块写入磁盘内的数据文件。在一个数据库实例中，DBWn 进程最多可以启动 20 个，对于大多数数据库系统来说，使用一个 DBWn 进行就足够了。

在介绍 DBWn 进程之前，先了解一下如下几个概念。

❑ **LRU**　LRU（Leas Recently Used，最近很少使用）是数据缓冲区的一种管理机制，只保留最近数据，不保留旧数据。

❑ **DIRTY**　DIRTY 表示"脏数据"或"脏列"，是指被修改但还没有被写入到数据文件的数据。

 当数据缓冲区内的某个缓冲区被修改后，将标记为脏缓冲区，而死缓冲区是根据 LRU 的算法选出的最近很少使用的缓冲区。

36

当缓冲区中的某缓冲区被修改，它被标志为"弄脏"，DBWR 的主要任务是将"弄脏"的缓冲区写入磁盘，使缓冲区保持"干净"。由于缓冲存储区的缓冲区填入数据库或被用户进程弄脏，未用的缓冲区的数目减少。当未用的缓冲区下降到很少，以致用户进程要从磁盘读入块到内存存储区时无法找到未用的缓冲区时，DBWR 将管理缓冲存储区，使用户进程总可得到未用的缓冲区。

DBWn 进程的作用是：

（1）管理数据缓存区，保证服务器进程总能找到空闲缓存块，以便保存读取的数据块。

（2）在满足一定条件时，将 DIRTY 列表中最近未被访问的脏缓存块成批地写入数据文件，以便获得更多的空闲缓存块。

（3）使用 LRU 算法将最近正在使用的缓存保留在 LRU 列表中。

（4）通过写入可以优化磁盘 I/O 性能。

DBWn 进程负责将修改后的数据写入磁盘数据文件，启动 DBWn 进程的条件主要有以下几种。

（1）当一个服务器进程将缓存区数据移入 DIRTY LIST（弄脏表），而 DIRTY LIST 超长时，服务器进程会通知 DBWn 进程将数据写入磁盘，刷新缓冲区。

> 当服务器进程从 LRU 中查找是否有存放数据的空闲块时，如果 LRU 中没有空闲块，则会将 LRU 中的 DIRTY 数据移入 DIRTY LIST。

（2）当服务器进程在 LRU 列表中查找 DB_BLOCK_MAX_SCAN_CNT 缓冲区时，如果没有空闲的缓冲区时，将会停止查找并启动 DBWn 进程将部分脏缓冲区中的数据写入数据文件。

（3）DBWn 进程出现超时，即大约 3 秒钟时启动。

（4）当出现检查点，LGWR 进程通知 DWRn 进程进行写操作。

前面提到过 DBWn 进程可以启动多个，其允许启动的个数由参数 DB_WRITER_PROCESS 决定，可以通过 SHOW PARAMETER DB_WRITER_PROCESS 命令查看该参数的信息，如下所示。

```
SQL> show parameter db_writer_processes;
NAME                           TYPE          VALUE
------------------------------ ------------- ------------
db_writer_processes            integer       1
```

由于 DBWn 进程最多可以启动 20 个，所以此参数的最大值为 20。

2.3.2　LGWR 进程

LGWR（Log Writer，日志写入）负责对日志进行管理，将日志缓冲区内的数据写入磁盘上的日志文件，是管理日志缓冲区的一个后台进行。

在数据库的运行中，用户对数据库的修改操作都被记录在日志信息中，而这些日志信息首先保存在日志缓冲区中。当日志信息达到一定数量时，会由 LGWR 进程将日志数据写入日志文件中。

日志缓冲区是一个循环使用的缓冲区，当 LGWR 进程将日志缓冲区中的数据写入日志文件后，服务器进程就可以用新产生的日志数据覆盖日志缓冲区内已写入磁盘的日志数据。即使日志数量巨大，LGWR 进程通常也能迅速地向磁盘写入日志信息，确保缓冲区内有足够的可用空间用于写入新的日志信息。

LGWR 进程会在以下几种不同情况下执行写入操作。

❑ 事务处理进行提交。

❑ 日志缓存已经填充了 1/3。

❑ 日志缓存中的数量达到了 1MB。

❑ 出现超时，即每 3 秒钟的时间。

❑ 在 DBWR 进程将数据库高速缓冲区中修改过的数据块写到数据文件之前。

Oracle 使用快速提交机制，当用户发出 COMMIT 语句时，一个 COMMIT 记录立即放入日志缓冲区，但相应的数据缓冲区改变被延迟，直到在更有效时才将它们写入数据文件。

 当需要更多的日志缓冲区时，LWGR 在一个事务提交前就将日志项写出，而这些日志项仅当在以后事务提交后才永久化。

2.3.3 CKPT 进程

CKPT（Check Point，检查点）进程一般发生在日志切换时产生。在系统运行过程中，当需要将修改后数据写入数据文件并进行日志切换时，就会产生检查点，检查点保证所有修改后的数据库缓冲区中的数据都被写入到磁盘数据文件中。

当一个检查点（checkpoint）发生时，Oracle 需要更新所有数据文件的文件头来记录检查点事件的详细信息，这个工作是由 CKPT 进程完成的，但是将数据块写入数据文件不是 CKPT 进程完成的，而是 DBWn 进程。

在 Oracle 数据库中，通过两个参数来控制检查点的产生：LOG_CHECKPOINT_TIMEOUT 和 LOG_CHECKPOINT_INTERVAL 。 其中，LOG_CHECKPOINT_TIMEOUT 参数用来设置检查点产生的时间间隔，LOG_CHECKPOINT_INTERVAL 参数用来设置检查点需要填充的日志文件块的数目，即每产生多少个日志数据，自动产生一个检查点。

可以通过 SHOW PARAMETER LOG_CHECKPOINT_TIMEOUT 命令，查看参数 LOG_CHECKPOIT_TIMEOUT 的信息，如下所示。

```
SQL> show parameter log_checkpoint_timeout;
NAME                            TYPE         VALUE
------------------------------- ------------ -----------
log_checkpoint_timeout          integer      1800
```

由上述示例可知，LOG_CHECKPOINT_TIEMOUT 参数的默认值为 1800，其单位是秒。

可以通过 SHOW PARAMETER LOG_CHECKPOINT_INTERVAL 命令，查看参数 LOG_CHECKPOIT_INTERVAL 的信息，如下所示。

```
SQL> show parameter log_checkpoint_interval;
NAME                             TYPE        VALUE
-------------------------------- ----------- -----------
log_checkpoint_interval          integer     20M
```

由上述示例可知，LOG_CHECKPOINT_INTERVAL 参数的默认值为 0。

2.3.4 SMON 进程

SMON（System Monitor，系统监控）进程负责系统监视系统清理及恢复工作，这些工作主要包括：

（1）清理临时空间以及临时段：SMON 负责在数据库启动时清理临时表空间中的临时段，或者一些异常操作过程遗留下来的临时段。

（2）接合空闲空间：SMON 进程会将各个表空间的空闲碎片合并在一起，让数据库系统更加容易分配，从而提高数据库的性能。

（3）执行实例恢复：在数据库运行的过程中，会因为断电或者其他的原因而发生故障。此时由于数据高速缓存中的脏缓存块还没有来得及写入到数据文件中，从而导致数据的丢失。在数据库启动的时候，系统监视进程 SMON 会在下一次启动例程的时候，自动读取日志文件并对数据库进行恢复。SMON 进程还负责清理不再使用的临时段。

在具有并行服务器选项的环境下，SMON 对有故障 CPU 或实例进行实例恢复。SMON 进程有规律地被唤醒，检查是否需要使用，或者其他进程发现需要时可以被调用。

2.3.5 PMON 进程

PMON（Process Monitor，进程监控）是用户进程坏死清理进程，用于当一个用户进程失败后执行进程行恢复操作。PMON 进程将清除相关的数据缓存区并释放被此用户进程使用的资源。

PMON 还周期地检查调度进程（DISPATCHER）和服务器进程的状态，如果已死，则重新启动（不包括有意删除的进程）。PMON 进程有规律地被呼醒，检查是否需要，或者其他进程发现需要时可以被调用。

2.3.6 ARCn 进程

ARCn（Archive Process，归档）进程负责将日志文件复制到归档日志文件中，以避免日志文件组的循环使用覆盖已有的日志文件。只有当数据库运行在 ARCHIVELOG 模式下，且自动归档功能被开启时，系统才会启动 ARCn 进程。

 一个 Oracle 实例中最多可以运行 10 个 ARCn 进程（ARC0 到 ARC9）。

Oracle 数据库有两种运行方式：归档（Archivelog）方式和非归档（Noarchivelog）方式。只有在归档方式下，才存在 ARCn 进程。当 ARCn 进程对一个日志文件进行归档操作时，其他任何进程都不能访问该日志文件。

可以通过设置参数 LOG_ARCHIVE_MAX_PROCESSES 决定允许启动的 ARCn 进程的个数，由于一个 Oracle 实例最多可以运行 10 个 ARCn 进程，所以该参数最大可设置为 10。

下面通过 SHOW PARAMETER LOG_ARCHIVE_MAX_PROCESSESS 命令了解该参数的信息，如下所示。

```
SQL> show parameter log_archive_max_processes;
NAME                                       TYPE        VALUE
------------------------------------------ ----------- -------------
log_archive_max_processes                  integer     4
```

从上述示例中可知，当前最多可以启动的 ARCn 进程的个数为 4 个。

2.3.7　RECO 进程

RECO（Recovery，恢复）进程是分布式数据库环境中自动地解决分布式事务错误的后台进程。

当一个结点上的 RECO 后台进程自动地连接到包含有悬而未决的分布式事务的其他数据库中，RECO 自动地解决所有的悬而不决的事务。任何在当前已经处理而在其他数据库中还未处理的事物将从每一个数据库的事务表中删去。

当数据库服务器的 RECO 后台进程试图建立同一个远程服务器的通信，如果远程服务器是不可用或者网络连接不能建立时，RECO 进程会自动地在一个时间间隔之后再次连接。

 RECO 后台进程仅当在允许分布式事务的系统中出现。

2.3.8　LCKn 进程

LCKn（Lock，封锁）进程是在具有并行服务器选件环境下使用，可多至启动 10 个进程（LCK0，LCK1……，LCK9），用于多个实例间的封锁。

2.3.9　SNPn 进程

SNPn（Snapshot Process，快照）进程用于处理数据库快照的自动刷新。

在 Oracle 数据库中，可以通过设置参数 JOB_QUEUE_PROCESS 决定快照进行启动的个数，通过 SHOW PARAMETER JOB_QUEUE_PROCESS 命令，可以了解该参数的信息，如下所示。

```
SQL> show parameter job_queue_process;
NAME                          TYPE            VALUE
-------------------------- --------------- -------------
job_queue_processes           integer         1000
```

2.3.10 Dnnn 进程

Dnnn（Dispatchers，调度）存在于并行服务器系统中，用于将用户进程的请求转发到一个可用的共享服务器进程并负责回送响应消息。

Dnnn 进程允许用户共享有限的服务器进程（SERVER PROCESS）。没有调度进程时，每个用户进程需要一个专用服务进程（DEDICATEDSERVER PROCESS）。对于多线索服务器（MULTI-THREADED SERVER）可支持多个用户进程。如果在系统中具有大量用户，多线索服务器可支持大量用户。

在一个数据库实例中可建立多个调度进程，对每种网络协议至少建立一个调度进程。数据库管理员根据操作系统中每个进程可连接数目的限制决定启动的调度程序的最优数，在实例运行时可增加或删除调度进程。

当实例启动时，调度进程为用户连接到 Oralce 建立一个通信路径，然后每一个调度进程把连接请求的调度进程的地址给予其他用户。当一个用户进程当作连接请求时，网络接收器进程分析请求并决定该用户是否可使用一个调度进程。如果是，该网络接收器进程返回该调度进程的地址，之后用户进程直接连接到该调度进程，然后由调度进程连接到服务器进程。有些用户进程不能调度进程通信，网络接收器进程不能将如此用户连接到调度进程。在这种情况下，网络接收器建立一个专用服务器进程，建立一种合适的连接。

 一个 Oracle 实例中可以运行多个 Dnnn 进程。

2.4 Oracle 内存结构

Oracle 内存结构，是 Oracle 数据库系统的重要组成部分，是决定 Oracle 服务器整体性能的关键元素。

2.4.1 内存结构概述

在数据库运行时，在内存中主要存储以下信息。

❑ 程序代码。

❏ 连接的会话信息，包括当前活动及非活动的会话。

❏ 程序执行过程中所需要的信息。

❏ 存储在外存储上的缓冲信息。

❏ 需要在 Oracle 进程间共享并进行通信的信息。

当用户发出一条 SQL 语句时，服务器进程会对这条 SQL 语句进行语法分析并执行它，然后将用户所需要的数据从磁盘的数据文件中读取出来，存放在系统全局区中的数据缓冲区中。如果用户进程对缓冲区中的数据进行了修改，则修改后的数据将由数据库写入进程 DBWn 写入磁盘数据文件。

 在数据库中，运行 SQL 程序、PL/SQL 程序、存储过程及添加修改数据等都需要使用内存，所以服务器内存的大小直接影响到数据库的运行速度。

按照系统内对内存的使用方法不同，Oracle 数据库的内存可以分为以下几个部分。

❏ 系统全局区。

❏ 程序全局区。

❏ 排序区。

❏ 大池。

❏ Java 池。

2.4.2 系统全局区（SGA）

系统全局区（System Global Area，SGA）是内存结构的主要组成部分，是 Oracle 为一个实例分配的一组共享内存缓冲区，用于存放数据库和控制信息，以实现对数据库数据的管理和操作。

当多个用户并发地连接到同一个实例后，这些用户将共享此实例 SGA 中的数据，因此 SGA 也被称为共享全局区。

 当数据库实例启动时，SGA 的内存被自动分配；当数据库实例关闭时，SGA 内存被回收。SGA 是占用内存最大的一个区域，同时也是影响数据库性能的重要因素。

系统全局区有以下几种内存结构构成。

❏ 数据缓冲区。

❏ 日志缓冲区。

❏ 共享池。

1．数据缓冲区

数据缓冲区用于从数据文件中读取数据，供所有用户共享。

数据缓冲区存放需要经常访问的数据，供所有用户使用。修改数据时，首先从数据文件中取出数据，存储在数据缓冲区中，修改后的数据也是存放在数据缓冲区中，然后由写入进程 DBWn 写入磁盘数据文件。

 数据缓冲区的大小对数据库的存取速度有直接影响，多用户时尤为明显。

2. 日志缓冲区

日志缓冲区是用来存储数据库的修改信息的，相对来说，日志缓冲区对数据库的性能影响较小。

日志文件用于记录对数据库的修改，为了减少磁盘的 I/O 操作，对数据库进行修改的事务在记录到日志文件之前会首先放到日志缓冲区中，当该区的日志数据满足一定条件时，会被 LGWR 进程写入日志文件。

日志缓冲区的大小是由参数 LOG_BUFFER 决定的，可以通过 SHOW PARAMETER LOG_BUFFER 命令查询该参数的信息，如下所示。

```
SQL> show parameter log_buffer;
NAME                             TYPE      VALUE
-------------------------------- -------- ---------------
log_buffer                       integer   5963776
```

3. 共享池

共享池（Shared Pool）是对 SQL、PL/SQL 程序进行语法分析、编译、执行的内存区域、共享池主要包括库缓存区（LIBRARY CACHE）、数据字典缓存区（DATA DICTIONARY CACHE）和用户全局区（USER GLOBAL AREA）组成。共享池的大小直接影响数据库的性能。

库缓冲区中包含使用过的 SQL 语句，编译后的代码和执行计划。数据字典缓冲区包含表、列、权限及其他对象定义。而用户全局区则保存用户的会话信息。

初始化参数 SHARED_POOL_SIEZ 用于设定共享池的容量，可以通过 SHOW_POOL_SIZE 命令查看该参数的信息，如下所示。

```
SQL> show parameter shared_pool_size;
NAME                             TYPE         VALUE
-------------------------------- ----------- ---------------
shared_pool_size                 big integer  20M
```

2.4.3　程序全局区（PGA）

程序全局区（Program Global Area，PGA）在服务器进程启动时分配该内存区。程序全局区包含单个服务器进程后单个用户进程所需的数据和控制信息。PGA 是在用户进程连接到数据库并创建一个会话时自动分配的，该区保留每个与 Oracle 数据库连接的用户进程所需要的内存。

 PGA 非共享区，只能单个进程使用，当一个用户会话结束后，PGA 释放。即进程开始时分配，进程结束是释放。

参数 PGA_AGGREAGATE_TARGET 可用于设定程序全局区的大小，可以通过 SHOW_PARAMETER PGA_AGGREGATE_TARGET 命令查看该参数信息，如下所示。

```
SQL> show parameter pga_aggregate target;
NAME                              TYPE            VALUE
-------------------------------- --------------- ---------
pga_aggregate_target              big integer     20M
```

2.4.4 排序区

排序区（Sort Area）是 Oracle 系统为有排序要求的 SQL 语句提供的内存空间。系统使用专用的内存区域进行数据排序，这部分空间就是排序区。

在 Oracle 数据库中，用户数据的排序可使用两个区域，一个是内存排序区，一个是磁盘临时段，系统优先使用内存排序区进行排序。假如内存不够，Orcle 会自动使用磁盘临时表空间进行排序。

 为提高数据排序的速度，建议尽量使用内存排序区，而不要使用磁盘临时段。

参数 SORT_AREA_SIZE 是用于设定排序区的大小，可以通过 SHOW PARAMETER SORT_AREA_SIZE 查看该参数信息，如下所示。

```
SQL> show parameter sort_area_size;
NAME                              TYPE         VALUE
-------------------------------- ---------    ---------------
sort_area_size                    integer      65536
```

2.4.5 大池

Oracle 数据库可以配置一个称为大池（Large Pool）的可选内存区域，也叫大区。大池用于需要大内存操作提供相对独立的内存空间，以便提高性能。需要大池的操作有数据库备份与恢复、大量排序的 SQL 语句、并行化的数据库操作等。

 大池是可选的内存结构。

大池的大小是由参数 LARGE_POOL_SIEZ 决定的，可以通过 SHOW PARAMETER LARGE_POOL_SIEZ 命令查看该参数信息，如下所示。

```
SQL> show parameter large_pool_size;
NA                              TYPE          VALUE
-------------------- ------------- -----------
large_pool_size                 big integer   20M
```

2.4.6　Java 池

Java 池（Java Pool）用于在数据库中支持 Java 的运行。自 Oracle 8I 后，Oracle 在内核中加入了对 Java 的支持，该缓冲区就是为 Java 程序保留的。如：使用 Java 编写一个存储过程，这时 Oracle 就会在处理代码时使用 Java 池的内容。

参数 JAVA_POOL_SIZE 用来设定 Java 池的大小，可以通过 SHOW PARAMETER JAVA_POOL

_SIZE 命令查看该参数信息，如下所示。

```
SQL> show parameter java_pool_size;
NAME                            TYPE           VALUE
-------------------- --------------- ------------
java_pool_size                  big            integer 0
```

2.5　数据字典

数据字典是 Oracle 数据库中最重要的逻辑结构之一，是 Oracle 存放数据库实例信息的一组表。为了方便使用，数据字典中的信息通过表和视图的方式组织，它由一些只读的数据字典表和数据字典视图组成。数据字典的所有者为 SYS 用户，而数据字典表和数据字典视图都被保存在 SYSTEM 表空间中。

2.5.1　Oracle 数据字典介绍

数据字典是只读的，终端用户和 DBA 通常使用的是建立在数据字典表上的数据字典视图。

在前面的内容中，已多次使用了数据字典。Oracle 数据库中主要由以下几种视图构成：USER 视图、ALL 视图、DBA 视图、V$视图和 GV$视图。

1. USER 视图

USER 视图的名称是以 USER_为前缀的，用来记录用户对象的信息。如 USER_TABLES 视图，它记录用户的表信息。

```
SQL> desc user_tables;
名称                                  是否为空?      类型
------------------------------    ------------   ----------------
TABLE_NAME                        NOT NULL   VARCHAR2(30)
TABLESPACE_NAME                              VARCHAR2(30)
CLUSTER_NAME                                 VARCHAR2(30)
IOT_NAME                                     VARCHAR2(30)
STATUS                                       VARCHAR2(8)
…
```

在上述查询结果中显示了 USER_TABLES 视图的部分结构，其中 TABLE_NAME 为表名称，TABLESPACE_NAME 为表所在表空间的名称，CLUSTER_NAME 为表所在簇的名称，IOT_NAME 为表所在组织表的名称，STATUS 为表的状态。

2. ALL 视图

ALL 视图的名称以 ALL_为前缀，用来记录用户对象的信息以及可以访问的所有对象信息。

3. DBA 视图

DBA 视图的名称以 DBA_为前缀，用来记录数据库实例的所有对象的信息。如 DBA_TABLES 视图，通过它可以访问所有用户的表信息。

4. V$视图

V$视图的名称以 V$为前缀，用来记录与数据库活动相关的性能统计动态信息。如 V$DATAFILE 视图，记录了有关数据文件的信息。

5. GV$视图

GV$视图的名称以 GV$为前缀，用来记录分布式环境下所有实例的动态信息。如 GV$LOCK 视图，记录了出现的数据库实例的信息。

2.5.2 Oracle 常用数据字典

为了方便后面 Oracle 的学习，本节将介绍一些常用的数据字典，主要包括基本的数据字典以及与数据库组件有关的数据字典。本节还将介绍 Oracle 中常用的动态性能视图。

1. 基本的数据字典

Oracle 中基本的数据字典如下所示。
- **DBA_TABLES**   所有用户的所有表的信息。
- **DBA_TAB_COLUMNS**   所有用户的表的字段信息。
- **DBA_VIEWS**   所有用户的所有视图信息。
- **DBA_SYNONYMS**   所有用户的同义词信息。

- ❑ **DBA_SEQUENCES** 所有用户的序列信息。
- ❑ **DBA_CONSTRAINTS** 所有用户的表的约束信息。
- ❑ **DBA_INDEXES** 所有用户的表的索引简要信息。
- ❑ **DBA_IND_COLUMNS** 所有用户的索引的字段信息。
- ❑ **DBA_TRIGGERS** 所有用户的触发器信息。
- ❑ **DBA_SOURCES** 所有用户的存储过程信息。
- ❑ **DBA_SEGMENTS** 所有用户的段的使用空间信息。
- ❑ **DBA_EXTENTS** 所有用户对象的扩展信息。
- ❑ **DBA_OBJECTS** 所有用户对象的基本信息。
- ❑ **CAT** 当前用户可以访问的所有基类。
- ❑ **TAB** 当前用户创建的所有基类、视图和同义词等。
- ❑ **DICT** 构成数据字典的所有表的信息。

2. 与数据库组件相关的数据字典

Oracle 中与数据库组件相关的数据字典如表所示 2-1 所示。

表 2-1　与数据库组件相关的数据字典

数据库组件	数据字典中的表或视图	说明
数据库	V$DATAFILE	记录系统的运行情况
表空间	DBA_TABLESPACE	记录系统表空间的基本信息
	DBA_FREE_SPACE	记录系统表空间的空闲空间的信息
控制文件	V$CONTROLFILE	记录系统控制文件的基本信息
	V$CONTROLFILE_RECORD_SECTION	记录系统控制文件中记录文档段的信息
	V$PARAMETER	记录系统各参数的基本信息
数据文件	DBA_DATA_FILES	记录系统数据文件及表空间的基本信息
	V$FILESTAT	记录来自控制文件的数据文件的信息
	V$DATAFILE_HEADER	记录数据文件头部的基本信息
段	DBA_SEGMENTS	记录段的基本信息
数据区	DBA_EXTENTS	记录数据区的基本信息
日志	V$THREAD	记录日志线程的基本信息
	V$LOG	记录日志文件的基本信息
	V$LOGFILE	记录日志文件的概要信息
归档	V$ARCHIVED_LOG	记录归档日志文件的基本信息
	V$ARCHIVE_DEST	记录归档日志文件的路径信息
数据库实例	V$INSTANCE	记录实例的基本信息
	V$SYSTEM_PARAMETER	记录实例当前有效的参数信息
内存结构	V$SGA	记录 SGA 区的大小信息
	V$SGASTAT	记录 SGA 的使用统计信息
	V$DB_OBJECT_CACHE	记录对象缓存的大小信息
	V$SQL	记录 SQL 语句的详细信息
	V$SQLTEXT	记录 SQL 语句的语句信息
	V$SQLAREA	记录 SQL 区的 SQL 基本信息
后台进程	V$BGPROCESS	显示后台进程信息
	V$SESSION	显示当前回合信息

在上述表结构中列出了 Oracle 中与数据库组件相关的数据字典。如可以通过 V$SESSION 视图，了解当前的用户会话信息，如下所示。

```
SQL> select terminal,username from v$session where username is not null;
TERMINAL            USERNAME
---------------- --------------------------------
ZR                  SYS
```

上述示例通过 V$SESSION 视图获取了当前会话用户的主机名与使用的 Oracle 用户名称。

3. 常用动态性能视图

Oracle 中常用的动态性能视图如下所示。

❑ **V$FIXED_TABLE** 显示当前发行的固定对象的说明。

❑ **V$INSTANCE** 显示当前实例的信息。

❑ **V$LIBRARYCACHE** 显示有关库缓存性能的统计数据。

❑ **V$ROLLSTAT** 显示联机的回滚段的名字。

❑ **V$ROWCACHE** 显示活动数据字典的统计。

❑ **V$SGA** 显示有关系统全局区的总结信息。

❑ **V$SGASTAT** 显示有关系统全局区的详细信息。

❑ **V$SORT_USAGE** 显示临时段的大小及会话。

❑ **V$SQLAREA** 显示 SQL 区的 SQL 信息。

❑ **V$STSSTAT** 显示基本的实例统计数据。

❑ **V$SYSTEM_EVENT** 显示一个事件的总计等待时间。

❑ **V$WAITSTAT** 显示块竞争统计数据。

如通过 V$INSTANCE 视图，了解当前数据库实例的信息，如下所示。

```
SQL> select instance_number,instance_name,host_name,status from v$instance;
INSTANCE_NUMBER I  NSTANCE_NAME      HOST_NAME    STATUS
-------------------- ---------------- ------------ --------------
1                   orcl              ZR           OPEN
```

上述示例通过 V$INSTANCE 视图获取了当前数据库实例的序列号、实例名称、所属主机的名称和状态。

2.6 项目案例：查看视图 DBA_DATA_FILE 的结构

在本节之前，对 Oracle 数据库的体系结构进行了详细的概述，对 Oracle 数据库有了一个整体的认识。另外还讲解了 Oracle 数据库中的数据字典。

Oracle 数据字典中 DBA_DATA_FILES 是记录系统文件以及表空间的基本信息，本节将使用 Oracle 提供的一个工具程序 SQL*Plus，使用 DESC 命令查看 DBA_DATA_FILE 视图的结构。

【实例分析】

启动 SQL*Plus 程序，提示用户输入用户名和密码，当输入正确并连接到数据库时后，因为数据字典的所有者为 SYS 用户，所以切换用户为 SYS 用户。然后可以使用命令 DESC DBA_DATA_FILE 来查看视图 DBA_DATA_FILE 的结构。

程序运行效果如图 2-2 所示。

图 2-2　数据字典 DBA_DATA_FILE 结构

2.7　习题

一、填空题

1. Oracle 数据库的体系结构主要包括：物理存储结构、_____、内存结构和实例进程结构。

2. 在 Oracle 数据库中，_____是指存储数据库数据的文件，如表中的索引、记录等存储在该文件中。

3. 在 Oracle 数据库中，_____是磁盘空间分配的最小单位，它由一个或多个数据块组成。

4. Oracle 数据库的后台进程中，_____进程是负责管理数据缓冲区的后台进程，用于将缓冲区中的数据写入磁盘的数据文件中。

5. 按照系统对于内存的使用方法不同，Oracle 数据库的内存可以分为如下结构：系统全局区（SGA）、_____、排序区（Sort Pool）、大池（Large Pool）、Java 池（Java Pool）。

6. 数据字典是 Oracle 存放数据库实例信息的一组表，其中_____视图是用来记录用户对象的信息。

二、选择题

1．下面哪种后台进程是负责管理日志缓冲区的，用于将日志缓冲区中的日志数据写入磁盘的日志文件？_____

    A．DBWn

    B．LGWR

    C．CKPT

    D．ARCn

2．下面对 Oracle 的表空间说法错误的是_____。

    A．在 Oracle 中，表空间是最大的逻辑存储结构

    B．一个表空间可以对应多个数据文件

    C．一个数据文件可以对应多个表空间

    D．一个表空间的大小等于构成该表空间的所有数据文件大小的总和

3．下面关于 Oracle 数据库中数据块说法错误的是_____。

    A．由于数据块可以存储不同类型的数据，所以数据块具有不同的类型

    B．数据块是 Oracle 数据库中管理存储空间的最基本单位，也是最小的逻辑存储单位

    C．可以用初始化参数 DB_BLOCK_SIZE 设定一个数据块的大小

    D．数据块的头部信息由块头部、表目录和行目录这 3 者共同组成

三、上机练习

1．使用 DESC 命令了解数据字典 DBA_VIEWS 的结构

打开 Oracle 数据库的 SQL*Plus 的登录页面，输入用户名和密码后，SQL*Plus 将连接到数据库，然后使用 DESC DBA_VIEWS 命令查看 DBA_VIEWS 数据字典的结构，运行效果如图 2-3 所示。

图 2-3　DBA_VIEWS 数据字典的结构

2.8　实践疑难解答

2.8.1　共享池（Shared Pool）的大小

查看共享池的参数 SHARED_POOL_SIZE，其大小为什么是 0

网络课堂：http://bbs.itzcn.com/thread-1553-1-1.html

【问题描述】：在 SQL*Plus 界面上，使用 SHOW PARAMETER SHARED_POOL_SIZE 命令查看参数 SHARED_POOL_SIZE，为什么是 0 呢？如下所示。

```
SQL> show parameter shared_pool_size;
NAME                           TYPE           VALUE
------------------------------ -------------- ---------------
shared_pool_size               big integer    0
```

【满意答案】：当你在 sqlplus 进入 dba 看 SQL>SHOW PARAMETER shared_pool_size 时，你可能在图形界面中看过，如果字节单位选得不对（byte，k，m，g）就会出现 0。

2.8.2　Oracle 中怎样设置 share_pool_size 参数的大小

Oracle 中怎样设置 shared_pool_size 参数的大小

网络课堂：http://bbs.itzcn.com/thread-1553-1-1.html

【问题描述】：我在执行一条较长的 sql 语句时会报"通道通信文件结束"的这样一个错误，有人跟我说可能与 share_pool_size 有关，向各位请教一下，Oracle 中是怎样设置 share_pool_size 参数的大小的？

【解决办法】：共享池是对 SQL 语句和 PL/SQL 程序进行语法分析、编译和执行的内存区域，其参数 shared_pool_size 可以设定共享池的大小，设置方法如下。

```
SQL>ALTER SYSTEM SET SHARED_POOL_SIZE='50M' SCOPE=BOTH
```

通过上述代码，即可完成对 shared_pool_size 参数大小的更改。

第3章

使用 SQL*Plus 工具

SQL*Plus 是 Oracle 最为主要的管理界面之一，数据库管理员可以通过它直接对数据库进行操作。SQL*Plus 用于运行 SQL 语句和 PL/SQL 程序块（在后面的章节中具体讲解）。通过它，用户可以连接位于相同服务器上的数据库，也可以连接位于网络中不同服务器上的数据库。

本章将主要讲解 SQL*Plus 工具的使用，以及常用的一些操作命令。

本章学习要点：

➤ 了解 SQL*Plus 的主要功能

➤ 熟练掌握使用 SQL*Plus 连接与断开数据库

➤ 熟练掌握 SQL*Plus 的常用命令

➤ 熟练掌握临时变量和已定义变量的使用

➤ 熟练掌握格式化查询结果的应用

➤ 熟练掌握使用 SQL*Plus 创建简单报表

3.1　SQL*Plus 概述

SQL*Plus 工具主要用于数据库查询和数据处理。通过 SQL*Plus 的常用命令可以查看表结构，同时还可以对文件进行操作，例如：读取文件内容到缓冲区、编辑缓冲区中的内容或文件内容等。SQL*Plus 可以用于运行 SQL 语句、PL/SQL 程序块、处理数据、生成报表、控制屏幕显示和打印输出等。本节将简单介绍 SQL*Plus 的主要功能以及连接/断开数据库的方式。

3.1.1　SQL*Plus 的主要功能

利用 SQL*Plus 可将 SQL 和 Oracle 专有的 PL/SQL 结合起来进行数据查询和处理。SQL*Plus 工具具备以下功能：

❑ 对数据表的插入、修改、删除、查询操作，以及执行 SQL、PL/SQL 块。

❑ 查询结果的格式化、运算处理、保存、打印以及输出 Web 格式。

❑ 显示任何一个表的字段定义，并与终端用户交互。

❑ 连接数据库，定义变量。

❑ 完成数据库管理。

❑ 运行存储在数据库中的子程序或包。

❑ 启动/停止数据库实例，要完成该功能，必须以 SYSDBA 身份登录数据库。

在 SQL*Plus 中可以执行如下所示的 3 种命令：

❑ **SQL 语句**　SQL 语句是以数据库对象为操作对象的语言，主要包括 DDL、DML 和 DCL。

❑ **PL/SQL 语句**　PL/SQL 语句同样是以数据库对象为操作对象，但所有 PL/SQL 语句的解释均由 PL/SQL 引擎来完成。使用 PL/SQL 语句可以编写过程、触发器和包等数据库永久对象。

❑ **SQL*Plus 内部命令**　SQL*Plus 命令可以用来格式化查询结果、设置选项、编辑以及存储 SQL 命令、设置查询结果的显示格式，并且可以设置环境选项，还可以编辑交互语句，以实现与数据库的交互功能。

> 本章主要介绍 SQL*Plus 内部命令的使用，而有关 SQL 语句和 PL/SQL 语句的内容将在本书后面章节中具体介绍。

3.1.2　SQL*Plus 连接与断开数据库

SQL*Plus 主要对数据库进行操作，在操作之前必须成功地连接数据库。当操作结束后，还需要断开与数据库的连接。本节将详细介绍 SQL*Plus 连接与断开数据库的方式。

1. 启动 SQL*Plus，连接到默认数据库

（1）执行【开始】|【程序】| Oracle – OraDb11g_home1 |【应用程序开发】| SQL Plus 命令，打开 SQL Plus 窗口，显示登录界面。

（2）在登录界面中将提示输入用户名，根据提示输入相应的用户名和口令（例如 SYSTEM 和 admin）后按 Enter 键，SQL*Plus 将连接到默认数据库。

（3）连接到数据库之后，显示 SQL>提示符，可以输入相应的 SQL 命令。例如执行 "SELECT name FROM v$database;" 语句，查看当前数据库名称。如图 3-1 所示。

图 3-1　连接到默认数据库

图 3-1 中输入的口令信息被隐藏。也可以在 "请输入用户名:" 后一次性输入用户名与口令,格式为: 用户名/口令,例如 system/admin,只是这种方式会显示出口令信息。

2. 从命令行连接数据库

要从命令行启动 SQL*Plus,可以使用 SQLPLUS 命令。SQLPLUS 命令的一般用法形式如下:

```
SQLPLUS [ user_name[ / password ][ @connect_identifier ] ]
    [AS { SYSOPER | SYSDBA | SYSASM } ] | / NOLOG ]
```

各项参数说明如下:
- **user_name**　指定数据库的用户名。
- **password**　指定数据库用户的口令。
- **@connect_identifier**　指定要连接的数据库。
- **AS**　用来指定管理权限,权限的可选值有 SYSDBA、SYSOPER 和 SYSASM。
- **SYSDBA**　具有 SYSOPER 权限的管理员可以启动和关闭数据库,执行联机和脱机备份,归档当前重做日志文件,连接数据库。
- **SYSOPER**　SYSDBA 权限包含 SYSOPER 的所有权限,另外还能够创建数据库,并且授权 SYSDBA 或 SYSOPER 权限给其他数据库用户。
- **SYSASM**　SYSASM 权限是 Oracle Database 11g 的新增特性,是 ASM 实例所特有的,用来管理数据库存储。
- **NOLOG**　表示不记入日志文件。

下面分别以 SCOTT 用户和 SYSTEM 用户连接数据库,在命令提示符下键入 SQLPLUS scott/tiger 命令和 SQLPLUS system/admin@orcl 命令(该命令明确指定了要连接的数据库为 orcl),按 Enter 键后提示连接到数据库,如图 3-2 和图 3-3 所示。

图 3-2　使用 SCOTT 用户登录

图 3-3　使用 SYSTEM 用户登录

3. 使用 SQL*Plus 命令连接与断开数据库

在 SQL*Plus 中连接数据库时,可以使用 CONNECT 命令指定不同的登录用户。连接数据库后，SQL*Plus 维持数据库会话。

CONNECT 命令的一般语法形式如下：

```
CONN[ECT] [ { user_name [ / password ][ @connect_identifier ] }
    [ AS { SYSOPER | SYSDBA | SYSASM } ] ]
```

如果需要断开与数据库的连接，可以使用 DISCONNECT（可以简写为 DISCONN）命令，该命令可以结束当前会话，但是保持 SQL*Plus 运行。

例如，使用 CONNECT 命令通过 SYSTEM 用户连接数据库。当使用 DISCONN 命令断开数据库，则在执行对表的查询时，提示未连接。示例如下所示：

```
SQL> CONNECT system/admin;
已连接。
SQL> disconn
从 Oracle Database 11g Enterprise Edition Release 11.2.0.1.0 - Production
With the Partitioning, OLAP, Data Mining and Real Application Testing options
断开
SQL> SELECT name FROM v$database;
SP2-0640: 未连接
```

要退出 SQL*Plus，关闭 SQL*Plus 窗口，可以执行 EXIT 或者 QUIT 命令。

3.2 使用 SQL*Plus 命令

SQL*Plus 是与 Oracle 进行交互的客户端工具。在 SQL*Plus 中，可以运行 SQL*Plus 命令和 SQL*Plus 语句。通常所说的 DML、DDL 和 DCL 语句都是 SQL 语句，它们执行完后，都可以保存在一个被称为 SQL BUFFER 的内存区域中，并且只能保存一条最近执行的 SQL 语句。我们可以对保存在 SQL BUFFER 中的 SQL 语句进行修改，然后再次执行。

除了 SQL 语句，在 SQL*Plus 中执行的其他语句称之为 SQL*Plus 命令，这些命令执行完后，不保存在 SQL BUFFER 内存区域中，一般用来对输出的结果进行格式化显示，以便于制作报表。本节将介绍一些常用的 SQL*Plus 命令。

3.2.1 使用 DESCRIBE 命令查看表结构

在 SQL*Plus 的命令中，使用较为频繁的命令是 DESCRIBE 命令。DESCRIBE 命令可以返回数据库中所存储的对象的描述。对于表和视图等对象来说，DESCRIBE 命令可以列出各个列以及各个列的属性。除此之外，该命令还可以输出过程、函数和程序包的规范。

DESCRIBE 命令语法如下：

```
DESC[RIBE] { [ schema. ] object [ @connect_identifier ] }
```

语法说明如下：

❏ **DESC[RIBE]** DESCRIBE 可以简写为 DESC。

❏ **schema** 指定对象所属的用户名，或者所属的用户模式名称。

❏ **object** 表示对象的名称，如表名或视图名等。

❏ **@connect_identifier** 表示数据库连接字符串。

使用 DESCRIBE 命令查看表的结构时，如果指定的表存在，则显示该表的结构。在显示表结构时，将按照"名称"、"是否为空"和"类型"这 3 列进行显示。其中：

❏ **名称** 表示列的名称。

❏ **是否为空** 表示对应列的值是否可以为空。如果不可以为空，则显示 NOT NULL，否则不显示任何内容。

❏ **类型** 表示列的数据类型，并且显示其精度。

【实践案例 3-1】

假设使用 DESCRIBE 命令查看 HR 用户下的 DEPARTMENTS 表的结构，示例如下：

```
SQL>DESCRIBE departments;
名称                         是否为空?                类型
-------------------- ---------- -------------------------
DEPARTMENT_ID                             NOT NULL NUMBER(4)
DEPARTMENT_NAME                           NOT NULL VARCHAR2(30)
MANAGER_ID                                NUMBER(6)
LOCATION_ID                               NUMBER(4)
```

由上述输出结果可知，DESCRIBE 命令输出 3 列：名称、是否为空、类型。名称显示 DEPARTMENTS 表中所包含的列名称；是否为空说明该列是否可以存储空值；类型说明该列的数据类型。

　　　　DESCRIBE 命令可以简化为 DESC，如上例中可以写为"DESC departments"。

3.2.2 执行 SQL 脚本

SQL*Plus 提供了 3 种命令来执行指定脚本文件的 SQL 语句，本节将详细介绍这 3 种命令的语法及应用。

1. 使用@命令

在 SQL*Plus 中，可以使用@命令执行当前目录下的，或指定路径下的脚本文件。该命令使用时一般需要指定要执行的文件的全路径，否则从缺省路径（可用 SQLPATH 变量指定）下读取指定的文件。该命令的语法格式如下：

```
@{url | file_name }[ arg ...]
```

该语句用于执行位于指定脚本中的 SQL*Plus 语句。其中，arg 表示要传递的参数。例如，在 F 盘中存在有一个名称为 oracle.sql 的文件，文件内容如下：

```
SELECT * FROM departments;
```

打开 SQL*Plus 工具，以 HR 用户登录，并执行下面的语句：

```
@ f:\oracle.sql;
```

输出的结果如下：

```
DEPARTMENT_ID      DEPARTMENT_NAME          MANAGER_ID      LOCATION_ID
---------------    ----------------------   -----------     ----------------------
10                 Administration           200             1700
20                 Marketing                201             1800
30                 Purchasing               114             1700
40                 Human Resources          203             2400
50                 Shipping                 121             1500
60                 IT                       103             1400
70                 Public Relations         204             2700
80                 Sales                    145             2500
90                 Executive                100             1700
100                Finance                  108             1700
110                Accounting               205             1700
...
270 Payroll                                                 1700
已选择 27 行。
```

2. 使用@@命令

@@命令用在 SQL 脚本文件中，用来说明用@@执行的 SQL 脚本文件与@@所在的文件在同一目录下，而不用指定要执行的 SQL 脚本文件全路径。该命令的语法格式如下：

```
@@{url | file_name }[ arg ...]
```

例如，在 F:\目录下有文件 start.sql 和 oracle.sql，start.sql 脚本文件的内容如下：

```
@@ oracle.sql;                    --相当于@ F:\oracle.sql
```

则我们在 SQL*Plus 中，执行下面的语句：

```
@ f:\start.sql;
```

输出的结果与使用@命令执行 oracle.sql 脚本文件的结果相同。

3. 使用 START 命令

START 命令与@命令相同，都是用来执行一个 SQL 脚本文件，其语法格式也相同，不同的是：START 命令的 url 支持 HTTP 和 FTP 协议：

```
[http |.ftp] : //machine_name.domain/script.sql
```

3.2.3 使用 SAVE 命令保存缓冲区内容到文件

在 SQL*Plus 中执行一条或若干条 SQL 语句，Oracle 就会把这些刚执行过的语句存放到缓冲区。每执行一次 SQL 语句，该语句就会存入缓冲区而且会将以前存放的语句覆盖。也就是说，缓冲区中存放的是刚才执行过的 SQL 语句。

使用 SAVE 命令可以将当前缓冲区的内容保存到文件中，这样，即使缓冲区中的内容被覆盖，也保留有前面的执行语句。SAVE 命令的语法如下：

```
SAV[E] [ FILE ] file_name [ CRE[ATE] | REP[LACE] | APP[END] ]
```

上述语法各个参数说明如下：

❑ **file_name** 表示将 SQL*Plus 缓冲区的内容保存到由 file_name 指定的文件中。
❑ **CREATE** 表示创建一个 file_name 文件，并将缓冲区中的内容保存到该文件。该选项为默认值。
❑ **APPEND** 如果 file_name 文件已经存在，则将缓冲区中的内容追加到 file_name 文件的内容之后，如果该文件不存在，则创建该文件。
❑ **REPLACE** 如果 file_name 文件已经存在，则覆盖 file_name 文件的内容；如果该文件不存在，则创建该文件。

【实践案例 3-2】

以 HR 用户登录，执行 SELECT 语句，查看 DEPARTMENTS 表中的所有数据，并使用 SAVE 命令将缓冲区内容保存到 F:\oracle.sql 文件中。具体的执行过程如下：

```
SQL> SELECT * FROM departments;
DEPARTMENT_ID        DEPARTMENT_NAME          MANAGER_ID       LOCATION_ID
---------------      --------------------     ---------------  ---------------
10                   Administration           200              1700
20                   Marketing                201              1800
30                   Purchasing               114              1700
40                   Human Resources          203              2400
50                   Shipping                 121              1500
60                   IT                       103              1400
70                   Public Relations         204              2700
80                   Sales                    145              2500
90                   Executive                100              1700
100                  Finance                  108              1700
110                  Accounting               205              1700
...
270                  Payroll                                   1700
已选择 27 行。
SQL> SAVE f:\oracle.sql replace;
已写入 file f:\oracle.sql
```

此时打开 F:\oracle.sql 文件，内容如下：

```
SELECT * FROM departments
/
```

F:\oracle.sql 文件中的 "/" 表示执行该语句。如果指定的文件不存在，则创建该文件；如果该文件存在了，则需要使用 REPLACE 参数覆盖已存在的文件，例如：save f:\oracle.sql replace。

在 SAVE 命令中，file_name 的默认后缀名为 .sql；默认保存路径为 Oracle 安装路径的 product\11.2.0\dbhome_1\BIN 目录下。

3.2.4 使用 GET 命令读取脚本文件到缓冲区

如果需要将 SQL 脚本文件读取到 SQL*Plus 的 SQL 缓冲区中进行编辑，可以使用 GET 命令。GET 命令的语法格式如下：

```
GET [ FILE ] file_name [ LIST | NOLIST ]
```

语法参数说明如下：

❑ **file_name**　表示一个指定文件，将该文件的内容读入 SQL*Plus 缓冲区中。

❑ **LIST**　列出缓冲区中的语句。

❑ **NOLIST**　不列出缓冲区中的语句。

【实践案例 3-3】

使用 GET 命令读取 F:\oracle.sql 文件中的内容，并在 SQL*Plus 中运行，从而将文件中的内容保存到缓冲区。具体的执行过程如下：

```
SQL> GET f:\oracle.sql;
  1* SELECT * FROM departments
SQL> run
  1* SELECT * FROM departments

DEPARTMENT_ID    DEPARTMENT_NAME       MANAGER_ID       LOCATION_ID
--------------   --------------------  ----------------  ----------------
10               Administration        200              1700
20               Marketing             201              1800
30               Purchasing            114              1700
40               Human Resources       203              2400
50               Shipping              121              1500
60               IT                    103              1400
70               Public Relations      204              2700
80               Sales                 145              2500
90               Executive             100              1700
```

100	Finance	108	1700
110	Accounting	205	1700
...			
270 Payroll			1700

已选择 27 行。

可以使用斜杠（/）代替 R[UN]命令，来运行缓冲区中保存的 SQL 语句。使用 GET 命令时，如果 file_name 指定的文件在 product\11.2.0\ dbhome_1\BIN 目录下，则只需要指出文件名；如果不在这个目录下，则必须指定完整的路径名。

3.2.5 使用 EDIT 命令编辑缓冲区内容或文件

使用 EDIT 命令，可以将 SQL*Plus 缓冲区的内容复制到一个名称为 afiedt.buf 文件中，然后启动操作系统中默认的编辑器打开这个文件，并使该文件处于可编辑状态。在 Windows 操作系统中，默认的编辑器是记事本。EDIT 命令的语法格式如下：

```
ED[IT] [ file_name ]
```

其中，file_name 默认为 afiedt.buf，也可以指定一个其他的文件。

【实践案例 3-4】

在 SQL*Plus 中执行 SELECT 语句，并使用 EDIT 命令将缓冲区的内容复制到 afiedt.buf 文件中。

```
SQL>  SELECT * FROM departments;
DEPARTMENT_ID    DEPARTMENT_NAME      MANAGER_ID    LOCATION_ID
-------------   --------------------  ----------   ----------------------------
10               Administration       200           1700
20               Marketing            201           1800
30               Purchasing           114           1700
40               Human Resources      203           2400
50               Shipping             121           1500
...
270              Payroll                            1700
已选择 27 行。
SQL> EDIT
已写入 file afiedt.buf
```

这时，将打开一个记事本文件 afiedt.buf，在该文件中显示缓冲区中的内容，文件的内容以斜杠（/）结束，如图 3-4 所示。

对上述记事本中的内容可以执行编辑操作，在退出编辑器时，所编辑的文件将被复制到 SQL*Plus 缓冲区中。

图 3-4　使用 EDIT 命令编辑缓冲区内容

3.2.6　使用 SPOOL 命令复制输出结果到文件

使用 SPOOL 命令可以将 SQL*Plus 中的输出结果复制到一个指定的文件中，或者把查询结果发送到打印机中，直到使用 SPOOL OFF 命令为止。SPOOL 命令的语法如下：

```
SPO[OL] [ file_name [ CRE[ATE] | REP[LACE] | APP[END]] | OFF | OUT ]
```

上述语法中的各个参数说明如下：
- **file_name**　指定一个操作系统文件。
- **CREATE**　创建一个指定的 file_name 文件。
- **REPLACE**　如果指定的文件已经存在，则替换该文件。
- **APPEND**　将内容附加到一个已经存在的文件中。
- **OFF**　停止将 SQL*Plus 中的输出结果复制到 file_name 文件中，并关闭该文件。
- **OUT**　启动该功能，将 SQL*Plus 中的输出结果复制到 file_name 指定的文件中。

【实践案例 3-5】

在 SQL*Plus 中使用 SPOOL 命令将屏幕上的所有内容复制到 F:\oracle.sql 文件中，示例如下：

```
SQL> SPOOL f:\oracle.sql;
SQL> SELECT * FROM departments;
DEPARTMENT_ID    DEPARTMENT_NAME      MANAGER_ID      LOCATION_ID
--------------- -------------------- ------------- --------------------

10               Administration              200     1700
20               Marketing                   201     1800
30               Purchasing                  114     1700
40               Human Resources             203     2400
50               Shipping                    121     1500
60               IT                          103     1400
70               Public Relations            204     2700
80               Sales                       145     2500
90               Executive                   100     1700
100              Finance                     108     1700
110              Accounting                  205     1700
...
270              Payroll                             1700
已选择 27 行。
```

```
SQL> spool off;
```

打开 F:\oracle.sql 文件，该文件的内容如下：

```
SQL> SELECT * from departments;
DEPARTMENT_ID          DEPARTMENT_NAME          MANAGER_ID       LOCATION_ID
-------------          ----------------------   --------------   -------------
10                     Administration           200              1700
20                     Marketing                201              1800
30                     Purchasing               114              1700
40                     Human Resources          203              2400
50                     Shipping                 121              1500
...
270                    Payroll                                   1700
已选择 27 行。
SQL> spool off;
```

3.3 变量

在 Oracle 数据库中，可以使用变量来编写通用的 SQL 语句。Oralce 11g 系统提供了两种类型的变量，即临时变量和已定义变量。

3.3.1 临时变量

Oracle 提供了两种方式来标识临时变量：使用&符号和使用&&符号。同时还可以使用 SET VERIFY 和 SET DEFINE 命令对输出结果进行处理。

1. 使用 "&" 符号表示临时变量

临时变量只在使用它的 SQL 语句中有效，变量值不能保存，临时变量也被称为替换变量，可以使用 "&" 符号来表示。执行 SQL 语句时，系统会提示用户为该变量提供一个具体的数据。

临时变量可以使用在 WHERE 子句、ORDER BY 子句、列表达式或表名中，甚至可以表示整个 SELECT 语句。

【实践案例 3-6】

本示例使用 SELECT 语句对 HR 用户的 DEPARTMENTS 数据表进行查询操作，在 WHERE 子句中，定义一个临时变量 vartemp。当执行该 SELECT 语句时，系统将提示用户输入 vartemp 的值，并根据用户输入的变量值输出符合条件的数据。具体的执行过程如下：

```
SQL> SELECT * FROM departments
```

```
 2   WHERE location_id = &vartemp;
输入 vartemp 的值:  1700
原值    2: WHERE location_id = &vartemp
新值    2: WHERE location_id = 1700

DEPARTMENT_ID           DEPARTMENT_NAME          MANAGER_ID          LOCATION_ID
----------------        ----------------------   ----------------    ----------------
10                      Administration           200                 1700
30                      Purchasing               114                 1700
90                      Executive                100                 1700
100                     Finance                  108                 1700
110                     Accounting               205                 1700
120                     Treasury                                     1700
130                     Corporate Tax                                1700
140                     Control And Credit                           1700
150                     Shareholder Services                         1700
...
270                     Payroll                                      1700
已选择 21 行。
```

 从上述查询结果可以看出，当输入一个值后，将被赋值在 WHERE 子句的 &vartem 位置。

2. 使用 "&&" 符号表示临时变量

在 SQL 语句中，如果希望一个变量能多次使用，并且不需要重复输入变量值，那么可以使用&&符号来定义临时变量。

【实践案例 3-7】

在 SELECT 语句中，指定检索列为临时变量&&vartemp，并在 WHERE 条件语句中再次指定临时变量&&vartemp。在执行 SELECT 语句时，系统只提示一次输入变量的值。具体的执行过程如下：

```
SQL> SELECT &&vartemp,department_name
  2  FROM departments
  3  WHERE &&vartemp = 1700;
输入 vartemp 的值:  location_id
原值    1: SELECT &&vartemp,department_name
新值    1: SELECT location_id,department_name
原值    3: WHERE &&vartemp = 1700
新值    3: WHERE location_id = 1700
LOCATION_ID        DEPARTMENT_NAME
-----------        -----------------------------
1700               Administration
```

```
1700                     Purchasing
1700                     Executive
1700                     Finance
1700                     Accounting
1700                     Treasury
1700                     Corporate Tax
1700                     Control And Credit
1700                     Shareholder Services
1700                     Benefits
1700                     Manufacturing
...
1700                     Payroll
已选择 21 行。
```

 使用 "&&" 符号替代 "&" 符号，可以避免为同一个变量提供两个不同的值，而且使得系统为同一个变量值只提示一次信息。

3. 使用 SET VERIFY 和 SET DEFINE 命令

在使用临时变量时，还可以使用 SET VERIFY 命令和 SET DEFINE 命令，其中：

❑ **SET VERIFY [ON | OFF]**　用来指定是否输出原值和新值信息。

❑ **SET DEF[INE]**　用于指定一个除字符&之外的字符，作为定义变量的字符。

【实践案例 3-8】

本示例使用 SET VERIFY OFF 命令禁止显示原值和新值，只输出查询结果。执行过程如下：

```
SQL> SET VERIFY OFF
SQL> SELECT * from departments
  2  WHERE location_id = &tempId;
输入 tempid 的值: 1700
DEPARTMENT_ID   DEPARTMENT_NAME      MANAGER_ID     LOCATION_ID
-------------   ------------------   -----------    --------------------
10              Administration       200            1700
30              Purchasing           114            1700
90              Executive            100            1700
100             Finance              108            1700
110             Accounting           205            1700
120             Treasury                            1700
...
已选择 21 行。
```

从输出结果可以看出，使用 SET VERIFY OFF 命令后，在输入变量值后，系统不再显示原值和新值信息，而是将查询的结果显示出来。

【实践案例 3-9】

使用 SET DEFINE 命令将临时变量的定义字符设置为"#"字符，并执行一个新的查询，执行过程如下：

```
SQL> SET DEFINE '#'
SQL> SELECT * FROM departments
  2 WHERE location_id = #tempId;
输入 tempid 的值：2500
原值    2: WHERE location_id = #tempId
新值    2: WHERE location_id = 2500
DEPARTMENT_ID      DEPARTMENT_NAME        MANAGER_ID        LOCATION_ID
----------------   --------------------   ----------------  ----------------
80                 Sales                  145               2500
```

3.3.2 定义变量

在 Oracle 中，可以使用 DEFINE 或 ACCEPT 命令来定义变量，其变量的值会一直保留到被显式地删除、重定义或退出 SQL*Plus 为止。在 SQL 语句中，需要在使用变量之前对变量进行定义。在同一个 SQL 语句中可以多次使用已定义变量。

1. 使用 DEFINE 命令定义并查看变量

DEFINE 命令既可以用来创建一个变量，也可以用来查看已经定义好的变量。该命令的语法形式有如下 3 种：

❑ **DEF[INE]** 显示所有的已定义变量。

❑ **DEF[INE] variable** 显示指定变量的名称、值和其数据类型。

❑ **DEF[INE] variable = value** 创建一个 CHAR 类型的用户变量，并且为该变量赋初始值。

【实践案例 3-10】

使用 DEFINE 命令来定义一个名称为 var_temp 的变量，并在 SQL 语句中使用该变量。具体的执行过程如下：

```
SQL> DEFINE var_temp = 1700;
SQL> SELECT * FROM departments
  2 WHERE location_id = &var_temp;
原值    2: WHERE location_id = &var_temp
新值    2: WHERE location_id = 1700
DEPARTMENT_ID      DEPARTMENT_NAME        MANAGER_ID        LOCATION_ID
----------------   --------------------   ----------------  ------------
10                 Administration         200               1700
30                 Purchasing             114               1700
90                 Executive              100               1700
100                Finance                108               1700
110                Accounting             205               1700
```

```
120              Treasury                      1700
130              Corporate Tax                 1700
...
270              Payroll                       1700
已选择 21 行。
```

如上述执行语句，首先使用 DEFINE 命令定义了 var_temp 变量的值为 1700，然后在 WHERE 语句中使用该变量，即 SELECT 语句实际为：

```
SELECT * FROM departments WHERE location_id = 1700;
```

 使用 UNDEFINE 命令可以删除一个变量，例如执行 undefine var_temp，则定义的 var_temp 变量不再起作用。

2. 使用 ACCEPT 命令

在 Oracle 中，除了可以使用 DEFINE 命令来定义变量，也可以使用 ACCEPT 命令来定义变量。使用 ACCEPT 命令定义变量时，可以设置一个自定义的用户提示，用于提示用户输入指定变量的数据。

ACCEPT 命令既可以为现有的变量设置一个新值，也可以定义一个新变量，并使用一个值对该变量进行初始化。ACCEPT 命令还允许为变量指定数据类型。ACCEPT 命令的语法格式如下：

```
ACC[EPT] variable [ data_type ] [ FOR[MAT] format ] [ DEF[AULT] default ]
[ PROMPT text | NOPR[OMPT] ] [ HIDE ]
```

上述语法格式中的各个参数说明如下：
- **variable**   用于一个指定接收值的变量。如果该名称的变量不存在，那么 SQL*Plus 自动创建该变量。
- **data_type**   指定变量的数据类型，可以使用的类型有 CHAR、NUM[BER]、DATE、BINARY_FLOAT 和 BINARY_DOUBLE。默认的数据类型为 CHAR。而 DATE 类型的变量实际上也是以 CHAR 变量存储的。
- **FORMAT**   指定变量的格式，包括 A15（15 个字符）、9999（一个 4 位数字）和 DD-MON-YYYY（日期）。
- **DEFAULT**   用来为变量指定一个默认值。
- **PROMPT**   用于表示在用户输入数据之前显示的文本消息。
- **HIDE**   表示隐藏用户为变量输入的值。

【实践案例 3-11】

使用 ACCEPT 命令定义一个名称为 var_tem 的变量，该变量的类型为四位数值类型。然后在查询语句中使用该变量，获取指定条件的部门信息。具体的执行过程如下：

```
SQL> ACCEPT var_tem NUMBER FORMAT 9999 PROMPT '请输入地址编号: '
```

```
请输入地址编号: 2500
SQL> SELECT * FROM departments
  2  WHERE location_id = &var_tem;
原值    2: WHERE location_id = &var_tem
新值    2: WHERE location_id = '     2500

DEPARTMENT_ID        DEPARTMENT_NAME        MANAGER_ID        LOCATION_ID
----------------     ---------------------  ----------------  -----------
80                   Sales                  145               2500
```

在该示例中，对用户输入的变量值 2500 并没有隐藏。在实际的应用中，为了安全，一般会隐藏用户输入的值，即在 ACCEPT 命令行的末尾加上 HIDE 选项即可。

3.4 格式化查询结果

SQL*Plus 提供了大量的命令用于格式化查询结果，使用这些命令可以格式化列、设置每页显示的数据行、设置一行显示的字符数和简单报表的创建。本节将详细介绍 SQL*Plus 中的格式化输出命令。

3.4.1 格式化列

在 SQL*Plus 中，可以使用 COLUMN 命令对所输出的列进行格式化，即按照一定的格式进行显示。COLUMN 命令的语法格式如下：

```
COLUMN {column | alias} [options]
```

上述语法中的各个参数说明如下：

❑ **column**　指定列名。

❑ **alias**　指定要格式化的列的别名。

❑ **options**　指定用于格式化列或别名的一个或多个选项。

在 COLUMN 命令中，可以使用很多选项，常用的选项如下：

❑ **FOR[MAT] format**　将列或列名的显示格式设置为由 format 字符串指定的格式。format 字符串可以使用很多格式化参数，可以指定的参数取决于该列中保存的数据。

> ➢ 如果列中包含字符，可以使用 Ax 对字符进行格式化，其中 x 指定了字符的宽度。例如，A2 就是将宽度设置为 2 个字符。

> ➢ 如果列中包含数字，可以使用数字格式。例如，$99.99 就是在数字前加美元符号。

> ➢ 如果列中包含日期，可以使用日期格式。例如，MM-DD-YYYY 设置的格式就是：一个两位的月份（MM），一个两位的日（DD），然后是一个 4 位的年份（YYYY）。

❑ **HEA[DING] heading** 将列或列名的标题中的文本设置为由 heading 字符串指定的格式。

❑ **JUS[TIFY] [{LEFT|CENTER|RIGHT}]** 将列输出设置为左对齐、居中或右对齐。

❑ **WRA[PPED]** 在输出结果中将一个字符串的末尾换行显示。该选项可能导致单个单词跨越多行。

❑ **WOR[D_WRAPPED]** 与 WRAPPED 选项类似，不同之处在于单个单词不会跨越多行。

❑ **CLE[AR]** 清除列的任何格式化（将格式设置回默认值）。

【实践案例 3-12】

使用 COLUMN 命令对 HR 用户下的 DEPARTMENTS 数据表中的每一列进行格式化，示例代码如下：

```
SQL> COLUMN department_id HEADING "部门编号"
SQL> COLUMN department_name HEADING "部门名称" FORMAT A20
SQL> COLUMN manager_id HEADING "经理编号"
SQL> COLUMN location_id HEADING "地址编号" FORMAT 9999
SQL> SELECT * FROM departments;
   部门编号        部门名称           经理编号         地址编号
---------- -------------- ---------------- --------
10         Administration   200              1700
20         Marketing        201              1800
30         Purchasing       114              1700
40         Human Resources  203              2400
...
270        Payroll                           1700
已选择 27 行。
```

从上面的例子中可以看出，使用 COLUMN 命令不仅可以对列的值进行格式化，也可以修改列名，使用别名来显示。从而使查询结果更加简明、直观。

> 在使用格式化命令时，应该遵循下面的一些规则：（1）格式化命令设置后，将一直起作用，直到该会话结束或下一个格式化命令的设置。（2）每一次报表结束时，应该重新设置 SQL*Plus 为默认值。（3）如果为某个列指定了别名，那么必须引用该列的别名，而不能再使用列名。

3.4.2 设置每页显示的数据行

在 SQL*Plus 中，可以使用 SET PAGESIZE 命令来设置每页要显示的数据行。当超过设置的行数之后，SQL*Plus 就会再次显示标题。其语法格式如下：

```
SET PAGESIZE n
```

其中，参数 n 表示每一页大小的正整数，最大值可以为 50,000，默认值为 14。

SQL*Plus 中的页并不是仅仅由输出的数据行构成的，而是由 SQL*Plus 显示到屏幕上的所有输出结果构成，包括标题和空行等。

【实践案例 3-13】

使用 SET PAGESIZE 命令将每页显示的数据行设置为 15，并执行查询语句检测设置是否成功，示例如下：

```
SQL>SET PAGESIZE 15
SQL> SELECT * FROM departments;
DEPARTMENT_ID   DEPARTMENT_NAME         MANAGER_ID        LOCATION_ID
-------------   --------------------    --------------    -----------
10              Administration          200               1700
20              Marketing               201               1800
30              Purchasing              114               1700
40              Human Resources         203               2400
50              Shipping                121               1500
60              IT                      103               1400
70              Public Relations        204               2700
80              Sales                   145               2500
90              Executive               100               1700
100             Finance                 108               1700
110             Accounting              205               1700
120             Treasury                                  1700


DEPARTMENT_ID   DEPARTMENT_NAME         MANAGER_ID        LOCATION_ID
-------------   --------------------    --------------    -----------
130             Corporate Tax                             1700
...
270             Payroll                                   1700
已选择 27 行。
```

在该示例中，设置了每页显示 15 行数据，即标题行+横线行+12 行数据+空各行。

3.4.3 设置每行显示的字符数

在 SQL*Plus 中，使用 SET LINESIZE 命令设置每行数据可以容纳的字符数，默认数量为 80，其语法格式如下：

```
SET LINESIZE n
```

其中，n 表示屏幕上一行数据可以容纳的字符数量，有效范围是 1～32767。

【实践案例 3-14】

使用 SET LINESIZE 命令设置 SQL*Plus 每行显示的字符数为 40，并编辑 SQL 语句对

HR 用户下的 DEPARTMENTS 表执行查询操作，示例如下：

```
SQL> SET LINESIZE 40
SQL> SELECT department_id,department_name FROM departments;
DEPARTMENT_ID
-------------
DEPARTMENT_NAME
------------------------------
10
Administration
20
Marketing
30
Purchasing
40
Human Resources
...
270
Payroll
已选择 27 行。
```

在该示例中，由于一行中显示的字符数为 40，因此超出的部分全部换行显示。

执行 SET LINESIZE 命令后，如果设置的字符值足够大，但是在 SQL*Plus 中应该一行显示的数据仍然分行显示，那么，就需要在 SQL*Plus 窗口的【属性】|【布局】中，将窗口大小（表示屏幕宽度）和屏幕缓冲区大小（表示内容宽度）设置得大一些。

3.5   创建简单报表

SQL*Plus 有一个强大的功能，就是能够根据用户的设计生成美观的报表。实际上，利用本章中前面介绍的知识已经能够生成一个简单的报表了，但是如果要生成规范的、美观的报表，还要学习 SQL*Plus 的其他一些功能。

SQL*Plus 的报表功能是利用命令来实现的。用户可以根据自己的意图，设计报表的显示格式，这包括报表的标题、各列的显示格式等。然后构造查询语句，决定要对哪些数据进行显示。最后还要决定把报表仅仅显示在屏幕上，还是存放在文本文件中，或者送往打印机。

3.5.1   报表的标题设计

报表的标题可以用两个命令来设计，即 TTITLE 和 BTITLE。其中 TTITLE 命令用来设计报表的头部标题，而 BTITLE 命令用来设计报表的尾部标题。

1. 使用 TTITLE 命令设计报表头部标题

TTITLE 命令设计的头部标题显示在报表每页的顶部。设计头部标题时，要指定显示的信息和显示的位置，还可以使标题分布在多行之中。其语法格式如下：

```
TTI[TLE] [ printspec [ text|variable ] ...] | [ OFF | ON ]
```

使用 TTITLE 命令设计头部标题的操作是比较复杂的，其命令格式如下：

```
TTITLE format 显示格式 显示位置 显示信息
```

其中 format 参数用来规定标题的显示格式，这个参数是可选的。显示位置规定标题在一行中的位置，可选的位置有三个：CENTER（中间）、LEFT（左边）和 RIGHT（右边）。显示信息指定了标题的内容。一般情况下，标题可以指定为以下内容：

❏ 指定的文本。
❏ **SQL.LNO** 当前的行号。
❏ **SQL.PNO** 当前的页号。
❏ **SQL.RELEASE** 当前 Oracle 的版本号。
❏ **SQL.USER** 当前登录的用户名称。

例如，设计一个显示在正中的标题，命令格式为：

```
TTITLE center 汇智科技员工考勤统计表
```

如果在标题中要分开显示多条信息，例如制表人、当前页号等，可以在 TTITLE 命令中分别设置不同信息的显示格式、显示位置和显示内容。如果这些信息要在多行中显示，可以在两条信息之间使用 SKIP 选项。这个选项使后面的信息跳过指定的行数再显示，它需要一个整型参数，单位是行数。

例如，在刚才设计的标题的基础上，增加制表人和当前页号作为副标题。副标题在主标题之下两行处显示。如果命令太长，一行容纳不下时，可以用 "-" 符号分行，将命令分为多行书写。命令格式如下：

```
TTITLE center 汇智科技员工考勤统计表 skip 2 left -
制表人:sql.user right 页码:sql.pno
```

2. 使用 BTITLE 命令设计报表尾部标题

BTITLE 命令的用法与 TTITLE 命令相同，区别在于 BTITLE 命令用来设计尾部标题，显示的位置在报表每页的底部。例如下面的语句：

```
BTITLE center 谢谢您使用该报表 right 页码: format 999 sql.pno
```

【实践案例 3-15】

查询 HR 用户下的 DEPARTMENTS 表中的数据并以报表的形式显示出来。在设计报表时，需要使用 TTITLE 和 BTITLE 命令设计头部的标题信息和尾部标题信息，还需要使用 SET PAGESIZE 和 SET LINESIZE 等多条命令设置输出格式。具体的实现步骤如下：

（1）在 F 盘下创建 department.sql 文件，其脚本中包含了 TTITLE 和 BTITLE 命令，内容如下：

```
TTITLE left 部门报表 center 日期: _date skip 2
BTITLE center 谢谢使用
SET ECHO OFF
SET VERIFY OFF
SET PAGESIZE 40
SET LINESIZE 200
CLEAR COLUMNS
COLUMNS department_id HEADING "部门编号"
COLUMNS department_name HEADING "部门名称" format A20
COLUMNS manager_id HEADING "经理编号"
COLUMNS location_id HEADING "地址编号"
SELECT * FROM departments;
CLEAR COLUMNS
TTITLE OFF
TTITLE OFF
```

（2）使用@命令运行 F:\department.sql 文件，生成报表，如下所示：

```
SQL> @ f:\department.sql
部门报表                日期: 12-6月 -12
部门编号        部门名称                      经理编号        地址编号
----------  --------------------    -------------  -------------
10          Administration          200            1700
20          Marketing               201            1800
30          Purchasing              114            1700
40          Human Resources         203            2400
50          Shipping                121            1500
60          IT                      103            1400
70          Public Relations        204            2700
80          Sales                   145            2500
90          Executive               100            1700
100         Finance                 108            1700
110         Accounting              205            1700
120         Treasury                               1700
130         Corporate Tax                          1700
140         Control And Credit                     1700
150         Shareholder Services                   1700
160         Benefits                               1700
170         Manufacturing                          1700
180         Construction                           1700
190         Contracting                            1700
200         Operations                             1700
```

210	IT Support	1700
220	NOC	1700
230	IT Helpdesk	1700
240	Government Sales	1700
250	Retail Sales	1700
260	Recruiting	1700
270	Payroll	1700
	谢谢使用	

已选择 27 行。

在 F:\department.sql 文件中，首先使用了 TTITLE 和 BTITLE 设置了报表头部标题和尾部标题。然后使用 SET VERIFY OFF 设置在查询结果中不显示原值和新值，并使用 COLUMN 格式化列信息。最后两行关闭了 TTITLE 和 BTITLE 命令设置的页眉和页脚，从而其他报表不使用该页眉、页脚的设置。

> 如果建立的文件夹名有空格（例如：SQL TEMP），则需要用引号将 "@" 命令之后的内容引起来，例如执行 F:\SQL TEMP\department.sql 文件中的脚本，就需要使用：SQL>@ "F:\SQL TEMP\ department.sql"。。

3.5.2 统计数据

在 Oracle 中，使用 BREAK 和 COMPUTE 命令为列添加统计。BREAK 子句可以使 SQL*Plus 根据列值的范围分隔输出结果，COMPUTE 子句可以让 SQL*Plus 计算一列的值。

1. BRENK 命令

BRENK 命令的语法格式如下：

```
BRE[AK] [ ON column_name ] SKIP n
```

上述语句中的各个参数说明如下：
❑ **column_name** 表示对哪一列执行操作。
❑ **SKIP n** 表示在指定列的值变化之前插入 n 个空行。

2. COMPUTE 命令

COMPUTE 命令的语法格式如下：

```
COMP[UTE] function LABEL label OF column_name ON break_column_name
```

上述语句中的各个参数说明如下：
❑ **function** 表示执行的操作，例如 SUM（求和）、MAXIMUM（最大值）、MINIMUM（最小值）、AVG（平均值）、COUNT（非空值的列数）、NUMBER（行数）、VARIANCE（方差）以及 STD（均方差）等。
❑ **LABEL** 指定显示结果时的文本信息。

【实践案例 3-16】

下面使用 BREAK 命令和 COMPUTE 命令计算不同部门的工资最高值。代码如下:

```
SQL> BREAK ON department_id
SQL>  COMPUTE MAXIMUM OF salary ON department_id
SQL> SET VERIFY OFF
SQL> SELECT department_id,employee_id,first_name,last_name,salary FROM
employees
  2  ORDER BY department_id;
DEPARTMENT_ID    EMPLOYEE_ID    FIRST_NAME     LAST_NAME        SALARY
-------------    -----------    ------------   -------------  ----------- ----

10               200            Jennifer       Whalen             4400
*************                                                 ----------
maximum                                                           4400
20               201            Michael        Hartstein         13000
                 202            Pat            Fay                6000
*************                                                 ----------
maximum                                                          13000
30               114            Den            Raphaely          11000
                 119            Karen          Colmenares         2500
                 115            Alexander      Khoo               3100
                 116            Shelli         Baida              2900
                 117            Sigal          Tobias             2800
                 118            Guy            Himuro             2600
*************                                                 ----------
maximum                                                          11000
40               203            Susan          Mavris             6500
*************                                                 ----------
maximum                                                           6500
...
110              206            William        Gietz              8300
                 205            Shelley        Higgins           12008
*************                                                 ----------
maximum                                                          12008
                 178            Kimberely      Grant              7000
*************                                                 ----------
maximum                                                           7000
已选择 107 行。
```

当 department_id 有了新的数值,SQL*Plus 会对输出结果重新进行分隔,并对 department_id 相同行的 salary 列进行比较。department_id 值相同的行只会显示一次。

没有 BREAK 语句,只执行 COMPUTE 命令将没有任何效果。要取消这两个命令的设置,可以使用 CLEAR BRE[AK] 和 CLEAR COMP[UTE] 语句。

3.6　项目案例：统计各部门的工资总金额

在本节之前已经详细介绍了简单报表的创建以及数据的统计。在实际开发应用中经常会使用到报表来显示数据和统计数据，以供用户直观地查看数据信息。本节将应用 SQL*Plus 命令来创建一个简单的报表，并统计各部门的工资总金额。

【实例分析】

使用 SQL*Plus 命令创建一个简单的报表，统计各部门的工资总金额，并对输出的结果进行格式化。具体的实现步骤如下：

（1）在 F 盘下创建生成报表的脚本文件 employees.sql。

（2）在 employees.sql 文件中使用 TTITLE 和 BTITLE 命令设置报表的标题信息，并使用 SET PAGESIZE 语句设置每页显示 160 行，使用 SET LINESIZE 语句设置每行显示 200 个字符。然后使用 BREAK 和 COMPUTE 命令创建报表，最后关闭 TTITLE 和 BTITLE 命令。employees.sql 文件内容如下：

```
TTITLE left 使用报表统计各部门的工资总金额 center 日期: _date skip 2
BTITLE left 谢谢使用报表 center 页码: format 999 sql.pno
SET ECHO OFF
SET VERIFY OFF
SET PAGESIZE 160
SET LINESIZE 200
CLEAR COLUMNS
BREAK ON department_id
COMPUTE SUM LABEL 总金额: OF salary ON department_id
 SELECT department_id,employee_id,first_name,last_name,salary FROM
employees
    ORDER BY department_id;
CLEAR COLUMNS
TTITLE off
BTITLE off
```

（3）在 SQL*Plus 中执行 F:\employees.sql 脚本文件，从而生成报表，执行过程如下：

```
SQL> @ f:\employees.sql
使用报表统计各部门的工资总金额                    日期: 12-6月 -12
DEPARTMENT_ID    EMPLOYEE_ID    FIRST_NAME        LAST_NAME          SALARY
-------------  -------------  ------------  -----------------  ----------

10             200            Jennifer          Whalen             4400
*************                                                    ----------
总金额:                                                             4400
20             201            Michael           Hartstein          13000
               202            Pat               Fay                6000
```

```
*************                                              ----------
总金额：                                                      19000
30                  114         Den         Raphaely        11000
                    119         Karen       Colmenares        2500
                    115         Alexander   Khoo              3100
                    116         Shelli      Baida             2900
                    117         Sigal       Tobias            2800
                    118         Guy         Himuro            2600
*************                                              ----------
总金额：                                                      24900
...
110                 206         William     Gietz             8300
                    205         Shelley     Higgins          12008
*************                                              ----------
总金额：                                                      20308
                    178         Kimberely   Grant             7000
*************                                              ----------
总金额：                                                       7000
谢谢使用报表                              页码：  1
已选择107行。
```

从生成的报表中可以看出，输出了头部标题信息和尾部标题信息，并根据员工所在的部门进行分组，从而统计出了各个部门的工资总金额。

3.7　习题

一、填空题

1．在 SQL*Plus 中查看表结构时，可以使用_____命令，该命令可以简写为它的前 4 个字母。

2．在 SQL*Plus 中可以使用_____或 ACCEPT 命令来定义变量。

3．SQL*Plus 可以在_____中存储用户最近执行过的命令。

4．如果需要断开与数据库的连接，可以使用_____命令，该命令可以结束当前会话，但是保持 SQL*Plus 运行。

二、选择题

1．使用_____命令，可以将 SQL*Plus 缓冲区的内容复制到一个名称为 afiedt.buf 文件中，并使该文件处于可编辑状态。

    A．SPOOL

    B．EDIT

    C．START

　　D．SAVE

2．使用 SQL*Plus 中的_____，可以将文件中的内容检索到缓冲区，并且不执行。

　　A．SAVE 命令

　　B．GET 命令

　　C．START 命令

　　D．SPOOL 命令

3．如果希望控制列的显式格式，那么可以使用下面_____命令。

　　A．SHOW

　　B．DEFINE

　　C．SPOOL

　　D．COLUMN

4．下列_____项的说法是错误的。

　　A．在 SQL*Plus 启动时，必须填写主机字符串

　　B．SQL*Plus 的运行方式是查询语句执行结果显示方式的总称

　　C．格式化命令设置之后，一直起作用，直到该次会话的结束或者下一个格式化命令的设置完成

　　D．使用 EDIT 命令，可以将 SQL*Plus 缓冲区的内容复制到一个名称为 afiedt.buf 文件中

三、上机练习

1．统计各部门平均工资

　　创建一个报表，使用 COLUMN 命令对输出结果进行格式化，实现对 HR 用户下的 EMPLOYEES 数据表进行查询并统计的功能，计算各个部门的平均工资。生成的报表如下所示：

```
使用报表统计各部门的工资总金额                              日期: 13-6月 -12
部门编号          员工编号          名字            姓氏                薪金
----------  --------------  --------------  --------------  ----------------
10          200             Jennifer        Whalen          $44,00
**********                                                  ------------
总金额：                                                     $44,00
20          201             Michael         Hartstein       $130,00
            202             Pat             Fay             $60,00
**********                                                  ------------
总金额：                                                     $95,00
30          114             Den             Raphaely        $110,00
            119             Karen           Colmenares      $25,00
            115             Alexander       Khoo            $31,00
            116             Shelli          Baida           $29,00
            117             Sigal           Tobias          $28,00
            118             Guy             Himuro          $26,00
```

```
 **********                                            ------------
 总金额：                                                $41,50
 ...
 110           206           William       Gietz         $83,00
               205           Shelley       Higgins       $120,08
 **********                                            ------------
 总金额：                                                $101,54
               178           Kimberely     Grant         $70,00
 **********                                            ------------
 总金额：                                                $70,00
 谢谢使用报表                                          页码：    1
 已选择 107 行。
```

3.8 实践疑难解答

3.8.1 SQL*Plus 连接数据库密码为什么可以是错误的

SQL*Plus 连接数据库密码为什么可以是错误的

网络课堂：http://bbs.itzcn.com/thread-19244-1-1.html

【问题描述】：执行【开始】|【运行】命令之后，在运行对话框的文本框中输入 sqlplus /nolog 之后，需要连接数据库，而这时使用 "CONNECT SYS/password@orcl AS SYSDBA;" 语句连接数据库时 password 为什么可以是错误的，那 Oracle 的安全性还有保障吗？

【正确答案】：因为 "AS SYSDBA" 表示是以系统管理员的身份登录的，即表示你是数据库的所有者，在本机登录时，不需要使用 password，因此你可以输出错误的密码。

3.8.2 COLUMN 命令中的 FORMAT 选项格式化问题

COLUMN 命令中的 FORMAT 选项格式化问题

网络课堂：http://bbs.itzcn.com/thread-19245-1-1.html

【问题描述】：刚接触 Oracle，今天做了一个使用 COLUMN 命令来格式化数据表字段的小例子，执行时有很多地方都提示有错误。我想问一下：COLUMN 命令中的 FORMAT 对数字的格式设置有哪些？求解啊！

【正确答案】：COLUMN 命令中的 FORMAT 用于设置列的显示格式，对数字的格式设置见表 3-1 所示。

表 3-1　COLUMN 命令中的 FORMAT 对数字的格式设置

选项值	说明
9999990	9 或 0 的个数决定最多显示多少位
9,999,999.99	按照逗号和小数点来显示数据，若是 0 以空格显示
099999	显示前面补 0
$999,999.99	数字前加$符号
B99999	若为 0，则结果为空白

续表

选项值	说明
99999Mi	若数字为负，则负号放在数字后（右边），缺省放在左边
99999PR	负号将以括号括起
9.999EEEE	以科学记数法表示（必须有 4 个 E）
999V99	数字乘以 10 的 2 次方，如 1542 变成 154200

3.8.3 格式化日期类型

格式化日期类型

网络课堂：http://bbs.itzcn.com/thread-19246-1-1.html

【问题描述】：由于业务需求，我现在需要将 HR 用户下的 EMPLOYEES 数据表中的 HIRE_DATE 字段的值格式化为 xxxx 年 xx 月 xx 日，于是编写了如下的语句：

```
COLUMN hire_date HEADING "时间" FORMAT yyyy"年"mm"月"dd"日"
```

执行该语句，提示如下的错误信息：

```
SP2-0246：非法的 FORMAT 字符串"yyyy"年"mm"月"dd"日""
```

这是为什么呢？应该如何使用 COLUMN 命令来格式化日期类型的数据？

【解决办法】：如果需要将一个数据表中的日期格式化为指定的格式，较为常用的方法就是将系统时间格式化为 xxxx 年 xx 月 xx 日的格式，即将会话中的 nls_date_format 的值设置为 xxxx 年 xx 月 xx 日，这样 EMPLOYEES 数据表中的 HIRE_DATE 字段值即为 xxxx 年 xx 月 xx 日的格式。如下面的执行过程：

```
SQL> ALTER SESSION SET nls_date_format = 'yyyy"年"mm"月"dd"日"';
会话已更改。
SQL> SELECT employee_id,first_name,last_name,department_id,hire_date FROM
employees;
EMPLOYEE_ID  FIRST_NAME    LAST_NAME     EPARTMENT_ID     HIRE_DATE
------------ ------------- ------------- ---------------- ------------------
198          Donald        OConnell      50               2007 年 06 月 21 日
199          Douglas       Grant         50               2008 年 01 月 13 日
200          Jennifer      Whalen        10               2003 年 09 月 17 日
201          Michael       Hartstein     20               2004 年 02 月 17 日
202          Pat           Fay           20                2005 年 08 月 17 日
203          Susan         Mavris        40               2002 年 06 月 07 日
204          Hermann       Baer          70               2002 年 06 月 07 日
...
197          Kevin         Feeney        50               2006 年 05 月 23 日
已选择 107 行。
```

3.8.4 插入数据中包含&符号

插入数据中包含&符号

网络课堂：http://bbs.itzcn.com/thread-19247-1-1.html

【问题描述】：在 SQL*Plus 中，&符号表示临时变量，而我向数据表中插入数据中正好包含&符号的数据，于是 SQL*Plus 中提示要输入代替的 VALUE 值，导致无法成功插入数据，遇到这种情况该怎么办啊？

【解决办法】：在 SQL*Plus 中，默认情况下，&符号表示临时变量，也就是说，只要在命令中出现该符号，SQL*Plus 就会要你输入替代值。这就意味着你无法将一个含有&符号的字符串插入数据库或赋给变量，如字符串"SQL&Plus"，系统会理解为以"SQL"开头的字符串，它会提示你输入替代变量 Plus 的值，如果你输入 ABC，则最终字符串转化为"SQLABC"。遇到这种情况，可以使用 SET DEFINE OF 命令关闭替代变量功能，即&字符将作为普通字符，上例中的字符就为"SQL&Plus"。也可使用如下的命令将默认临时变量标识符&设置为除了该符号以外的字符：

```
SET DEFINE * / $ / #
```

这样即可成功地将包含有&符号的数据插入到数据表中。

第4章

表空间

Oracle Oracle 数据库被划分为称作表空间的逻辑区域,形成 Oracle 数据库的逻辑结构,即数据库是由多个表空间构成的。Oracle 数据库的存储管理实际上是对数据库逻辑结构的管理,管理对象主要包括表空间、数据文件、段、区和数据库。在物理结构上,数据信息存储在数据文件中,而在逻辑结构上,数据库中的数据存储在表空间中。

表空间与数据文件存在紧密的对应关系,一个表空间至少包含一个数据文件,而一个数据文件只能属于一个表空间。

在 Oracle 中,除了基本表空间以外,还有临时表空间、大文件表空间、非标准数据库表空间以及撤销表空间等。本章将对表空间进行详细讲解,学习表空间的创建、删除和管理等操作。

本章学习要点:

➢ 了解表空间的管理类型

➢ 熟练掌握基本表空间的创建

➢ 熟练掌握对基本表空间的操作

➢ 掌握临时表空间的创建

➢ 掌握对临时表空间的操作

➢ 掌握大文件表空间的创建

➢ 掌握撤销表空间的管理方式

4.1　基本表空间

在创建 Oracle 数据库时,系统会自动创建一些列的表空间,使用这些表空间可以对数据库进行操作。本节主要介绍表空间的管理类型、创建基本表空间以及表空间中的一些常用操作。

4.1.1　表空间的管理类型

表空间的管理类型根据表空间对区的管理方式不同,可以将表空间分为以下两类。

❑ 数据字典管理的表空间（Dictionary Managed Tablespace）。

❑ 本地化管理的表空间（Local Managed Tablespace）。

由于使用数据字典管理的表空间,存在存储效率低、存储参数难以管理以及磁盘碎片等问题，因此该方式已被淘汰。在 Oracle 11g 中，默认表使用的是本地化管理表空间的方式。

本地户管理空间之所以能够提高存储效率，主要是因为以下几个方面。

❑ 采用位图的方式查询空闲的表空间、处理表空间中的数据块，从而避免使用 SQL 语句造成系统性能下降。

❑ 系统通过位图的方式，将相邻的空闲空间作为一个大的空间块，实现自动合并磁盘碎片。

❑ 区的大小可以设置为相同，即使产生了磁盘碎片，由于碎片是均匀统一的，也可以被其他实体重新使用。

 本地化管理表空间的方式适合 Oracle 8i 以上的版本。

通过查看数据字典 DBA_TABLESPACE 可以了解有关表空间的信息，可以使用 DESC DBA_TABLESPACE 命令查看该数据字典的结构，如下所示。

```
SQL> desc dba_tablespaces;
 名称                      是否为空?      类型
 ------------------- --------------- -------------------------------
 TABLESPACE_NAME         NOT NULL    VARCHAR2(30)
 BLOCK_SIZE              NOT NULL    NUMBER
 INITIAL_EXTENT                      NUMBER
 NEXT_EXTENT                         NUMBER
 MIN_EXTENTS             NOT NULL    NUMBER
 MAX_EXTENTS                         NUMBER
 MAX_SIZE                            NUMBER
 PCT_INCREASE                        NUMBER
 MIN_EXTLEN                          NUMBER
 STATUS                              VARCHAR2(9)
 CONTENTS                            VARCHAR2(9)
 LOGGING                             VARCHAR2(9)
 FORCE_LOGGING                       VARCHAR2(3)
 EXTENT_MANAGEMENT                   VARCHAR2(10)
 ALLOCATION_TYPE                     VARCHAR2(9)
 PLUGGED_IN                          VARCHAR2(3)
 SEGMENT_SPACE_MANAGEMENT            VARCHAR2(6)
 DEF_TAB_COMPRESSION                 VARCHAR2(8)
 RETENTION                           VARCHAR2(11)
 BIGFILE                             VARCHAR2(3)
 PREDICATE_EVALUATION                VARCHAR2(7)
 ENCRYPTED                           VARCHAR2(3)
 COMPRESS_FOR                        VARCHAR2(12)
```

如果需要查看表空间的管理方式，可以通过数据字典 DBA_TABLESPACE 中的字段 EXTENT_MANAGEMENT 字典来查询，如下所示。

```
SQL> select tablespace_name,extent_management from dba_tablespaces
TABLESPACE_NAME                        EXTENT_MAN
------------------------------ ----------------------
SYSTEM                                 LOCAL
SYSAUX                                 LOCAL
UNDOTBS1                               LOCAL
TEMP                                   LOCAL
USERS                                  LOCAL
EXAMPLE                                LOCAL
```

在上述示例的查询结果中，tablespace_name 表示表空间名称，extent_management 表示表空间的盘区管理方式。

4.1.2 创建基本表空间

在创建表空间时，Oracle 将完成两个工作，一方面是在数据字典和控制文件中，记录新建的表空间信息；另一方面是在操作系统中，创建指定大小的操作系统文件，并作为与表空间对应的数据文件。

创建表空间时，可以使用 CREATE TABLESPACE 语句，其语法格式如下所示。

```
CREATE [TEMPORARY | UNDO ] TABLESPACE tablespace_name
[ DATAFILE datafile_tempfile_spacification ]
[ BLOCKSIZE number K ]
[ ONLINE | OFFLINE ]
[ LOGGING | NOLOGGING ]
[ FORCE LOGGING ]
[ DEFAULT STORAGE storage ]
[ COMPRESS | NOCOMPRESS ]
[ PERMANENT | TEMPORARY ]
[ EXTENT MANAGEMENT DICTIONARY | LOCAL [ AUTOALLOCATE | UNIFORM SIZE number K|
M ] ]
[ SEGMENT SPACE MANAGEMENT AUTO | MANAUL ]
```

语法说明如下。

（1）TEMPORARY|UNDO：表示创建的表空间的用途。其中，TEMPORARY 表空间用于存放排序等操作中产生的数据即表示创建临时表空间；UNDO 表示创建撤销表空间，用于在撤销删除时，能够恢复原来的数据。

如果不指定类型，则表示创建的表空间为永久性表空间。

（2）tablespace_name：表示指定创建的表空间的名称。

（3）DATAFILE datafile_tempfile_spacification：表示指定所创建的表空间中相关联的数据文件的位置、名称和大小。其完整语法如下所示。

```
DATAFILE | TEMPFILE file_name SIZE K | M REUSE
[ AUTOEXTEND OFF | ON
[ NEXT number K | M
MAXSIZE UNLIMITED | number K | M ] ];
```

上述语法格式中，参数说明如下。

- ❑ **REUSE**　如果该文件已经存在，则清除该文件，并重新创建。如果为使用这个关键字，则当数据文件已经存在时将会报错。
- ❑ **AUTOEXTEND**　指定数据文件是否自动扩展。
- ❑ **NEXT**　如果指定数据文件为自动扩展，使用该参数指定数据文件每次扩展的大小。
- ❑ **MAXSIZE**　当数据文件为自动扩展时，使用该参数指定数据文件所扩展的最大限度。

如创建一个名为 tablespace_1 的表空间，如下所示。

```
SQL> create tablespace tablespace_1
  2  datafile 'e:\oracle11g\use_1.dbf' size 20m reuse
  3  autoextend on next 10m maxsize unlimited;
表空间已创建。
```

在上述实例中，创建了一个名为 tablespace_1 的表空间，其数据文件的位置是 e:\oracle11g\use_1.dbf，文件大小为 20MB，允许自动扩展，每次扩展大小为 10MB。

（4）BLOCKSIZE number：表示如果指定的表空间需要另外设置其数据块的大小，而不是采用参数 DB_BLOCK_SIZE 指定数据块的大小，则可以使用此语句进行设置。

 此子句仅适用于永久性表空间。

（5）LOGGING|NOLOGGING：指定存储在表空间中的数据库对象的任何操作是否产生日志。LOGGING 表示产生；NOLOGGING 表示不产生。默认为 LOGGING。

（6）ONLINE|OFFLINE：指定表空间的状态为在线（ONLINE）或离线（OFFLINE）。如果为 ONLINE 则表空间可以使用，如果为 OFFLINE 则表空间不可使用。默认为 ONLINE。

（7）FORCE LOGGING：用于强制表空间中的数据库对象的任何操作都产生日志。

 如果设置了该选项，则将会忽略 LOGGING 或 NOLOGGING 子句。

（8）DEFAULT STORAGE storage：用来设置保存在表空间中的数据库对象的默认存储参数。数据库对象也可以指定自己的存储参数。

如果在创建数据库对象时指定该参数，该参数仅适用于数据字典管理的表空间，在本地化管理的表空间中不再起作用。

（9）COMPRESS | NOCOMPRESS：指定是否压缩数据段中的数据。COMPRESS 表示压缩；NOCOMPRESS 表示不压缩。

（10）PERMANENT | TEMPORARY：PERMANENT 选项表示将持久保存表空间中的数据库对象；TEMPORARY 选项则表示临时保存数据库对象。

（11）EXTENT MANAGEMENT DICTIONARY | LOCAL：指定表空间的管理方式。DICTIONARY 表示采用数据字典的形式管理；LOCAL 表示采用本地化管理形式管理。默认为 LOCAL。

（12）AUTOALLOCATE | UNIFORM SIZE number：指定表空间的盘区大小。AUTOALLOCATE 表示盘区大小由 Oracle 自动分配，此时不能指定大小；UNIFORM SIZE number 表示表空间中的所有盘区大小相同，都为指定值。默认为 AUTOALLOCATE。

如创建一个本地化管理方式的表空间，该表空间的名称为 tablespace_2，其对盘区的管理方式使用 UNIFORM 方式，如下所示。

```
SQL> create tablespace tablespace_2
  2  datafile 'e:\oracle11g\use_2.dbf' size 10m reuse
  3  autoextend on next 10m maxsize 100m
  4  extent management local uniform size 500k;
表空间已创建。
```

如上述示例，如果要指定创建的表空间的管理方式是本地化管理，使用 EXTENT MANAGEMENT LOCAL，UNIFORM 表示空间中所有盘区大小都相同，其大小为 500KB。

（13）SEGMENT SPACE MANAGEMENT AUTO | MANAUL：指定表空间中段的管理方式。AUTO 表示自动管理方式；MANAUL 表示手动管理方式。默认为 AUTO。

如创建一个使用手动方式管理表空间中的段的表空间，如下所示。

```
SQL> create tablespace tablespace_3
  2  datafile 'e:\oracle11g\use_3.dbf' size 20m reuse
  3  autoextend on next 10m maxsize 100m
  4  extent management local uniform size 512k
  5  segment space management manual;
表空间已创建。
```

如上述示例，使用了 SEGMENT SPACE MANAGEMENT MANUAL 命令指定了要创建的表空间的段的管理方式是手动管理方式。

接下来，使用数据字典 DBA_TABLESPACES，查看刚刚所创建的表空间及其属性信息，如下所示。

```
SQL> select tablespace_name,extent_management,segment_space_management
  2  from dba_tablespaces;
```

```
TABLESPACE_NA        EXTENT_MAN        SEGMEN
---------------      -------------     ----------------------
SYSTEM               LOCAL             MANUAL
SYSAUX               LOCAL             AUTO
UNDOTBS1             LOCAL             MANUAL
TEMP                 LOCAL             MANUAL
USERS                LOCAL             AUTO
EXAMPLE              LOCAL             AUTO
TABLESPACE_1         LOCAL             AUTO
TABLESPACE_2         LOCAL             AUTO
TABLESPACE_3         LOCAL             MANUAL
已选择 9 行。
```

4.1.3 表空间的状态

通过设置表空间的状态，可以对数据的可用性进行限制。表空间的状态有在线（ONLINE）、离线（OFFLINE）、只读（READ ONLY）和读写（READ WRITE）4 种。通过设置表空间的状态属性，可以对表空间的使用进行管理。

表空间的正常状态为 ONLINE 和 READ WRITE，而非正常状态为 OFFLINE 和 READ ONLY。当表空间的状态为 ONLINE 时，允许访问表空间中的数据。当表空间的状态为 OFFLINE 时，不允许访问表空间中的数据，如向表空间中创建表时或读取表空间数据等操作都无法进行。当表空间的状态为 READ ONLY 时，虽可以访问该表空间中的数据，但访问仅仅限于阅读，不能进行更新或删除操作。当表空间的状态为 READ WRITE 时，可以对表空间进行正常访问，包括表空间中的数据查询、删除或更新等操作。

可以通过查询数据字典视图 DBA_TABLESPACES 的 STATUS 列，查看表空间的状态，如下所示。

```
SQL> select tablespace_name,status from dba_tablespaces;
TABLESPACE_NAME       STATUS
---------------       ------------
SYSTEM                ONLINE
SYSAUX                ONLINE
UNDOTBS1              ONLINE
TEMP                  ONLINE
USERS                 ONLINE
EXAMPLE               ONLINE
TABLESPACE_1          ONLINE
TABLESPACE_2          ONLINE
TABLESPACE_3          ONLINE
已选择 9 行。
```

 系统表空间 SYSTEM、SYSAUX、UNDOTBS1 和 TEMP 都不能设置为 OFFLINE 或者 READ ONLY 状态。

如果要将表空间 TABLESPACE_2 的状态修改为 OFFLINE，则该表空间将不能使用，如下所示。

```
SQL> alter tablespace tablespace_2 offline;
表空间已更改。
```

这时如果在该表空间上进行一些操作如创建表，将会出错，如下所示。

```
SQL> create table user(
  2  id number(4),
  3  username varchar2(25))
  4  tablespace tablespace_2;
create table book(
*
第 1 行出现错误:
ORA-01542: 表空间 'TABLESPACE_2' 脱机, 无法在其中分配空间
```

如果要将表空间 TABLESPACE_1 的状态修改为 READ ONLY，则可以访问该表空间中的数据，但不能进行任何更新或删除操作，如下所示。

```
SQL> alter tablespace tablespace_1 read only;
表空间已更改。
```

如上述示例，此时表空间 TABLESPACE_1 的状态为 READ ONLY，这时，在该表空间创建表时，也会出现错误。

要将一个表空间的状态修改为 READ ONLY，需要注意以下几个事项。

❑ 表空间必须处于 ONLINE 状态。

❑ 表空间不能包含任何事物的回退段。

❑ 表空间不能正处于在线数据库备份期间。

如果要将 TABLESPACE_1 表空间的状态修改为 ONLINE，使用语句如下所示。

```
SQL> alter tablespace tablespace_1 online;
表空间已更改。
```

此时就可以对表空间进行以下更新或删除操作如创建一个表等。

4.1.4 重命名表空间

在 Oracle 数据库中，可以对现有的表空间进行重命名，且不会影响到表空间中的数据。

 注意 不能修改系统表空间 SYSTEM 和 SYSAUX 的名称。

对表空间进行重命名，可以使用以下语法格式，如下所示。

```
ALTER TABLESPACE old_tablespacename RENAME TO new_tablespacename
```

如果要修改表空间 TABLESPACE_2 的名称为 NEW_TABLESPACE_2，其修改语句如下所示。

```
SQL> alter tablespace tablespace_2 rename to new_tablespace_2;
表空间已更改。
```

 如果表空间的状态为 OFFLINE 将不能重命名该空间。所以在进行重命名 TABLESPACE_2 表空间时，需要将该表空间的状态修改为 ONLINE。

4.1.5　修改数据文件的大小

创建表空间时，需要为对应的数据文件指定大小。在 Oracle 中，数据文件的大小决定表空间的大小。在应用中，如果需要存储的数据量超出了创建表空间时指定的数据文件的大小时，会出现表空间不足，则无法再向该表空间中添加数据。

 在存储数据之前，数据文件必须有足够的空间，如果数据文件的空闲空间不足，则向表空间添加数据时，Oracle 将会报错。

通过数据字典 dba_free_space 查看表空间 tablespace_3 的空闲空间信息，如下所示。

```
SQL> select tablespace_name,bytes,blocks
  2  from dba_free_space
  3  where tablespace_name='tablespace_3';
TABLESPACE_NAME     BYTES          BLOCKS
----------------- ------------ -----------------

TABLESPACE_3       19922944       2432
```

其中，BYTES 字段以字节的形式表示表空间空闲空间的大小；BLOCKS 字段则以数据块数目的形式表示表空间空闲空间的大小。

如果要修改表空间的大小可以通过修改数据文件的大小来实现。在修改之前，需要了解表空间所对应的数据文件的信息，主要是数据文件的存储路径、名称和大小等。

可以通过查询数据字典 DBA_DATA_FILES 查看 tablespace_3 表空间的数据文件信息，如下所示。

```
SQL> select tablespace_name,file_name,bytes
  2  from dba_data_files
  3  where tablespace_name='tablespace_3';
TABLESPACE_NAME       FILE_NAME                    BYTES
------------------- ---------------------------- --------------------

TABLESPACE_3         E:\ORACLE11G\USE_3.DBF        20971520
```

在上述示例中，file_name 表示数据文件的名称与路径，bytes 表示数据文件的大小。

了解了数据文件信息后，就可以使用 ALTER DATABASE 语句对数据文件进行修改。其语法格式如下所示。

```
SQL> alter database
  2  datafile 'e:\oracle11g\use_3.dbf' resize 40m;
数据库已更改。
```

 修改数据文件大小时使用了 RESIZE 关键字。使用 RESIZE 时，如果指定的空间大于数据文件原来的空间则将增大数据文件的大小；反之，则压缩该数据文件。

4.1.6 为表空间增加新的数据文件

增加表空间的大小除了通过修改对应的数据文件的大小外，还有一个方法是向表空间增加一个数据文件的方式来实现。

 构成表空间的文件可以有多个，且可以放在不同的目录下。一个表空间的大小等于该表空间下的多个数据文件大小的和。

为表空间增加一个新的数据文件，需要使用 ALTER TABLESPACE 和 ADD DATAFILE 命令，如为表空间 TABLESPACE_3 增加一个数据文件，如下所示。

```
SQL> alter tablespace tablespace_3
  2  add datafile 'e:\oracle11g\use_33.dbf'
  3  size 10m;
表空间已更改。
```

 在添加一个数据文件时，如果要添加的文件已经存在，则上述操作失败。但可以使用 REUSE 关键字，以覆盖同名文件的方式解决。

4.1.7 修改数据文件的自动扩展性

当表空间被填满后，除了通过增加新的数据文件和修改数据文件大小来增大表空间外，Oracle 允许数据文件具有自动扩展的功能，而不需要手动进行修改。

自动扩展性表示分配的空间使用完后，数据文件将自动增加大小。Oracle 数据文件的扩展性需要使用 AUTOEXTEND 关键字。其语法格式如下所示。

```
ALTER DATABASE
DATAFILE file_name
```

```
AUTOEXTEND OFF | ON
[ NEXT number K | M MAXSIZE UNLIMITED | K | M ]
```

如修改 TABLESPACE_3 表空间中的数据文件的自动扩展性，如下所示。

```
SQL> alter database
  2  datafile 'e:\oracle11g\use_3.dbf'
  3  autoextend on
  4  next 5m maxsize 100m;
数据库已更改。
```

通过查询数据字典 dba_data_files，查看是否成功修改文件 E:\oracle11g\use_3.dbf 为自动扩展，如下所示。

```
SQL> select file_name,autoextensible
  2  from dba_data_files;
FILE_NAME                                                        AUT
---------------------------------------------------------------- --------------------
F:\ORACLE\ADMINISTRATOR\ORADATA\ORCL\USERS01.DBF                 YES
F:\ORACLE\ADMINISTRATOR\ORADATA\ORCL\UNDOTBS01.DBF               YES
F:\ORACLE\ADMINISTRATOR\ORADATA\ORCL\SYSAUX01.DBF                YES
F:\ORACLE\ADMINISTRATOR\ORADATA\ORCL\SYSTEM01.DBF                YES
F:\ORACLE\ADMINISTRATOR\ORADATA\ORCL\EXAMPLE01.DBF               YES
E:\ORACLE11G\USE_1.DBF                                           NO
E:\ORACLE11G\USE_2.DBF                                           NO
E:\ORACLE11G\USE_3.DBF                                           YES
```

在上述示例中，AUTOEXTENSIBLE 列表示数据文件是否具有自动扩展功能，如果属性值为 YES，表示可以自动扩展，如果为 NO 则表示不可以自动扩展。

4.1.8　删除表空间的数据文件

在 Oracle 中，可以删除表空间的数据文件，但前提是数据文件没有数据。其语法格式如下所示。

```
ALTER TABLESPACE tablespace_name
DROP DATAFILE file_name
```

其中 file_name 为数据文件的路径。

如要删除表空间 TABLESPACE_3 中的数据文件 E:\oracle11g\use_33.dbf，如下所示。

```
SQL> alter tablespace tablespace_3
  2  drop datafile 'e:\oracle11g\use_33.dbf';
表空间已更改。
```

4.1.9 修改数据文件的状态

在 Oracle 中，不仅可以修改表空间的状态，还可以修改表空间中数据文件的状态。数据文件的状态有 ONLINE、OFFLINE 和 OFFLINE DROP 这 3 种。

ONLINE 表示数据文件可以使用；OFFLINE 表示数据文件不可使用，此种状态用于数据库运行在归档模式下；OFFLINE DROP 与 OFFLINE 一样用于设置数据文件为不可用，但它用于数据库运行在非归档模式下。

 如果将数据文件切换成 OFFLINE DROP 状态，则不能直接将其重新切换到 ONLINE 状态。

修改数据文件的状态的语法格式如下所示。

```
ALTER DATABASE
DATAFILE file_name ONLINE |OFFLINE | OFFLINE DROP
```

如要修改表空间 TABLESPACE_2 的数据文件 E:\oracle11g\use_2.dbf 文件的状态为 OFFLINE DROP，如下所示。

```
SQL> alter database
  2  datafile 'e:\oracle11g\use_2.dbf'
  3  offline drop;
数据库已更改。
```

如果使用上述语法格式将此数据文件重新切换到 ONLINE 状态时，会操作失败，如下所示。

```
SQL> alter database
  2  datafile 'e:\oracle11g\use_2.dbf'
  3  online;
alter database
*
第 1 行出现错误:
ORA-01113: 文件 7 需要介质恢复
ORA-01110: 数据文件 7: 'E:\ORACLE11G\USE_2.DBF'
```

如上述示例，在将 OFFLINE DROP 状态的数据文件修改为 ONLINE 时，Oracle 提示需要对数据文件进行介质恢复，可以使用 RECOVER DATAFILE 语句进行恢复，如下所示。

```
SQL> recover datafile 'e:\oracle11g\use_2.dbf';
完成介质恢复。
```

下面就可以该将数据文件的状态修改为 ONLINE，如下所示。

```
SQL> alter database
```

```
  2  datafile 'e:\oracle11g\use_2.dbf'
  3  online;
```

数据库已更改。

4.1.10 移动数据文件

数据文件是存储在磁盘中的物理文件，在增加表空间时，如果数据文件所在的磁盘没有足够的空间时，可以选择将数据文件移动到其他磁盘上。

移动数据文件的步骤如下。

（1）修改表空间为 OFFLINE 状态，以防止其他用户进行操作。

（2）复制数据文件到另一个磁盘上。

（3）使用 ALTER TABLESPACE RENAME 语句修改数据文件的名称。

（4）将表空间的状态重新修改为 ONLINE。

【实践案例 4-1】

实现将 TABLESPACE_3 表空间的数据文件 E:\oracle11g\use_2.dbf 保存到另一个磁盘上。操作如下。

（1）将 TABLESPACE_3 表空间的状态修改为 OFFLINE，如下所示。

```
SQL> alter tablespace tablespace_2 offline;
表空间已更改。
```

（2）手动操作，将 use_2.dbf 数据文件复制到另一个磁盘目录上，如 d:\oracle11g 目录。

（3）使用 RENAME 关键字，重命名数据文件，如下所示。

```
SQL> alter tablespace tablespace_2
  2  rename datafile 'e:\oracle11g\use_2.dbf'
  3  to 'd:\oracle11g\use_2.dbf';
表空间已更改。
```

（4）将表空间的状态修改为 ONLINE，如下所示。

```
SQL> alter tablespace tablespace_2 online;
表空间已更改。
```

以上步骤就完成了移动表空间的数据文件到另一个磁盘上。可以通过查看数据字典 DBA_DATA_FILES，确认数据文件是否已移动，如下所示。

```
SQL> select tablespace_name,file_name from dba_data_files;
TABLESPACE_NAME                    FILE_NAME
----------------    -------------------------------------------------
USERS               F:\ORACLE\ADMINISTRATOR\ORADATA\ORCL\USERS01.DBF
UNDOTBS1            F:\ORACLE\ADMINISTRATOR\ORADATA\ORCL\UNDOTBS01.DBF
SYSAUX              F:\ORACLE\ADMINISTRATOR\ORADATA\ORCL\SYSAUX01.DBF
SYSTEM              F:\ORACLE\ADMINISTRATOR\ORADATA\ORCL\SYSTEM01.DBF
```

```
EXAMPLE                 F:\ORACLE\ADMINISTRATOR\ORADATA\ORCL\EXAMPLE01.DBF
TABLESPACE_1            E:\ORACLE11G\USE_1.DBF
TABLESPACE_2            D:\ORACLE11G\USE_2.DBF
TABLESPACE_3            E:\ORACLE11G\USE_3.DBF
已选择8行。
```

4.1.11　删除表空间

如果需要将某个表空间进行删除，可以使用 DROP TABLESPACE 语句，其格式如下所示。

```
DROP TABLESPACE tablespace_name
| [ INCLUDING CONTENTS ]
| [ INCLUDING CONTENTS AND DATAFILES ];
```

如果使用 INCLUDING CONTENTS 选项，表示删除表空间，但保留该空间中的数据文件；如果使用 INCLUDING CONTENTS AND DATAFILES 选项，表示删除表空间以及表空间中的全部内容和数据文件。

如要删除表空间 TABLESPACE_2，且将该空间中的全部内容和数据文件都删除，如下所示。

```
SQL> drop tablespace tablespace_2
  2  including contents and datafiles;
表空间已删除。
```

4.2　临时表空间

在 Oracle 数据库中，不但可以创建普通的表空间，还可以创建临时表空间。临时表空间是一个磁盘空间，主要用于存储用户在执行 ORDER BY 等语句进行排序或者汇总时产出的临时数据，该空间是所有用户共用的。

4.2.1　创建临时表空间

创建临时表空间需要使用 TEMPORARY 关键字，与临时表空间对应的是临时文件，由 TEMPFILE 关键字指定。

如创建一个名为 temp_tablespace_1 的临时表空间，如下所示。

```
SQL> create temporary tablespace temp_tablespace_1
  2  tempfile 'e:\oracle11g\use_temp1.dbf' size 10m
  3  autoextend on next 5m maxsize 80m
  4  extent management local;
表空间已创建。
```

Oracle 中创建临时表空间时，不再使用 DATEAFILE 指定数据文件，而是用 TEMPFILE 关键字指定临时文件。

使用临时表空间需要注意以下几个事项：

（1）临时表空间只能用于存储临时数据，不能存储永久性数据。如果在临时表空间中存储永久性数据，就会出错。

（2）临时表空间中的文件为临时文件，所以数据字典 DBA_DATA_FILES 不再记录有关临时文件的信息，而临时文件的信息则记录在数据字典视图 V$TEMPFILE 中。查看该字典视图的临时表空间，如下所示。

```
SQL> select file#,status,name from v$tempfile;
FILE#    STATUS          NAME
------   ---------   -------------------------------
1        ONLINE      F:\ORACLE\ADMINISTRATOR\ORADATA\ORCL\TEMP01.DBF
2        ONLINE      E:\ORACLE11G\    USE_TEMP1.DBF
```

（3）临时表空间的盘区管理方式都是 UNIFORM，所以在创建临时表空间时，不能使用 AUTOALLOCAT 关键字指定盘区的管理方式。

4.2.2 修改临时表空间

创建临时表空间后，可以对其进行修改。修改临时表空间的操作主要有：增加临时文件、修改临时文件大小以及修改临时文件的状态 3 种。本节将介绍这 3 种修改临时文件的操作。

1．增加临时文件

在使用临时表空间时，同样会遇到表空间存储数据空间不够的情况，此时就可以通过增加临时文件来加大临时表空间。增加临时文件需要使用 ALTER TABLESPACE ADD 命令，其语法格式如下所示。

```
ALTER TABLESPACE tablespace_name
ADD TEMPFILE datafile_tempfile_spacification
```

其中 tablespace_name 表示临时表空间的名称，datafile_tempfile_spacification 表示与表空间对应的临时文件的位置、名称和大小。

2．修改临时文件大小

同增加表空间大小一样，增加临时表空间的大小还可以通过修改临行文件的大小来实现。修改临时文件的大小需要使用 RESIZE 关键字，其语法格式如下所示。

```
ALTER DATABASE TEMPFILE
datafilepath RESIZE number
```

其中 datafilepath 表示临时文件的路径，number 则表示修改后的临时文件的大小。

 由于临时文件只保存临时数据，并且在用户操作结束后，系统将删除临时文件中的数据。所以一般情况下，不需要修改临时表空间的大小。

3. 修改临时文件的状态

临时文件的状态有 ONLINE 和 OFFLINE 两种。修改临时文件的状态需要使用 ALTER DATABSE TEMPFILE 命令，其语法格式如下所示。

```
ALTER DATABASE TEMPFILE
datafilepath ONLINE | OFFLINE
```

其中 datafilepath 表示需要修改的临时文件的路径。

4.2.3　临时表空间组

在 Oracle 11g 中，可以创建多个临时表空间，并把它们组成一个临时表空间组。这样应用数据库用于排序时可以使用多个临时表空间。一个临时表空间组至少有一个临时表空间，其最大个数没有限制，但组的名字不能和其中某个表空间的名字相同。

在给用户分配一个临时表空间时，可以使用临时表空间组的名字代替实际的临时表空间名；在给数据库分配默认临时表空间时，也可以使用临时表空间组的名字。

使用临时表空间组，有如下优点：

❑ 避免当临时表空间不足时所引起的磁盘排序问题。

❑ 当一个用户同时有多个会话时，可以使得它们使用不同的临时表空间。

❑ 使得并行的服务器在单节点上能够使用多个临时表空间。

1. 创建临时表空间组

临时表空间组是在创建临时表空间时通过指定 group 子句创建的，如果要删除一个临时表空间组的所有成员，则该临时表空间组也会自动被删除。

创建临时表空间需要使用 GROUP 关键字，如创建一个名为 temp_tablespace_gp1 的临时表空间组，如下所示。

```
SQL> create temporary tablespace tempgroup1
  2  tempfile 'e:\oracle11g\use_group1.dbf' size 10m
  3  tablespace group temp_tablespace_gp1;
表空间已创建。
SQL> create temporary tablespace tempgroup2
  2  tempfile 'e:\oracle11g\use_group2.dbf' size 10m
  3  tablespace group temp_tablespace_gp1;
表空间已创建。
```

2. 查看临时表空间组信息

可以通过数据字典 DBA_TABLESPACE_GROUPS 查看临时表空间组的信息，如下所示。

```
SQL> select * from dba_tablespace_groups;
GROUP_NAME                TABLESPACE_NAME
------------------- ------------------------------
TEMP_TABLESPACE_GP1    TEMPGROUP1
TEMP_TABLESPACE_GP1    TEMPGROUP2
```

3. 移动临时表空间

Oracle 数据库可以将一个已经存在的临时表空间移动到一个临时表空间组中，如将已经创建过的 temp_tablespace_1 临时表空间移动到 temp_tablespace_gp1 临时表空间组中，如下所示。

```
SQL> alter tablespace temp_tablespace_1
  2  tablespace group temp_tablespace_gp1;
表空间已更改。
```

查询数据字典 DBA_TABLESPACE_GROUPS，确认是否移动成功，如下所示。

```
SQL> select * from dba_tablespace_groups;
GROUP_NAME                TABLESPACE_NAME
------------------- ----------------------
TEMP_TABLESPACE_GP1    TEMP_TABLESPACE_1
TEMP_TABLESPACE_GP1    TEMPGROUP1
TEMP_TABLESPACE_GP1    TEMPGROUP2
```

4. 删除临时表空间组

当临时表空间组中的所有临时表空间都被删除时，该临时表空间组就会自动删除了。使用 DROP TABLESPACE 语句，删除要删除的临时表空间组中的所有临时表空间。

如要删除临时文件组 TEMP_TABLESPACE_GP1，如下所示。

```
SQL> drop tablespace temp_tablespace_1;
表空间已删除。
SQL> drop tablespace tempgroup;
表空间已删除。
SQL> drop tablespace tempgroup2;
表空间已删除。
```

此时查看数据字典 DBA_TABLESPACE_GROUPS，如下所示。

```
SQL> select * from dba_tablespace_groups;
未选定行
```

4.3 大文件表空间

从 Oracle 10g 开始，增加了一个新的表空间类型大文件表空间（BIGFILE）。大文件表空间由一个单一的大文件构成，使 Oracle 可以发挥 64 位系统的能力。本节将对 Oracle 大文件表空间进行介绍。

> 大文件表空间只放置一个数据文件（或临时文件），但其数据文件可以达到 4GB 个数据块。

使用大文件表空间的优势：

❑ 使用大文件表空间可以显著增强 Oracle 数据库的存储能力。

❑ 在超大型数据库中使用大文件表空间减少了数据文件的数量，因此也简化了对数据文件的管理工作。由于数据文件的减少，SGA 中关于数据文件的信息，以及控制文件的容量也减小。

❑ 由于数据文件对用户透明，由此简化了数据库管理工作。

（1）创建大文件表空间。在创建表空间时，如果要创建大文件表空间，需要使用 BIGFILE 关键字，如创建一个名为 bigfile_tablespace_1 的大文件表空间，如下所示。

```
SQL> create bigfile tablespace big_tablespace_1
  2  datafile 'e:\oracle11g\use_bigfile_1.dbf' size 10m;
表空间已创建。
```

（2）查看当前默认表空间的类型。显示数据字典 DATABASE_PROPERTIES 中的信息，执行语句如下所示。

```
SQL> select * from database_properties
  2  where property_name='DEFAULT_TBS_TYPE';
PROPERTY_NAME     PROPERTY_VALUE   DESCRIPTION
----------------- -------------- -------------------------------
DEFAULT_TBS_TYPE  SMALLFILE        Default tablespace type
```

由上述示例可知，Oracle 创建表空间时，默认表空间类型是 SMALLFILE，即普通表空间。

（3）修改默认的表空间类型，需要使用 ALTER TABLESPACE 语句，如要修改创建表空间时默认表空间类型为大文件表空间，如下所示。

```
SQL> alter database set default bigfile tablespace;
数据库已更改。
```

（4）前面曾提到过，大文件表空间只能包含一个文件，如果使用 ALTER TABLESPACE ADD 语句向大文件表空间中添加一个数据文件，将会出错，如下所示。

```
SQL> alter tablespace big_tablespace_1
  2  add datafile 'f:\oracle11g\use_bigfile_2.dbf' size 10m;
alter tablespace big_tablespace_1
*
第 1 行出现错误:
ORA-32771: 无法在大文件表空间中添加文件
```

4.4 非标准数据块表空间

非标准数据块表空间是指数据块不基于标准数据块大小的表空间。这样，数据量小的表存储在小数据块的表空间中，数据量大的表存储在大数据块组成的表空间中，从而简化了系统的 I/O 性能。

在创建表空间时，可以使用 BLOCKSIZE 子句，该子句用来设置表空间的数据大小，如果不指定该子句，则默认的数据块的大小由系统初始化参数 db_block_size 决定。db_block_size 参数指定的数据块大小即为标准数据块大小。

数据块的大小是由参数 DB_BLOCK_SIZE 决定，且在创建数据库后不能进行修改。

使用 BLOCKSIZE 子句指定表空间数据块大小时，该参数指定的参数值必须和缓冲区参数（DB_nK_CACHE_SIZE）相对应，两者对应关系如表 4-1 所示。

表 4-1　BLOCKSIZE 和 DB_Nk_CACHE_SIZE 对应关系

BLOCKSIBLOCKSIZEZE	DDB_Nk_CACHE_SIZEB_nk_CACHE_S
2KB	DB_2k_CACHE_SIZE
4KB	DB_4k_CACHE_SIZE
8KB	DB_8k_CACHE_SIZE
16KB	DB_16k_CACHE_SIZE
32KB	DB_32k_CACHE_SIZE

如设置了缓存区参数 DB_16K_CACHAE_SIZE 为 16MB，如下所示。

```
SQL> alter system set DB_16K_CACHE_SIZE=16M;
系统已更改。
```

设置缓冲区参数后，就可以创建数据块大小为 16KB 的非标准数据块表空间，如下所示。

```
SQL> create tablespace unnormal_tablespace_1
  2  datafile 'e:\oracle11g\use_unnormal1.dbf' size 10m
  3  autoextend on next 10m
  4  blocksize 16k;
表空间已创建。
```

创建了非标准表空间，通过查询数据字典视图 DBA_TABLESAPCES 的 BLOCK_SIZE 字段，了解表空间的数据块的大小，如下所示。

```
SQL> select tablespace_name,block_size
  2  from dba_tablespaces;
TABLESPACE_NAME              BLOCK_SIZE
------------------ -----------------------------
SYSTEM                         8192
SYSAUX                         8192
…
BIG_TABLESPACE_1               8192
UNNORMAL_TABLESPACE_1         16384
已选择 10 行。
```

4.5　撤销表空间

用户对数据库中的数据进行修改后，Oracle 会把修改前的数据存储到撤销表空间中，撤销表空间是一个特殊的表空间，只用于存储撤销信息。如果用户要对修改的数据进行恢复，就会使用到撤销空间中存储的撤销数据。

 在 Oracle 中可以创建多个撤销表空间，但同时只允许激活一个撤销表空间。

4.5.1　管理撤销表空间的方式

在 Oracle 11g 中，管理撤销表空间的方式有两种：

（1）回退撤销管理（Rollback Segments Undo，RSU），也称为手工撤销管理。

（2）自动撤销管理（System Managed Undo，SMU）。

用户通过设定撤销管理模式（undo mode）就可以灵活地选择使用回退撤销管理或自动撤销管理。其中，回退撤销管理方式是 Oracle 的一种传统管理方式，在该方式下撤销空间通过回滚段管理，此种方式程序复杂且效率低。自 Oracle 9i 之后，Oracle 提供了另一种新的管理撤销空间的方式自动撤销管理，Oracle 系统自动管理撤销表空间。

数据采用哪种撤销管理方式，是由参数 UNDO_MANAGEMENT 确定的，如果该参数值为 AUTO，表示在启动数据库时将使用 SMU 方式；如果设置为 MANUAL，则使用 RSU 方式。

 在一个数据库中只能使用一种撤销管理方式。

可以 SHOW PARAMETER 命令查看 UNDO_MANAGEMENT 参数的信息，如下所示。

```
SQL> show parameter undo_management;
NAME                         TYPE       VALUE
-------------------- --------- ------------------------------------
undo_management              string     AUTO
```

在上述示例中，参数 UNDO_MANAGEMENT 的值为 AUTO，表示撤销管理空间的管理方式为自动撤销管理。

1. 回退撤销管理

回退撤销表空间是通过创建回退段来提供存储空间的。在回退撤销管理方式中，必须为数据库创建多个回退段。以下参数决定了回退段的数量。

❑ **ROLLBACK_SEGMENTS**　设置数据库所使用的回退段名称。

❑ **TRANSACTIONS**　设置系统中的事务总数。

❑ **TRANSACTIONS_PER_ROLLBACK_SEGMENT**　指定回退段可以服务的事务个数。

❑ **MAX_ROLLBACK_SEGMENTS**　设置回退段的最大个数。

 在回退撤销管理方式中，DBA 需要对复杂的回退段进行负责和管理，所以推荐使用自动撤销管理方式。

2. 自动撤销管理

Oracle 系统在安装时会自动创建一个撤销表空间 UNDOTBS1。在数据库实例启动后，Oracle 会自动搜索是否存在一个可用的撤销表空间。如果没有找到，将使用 SYSTEM 表空间的回退段来保存撤销记录，这种情况下，将会出现一条警告信息，意思是系统正在没有撤销表空间的情况下运行。

 在 Oracle 11g 中，系统默认使用自动撤销管理方式，同时也支持回退撤销管理。

为 Oracle 实例指定撤销表空间时，需要使用 UNDO_TABLESPACE 关键字，如要将 TABLESPACE_3 表空间指定为撤销表空间，如下所示。

```
undo_tablespace = tablespace_3;
```

在设置自动撤销管理方式时，可以指定以下几个参数。

❑ **UNDO_MANAGEMENT**　如果该参数值为 AUTO，则表示使用自动撤销管理方式。

❑ **UNDO_TABLESPACE**　为数据库指定所使用的撤销表空间名称。

❑ **UNDO_RETENTION**　设置撤销数据的保留时间，即用户事务结束后，在撤销表空间中保留撤销记录的时间。

如果需要查看当前数据库的撤销表空间的设置，可以使用 SHOW PARAMETER UNDO

语句，如下所示。

```
SQL> show parameter undo;
NAME                 TYPE          VALUE
---------------      -----------   ----------------
undo_management      string        AUTO
undo_retention       integer       900
undo_tablespace      string        UNDOTBS1
```

4.5.2 创建和管理撤销表空间

为了更有效地对撤销空间进行管理，Oracle 11g 默认采用自动撤销管理方式。本节将介绍 Oracle 对撤销表空间的一系列操作，其主要包括创建撤销表空间、修改撤销表空间、删除撤销表空间以及如何对撤销表空间中的数据文件、参数进行管理等。

1. 创建撤销表空间

创建撤销表空间需要使用 CREATE UNDO TABLESPACE 语句，创建撤销表空间与普通表空间类似，但也有其特定的限制，如下所示。

❑ 撤销表空间只能使用本地化管理空间类型，即 EXTENT MANAGEMENT 子句只能设置为 LOCAL（默认值）。

❑ 撤销表空间的盘区管理方式只能使用 AUTOALLCOCATE，即由 Oracle 系统自动分配盘区大小。

❑ 撤销表空间的段的管理方式只能为手动管理方式，即 SEGEMENT SPACE MANAGEMENT 只能设定为 MANUAL。如果是创建普通表空间，则此选项默认为 AUTO，而如果是创建撤销表空间，此选择默认为 MANUAL。

例如，使用 CREATE UNDO TABLESPACE 语句，创建一个名称为 UNDO_TABLESPACE_1 的撤销表空间，如下：

```
SQL> create undo tablespace undo_tablespace_1
  2  datafile 'e:\oracle11g\undo_tablespace_1.dbf' size 15m
  3  autoextend on;
表空间已创建。
```

2. 修改撤销表空间

在修改撤销表空间时，需要使用 ALTER TABLESPACE 语句。对撤销表空间，可以进行如下一些修改操作。

（1）添加新的数据文件

如果撤销表空间的存储空间不足，需要增加新的数据文件时，可以通过如下语句来实现：

```
SQL> alter tablespace undo_tablespace_1
  2  add datafile 'e:\oracle11g\undo_tablespace_2.dbf' size 10m
```

```
3  autoextend on;
```
表空间已更改。

（2）修改数据文件

如果需要增加撤销表空间的存储空间，还可以对数据文件的大小进行修改，这时需要使用 RESIZE 关键字，如下所示。

```
SQL> alter database undo_tablespace_1
  2 datafile 'f:\oracle11g\undo_tablespace_1.dbf' resize 20m;
```
数据库已更改。

（3）修改数据文件的状态

可以对撤销表空间的状态进行修改，将空间修改为 OFFLINE 或者 ONLINE，如下所示。

```
SQL> alter tablespace undo_tablespace_1 offline;
```
表空间已更改。

3. 切换撤销表空间

一个数据库中可以有多个撤销表空间，但数据库一次只能使用一个撤销表空间。默认情况下，使用的是 undotbs1 撤销表空间。如果需要使用另一个撤销表空间，可以通过执行切换撤销表空间操作来实现，不需要重启数据库。

切换撤销表空间，需要使用 ALTER SYSTEM 语句，改变 UNDO_TABLESPACE 参数的值即可。例如要将数据库所使用的撤销表空间切换为 UNDO_TABLESPACE_1，如下所示。

```
SQL> alter system set undo_tablespace = undo_tablespace_1;
```
系统已更改。

使用 SHOW PARAMETER UNDO 语句，可以查看切换后的结果，如下：

```
SQL> show parameter undo;
NAME                  TYPE        VALUE
--------------------- ----------- ------------------
undo_management       string      AUTO
undo_retention        integer     900
undo_tablespace       string      UNDO_TABLESPACE_1
```

如果切换撤销表空间成功，那么任何新开始的事务，都将在新撤销表空间中存储相应的记录。如果一些撤销记录还保留在旧的撤销表空间中，那么当前事务仍旧对旧的撤销表空间进行操作，直到该事务操作结束后，才使用新的撤销表空间。

在切换撤销表空间时，如果指定的表空间不是一个撤销表空间，或者指定的撤销表空间正在被其他实例使用，将出现错误。

4. 删除撤销表空间

对撤销表空间的删除操作，删除撤销表空间需要使用 DROP TABLESPACE 语句，但删除的前提是该撤销表空间此时没有被数据库使用。如果需要删除正在使用的撤销表空间，则应该先进行撤销表空间的切换操作。

```
SQL> drop tablespace undotbs0302
  2  including contents and datafiles;
表空间已删除。
```

5. 修改撤销记录保留的时间

在自动撤销记录管理方式中，可以指定撤销信息在提交之后需要保留的时间，以防止在长时间的查询过程中出现 snapshot too old 错误。

在自动撤销管理方式下，DBA 使用 UNDO_RETENTION 参数，指定撤销记录的保留时间。由于 UNDO_RETENTION 参数是一个动态参数，在 Oracle 实例的运行中，可以通过 ALTER SYSTEM SET UNDO_RETENTION 语句，来修改撤销记录保留的时间。

 撤销记录保留时间的单位是秒，默认值为 900，即 15 分钟。

例如，将撤销记录的保留时间修改为 10 分钟，如下：

```
SQL> alter system set undo_retention = 600;
系统已更改。
SQL> show parameter undo;
NAME                         TYPE        VALUE
------------------------      ---------   -----------
undo_management              string      AUTO
undo_retention               integer     600
undo_tablespace              string      UNDOTBS0303
```

 如果新的事务开始时，撤销空间已经写满，则新事务的撤销记录将会覆盖已经提交事务的撤销记录。因此，如果将 UNDO_RETENTION 参数值设置较大，那么就必须保证撤销表空间具有足够的存储空间。

6. 查看撤销表空间信息

为了方便查看撤销表空间的信息，Oracle 数据库提供了几个数据字典视图，如表 4-2 所示。

表 4-2　查看撤销表空间的数据字典视图

名称	说明
V$UNDOSTAT	记录撤销表空间的统计信息。DBA 经常利用这个数据字典来监视撤销表空间的使用情况
V$ROLLSTAT	记录撤销表空间中各个撤销段的信息，一般是在自动撤销管理方式下使用
V$TRANSACTION	记录各个事务所使用的撤销段的信息
DBA_UNDO_EXTENTS	记录撤销表空间中每个区所对应的事务的提交时间

每间隔 10 分钟，Oracle 将收集到的撤销表空间信息作为一条记录，添加到撤销数据表空间。V$UNDOSTAT 数据字典可以记录 24 小时内的撤销表空间的统计信息。

例如，使用 V$UNDOSTAT 数据字典查询撤销表空间中的内容，如下：

```
SQL> select to_char(begin_time,'yyyy-mm-dd hh24:mi:ss'),
  2  to_char(end_time,'yyyy-mm-dd hh24:mi:ss'),
  3  undotsn,undoblks
  4  from v$undostat;
TO_CHAR(BEGIN_TIME, TO_CHAR(END_TIME,'Y  UNDOTSN  UNDOBLKS
------------------- -------------------  ---------  ------
2009-06-09 14:08:07 2009-06-09 14:18:04       15         2
2009-06-09 16:38:05 2009-06-09 17:35:38       15        19
2009-06-09 17:28:31 2009-06-09 17:38:46       16         2
```

其中，UNDOBLKS 列表示在 10 分钟内产生的撤销记录占用 Oracle 数据块的个数。如果需要计算撤销表空间的大小，可以使用下面的公式：

```
UNDOSPACE = UR * UPS + OVERHEAD
```

其中，UR 表示撤销记录的保留时间；UPS 表示每秒钟产生的撤销记录所占用的数据块数；OVERHEAD 表示保存系统信息的额外开销。

UR 值是 UNDO_RETENTION 的参数值；UPS 值可以通过数据字典 V$UNDOSTAT 对列 UNDOBLKS 求取平均值得到。

4.6　项目案例：创建基本表空间

在本节之前，主要介绍了不同类型的表空间，如基本表空间、临时表空间、大文件表空间等，讲解了基本表空间的创建与管理等。

本节将综合应用这些知识，使用 SQL*Plus 工具创建一个基本表空间。

【实例分析】

启动 SQL*Plus，输入用户名和密码，连接到数据。创建一个名为 EXERCISE_TABLESPACE 的基本表空间，其指定该数据文件大小为 5MB，允许为自动扩展，每次扩展大小为 5MB。指定其盘区的管理方式为本地化管理，且所有盘区大小相同为 500KB。创建效果如图 4-1 所示。

```
SQL Plus

SQL*Plus: Release 11.2.0.1.0 Production on 星期日 6月 3 16:19:04 2012

Copyright (c) 1982, 2010, Oracle.  All rights reserved.

请输入用户名:  scott
输入口令:

连接到:
Oracle Database 11g Enterprise Edition Release 11.2.0.1.0 - Production
With the Partitioning, OLAP, Data Mining and Real Application Testing options

SQL> connect sys as sysdba;
输入口令:
已连接。
SQL> create tablespace exercise_tablespace
  2  datafile 'e:\oracle11g\exercise.dbf' size 5m
  3  autoextend on next 5m maxsize unlimited
  4  extent management local uniform size 500k;

表空间已创建。

SQL> _
```

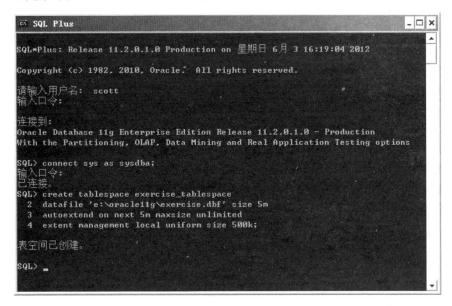

图 4-1　EXERCISE_TABLESPACE 表空间创建效果

表空间创建好，可以通过查询数据字典视图 DBA_TABLESPACES，查看所创建的表空间及其属性信息，如图 4-2 所示。

```
SQL Plus
SQL> select tablespace_name,extent_management,segment_space_management
  2  from dba_tablespaces;

TABLESPACE_NAME                EXTENT_MAN SEGMEN
------------------------------ ---------- ------
SYSTEM                         LOCAL      MANUAL
SYSAUX                         LOCAL      AUTO
UNDOTBS1                       LOCAL      MANUAL
TEMP                           LOCAL      MANUAL
USERS                          LOCAL      AUTO
EXAMPLE                        LOCAL      AUTO
TABLESPACE_1                   LOCAL      AUTO
TABLESPACE_3                   LOCAL      MANUAL
BIG_TABLESPACE_1               LOCAL      AUTO
UNNORMAL_TABLESPACE_1          LOCAL      AUTO
USERMANAGE_TABLESPACE          LOCAL      AUTO

TABLESPACE_NAME                EXTENT_MAN SEGMEN
------------------------------ ---------- ------
EXERCISE_TABLESPACE            LOCAL      AUTO

已选择12行。

SQL> _
```

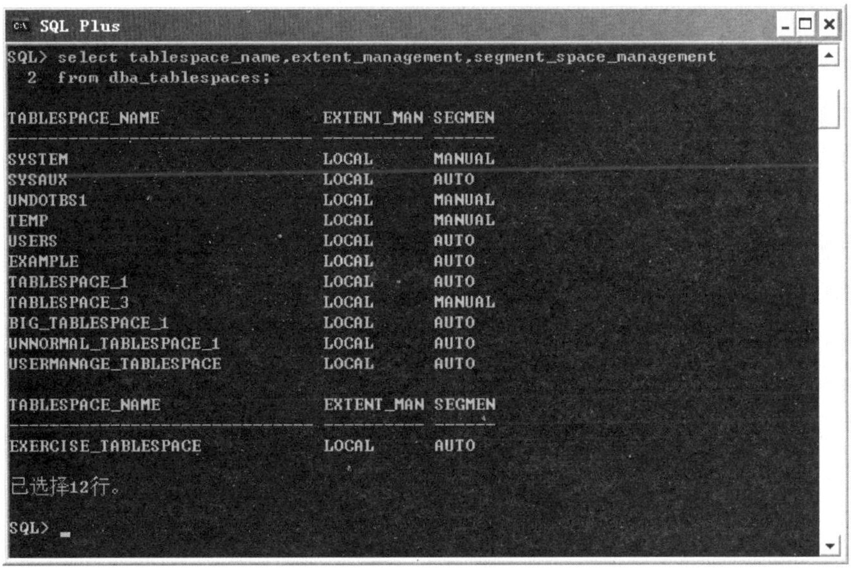

图 4-2　查看表空间信息

4.7 习题

一、填空题

1．表空间对盘区的管理方式分为两类：本地化管理和_____。

2．在创建表空间时 EXTENT MANAGEMENT 子句用来决定创建表空间的管理方式，如果使用本地化管理，可以使用 UNIFORM 和 AUTOALLOCATE 关键字，其中_____表示空间中所有盘区的大小相同。

3．为表空间增加数据文件时，需要使用 ALTER TABLESPACE 和_____命令。

4．Oracle 表空间的状态 OFFLINE、ONLINE、READ ONLY 和_____。

5．Oracle 中临时表空间主要用来为排序或者汇总等操作提供临时的工作空间，创建临时表空间时，需要使用_____语句。

6．创建非标准数据块的表空间时，需要使用_____参数，而且该参数指定的参数值必须和缓冲区参数（DB_Nk_CACHE_SIZE）相对应。

二、选择题

1．下面关于表空间的状态说法错误的是_____。
   A．表空间的正常状态为 ONLINE、READ WRITE，非正常状态为 OFFLINE、READ ONLY
   B．如果将表空间的状态修改为 OFFLINE，则该表空间将不可用
   C．如果将表空间的状态修改为只读，当在该表空间创建表时，会出现错误
   D．系统表空间 SYTEM、SYSAUX 等都可以将状态修改为 OFFLINE 或者 READ ONLY

2．下面通过_____方式不能达到增大表空间大小的目的。
   A．为表空间增加新的数据文件
   B．修改数据文件的磁盘存储路径
   C．修改数据文件的大小
   D．修改数据文件的自动扩展属性

3．下面关于临时表空间说法错误的是_____。
   A．临时表空间的盘区管理方式都是 UFIFORM
   B．创建临时表空间需要使用 CREATE TEMPORARY TABLESPACE 语句
   C．临时表空间主要用来为排序或者汇总等操作提供的临时的工作空间
   D．创建临时表空间的数据文件，需要使用 DATAFILE 关键字

三、上机练习

1．创建用户管理系统的基本表空间

为用户管理系统创建基本表空间 usermanage_tablespace，在该系统开发期间，使用的

数据都保存在此表空间中，创建效果如图 4-3 所示。

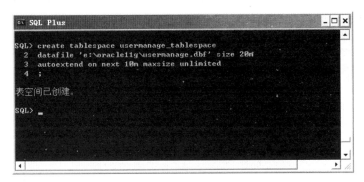

图 4-3　用户管理系统表空间创建示意图

4.8　实践疑难解答

4.8.1　Oracle 如何删除临时表空间

Oracle 如何删除临时表空间

网络课堂：http://bbs.itzcn.com/thread-1553-1-1.html

【问题描述】：Oracle 现有两个临时表空间，temp 和 tempdefault，默认的临时表空间为 tempdefault，现在想将 temp 直接删除，是否会影响数据库的运行，删除直接用 drop tablespace temp including contents and datafile 命令可以吗？

【满意答案】：首先查看 temp 是不是某些用户的默认表空间 SELECT USERNAME, TEMPORARY_TABLESPACE FROM DBA_USERS;如果有用户的默认临时表空间是 temp 的话，建议进行更改 alter user xxx temporary tablespace tempdefault;设置 tempdefault 为默认临时表空间 alter database default temporary tablespace tempdefault;然后用下面语句删除即可。

```
drop tablespace temp including contents and datafile;
```

4.8.2　Oracle 如何使用指定表空间

Oracle 如何使用指定表空间

网络课堂：http://bbs.itzcn.com/thread-1553-1-1.html

【问题描述】：在 Oracle 数据库中，如果创建了多个表空间，我的问题是如果想在指定的表空间中创建表？求指教。

【满意答案】：指定表空间创建表可以有两种解决方式，如下所示。

（1）设置数据库的默认表空间为指定的表空间，其语法如：

```
ALTER DATABASE DEFAULT TABLESPACE tablespace_name
```

（2）在创建表时可以指定表空间，这样，新建的表就会存储在指定的表空间名称，如：

```
CREATE TABLE table_name(
COL1 NUMBER,
COL2 CHAR2(2))
TABLESPACE tablespace_name
```

第5章 表

表是数据库中一个非常重要的对象，是其他对象的基础。没有数据表、关键字、主键、索引等也就无从谈起。由于表是存储数据的有效手段，因此对表的管理非常重要。另外通过在表中定义约束，可以保证数据的有效性和完整性。

本章将详细介绍对表的创建、修改和添加完整性约束等操作，实现对表的管理。

本章学习要点：

➤ 熟练掌握 Oracle 数据库中表的创建

➤ 熟练掌握增加和删除表中的列

➤ 熟练掌握更新表中的列

➤ 了解表的重命名操作

➤ 熟练掌握对表中各个参数的更改

➤ 熟练掌握对表添加完整性约束

5.1 数据库中的数据类型

在创建表时，可以包含一列或者多个列，每一列都有一种数据类型和一个长度。Oracle 数据库中的数据类型如表 5-1 所示。

表 5-1 Oracle 数据库中的数据类型

Oracle 内置数据类型	说明
NUMBER(precision,scale)和 NUMERIC(precision,scale)	可变长度的数字，precision 是数字可用的最大位数（如果有小数点，是小数点前后位数之和）。支持的最大精度为 38；如果有小数点，scale 是小数点右边的最大位数。如果 precision 和 scale 都没有指定，可以提供 precision 和 scale 为 38 位的数字
DEC 和 DECIMAL	NUMBER 的子类型。小数点固定的数字，小数精度为 38 位
DOUBLE PRECISION 和 FLOAT	NUMBER 的子类型。38 位精度的浮点数
REAL	NUMBER 的子类型。18 位精度的浮点数
INT、INTEGER 和 SMALLINT	NUMBER 的子类型。38 位小数精度的整数
REF object_type	对对象类型的引用。与 C++程序设计语言中的指针类似
VARRAY	变长数组。它是一个组合类型，存储有序的元素集合
NESTED TABLE	嵌套表。它是一个组合类型，存储无序的元素集合
XML Type	存储 XML 数据
LONG	变长字符数据，最大长度为 2GB
NVARCHAR2(size)	变长字符串，最大长度为 4000 字节

Oracle 内置数据类型	说明
VARCHAR2(size)[BYTE | CHAR]	变长字符串，最大长度为 4000 字节，最小为 1 字节。BYTE 表示使用字节语义变长字符串，最大长度为 4000 字节；CHAR 表示使用字符语义计算字符串的长度
NCHAR(size)	定长字符串，其长度为 size，最大为 2000 字节，默认大小为 1 字节
CHAR(size)[BYTE | CHAR]	定长字符串，其长度为 size，最小为 1 字节，最大为 2000 字节。BYTE 表示使用字节语义的定长字符串；CHAR 表示使用字符语义的定长字符串
BINARY_FLOAT	32 位浮点数
BINARY_DOUBLE	64 位浮点数
DATE	日期值，从公元前 4712 年 1 月 1 日到公元 9999 年 12 月 31 日
TIMESTAMP(fractional_seconds)	年、月、日、小时、分钟、秒和秒的小数部分。fractional_seconds 的值从 0 到 9，也就是说，最多为十亿分之一秒的精度，默认值为 6（百万分之一）
TIMESTAMP(fractional_seconds) WITH TIME ZONE	包含一个 TIMESTAMP 值，此外还有一个时区置换值。时区置换可以是到 UTC（例如，-06：00）或区域名（例如，US/Central）的偏移量
TIMESTAMP(fractional_seconds) WITH LOCAL TIME ZONE	类似于 TIMESTAMP WITH TIMEZONE，但是有两点区别：（1）在存储数据时，数据被规范化为数据库时区；（2）在检索具有这种数据类型的列时，用户可以看到以会话的时区表示的数据
INTERVAL YEAR(year_precision) TO MONTH	以年和月的方式存储时间段，year_precision 的值是 YEAR 字段中数字的位数
INTERVAL DAY(year_precision) TO ECOND(fractional_seconds_precision)	以日、小时、分钟、秒、小数秒的形式存储一段时间。year_precision 的值从 0 到 9，默认值为 2。fractional_seconds_precision 的值类似于 TIMESTAMP 值中的小数位，范围从 0 到 9，默认值为 6
RAW(size)	原始二进制数据，最大尺寸为 2000 字节
LOGN RAW	原始二进制数据，变长，最大尺寸为 2GB
ROWID	以 64 为基数的串，表示对应表中某一行的唯一地址，该地址在整个数据库中是唯一的
UROWID[(size)]	以 64 为基数的串，表示按索引组织的表中某一行的逻辑地址。size 的最大值是 4000 字节
CLOB	字符大型对象，包含单字节或多字节字符；支持定宽和变宽的字符集。最大尺寸为(4GB – 1)*DB_BLOCK_SIZE
NCLOB	类似于 CLOB，除了存储来自于定宽和变宽的 Unicode 字符。最大尺寸为(4GB – 1)*DB_BLOCK_SIZE
BLOB	二进制大型对象；最大尺寸为(4GB – 1)*DB_BLOCK_SIZE
BFILE	指针，指向存储在数据库外部的大型二进制文件。必须能够从运行 Oracle 实例的服务器访问二进制文件。最大尺寸为 4GB
用户定义的对象类型	可以定义自己的对象类型，并创建该类型的对象。

5.2 创建表

在 Oracle 数据库中，表是基本的数据存储结构。一个表通常是由行和列（也称字段）

组成，表的一列表示一个存储字段，表中的一行可以存放一条记录。在创建表时，可以为表指定存储空间，还可以对表的存储参数等属性进行设置。

5.2.1　创建表

在 Oracle 数据库中，用户可以根据不同的需求创建不同类型的表，常用的表类型有 4 种，如表 5-2 所示。

表 5-2　常用表的类型

类型	说明
堆表	数据按照堆组织、以无序方式存放在单独的表字段中，也称为标准表。默认情况下，所创建的表就是堆表
索引表	数据以"B 树"结构，存放在主键约束所对应的索引段中
簇表	簇由共享相同数据块的一组表组成。在某些情况下，使用簇表可以节省存储空间，提高 SQL 语句的性能
分区表	数据被划分为更小的部分，并且存储到相应的分区段中，每个分区段可以独立管理和操作

 如果用户需要在自己的模式下创建一个新表，必须具有 CREATE TABLE 权限；如果需要在其他用户模式中创建新表，则必须具有 CREATE ANY TABLE 的系统权限。

下面以堆表为例，介绍表的相关知识。创建表时，需要使用 CREATE TABLE 语句，该语句的语法格式如下：

```
CREATE TABLE [schema.]table_name(
    column_name data_type [DEFAULT expression] [constraint]
    [,column_name data_type [DEFAULT expression] [constraint]]
    [,column_name data_type [DEFAULT expression] [constraint]]
    [,…]
);
```

上述语法中的各个参数说明如下：

❑ **schema**　指定表所属的用户名，或者所属的用户模式名称。

❑ **table_name**　所要创建的表的名称。

❑ **column_name**　列的名称。列名在一个表中必须具有唯一性。

❑ **data_type**　列的数据类型。

❑ **DEFAULT expression**　列的默认值。

❑ **constraint**　为列添加的约束，表示该列的值必须满足的规则。

【实践案例 5-1】

例如，创建一个商品信息表 PRODUCT，该表中包含商品编号、商品名称、商品单价、入库数量 4 个字段，如下：

```
SQL> CREATE TABLE product(
  2  proid VARCHAR2(10) NOT NULL,
```

```
  3  proname VARCHAR2(20),
  4  proprice NUMBER(4,2),
  5  pronum NUMBER(4)
  6  );
表已创建。
```

在该创建表的语句中，PROID 表示商品编号，数据类型为 VARCHAR2，NOT NULL 关键字表示该列值为非空；PRONAME 表示商品名称，数据类型为 VARCHAR2，长度为 20；PROPRICE 表示商品单价，数据类型为 NUMBER(4,2)，表示该字段的值为 6 位有效数字，精确到小数点后两位，所以该字段值最大可以是 9999.99；PRONUM 表示入库数量，数据类型为 NUMBER，表示为整型。

5.2.2　指定表空间

在 Oracle 数据库中，一般将表存放于表空间中进行管理，因此在创建表时，可以使用 TABLESPACE 选项指定该表存放的表空间。指定表空间的语法格式如下：

```
TABLESPACE tablespace_name
```

【实践案例 5-2】

例如，在创建表 PRODUCT 时为该表指定表空间为 TABLESPACE1（该表空间必须已存在）。示例代码如下：

```
SQL> CREATE TABLE product(
  2  proid VARCHAR2(10) NOT NULL,
  3  proname VARCHAR2(20),
  4  proprice NUMBER(4,2),
  5  pronum NUMBER(4)
  6  )
  7  TABLESPACE tablespace1;
表已创建。
```

> 如果在创建表时没有指定表空间，那么在默认情况下，系统将创建的表建立在默认表空间中。可以通过 USER_USERS 视图的 DEFAULT_TABLESPACE 字段，查看当前用户的默认表空间名称。另外，还可以通过 USER_TABLES 视图查看表和表空间的对应关系。

5.2.3　指定存储参数

在创建表时，Oracle 允许用户对存储空间的使用参数进行自定义。这时，需要使用关键字 STORAGE 来指定存储参数信息，其具体语法格式如下：

```
STORAGE(INITIAL n k | M NEXT n k | M PCTINCREASE n )
```

上述语法中的各个参数说明如下：

❑ **INITIAL**

用来指定表中的数据分配的第一个盘区大小，以 KB 或者 MB 为单位，默认值是 5 个 Oracle 数据块的大小。

> 如果为已知数量的数据建立表，可以将 INITIAL 参数设置为一个可以容纳所有数据的值，这样就可以将表中所有数据存储在一个盘区，从而避免或者减少碎片的产生。

❑ **NEXT**

用来指定表中的数据分配的第二个盘区大小。该参数只有在字典管理的表空间中起作用；在本地化管理表空间中，该盘区大小将由 Oracle 自动决定。

❑ **MINEXTENTS**

用来指定允许为表中的数据所分配的最小盘区数量。同样，在本地化管理表空间的方式中，该参数不再起作用。

> 如果指定的盘区管理方式为 UNIFORM，这时不能使用 STORAGE 子句，盘区的大小将是固定统一的。

【实践案例 5-3】

例如，在创建 PRODUCT 数据表时，通过 STORAGE 指定存储参数，如下：

```
SQL> CREATE TABLE product(
  2  proid VARCHAR2(10) NOT NULL,
  3  proname VARCHAR2(20),
  4  proprice NUMBER(4,2),
  5  pronum NUMBER(4)
  6  )
  7  STORAGE(INITIAL 120K);
表已创建。
```

> 通过查询 USER-TABLES 视图中的 INITIAL_EXTENT 字段值，可以获取表的 INITIAL 存储参数信息。

5.3 修改表

在实际开发应用中，由于业务的需求或者其他种种原因，我们往往需要对已经存在的表进行数据结构修改操作。这些操作包括：增加或删除列、更新列名称、重命名表、改变表的表空间和存储参数以及删除表等，本节将一一对这些操作进行详细的介绍。

5.3.1 增加和删除列

在创建表后，可以根据需要对表中的列执行修改操作，例如增加列，或者删除表中的某列。这两个操作都需要使用 ALTER TABLE 语句。

1. 增加列

在向某个表中增加列时，需要使用 ALTER TABLE … ADD 语句。例如，向表 PRODUCT 中增加 NOWPRICE 列，表示商品的现价，语句如下：

```
SQL> ALTER TABLE product
  2  ADD nowprice NUMBER(4,2);
表已更改。
```

该语句表示向 PRODUCT 表中增加了一个名称为 NOWPRICE 的列，用于存储商品的现价，数据类型为 NUMBER(4,2)。

使用 DESC 命令，查看表 PRODUCT 的数据结构，如下：

```
SQL> DESC product;
名称                      是否为空?                      类型
----------------  ------------------------  ------------------
PROID             NOT                       NULL VARCHAR2(10)
PRONAME                                     VARCHAR2(20)
PROPRICE                                    NUMBER(4,2)
PRONUM                                      NUMBER(4)
NOWPRICE                                    NUMBER(4,2)
```

2. 删除列

当需要删除表中的某一列时，需要使用 ALTER TABLE … DROP COLUMN 语句。例如，删除表 PRODUCT 中的 NOWPRICE 列，语句如下：

```
SQL> ALTER TABLE product
  2  DROP COLUMN nowprice;
表已更改。
```

在删除列时，系统将删除表中每条记录内的相应列的值，同时释放所占用的存储空间。

如果需要使用一条语句删除多个列，则可以将要删除的列名放在一个括号内，多个列名之间使用英文逗号（,）隔开，并且不能使用关键字 COLUMN。例如，删除表 PRODUCT 中的 PROPRICE 和 PRONUM 列，语句如下：

```
SQL> ALTER TABLE product
  2  DROP (proprice,pronum);
表已更改。
```

此时，再次使用 DESC 命令查看 PRODUCT 数据表结构，如下：

```
SQL> DESC product;
名称                          是否为空？                    类型
-------------------  ------------------------  ------------------
PROID                         NOT NULL                  VARCHAR2(10)
PRONAME                                                 VARCHAR2(20)
```

分析查询结果可知，不仅将新添加的 NOWPRICE 字段成功删除，同时也删除了 PROPRICE 和 PRONUM 字段。

5.3.2　更新列

对列执行更新操作，实际上是更新列的有关属性，例如，更新列名、列的数据类型，以及列的默认值等。在更新列时，需要使用 ALTER TABLE 语句。

1. 更新列名

对列进行重命名的语法格式如下：

```
ALTER TABLE table_name
RENAME COLUMN oldcolumn_name to newcolumn_name;
```

上述语法中的各个参数说明如下：
❑ **RENAME**　表示需要对列名进行重命名。
❑ **oldcolumn_name**　数据表的原列名。
❑ **newcolumn_name**　数据表的新列名。
例如，将数据表 PRODUCT 中的 PRONAME 列的列名修改为 PNAME，语句如下：

```
SQL> ALTER TABLE product
  2  RENAME COLUMN proname TO pname;
表已更改。
```

2. 修改列的数据类型

当列的数据类型不符合要求时，则需要对数据表中的列类型进行修改。修改列的数据类型的语法格式如下：

```
ALTER TABLE table_name
MODIFY column_name new_datatype;
```

上述语法中的各个参数说明如下：

❑ **MODIFY** 表示需要对列的一些属性进行修改操作。
❑ **column_name** 表示要修改的列名称。
❑ **new_datatype** 表示新的数据类型。

 在执行更新列的数据类型操作时，需要注两点：一般情况下，只能将数据的长度由短向长改变，而不能由长向短改变；当表中没有数据时，可以将数据的长度由长向短改变，也可以把某种类型改变为另外一种数据类型。

例如，将 PRODUCT 表中的 PROID 列的数据类型修改为 NUMBER，语句如下：

```
SQL> ALTER TABLE product
  2  MODIFY proid NUMBER(4);
表已更改。
```

3. 修改列的默认值

修改列的默认值时，需要使用如下语句：

```
ALTER TABLE table_name
 MODIFY(column_name DEFAULT default_value);
```

 如果对某个列的默认值进行更新，更改后的默认值只对后面的 INSERT 操作起作用，而对于先前的数据不起作用。

例如，将 PRODUCT 数据表的 PNAME 列的默认值修改为联想笔记本电脑，语句如下：

```
SQL> ALTER TABLE product
  2  MODIFY(pname DEFAULT '联想笔记本电脑');
表已更改。
```

这时，向表 PRODUCT 中添加记录，不指定 PNAME 列的值，使其采用默认值，语句如下：

```
SQL> INSERT INTO product(proid)
  2  VALUES(1);
已创建 1 行。
```

查询 PRODUCT 数据表中的记录行，如下：

```
SQL> SELECT * FROM product;
PROID           PNAME
------------    ---------------------------------------------------------
1               联想笔记本电脑
```

分析查询结果可知，PRODUCT 数据表中的 PNAME 列已经采用默认值添加到了

PRODUCT 数据表中。

5.3.3 重命名表

对表的名称进行重新命名，需要使用 ALTER TABLE ... RENAME 语句。例如，将表
PRODUCT 重命名为 MYPRODUCT，如下：

```
SQL> ALTER TABLE product
  2 RENAME TO myproduct;
表已更改。
```

> 对表进行重命名操作非常容易，但是影响却非常大。虽然 Oracle 可以自动
> 更新数据字典中表的外键、约束和表关系等，但是还不能更新数据库中的
> 存储代码、客户应用，以及依赖于该表的其他对象。所有对表的重命名操
> 作需要谨慎。

5.3.4 更改表的存储表空间

如果将表移动到另一个表空间中，可以使用 ALTER TABLE ... MOVE 语句。其语法格
式如下：

```
ALTER TABLE table_name MOVE TABLESPACE tablespace_name;
```

上述语法中的各个参数说明如下：
- **table_name** 要移动的表名称。
- **TABLESPACE** 表空间的标识。
- **tablespace_name** 表空间名称，必须已经存在。

例如，将表 MYPRODUCT 移动到 tablespace2 表空间中，语句如下：

```
SQL> ALTER TABLE myproduct
  2 MOVE TABLESPACE tablespace2;
表已更改。
```

查看数据字典 USER_TABLES，可以发现，MYPRODUCT 表所对应的表空间为
TABLESPACE2，如下：

```
SQL> SELECT table_name,tablespace_name FROM user_tables
  2 WHERE table_name='MYPRODUCT';
TABLE_NAME                    TABLESPACE_NAME
----------------------------- -----------------------------------
MYPRODUCT                     TABLESPACE2
```

5.3.5　更改表的存储参数

在创建表之后，可以对表的存储参数 PCTFREE 和 PCTUSED 进行修改。

例如，将表 MYPRODUCT 的 PCTFREE 和 PCTUSED 参数值分别修改为 30 和 50，语句如下：

```
SQL> ALTER TABLE myproduct
  2  PCTFREE 30 PCTUSED 50;
表已更改。
```

 在创建表后，表中的某些属性不能被修改，例如 STORAGE 子句中的 INITIAL 参数，在创建表之后将不能被修改。如果对表的存储参数 PCTFREE 和 PCTUSED 进行修改，则表中的所有数据块，不论是否已经使用，都将受到影响。

5.3.6　删除表定义

删除数据表定义，可以使用 DROP TABLE 语句。当用户删除表定义之后，该表以及表中的数据也将被删除。

 一般情况下，用户只能删除自己模式中的表定义；如果需要删除其他模式中的表定义，则该用户必须具有 DROP ANY TABLE 的系统权限。

例如，使用 DROP TABLE 语句删除表 MYPRODUCT，语句如下：

```
SQL> DROP TABLE myproduct;
表已删除。
```

在使用 DROP TABLE 语句删除表定义时，可以使用如下两个参数：

❑ **CASCADE CONSTRAINTS**

当使用可选参数 CASCADE CONSTRAINTS 时，DROP TABLE 操作不仅删除该表，而且删除所有引用这个表的视图、约束、索引和触发器等。

❑ **PURGE**

使用可选参数 PURGE，表示在删除表定义后，立即释放该表所占用的资源空间。如下：

```
SQL> DROP TABLE myproduct PURGE;
表已删除。
```

在删除一个表定义时，Oracle 将执行如下一系列操作：

- □ 删除表中的所有记录。
- □ 从数据字典中删除该表的定义。
- □ 删除与该表相关的所有索引和触发器。
- □ 回收为该表所分配的存储空间。
- □ 如果有视图或者 PL/SQL 进程依赖于该表，这些视图或者 PL/SQL 进程将被设置为不可用状态。

删除表定义和删除表中所有数据不同，后者只是前者的一部分。使用 DELETE 语句删除表中的所有数据时，该表仍然存在数据库中；而删除表定义时，该表和表中的数据都不再存在

5.4   表的完整性约束

数据库不仅仅存储数据，它也必须保证所保存的数据的正确性。如果数据不准确或不一致，那么该数据的完整性可能会受到破坏，从而给数据库本身的可靠性带来问题。为了维护数据库中数据的完整性，在创建表时常常需要定义一些约束。通过对表中的一个或多个列增加限制条件来控制表中数据的正确性和完整性。对约束的定义既可以在 CREATE TABLE 语句中进行，也可以在 ALTER TABLE 语句中进行。

Oracle 中的约束根据用途的不同，可以分为 5 类：主键约束（PRIMARY KEY）、外键约束（FOREIGN KEY）、唯一性约束（UNIQUE）、非空约束（NOT NULL）和检查约束（CHECK），本节将详细介绍这 5 类约束的定义及应用。

5.4.1   主键约束（PRIMARY KEY）

主键约束是 Oracle 数据库的最常用约束，也是数据库设计者最需要注意的约束。主键的作用是用来保证数据的完整性。主键约束具有以下 3 个特点：

- □ 在一个表中，只能定义一个 PRIMARY KEY 约束。
- □ 定义为 PRIMARY KEY 的列或者列组合中，不能包含任何重复值，并且不能包含 NULL 值。
- □ Oracle 数据库会自动为具有 PRIMARY KEY 约束的列建立一个唯一索引，以及一个 NOT NULL 约束。

对于数据表来说，主键约束和列具有相同的地位——都是依附于表存在的对象。因此创建主键约束可以在创建表时与表的列描述同时进行，也可以在表创建成功之后，手动进行添加。

1. 在创建表时定义主键约束

在创建表时可以定义主键约束。可以在列的描述之后使用 PRIMARY KEY 关键字将数

据列定义为主键列，也可以在所有列描述之后使用 CONSTRAINT ... PRIMARY KEY 语句对数据列定义主键约束。

【实践案例 5-4】

例如，在创建表 PRODUCT 时，为表中的 PROID 列添加主键约束，如下：

```
SQL> CREATE TABLE product(
  2  proid NUMBER(4) PRIMARY KEY,
  3  proname VARCHAR2(20),
  4  proprice NUMBER(4,2),
  5  pronum NUMBER(4)
  6  );
表已创建。
```

如上述语句所示，在 PRODUCT 表的 PROID 列描述之后使用 PRIMARY KEY 关键字将该列定义为主键列。

【实践案例 5-5】

例如，在创建表 USERS 时，使用 CONSTRAINT 关键字，将表中的 UNAME 列和 UPWD 列定义为表的复合主键列，语句如下：

```
SQL> CREATE TABLE users(
  2  uname VARCHAR2(20),
  3  upwd VARCHAR2(20),
  4  uage NUMBER(4),
  5  usex VARCHAR2(2),
  6  CONSTRAINT users_pk PRIMARY KEY(uname,upwd)
  7  );
表已创建。
```

如上述语句，CONSTRAINT USERS_PK PRIMARY KEY(uname,upwd)用于创建主键，其 uname、upwd 为复合主键。

对于单列主键来说，既可以在列的描述之后使用 PRIMARY KEY 关键字来定义主键约束，也可以在所有列描述之后使用 CONSTRAINT ... PRIMARY KEY 语句来定义主键约束。但对于复合主键（多列主键），则必须将主键约束与列的描述并列进行，即只能使用 CONSTRAINT ... PRIMARY KEY 语句来定义主键约束。

2. 为已经创建的表添加主键约束

为已经创建的表添加主键约束时，可以使用如下格式的语句：

```
ALTER TABLE table_name
ADD CONSTRAINT primary_name  PRIMARY KEY(column1[ , column2 [,...]])
```

上述语法中的各个参数说明如下：

❏ **table_name**　表示要添加约束的表名。

❏ **primary_key**　主键名称。

❏ **column1、column2...**　主键列列表，可以为单个列，也可以为多列。

【实践案例 5-6】

例如，在 HR 用户下存在一个名称为 MYSTUDENT 的数据表，该表包含 5 列：STUNO、STUNAME、STUAGE、STUSEX 和 STUADDRESS，分别用于表示学生的学号、姓名、年龄、性别和家庭住址，并且该表不存在任何的约束。下面编写语句，为该表添加主键约束：

```
SQL> ALTER TABLE mystudent
  2 ADD CONSTRAINT mystudent_pk PRIMARY KEY(stuno);
表已更改。
```

如上述语句所示，使用 ALTER TABLE ... ADD CONSTRAINT ... PRIMARY KEY 语句，将 STUNO 列设置为主键列，主键约束名称为 MYSTUDENT_PK。

约束名称在数据库中要求是唯一的，即不能与其他表的约束名重复，否则会提示 ORA-02264 的错误提示信息。

3. 重命名主键

如果需要修改已存在的主键名称，则需要使用到重命名主键策略，而非删除重建。重命名主键的语法格式如下：

```
ALTER TABLE table_name
RENAME CONSTRAINT old_primary_name TO new_primary_name
```

上述语法中各个参数的说明如下：

❏ **table_name**　要重命名主键的表名。

❏ **RENAME CONSTRAINT**　用于重命名主键约束。

❏ **old_primary_name**　原主键名称。

❏ **TO**　用于指定新的主键名称。

❏ **new_primary_name**　新主键名称。

【实践案例 5-7】

例如，对 MYSTUDENT 数据表中的主键约束 MYSTUDENT_PK 进行重命名，语句如下：

```
SQL> ALTER TABLE mystudent
  2 RENAME CONSTRAINT mystudent_pk TO mystudent1_pk;
表已更改。
```

4. 删除主键约束

如果需要将表中的主键约束删除，则可以使用 ALTER TABLE ... DROP CONSTRAINT

语句。例如，将表 MYSTUDENT 中的主键约束 MYSTUDENT1_PK 删除，如下：

```
SQL> ALTER TABLE mystudent
  2  DROP CONSTRAINT mystudent1_pk;
表已更改。
```

5.4.2 外键约束（FOREIGN KEY）

外键实际是一个引用。一个数据表有自己的主键，而向外部其他数据表的引用，则称作外键。外键约束具有如下 4 个特点：

- ❑ 如果为某列定义外键约束，则该列的取值只能为相关表中引用列的值或者 NULL 值。
- ❑ 可以为一个字段定义外键约束，也可以为多个字段的组合定义外键约束。
- ❑ 定义了外键约束的外键列，与被引用的主键列可以存在于同一个表中，这种情况称为"自引用"。
- ❑ 对于同一个字段可以同时定义外键约束和 NOT NULL 约束。

以客户表与订单表为例，订单表要建立向客户表的引用。那么必须在订单表中保存客户信息列，例如，在图 5-1 中，订单表中含有客户 ID。将外键建立在该列之上，那么通过每一个客户 ID 必须在客户表中获得唯一的记录。为了能够获得唯一记录，客户表中的客户 ID 必须为主键。

订单表		
订单ID	客户数量	客户ID
1	2	1
2	4	2
3	1	3
4	1	3
5	10	4
6	20	4

客户表			
客户ID	客户姓名	客户地址	联系电话
1	王丽丽	人民路20号	010-88669536
2	张辉	建设西路200号	010-86957256
3	王芳	解放路27号	010-86359556
4	马腾	索科大厦2704室	010-88695256

图 5-1　外键与主键的关系

在图 5-1 所示的约束关系中，订单表中的数据必须依附于客户表数据的存在而存在。其订单表被称为从表，而客户表被称为主表。

 在使用外键约束时，被引用的列应该具有主键约束，或者具有唯一性约束。

1. 创建表时定义外键约束

在创建表时，可以在列描述之后使用 REFERENCES 关键字来指定外键引用的主表及主表的主键列。

【实践案例 5-8】

下面编写 PL/SQL 语句，实现客户表与订单表的主从关系。

（1）创建客户表 CUSTOMER，语句如下：

```
SQL> CREATE TABLE customer(
  2  id NUMBER PRIMARY KEY,
  3  name VARCHAR2(20),
  4  address VARCHAR2(50),
  5  phone VARCHAR2(20)
  6  );
表已创建。
```

 为一个表创建外键约束之前，主表必须已经存在，并且主表的引用列必须被定义为 UNIQUE 约束或者 PRIMARY KEY 约束。

（2）创建订单表 ORDERS，并指定外键约束。语句如下：

```
SQL> CREATE TABLE orders(
  2  id NUMBER PRIMARY KEY,
  3  cnum NUMBER,
  4  cid NUMBER REFERENCES customer(id)
  5  );
表已创建。
```

如上述 PL/SQL 语句中，为 CID 指定了外键约束，指向 CUSTOMER 表中的 ID 列。

 外键列和被引用列的列名可以不同，但是数据类型必须完全相同。

2. 为表添加外键约束

如果已经创建客户表和订单表，但是并没有为它们指定外键关系，这时可以使用 ADD CONSTRAINT FOREIGN KEY REFERENCES 语句，为表添加外键约束。语法格式如下：

```
ALTER TABLE table_name
ADD CONSTRAINT foreign_name
FOREIGN KEY(foreign_column) REFERENCES primary_table_name
 (primary_table_column)
```

上述语法中的各个参数说明如下：

❑ **table_name**　要添加外键约束的表名。

❑ **ADD CONSTRAINT**　用于为表添加约束。

❑ **foreign_name**　外键约束的名称。

❑ **FOREIGN KEY**　指定约束的类型为外键约束。

❑ **foreign_column**　外键列名。

❑ **REFERENCES**　用于指定外键引用的另一端。

❑ **primary_table_name**　主表名称。

❑ **primary_table_column**　主表的主键列。

【实践案例 5-9】

例如，为表 ORDERS 指定外键约束，语句如下：

```
SQL> ALTER TABLE orders
  2  ADD CONSTRAINT orders_customer_fk FOREIGN KEY(cid)
  3  REFERENCES customer(id);
表已更改。
```

其中，ADD CONSTRAINT orders_customer_fk 用于新建约束 ORDERS_CUSTOMER_FK；FOREIGN KEY(cid)用于指定外键列；REFERENCES customer(id)用于将参照引用指定到 CUSTOMER 表的 ID 列。

3. 查看外键信息

通过视图 USER_CONSTRAINTS 可以获取指定表的约束信息。例如，查看表 ORDERS 中的外键约束，语句如下：

```
SQL> set linesize 200
SQL> SELECT table_name,constraint_name,constraint_type,r_constraint_name
  2  FROM user_constraints
  3  WHERE table_name='ORDERS';
TABLE_NAME    CONSTRAINT_NAME    CONSTRAINT_TYPE    R_CONSTRAINT_NAME
------------  ------------------ -------------------- --------------------
ORDERS        SYS_C0011222            P
ORDERS        ORDERS_CUSTOMER_FK      R               SYS_C0011220
```

其中，列 TABLE_NAME 表示表名；CONSTRAINT_NAME 表示约束的名称；CONSTRAINT_TYPE 表示约束的类型，P（Primary KEY）代表主键，R（Reference Key）代表外键；R_CONSTRAINT_NAME 表示与该约束关联的其他约束名。

此处的 SYS_C0011222 为数据表 ORDERS 的主键约束名称，ORDERS_CUSTOMER_FK 为外键约束名称。

4. 删除外键约束

删除外键约束时，可以使用 ALTER TABLE … DROP CONSTRAINT 语句。例如，删除 ORDERS 表中的外键约束 ORDERS_CUSTOMER_FK，如下：

```
SQL> ALTER TABLE orders
  2  DROP CONSTRAINT orders_customer_fk;
表已更改。
```

5. 引用类型

在定义外键约束时，还可以使用关键字 ON 指定引用行为的类型。当删除 主 表 中 的一条记录时，通过引用行为可以确定如何处理外键表中的外键列。引用类型可以分为如下3 种：

❑ **使用 CASCADE 关键字**

如果在定义外键约束时使用 CASCADE 关键字，那么当主表中被引用列的数据被删除时，子表中对应的数据也将被删除。

❑ **使用 SET NULL 关键字**

如果在定义外键约束时使用 SET NULL 关键字，那么当主表中被引用列的数据被删除时，子表中对应的数据被设置为 NULL。要使这个关键字起作用，子表中的对应列必须支持 NULL 值。

❑ **使用 NO ACTION 关键字**

如果在定义外键约束时使用 NO ACTION 关键字，那么当主表中被引用列的数据被删除时，将违反外键约束，该操作也将被禁止执行，这也是外键约束的默认引用类型。

在使用默认引用类型的情况下，当删除主表中引用列的数据时，如果子表的外键列存储了该数据，那么删除操作将失败。

【实践案例 5-10】

下面，以 CASCADE 约束类型为例，详细介绍该约束类型的使用，步骤如下：

（1）为表 ORDERS 指定外键约束的引用类型为 CASCADE，如下：

```
SQL> ALTER TABLE orders
  2  ADD CONSTRAINT orders_customer_fk
  3  FOREIGN KEY(cid)
  4  REFERENCES customer ON delete CASCADE;
表已更改。
```

（2）向 CUSTOMER 表和 ORDERS 表中增加多行数据，如下：

```
SQL> INSERT INTO customer
  2  VALUES(1,'王丽丽','人民路20号','010-88669536');
已创建 1 行。
SQL> INSERT INTO orders
  2  VALUES(1,2,1);
已创建 1 行。
```

如上述两条语句，分别向 CUSTOMER 表和 ORDERS 表中添加了一条数据，其 ORDERS 表中的数据引用 CUSTOMER 表中 ID 列值为 1 的记录。

（3）删除 CUSTOMER 表中的数据，如下：

```
SQL> DELETE FROM customer
```

```
 2  WHERE id=1;
已删除 1 行。
```

这时查看 ORDERS 表中的数据，可以发现 CID 为 1 的数据也被删除。如下：

```
SQL> SELECT * FROM orders;
未选定行
```

5.4.3 唯一性约束（UNIQUE）

唯一性约束也是数据库中的一个重要约束。唯一性约束与主键约束相似，也是建立在一个或多个列之上，从而实现数据在该列或者列组合上的唯一性。唯一性约束（UNIQUE）具有以下 4 个特点：

- ❑ 如果为列定义唯一性约束，那么该列中不能包含重复的值。
- ❑ 在一个表中，可以为某一列定义唯一性约束，也可以为多个列定义唯一性约束。
- ❑ Oracle 将会自动为唯一性约束的列建立一个唯一索引。
- ❑ 可以在同一个列上建立非空约束和唯一性约束。

 如果为列同时定义唯一性约束和非空约束，那么这两个约束的共同作用效果在功能上相当于主键（PRIMARY KEY）约束。

1. 创建表时指定唯一性约束

在创建表时，可以为相应的列指定唯一性约束。例如，创建表 USERS 时，为 UNAME 列指定 UNIQUE 约束，如下：

```
SQL> CREATE TABLE users(
 2  userid NUMBER(4) PRIMARY KEY,
 3  uname VARCHAR2(20) CONSTRAINT users_uk UNIQUE,
 4  upwd VARCHAR2(20),
 5  uage NUMBER(2),
 6  usex VARCHAR2(2)
 7  );
表已创建。
```

 如果为一个列建立 UNIQUE 约束，而没有 NOT NULL 约束，那么该列的数据可以包含多个 NULL 值。

2. 在创建表后添加唯一性约束

在创建表后，可以使用 ALTER TABLE … ADD UNIQUE 语句，为表中的某列添加 UNIQUE 约束。例如，为 USERS 表中的 UPWD 列添加 UNIQUE 约束，如下：

```
SQL> ALTER TABLE users
  2  ADD UNIQUE(upwd);
表已更改。
```

3. 删除 UNIQUE 约束

如果需要删除表中的 UNIQUE 约束，可以使用 ALTER TABLE … DROP UNIQUE 语句。例如，删除表 USERS 中 UPWD 列的 UNIQUE 约束，如下：

```
SQL> ALTER TABLE users
  2  DROP UNIQUE(upwd);
表已更改。
```

也可以通过指定约束名的方式删除 UNIQUE 约束，如下：

```
SQL> ALTER TABLE users
  2  DROP CONSTRAINT users_uk;
表已更改。
```

5.4.4 非空约束（NOT NULL）

非空约束（NOT NULL）用于限制列值不能为空，这将强制用户必须输入有效数据，进而保证数据完整性。NOT NULL 约束具有以下 3 个特点：

❑ NOT NULL 约束只能在列级别上定义。
❑ 在一个表中可以定义多个 NOT NULL 约束。
❑ 为列定义 NOT NULL 约束后，该列中不能包含 NULL 值。

1. 在创建表时定义非空约束

在创建数据表时可以为表中的列指定非空约束，只需要在列描述之后使用 NOT NULL 关键字即可。

例如，在创建表 BOOK 时为 BOOKNAME 列定义 NOT NULL 约束，语句如下：

```
SQL> CREATE TABLE book(
  2  bookid NUMBER(4) PRIMARY KEY,
  3  bookname VARCHAR2(50) NOT NULL,
  4  bookprice NUMBER(4,2),
  5  bookpublish  VARCHAR2(50)
  6  );
表已创建。
```

如上述语句，在创建表 BOOK 时，为 BOOKID 列指定了主键约束，为 BOOKNAME 列指定了非空约束。

2. 为已经创建的表添加非空约束

当需要为已经成功创建的表添加非空约束时，可以使用 ALTER TABLE … MODIFY …

NOT NULL 语句。例如，为表 BOOK 中的 BOOKPUBLISH 列添加 NOT NULL 约束，如下：

```
SQL> ALTER TABLE book
  2  MODIFY bookpublish NOT NULL;
表已更改。
```

为已经存在的表 BOOK 添加非空约束时，如果 BOOKPUBLISH 列值存在 NULL 值，则向该列添加 NOT NULL 约束将会失败。因为当为列添加 NOT NULL 约束时，Oracle 将检查表中的所有数据行，以保证所有行对应的该列都不能存在 NULL 值。

3. 删除表中的非空约束

在 Oracle 数据库中，可以使用 ALTER TABLE … MODIFY .. NULL 语句，删除表中的 NOT NULL 约束。

例如，删除 BOOK 表中 BOOKPUBLISH 列的 NOT NULL 约束，如下：

```
SQL> ALTER TABLE book
  2  MODIFY bookpublish NULL;
表已更改。
```

使用 DESC 语句，查看表 BOOK 中列的属性，如下：

```
SQL> DESC book;
名称                          是否为空?                          类型
------------------  ---------------------------  --------------
BOOKID                        NOT NULL                          NUMBER(4)
BOOKNAME                      NOT NULL                          VARCHAR2(50)
BOOKPRICE                                                       NUMBER(4,2)
BOOKPUBLISH                                                     VARCHAR2(50)
```

分析查询结果可知，BOOKPUBLISH 列的值可为空。

5.4.5 检查约束（CHECK）

检查约束实质是一个布尔表达式。一旦在数据表上创建了检查约束，那么该检查约束将在数据更新时计算布尔表达式的值。如果计算结果为真，则表明校验通过，并可成功更新数据；否则，Oracle 将禁止数据的更新操作。

检查约束具有以下 4 个特点：

❑ 在检查约束的表达式中，必须引用表中的一个或者多个列；并且表达式的运算结果是一个布尔值。

❑ 在一个列中，可以定义多个检查约束。

❑ 对于同一列，可以同时定义检查约束和非空约束。

❑ 检查约束既可以定义在列级别中，也可以定义在表级别中。

1. 在创建表时定义检查约束

在创建表时，为表中的列定义检查约束，需要在列描述之后使用 CONSTRAINT ... CHECK(约束条件)语句。例如，在创建表 STUDENT 时，为 SEX 列指定 CHECK 约束，使其值必须为男或女。如下：

```
SQL> CREATE TABLE student(
  2  id NUMBER(4) PRIMARY KEY,
  3  name VARCHAR2(20) NOT NULL,
  4  age NUMBER(2),
  5  sex VARCHAR2(2) CONSTRAINT student_ck CHECK(sex='男' OR sex='女')
  6  );
表已创建。
```

如上述语句，在创建 STUDENT 表时，为该表的 ID 列指定了主键约束，为 NAME 列指定了 NOT NULL 约束，为 SEX 列指定了 CHECK 约束，约束条件为：sex='男' OR sex='女'。

2. 为已经创建的表添加检查约束

为已经创建的表添加检查约束与添加非空约束语法基本相同。只是将约束的具体类型定义为 CHECK，如下所示：

```
ALTER TABLE table_name
ADD CONSTRAINT check_name CHECK(expression)
```

其中，check_name 表示检查约束的名称；CHECK 选项指定新建约束为一个检查约束；expression 是一个布尔表达式，用于代表检查约束的定义。

例如，为 STUDENT 表中的 AGE 列添加 CHECK 约束，如下：

```
SQL> ALTER TABLE student
  2  ADD CONSTRAINT student2_ck CHECK(age>=20 AND age<=30);
表已更改。
```

在表 STUDENT 中，列 AGE 表示学生年龄。通过上面的语句，我们为其设置了年龄必须在 20~30 之间。

3. 删除检查约束

如果需要删除表中的 CHECK 约束，则需要使用 DROP 选项。例如，删除表 STUDENT 中的 STUDENT2_CK 约束，如下：

```
SQL> ALTER TABLE student
  2  DROP CONSTRAINT student2_ck;
表已更改。
```

5.4.6　禁用和激活约束

在 Oracle 数据库中，根据对表的操作与约束规则之间的关系，可以将约束分为以下两种状态：

❑ **禁用状态（DISABLE）**

当约束处于禁用状态时，即使对表的操作与约束规则相冲突，操作也会被执行。

❑ **激活状态（ENABLE）**

当约束处于激活状态时，如果对表的操作与约束规则相冲突，则操作会被取消。

> 一般情况下，为了保证数据库中数据的完整性，表中的约束应该始终处于激活状态。但是，当执行一些特殊的操作时，例如从外部数据源导入数据，常常将约束的状态修改为禁用状态，操作完成后，还需要将约束的状态再修改为激活状态。

1. 禁用约束

在创建表时，使用 DISABLE 关键字，可以将约束设置为禁用状态。例如，在创建表 SCORES 时，为 SCORE 列设置 CHECK 约束，并将该约束设置为禁用状态，如下：

```
SQL> CREATE TABLE scores(
  2  id NUMBER(4) PRIMARY KEY,
  3  score NUMBER(2,1) CONSTRAINT scores_ck CHECK(score>0 AND score<100)
DISABLE,
  4  stuid NUMBER(4)
  5  );
表已创建。
```

如果表已经创建，可以在 ALTER TABLE 语句中，使用 DISABLE 关键字将激活状态切换到禁用状态。例如，为表 SCORES 中的 STUID 列添加外键约束，并设置为禁用状态，如下：

```
SQL> ALTER TABLE scores
  2  ADD CONSTRAINT scores_fk
  3  FOREIGN KEY(stuid) REFERENCES student(id);
表已更改。
SQL> ALTER TABLE scores
  2  DISABLE CONSTRAINT scores_fk;
表已更改。
```

对于禁用约束，应当注意以下几点：

❑ 在禁用 PRIMARY KEY 约束时，Oracle 将会默认删除主键约束对应的唯一索引；如果重新激活约束，Oracle 又将重新建立唯一索引。

❑ 如果在删除约束时希望保留对应的唯一索引，则可以在禁用约束语句中添加 KEEP INDEX 选项。例如，禁用 STUDENT 表中 ID 列的主键约束 STUDENT_PK，语句为：ALTER TABLE student DISABLE CONSTRAINT student_pk KEEP INDEX。

❑ 在禁止 UNIQUE 或者 PRIMARY KEY 约束时，如果有 FOREIGN KEY 约束正在引用相应的列，则无法禁止 UNIQUE 或者 PRIMARY KEY 约束。这时，可以先禁止 FOREIGN KEY 约束，然后再禁止 UNIQUE 或者 PRIMARY KEY 约束；也可以在禁止 UNIQUE 或者 PRIMARY KEY 约束时，使用 CASCADE 关键字。

2. 激活约束

在使用 CREATE TABLE 或者 ALTER TABLE 语句定义表约束时，可以使用 ENABLE 关键字激活约束。如果需要将一个约束条件修改为激活状态，有以下两种方法：

❑ **使用 ALTER TABLE … ENABLE 语句**

如果一个表的约束状态为禁用状态，可以通过关键字 ENABLE，将约束状态指定为激活状态。例如，将表 SCORES 的 SCORE 列的检查约束 SCORES_CK 修改为激活约束，如下：

```
SQL> ALTER TABLE scores
  2  ENABLE CONSTRAINT scores_ck;
表已更改。
```

❑ **使用 ALTER TABLE … MODIFY … ENABLE 语句**

例如，将表 SCORES 的 STUID 列的外键约束 SCORES_FK 修改为激活约束，如下：

```
SQL> ALTER TABLE scores
  2  MODIFY CONSTRAINT scores_fk ENABLE;
表已更改。
```

5.5 项目案例：设计医生与病人之间的关系表

约束是保证数据完整性的重要手段。使用约束可以保证数据更加安全、可靠。在本章中，详细介绍了数据表的创建以及各个类型的完整性约束，本节将综合使用这些知识，创建一个职工信息表，并在创建的同时为其指定必要的约束。

【实例分析】

由于业务需求，现需要设计 3 张关系数据表：医生表、病人表和病历表。其中，医生表中记录了各个医生的详细信息；病人表中记录了各个病人的详细信息；病历表为医生与病人之间的联系表，分别引用了医生表的主键列和病人表的主键列。下面我们通过为这三张表添加约束来实现医生与病人之间的关系。

（1）创建医生信息表 DOCTOR，该表记录了医生的编号、姓名、性别、出生日期和职称，其中，医生编号唯一标识医生信息。DOCTOR 表的创建语句如下：

```
SQL> CREATE TABLE doctor
```

```
  2  (
  3  d_id NUMBER(10) PRIMARY KEY,
  4  d_name VARCHAR2(10) NOT NULL,
  5  d_sex CHAR(2) CHECK(d_sex IN ('男','女')),
  6  d_birthday DATE,
  7  d_job VARCHAR2(20) NOT NULL
  8  );
表已创建。
```

在上述语句中，在创建 DOCTOR 表时，为 D_ID 列添加了主键约束；为 D_NAME 和 D_JOB 列添加了非空约束；为 D_SEX 列添加了检查约束。

（2）创建病人信息表 PATIENT，在该表中记录了病人的编号、性别、名族和身份证号。 PATIENT 表的创建语句如下：

```
SQL> CREATE TABLE patient
  2  (
  3  p_id NUMBER(10) PRIMARY KEY,
  4  p_sex CHAR(2) CHECK(p_sex IN ('男','女')),
  5  p_nation VARCHAR2(10) NOT NULL,
  6  p_card NUMBER(16) NOT NULL UNIQUE
  7  );
表已创建。
```

如上述语句，在创建 PATIENT 表时，为 P_ID 列添加了主键约束；为 P_SEX 列添加了检查约束；为 P_NATION 列添加了非空约束；为 P_CARD 列添加了非空和唯一性约束。

（3）创建病历信息表 MEDICAL，在该表中记录了病人编号、医生编号和病历描述信息。MEDICAL 表的创建语句如下：

```
SQL> CREATE TABLE medical
  2  (
  3  p_id NUMBER(10),
  4  d_id NUMBER(10),
  5  m_describe VARCHAR2(50),
  6  PRIMARY KEY(p_id,d_id),
  7  FOREIGN KEY(p_id) REFERENCES patient(p_id) ON DELETE CASCADE,
  8  FOREIGN KEY(d_id) REFERENCES doctor(d_id) ON DELETE CASCADE
  9  );
表已创建。
```

如上述语句，在创建 MEDICAL 表时，为 P_ID 和 D_ID 两列添加了主键约束，其 P_ID 列引用病人表 PATIENT 中的 P_ID 列，D_ID 列引用医生表 DOCTOR 中的 D_ID 列。

在该案例中，病历表为病人表与医生表之间的中间表，即联系表。从病历表中可以查出病人信息、医生信息以及病情。当删除病历表中的引用数据时，系统将同时删除病历表中的相关数据，例如：删除了医生表中 D_ID 为 2 的记录，则将删除病历表中 D_ID 为 2 的记录，以保证数据的完整性。

5.6 习题

一、填空题

1．如果定义了 CHAR 数据类型的字段，并且向其赋值时，字符串的长度小于定义的长度，则使用空格填充；而_____类型的字段用于存储变长的字符串，即如果向该列赋的字符长度小于定义时的长度，该列的字符长度只会是实际字符数据的长度，系统不会使用空格填充。

2．如果要确保一个表中的非主键列不能输入重复值，应在该列上定义_____约束。

3．Oracle 数据库系统中，约束可以用于保证用户数据库中数据的完整性和一致性，其中，除了_____约束之外，还包括唯一性约束、主键约束、外键约束和非空约束。

4．创建和修改表命令分别是 CREATE TABLE 和_____ TABLE。

二、选择题

1．Oracle 中要创建数据表，下列_____选项是无效的创建语句。

A.

```
CREATE TABLE cats(
    c_name VARCHAR2(10),
    c_weight NUMBER,
    c_owner VARCHAR2(10)
);
```

B.

```
CREATE TABLE my_cats AS
SELECT * FROM cats WHERE c_owner='ME';
```

C.

```
CREATE GLOBAL TEMPORARY TABLE temp_cats(
    c_name VARCHAR2(10),
    c_weight NUMBER,
    c_owner VARCHAR2(10)
);
```

D.

```
CREATE TABLE 51cats AS
SELECT c_name,c_weight FROM cats WHERE c_weight>5;
```

2．试图在 Oracle 中创建表时遇到如下的错误：

ORA-00955：名称已由现有对象使用

下列_____选项无法解决该错误。

    A．以不同的用户身份创建表

    B．删除现有同名的数据表对象

    C．改变现有同名数据表中的列名

    D．重命名现有同名数据表对象

3．下列_____选项可实现将表 EMPLOYEE 的 NAME 列长度更改为 25。

    A．ALTER TABLE employee MODIFY name VARCHAR2(25)

    B．ALTER TABLE employee RENAME name VARCHAR2(25)

    C．ALTER employee TABLE MODIFY COLUMN name VARCHAR2(25)

    D．ALTER employee TABLE MODIFY COLUMN(name VARCHAR2(25))

4．删除表的语句是_____。

    A．DROP

    B．ALTER

    C．DELETE

    D．MODIFY

三、上机练习

1．创建一个职工信息表

使用 CREATE TABLE 语句创建职工信息表，该表的结构如表 5-3 所示。

表 5-3　EMP 表结构

字段名	字段类型	允许空	字段说明
empNo	VARCHAR2(6)	否	员工号，主键
empName	VARCHAR2(20)	否	员工姓名
empBirthday	DATE	是	员工出生时间
empSex	VARCHAR2(2)	否	员工性别，只能为男或者女
empAge	NUMBER	否	员工年龄，必须大于 20
empEdu	VARCHAR2(10)	否	员工学历，只能为大专、本科或无学历

5.7　实践疑难解答

5.7.1　添加主键约束出现操作错误

添加主键约束出现操作错误

网络课堂：http://bbs.itzcn.com/thread-20983-1-1.html

【问题描述】：我创建了一个用户表，在用户表中包含有 UNAME、UPWD、UAGE、USEX、UJOB 等字段，目前该表的主键为 UNAME 列，现在我需要将 UPWD 也设为用户表的主键，也就是说，在用户表中，UNAME 列和 UPWD 为复合主键。于是我编写了如下的语句：

```
SQL> ALTER TABLE tab_user
  2  ADD CONSTRAINT user_pk PRIMARY KEY(upwd);
ADD CONSTRAINT user_pk PRIMARY KEY(upwd)
                *
第 2 行出现错误:
ORA-02260: 表只能具有一个主键
```

当执行语句之后，却出现了 ORA-02260 的错误提示信息，应该如何解决呢？

【解决办法】：如果表中已经存在主键约束，则向该表中再增加主键约束时，系统必将出现如上的错误。解决该错误的方法有很多，最常用的就是将你创建的用户表中的所有主键约束删除，然后再重新添加复合主键约束，具体的操作步骤如下。

（1）获取用户表（这里假设为 TAB_USER）中的所有约束，如下：

```
SQL> SELECT constraint_name FROM user_constraints
  2  where table_name='TAB_USER';
CONSTRAINT_NAME
-----------------------------
SYS_C0011262
```

由于这里的 TAB_USER 表中只有一个主键约束，所以所显示的约束名称 SYS_C0011262 即为主键约束的名称。

（2）删除所有的主键约束，语句如下：

```
SQL> ALTER TABLE tab_user
  2  DROP CONSTRAINT SYS_C0011262;
表已更改。
```

（3）再次创建主键约束，将用户表中的 UNAME 列和 UPWD 列同时设置为主键，语句如下：

```
SQL> ALTER TABLE tab_user
  2  ADD CONSTRAINT user_pk PRIMARY KEY(uname,upwd);

表已更改。
```

5.7.2 如何删除 NOT NULL 约束

如何删除 NOT NULL 约束

网络课堂：http://bbs.itzcn.com/thread-20984-1-1.html

【问题描述】：在创建消息表 MESSAGES 时，为该表中的 CONTENT 列添加了非空约束，而客户要求消息的内容可以为空，我现在不得不将 MESSAGES 表中的 NOT NULL 约束删除，应该如何做呢？

【解决办法】：当需要对已经存在 NOT NULL 约束的某个列删除约束时，则需要使用 ALTER TABLE...MODIFY 语句。

例如以下代码就是删除了 MESSAGES 表中 CONTENT 列的 NOT NULL 约束。

```
SQL> ALTER TABLE messages
  2  MODIFY CONTENT NULL;
表已更改。
```

第**6**章

Oracle 的物理存储结构包括，数据文件、日志文件和控制文件。其中，控制文件关系到数据库的正常运行，日志文件关系到数据库的恢复。本章将对这两个文件以及数据库的日志模式进行讲解。

本章学习要点：

➢ 掌握控制文件的创建

➢ 掌握控制文件的管理与维护

➢ 掌握文件信息的查询

➢ 掌握日志文件的组件以及日志成员的创建

➢ 掌握日志文件组以及日志成员的查询

➢ 掌握归档模式的设置

➢ 掌握归档目标的设置

➢ 了解归档进程跟踪级别的设置

➢ 掌握归档日志信息的查询

6.1 管理控制文件

控制文件是在数据库建立时自动创建的，是数据库中最小的文件，是一个二进制文件，其中包括了数据库的结构信息，同时也包括了数据文件和日志文件的一些信息，控制文件虽小，但可以说是 Oracle 中最重要的文件，只有 Oracle 进程才能够更新控制文件中的内容。一旦控制文件受损数据库就无法正常工作。

在 Oracle 例程启动时，例程会检查每个控制文件内容，但只会取第一个控制文件的内容。

6.1.1 控制文件概述

控制文件主要指明数据库物理结构的信息，是个很小的二进制文件。包括数据文件、在线重做日志文件的位置、数据名称、创建数据库的时间戳等。它对于启动数据库起着非常重要的作用，如果没有控制文件，数据库将无法启动。

控制文件的内容如下。

❑ 控制文件所属数据库的名字。

❑ 数据库创建时间。

❑ 数据文件和日志文件的名称、位置、联机、脱机状态信息。

❑ 所有表空间信息。

❑ 当前日志序列号。

❑ 最近检查点信息。

其中，数据库名称，标识和创建时间在数据库创建时写入；数据文件和重做日志名称和位置在增加、重命名或者删除的时候更新；表空间信息在增加或者删除表空间的时候进行更新。

由于控制文件关系到数据库的正常运行，所以控制文件的管理非常重要。控制文件的管理策略主要有两种：使用多路复用控制文件和备份控制文件。

❑ **使用多路复用控制文件**

由于控制文件的重要性，Oracle 官方建议至少应该拥有控制文件的三个以上的副本，因此可以通过多路复用技术，将控制文件的副本创建到不同的磁盘上。这样做的好处是，如果你的一个磁盘坏了，Oracle 仍然能够快速地恢复，一个控制文件坏了还可以自动使用另一个控制文件。

但是，控制文件也不是越多越好的。因为当 Oracle 更新控制文件时，会将所有的控制文件全部进行更新，性能就有一定的影响了。

❑ **备份控制文件**

备份控制文件就是每次对数据库的结构做出修改后，重新备份控制文件。例如对数据库结构进行下面的修改操作后备份控制文件：增加、删除、或者重命名数据文件时；增加、删除表空间时，或者表空间可读可写状态时；增加或者删除重做日志文件或组时。

6.1.2 创建控制文件

使用多路复用控制文件，虽然可以很大程度上减少因控制文件受损而带来的数据库运行问题，但是它并不能杜绝。而且，数据文件中还包含了一些与数据库实例密切相关的参数，例如 MAXLOGFILES、MAXLOGMEMBERS、MAXLOGHISTORY、MAXDATAFILES 和 MAXINSTANCES 等，这些参数的最初设定可能不是很合理。总之，由于各种各样的原因有时候需要创建新的控制文件。

创建控制文件的语法如下。

```
CREATE CONTROLFILE
REUSE DATABASE "database_name"
[NORESETLOGS | RESETLOGS]
[NOARCHIVELOG]
MAXLOGFILES integer
MAXLOGMEMBERS integer
MAXDATAFILES integer
```

```
MAXINSTANCES integer
MAXLOGHISTORY integer
LOGFILE
GROUP group_number log_file_name [SIZE size] [,GROUP group_number
file_name[SIZE size] [,….]]
DATAFILE
data_file_name[,…..];
```

上述语法中主要参数的含义如下。

❑ **database_name**　数据库实例名称。

❑ **NORESETLOGS**　清空日志。

❑ **RESETLOGS**　不清空日志。

❑ **NOARCHIVELOG**　表示非归档。

❑ **MAXLOGFILES**　设置最大的日志文件个数。

❑ **MAXLOGMEMBERS**　设置日志文件组中最大的成员个数。

❑ **MAXDATAFILES**　设置最大的数据文件个数。

❑ **MAXINSTANCE**　设置最大的实例个数。

❑ **MAXLOGHISTORY**　设置最大的历史日志文件个数。

❑ **group_number**　日志文件组编号。

❑ **log_file_name**　日志文件名称。

❑ **size**　文件大小，单位为 K 或者 M。

❑ **data_file_name**　数据文件名称。

创建新的控制文件，除了需要了解创建语法之外，还需要做一系列准备工作。因为在创建控制文件时，有可能会在指定数据文件或日志文件时出现错误或遗漏，所以需要先对数据库中的数据文件和日志文件等有一个认识。

【实践案例 6-1】

本案例演示控制文件的创建，具体步骤如下：

（1）首先，查询数据库中的数据文件和日志文件信息，了解文件的路径和名称。可以通过数据字典 V\$LOGFILE 查询日志文件信息，如下。

```
SQL> SELECT MEMBER FROM V$LOGFILE;
MEMBER
-------------------------------------------------------------------
E:\APP\ADMINISTRATOR\ADMIN\MYDB\MYDB\REDO03.LOG
E:\APP\ADMINISTRATOR\ADMIN\MYDB\MYDB\REDO02.LOG
E:\APP\ADMINISTRATOR\ADMIN\MYDB\MYDB\REDO01.LOG
```

可以通过数据字典 V\$DATAFILE，查询数据文件信息。

```
SQL> SELECT NAME FROM V$DATAFILE;
NAME
-------------------------------------------------------------------
```

```
E:\APP\ADMINISTRATOR\ADMIN\MYDB\MYDB\SYSTEM01.DBF
E:\APP\ADMINISTRATOR\ADMIN\MYDB\MYDB\SYSAUX01.DBF
E:\APP\ADMINISTRATOR\ADMIN\MYDB\MYDB\UNDOTBS01.DBF
E:\APP\ADMINISTRATOR\ADMIN\MYDB\MYDB\USERS01.DBF
```

（2）关闭数据库。可以使用 Shutdown immediate 命令来关闭数据库，如下。

```
SQL> conn/as sysdba
已连接。
SQL> shutdown immediate;
数据库已经关闭。
已经卸载数据库。
ORACLE 例程已经关闭。
```

（3）备份前面查询出来的所有数据文件和日志文件。下节我们会介绍控制文件的备份和恢复。

（4）启动数据库实例，但不打开数据库。使用 STARTUP NOMOUNT 命令启动数据库实例，如下。

```
SQL> startup nomount;
ORACLE 例程已经启动。
Total System Global Area    376635392 bytes
Fixed Size                    1374724 bytes
Variable Size               289408508 bytes
Database Buffers             79691776 bytes
Redo Buffers                  6160384 bytes
```

（5）创建新的控制文件。在创建时指定前面查询出来的所有数据文件和日志文件，如下：

```
SQL> CREATE CONTROLFILE
  2   REUSE DATABASE 'mydb'
  3   NORESETLOGS
  4   NOARCHIVELOG
  5   MAXLOGFILES 60
  6   MAXLOGMEMBERS 5
  7   MAXDATAFILES 60
  8   MAXINSTANCES 5
  9   MAXLOGHISTORY 449
 10   LOGFILE
 11   GROUP 3 'E:\APP\ADMINISTRATOR\ADMIN\MYDB\MYDB\REDO03.LOG' SIZE 50M,
 12   GROUP 2 'E:\APP\ADMINISTRATOR\ADMIN\MYDB\MYDB\REDO02.LOG' SIZE 50M,
 13   GROUP 1 'E:\APP\ADMINISTRATOR\ADMIN\MYDB\MYDB\REDO01.LOG' SIZE 50M
 14   DATAFILE
 15   'E:\APP\ADMINISTRATOR\ADMIN\MYDB\MYDB\SYSTEM01.DBF',
 16   'E:\APP\ADMINISTRATOR\ADMIN\MYDB\MYDB\SYSAUX01.DBF',
 17   'E:\APP\ADMINISTRATOR\ADMIN\MYDB\MYDB\UNDOTBS01.DBF',
 18   'E:\APP\ADMINISTRATOR\ADMIN\MYDB\MYDB\USERS01.DBF'
```

```
 19 ;
控制文件已创建
```

上述控制文件创建语句中的 **mydb** 是笔者的数据库实例名称。

（6）修改服务器参数文件 SPFILE 中参数 CONTROL_FILES 的值，使新创建的控制文件生效。

首先，我们通过数据字典 V$CONTROLFILE，了解控制文件的信息，如下：

```
SQL> SELECT name FROM V$CONTROLFILE;
NAME
--------------------------------------------------------------------------
E:\APP\ADMINISTRATOR\ADMIN\MYDB\MYDB\CONTROL01.CTL
E:\APP\ADMINISTRATOR\FLASH_RECOVERY_AREA\MYDB\CONTROL02.CTL
```

然后修改参数 CONTROL_FILES 的值，使它指向上述几个控制文件，代码如下。

```
SQL> ALTER system SET CONTROL_FILES=
  2  'E:\APP\ADMINISTRATOR\ADMIN\MYDB\MYDB\CONTROL01.CTL',
  3  'E:\APP\ADMINISTRATOR\FLASH_RECOVERY_AREA\MYDB\CONTROL02.CTL'
  4  SCOPE = spfile;
系统已更改。
```

（7）打开数据库。使用 ALTER DATABASE OPEN 命令打开数据库，代码如下。

```
SQL> ALTER DATABASE OPEN;
数据库已更改。
```

如果在创建控制文件时使用了 RESETLOGS 选项，应该使用 ALTER DATABASE OPEN RESETLOGS 命令打开数据库。

6.1.3　控制文件的备份与恢复

为了提高数据库的可靠性，减少由于丢失控制文件而造成的灾难性后果，DBA 除了要多路复用控制文件外，还应该定期备份控制文件，尤其是在改变了数据库的物理结构之后都需要重新备份控制文件。

1. 备份控制文件

备份控制文件需要使用 ALTER DATABASE BACKUP CONTROLFILE 语句。有两种方法可以进行控制文件的备份：一种是备份为二进制文件，另一种是备份为脚本文件。下面我们会对这两种备份方法进行介绍。

❑ 备份为二进制文件

控制文件的备份需要在数据库关闭时进行操作。备份为二进制文件，实际上就是对控制文件进行复制，如下。

```
SQL> conn/as sysdba;
```

```
已连接。
SQL> shutdown immediate;
数据库已经关闭。
已经卸载数据库。
ORACLE 例程已经关闭。
SQL> startup;
ORACLE 例程已经启动。
Total System Global Area    376635392 bytes
Fixed Size                    1374724 bytes
Variable Size               289408508 bytes
Database Buffers             79691776 bytes
Redo Buffers                  6160384 bytes
数据库装载完毕。
数据库已经打开。
SQL> ALTER DATABASE BACKUP CONTROLFILE
  2  TO 'E:\APP\CONT\CONTROL_120702.BKP';
数据库已更改。
```

上述示例中，已经把控制文件复制到 E:\app\cont\ 目录下，文件名称为 CONTROL_120702.BKP。

> MYDB 数据库实例有多个控制文件，但是 E:\app\cont\目录下复制出来的控制文件只有一个。这是因为控制文件以镜像的形式存在，实质上仍然只是一个控制文件，所以复制出来的控制文件也只有一个。

❑ 备份为脚本文件

利用 ALTER DATABASE BACKUP CONTROLFILE TO TRACE 命令将控制文件备份的脚本备份到后台 trace 文件中。如下。

```
SQL> ALTER DATABASE BACKUP CONTROLFILE TO TRACE;
数据库已更改。
```

上述示例文件为控制文件备份了一个 SQL 脚本文件，从示例中的命令语句可以看出，脚本文件的路径与名称都没有指定，这是因为使用该命令创建的脚本文件路径由参数 USER_DUMP_DEST 指定。可以通过 SHOW PARAMETER USER_DUMP_DEST 来了解参数的信息，如下。

```
SQL> SHOW PARAMETER USER_DUMP_DEST;
NAME                                 TYPE        VALUE
------------------------------------------------------------------------------
user_dump_dest                       string      E:\app\administrator\diag\rdbm
                                                 s\mydb\mydb\trace
```

通过上述查询结果可以看到，备份的 SQL 脚本路径在 E:\app\ Administrator\ diag\rdbms\mydb\mydb\trace 目录下。打开该目录会看到该目录下存放了很多文件，而我们创建的 SQL 脚本文件是有命名格式的。格式为<SID>_ORA_<SPID>.TRC，其中 SID 表示当前会话的标识号；SPID 表示操作系统进程标识号。上面示例的创建的脚本文件名称为 mydb_ora_3896.trc。

2. 恢复备份文件

如果控制文件受损，就需要对控制文件进行恢复。损坏单个控制文件是比较容易恢复的，因为一般的控制文件都不是一个，而且所有的控制文件都互为镜像，只要拷贝一个好的控制文件替换坏的控制文件就可以了，它的步骤如下。

（1）关闭数据库。如下。

```
SQL> conn/as sysdba;
已连接。
SQL> shutdown immediate;
数据库已经关闭。
已经卸载数据库。
ORACLE 例程已经关闭。
```

（2）使用一个完好的控制文件覆盖已经损坏的控制文件。也就是将自己备份好的二进制文件拷贝到被损坏的控制文件的位置上，并将文件名改为原来的控制文件名就可以了。

（3）重新启动数据库。命令如下。

```
SQL> startup;
ORACLE 例程已经启动。
```

如果所有的控制文件都损坏或人为地删除了，就无法进入 GUI 的 SQL*Plus 环境中。在命令提示符中，也只能通过 SQLPLUS 应用程序进入 SQL*Plus 环境，将数据库启动到 NOMOUNT 状态而不能启动到 MOUNT 状态，因而无法使用数据库，所以必须重新创建控制文件。

也许有的读者会想到：如果将以前复制的或备份的二进制控制文件复制到原来控制文件的位置，能不能修复数据库呢？但是，因为控制文件是一个旧的控制文件（即现在的数据文件比原来的控制文件更新），而使数据文件无法通过验证，即使将数据库启动到了 MOUNT 状态也无法启动到 OPEN 状态，因而也就无法使用数据库，所以必须重新创建控制文件。创建控制文件的步骤我们上节已经讲过，这里就不再细说。

 有时候，由于磁盘的损坏，我们不能恢复数据文件到这个磁盘了，因此在将控制文件存储到另一个磁盘的时候也可以通过新建控制文件进行恢复。

6.1.4 移动与删除控制文件

在特殊情况下需要移动控制文件。例如，磁盘出了故障，导致应用中的控制文件所在的物理位置无法访问。或者有时候损坏的控制文件需要删除，本节我们讲解怎样移动和删除部分控制文件。

1. 移动控制文件

移动控制文件，实际上就是改变服务器参数文件 SPFILE 中的参数 CONTROL_FILES 的值，让该参数指向新的控制文件路径。首先，需要有一个完好的控制文件副本。移动过程如下：

（1）修改参数 CONTROL_FILES 的值，如下。

```
SQL> ALTER SYSTEM SET CONTROL_FILES=
  2  'E:\APP\CONT\CONTROL_01.CTL',
  3  'E:\APP\CONT\CONTROL_02.CTL'
  4  ;
```

上述代码将参数 CONTROL_FILES 的值从原来的 E:\APP\ADMINISTRATOR\ ADMIN\MYDB\MYDB\CONTROL01.CTL 等，修改为 E:\app\cont\control_01.ctl 等。

（2）关闭数据库。

（3）创建新的控制文件，也就是创建现在参数 CONTROL_FILES 所指向的控制文件，路径和名称要绝对一致。或者使用备份文件。

（4）重新启动数据库。

2. 删除控制文件

删除数据文件和移动数据文件的过程很相似，过程如下。

（1）修改参数 CONTROL_FILES 的值，如下。

```
SQL> ALTER SYSTEM SET CONTROL_FILES=
  2  'E:\APP\CONT\CONTROL_01.CTL',
  3  ;
```

上述代码中 CONTROL_FILES 对控制文件的引用由原来的两个，减少到现在的一个。删除了对 E:\APP\CONT\CONTROL_02.CTL'的引用。

（2）关闭数据库。

（3）从磁盘上删除该控制文件。

（4）重新启动数据库。

上述第 1 个步骤中，只是取消了对控制文件的引用，并不能从电脑磁盘上删除控制文件。事实上第 3 个步骤可要可不要，一旦取消了对控制文件的引用，那么该控制文件就与数据库没有任何关联了。

6.2　管理日志文件

Oracle 中的日志文件是用来记录事务性操作的。它对数据库的恢复至关重要。一般情况下，Oracle 数据库实例创建完后就自动创建 3 组日志文件，数据库管理员可以根据需要向数据库中添加更多的日志文件组。本节将介绍如何管理数据库中的日志文件。

6.2.1 日志文件概述

日志文件，也叫重做日志文件，日志文件组中的每个日志文件又叫日志文件成员。在数据库运行过程中，用户对数据库的修改信息会首先保存在日志缓冲区中，当日志缓冲区中的日志数据量达到一定的限度时，由日志写入进程 LGWR 将日志数据写入日志文件中。

为了确保日志文件的安全，在实际应用中，一般会对日志文件进行镜像。一个日志文件和它的所有镜像文件构成一个日志文件组，它们具有相同的信息，当其中一个日志成员受损时，其他成员还可以使用，这就保证了日志文件的安全性。

一般，Oracle 数据库实例创建完后就会自动创建 3 组日志文件，默认每个日志文件组中只有一个成员，但建议在实际应用中应该每个日志文件组至少有两个成员，而且最好将它们放在不同的物理磁盘上，以防止一个成员损坏了，所有的日志信息就不见的情况发生。

Oracle 中的日志文件组是循环使用的，当所有日志文件组的空间都被填满后，系统将转换到第一个日志文件组。而第一个日志文件组中已有的日志信息是否被覆盖，取决于数据库的运行模式。

如果想要了解日志文件组的信息，可以通过查询数据字典 V$LOGFILE，了解日志文件组的信息，如下。

```
SQL> COLUMN MEMBER FORMAT a40;
SQL> SELECT GROUP#,MEMBER FROM V$LOGFILE;


    GROUP# MEMBER
---------- ----------------------------------------
         3 E:\APP\ADMINISTRATOR\ORADATA\ORCL\REDO03.LOG
         2 E:\APP\ADMINISTRATOR\ORADATA\ORCL\REDO02.LOG
         1 E:\APP\ADMINISTRATOR\ORADATA\ORCL\REDO01LOG
```

上述文件中，GROUP#字段的值是日志文件组的编号，MEMBER 则是日志文件组中一个日志成员。

6.2.2 创建日志文件组及其成员

一个数据库实例一般包含两个或两个以上的文件组，如果文件组太少，可能会导致系统的事务切换频繁，这样就会影响系统性能。下面介绍如何创建新的日志文件组和日志文件。

1. 创建日志文件组

创建日志文件组的语法如下。

```
ALTER DATABASE [database_name]
ADD LOGFILE [ GROUP group_number ]
```

```
( file_name [ , … ] ) SIZE number K | M [ REUSE ] ;
```

上述语句含义如下：

- **database_name**　数据库名称。
- **GROUP group_number**　为日志文件组指定组编号。
- **file_name**　为该组创建日志文件成员。
- **SIZE number**　指定日志文件成员的大小。
- **REUSE**　如果创建的日志文件成员已存在，可以使用 REUSE 关键字覆盖已存在的文件。但是该文件不能已经属于其他日志文件组，否则无法替换。

【实践案例 6-2】

下面我们根据上述语法创建一个日志文件组，代码如下。

```
SQL> ALTER DATABASE ADD LOGFILE GROUP 4
  2  (
  3  'E:\APP\ADMINISTRATOR\ORADATA\ORCL\REDO004.LOG',
  4  'E:\APP\ADMINISTRATOR\ORADATA\ORCL\REDO005.LOG',
  5  'E:\APP\ADMINISTRATOR\ORADATA\ORCL\REDO006.LOG'
  6  )
  7  SIZE 15M;

数据库已更改。
```

上述文件创建了一个日志文件组 GROUP4，该组中有三个日志成员，分别是 REDO004.LOG 文件、REDO005.LOG 文件和 REDO006.LOG 文件，它们都在 E:\APP\ADMINISTRATOR\ORADATA\ORCL\目录下，大小都是 15M。

 日志文件组的编号，应尽量避免出现跳号情况，例如日志文件组的编号为 2、4、6、……，这会造成控制文件的空间浪费。

2. 向日志文件组中添加日志文件成员

向日志文件组添加日志文件成员需要使用 ALTER DATABASE…ADD LOGFILE MEMBER 语句，其语法如下。

```
ALTER DATABASE [database_name]
ADD LOGFILE MEMBER
file_name [ , … ] TO GROUP group_number;
```

 新添加的日志文件成员的大小默认与组中的成员大小一致。

例如，向上文建立的 GROUP 4 中添加一个新的日志文件成员，如下。

```
SQL> ALTER DATABASE orcl
  2  ADD LOGFILE MEMBER
  3  'E:\APP\ADMINISTRATOR\ORADATA\ORCL\REDO009.LOG'
  4  TO GROUP GROUP 4;
```

数据库已改

上述代码为 GROUP 4 添加了一个新的日志成员文件 REDO009.LOG。

6.2.3 重新定义日志文件成员

重新定义日志文件成员，是指为日志成员组重新指定一个日志成员。例如 GROUP 4 文件组中包含一个 REDO004.LOG 文件，现在移除该文件，改为包含 REDO004_NEW.LOG 的文件，具体操作如下。

（1）关闭数据库。如下：

```
SQL> conn/as sysdba
已连接。
SQL> shutdown
数据库已经关闭。
已经卸载数据库。
ORACLE 例程已经关闭。
```

（2）在 E:\app\Administrator\oradata\orcl\目录下创建一个日志文件并命名为 REDO004_NEW.LOG。这里可以直接修改 REDO004.LOG 文件的名称为 REDO004_NEW.LOG，也可以复制该文件，将新文件命名为 REDO004_NEW.LOG。

（3）重新启动数据库，但不打开数据库，如下。

```
SQL> startup mount;
ORACLE 例程已经启动。

Total System Global Area    376635392 bytes
Fixed Size                    1374724 bytes
Variable Size               289408508 bytes
Database Buffers             79691776 bytes
Redo Buffers                  6160384 bytes
数据库装载完毕。
```

（4）使用 ALTER DATABASE database_name RENAME FILE 的子句修改日志文件的路径与名称，如下。

```
SQL> ALTER DATABASE RENAME FILE
  2  'E:\APP\ADMINISTRATOR\ORADATA\ORCL\REDO004.LOG'
  3  TO
  4  'E:\APP\ADMINISTRATOR\ORADATA\ORCL\REDO004_NEW.LOG';
```

147

数据库已更改。

上述代码中使用 TO 关键字将原来的日志成员 REDO004.LOG 更换为 REDO004_NEW.LGO。

（5）打开数据库，如下。

```
SQL> ALTER DATABASE OPEN;

数据库已更改。
```

想要判断日志成员更换是否成功，可以使用 V$LOGFILE 视图查询现在 GROUP 4 日志文件组中的日志成员信息，如下。

```
SQL> COLUMN MEMBER FORMAT A40;
SQL> SELECT GROUP#,MEMBER FROM V$LOGFILE WHERE GROUP#=4;

    GROUP# MEMBER
---------- ----------------------------------------
         4 E:\APP\ADMINISTRATOR\ORADATA\ORCL\REDO004_NEW.LOG
         4 E:\APP\ADMINISTRATOR\ORADATA\ORCL\REDO005.LOG
         4 E:\APP\ADMINISTRATOR\ORADATA\ORCL\REDO006.LOG
```

从上述文件中可以看出，GROUP4 中不再包含 REDO004.LOG 而变为包含 REDO004_NEW.LOG，重新定义日志文件成员成功。

6.2.4 切换日志文件组

前面介绍过 Oracle 中的日志文件组是循环使用的，当一个日志文件组的空间都被填满后，系统将转换到另一个日志文件组。数据库管理员可以使用 ALTER SYSTEM 进行手工切换。详细过程如下。

（1）可以通过 V$LOG 视图，了解用户正在使用的日志文件组，如下。

```
SQL> SELECT GROUP#,MEMBERS,STATUS FROM V$LOG;

    GROUP#    MEMBERS STATUS
---------- ---------- ----------------
         1          1 INACTIVE
         2          1 INACTIVE
         3          1 INACTIVE
         4          3 CURRENT
         5          1 UNUSED
```

上述代码所示，如果 STATUS 字段值为 CURRENT，则表示系统当前正在使用该字段对应的日志文件组。所以，可以确认系统当前正在使用第 4 组日志文件。

（2）使用 ALTER SYSTEM 命令进行手工切换日志文件组，如下。

```
SQL> ALTER SYSTEM SWITCH LOGFILE;

系统已更改。
```

（3）再次查询数据字典 V$LOG，查看当前系统所使用的日志文件组是否已经切换，如下。

```
SQL> SELECT GROUP#,MEMBERS,STATUS FROM V$LOG;

    GROUP#    MEMBERS    STATUS
---------- ---------- ------------------
         1          1    INACTIVE
         2          1    INACTIVE
         3          1    INACTIVE
         4          3    ACTIVE
         5          1    CURRENT
```

从查询结果可知，当前系统所使用的日志文件组已经切换到了第 5 组。

6.2.5 清空日志文件组

如果日志文件组中的日志文件受损，将导致数据库无法将受损的日志文件进行归档，这会最终导致数据库停止运行。此时，在不关闭数据库的情况下，可以使用 ALTER DATABASE CLEAR LOGFILE 语句清空日志文件组中的内容。

清空日志文件组之前，首先通过数据字典 V$LOG 查询日志文件组的信息，如下。

```
SQL> SELECT GROUP#,ARCHIVED,STATUS FROM V$LOG;

    GROUP#    ARC    STATUS
---------- --- ----------------
         1     NO    INACTIVE
         2     NO    INACTIVE
         3     NO    INACTIVE
         4     NO    INACTIVE
         5     NO    CURRENT
```

其中，ARCHIVED 字段表示该日志文件组是否已经归档，如果归档 ARC 的值为 YES 反之为 NO。根据日志文件组是否已经归档可以将日志文件组的清空分为两种情况：

❑ **日志文件组已经归档** 可以直接使用 ALTER DATABASE CLEAR LOGFILE 语句清空该日志文件组。

❑ **日志文件组尚未归档** 可以使用 ALTER DATABASE CLEAR UNARCHIVED LOGFILE 语句清空日志文件组。

下面我们演示清空第 4 组日志文件组 GROUP 4，代码如下。

```
SQL> ALTER DATABASE CLEAR UNARCHIVED LOGFILE GROUP 4;
```

数据库已更改。

 清空日志文件组时有两种情况无法清空，一种是被清空的日志文件组处于正常使用状态，即 STATUS="CURRENT"，例如上例中的 GROUP 5；另一种是当前数据库仅有两个日志文件组。

6.2.6 删除日志文件组及其成员

当日志文件组或日志文件不可用时，DBA 可以删除日志文件组或日志文件。

1. 删除日志文件

删除日志文件，需要使用 ALTER DATABASE DROP LOGFILE MEMBER 语句。例如，删除 GROUP 4 中的 REDO005.LOG 文件，如下。

```
SQL> ALTER DATABASE DROP LOGFILE MEMBER
  2  'E:\APP\ADMINISTRATOR\ORADATA\ORCL\REDO005.LOG';
```

数据库已更改。

 删除日志文件（组）前，先查看系统中日志文件组的信息。处于 CURRENT 状态的日志文件组及其组中的文件是不能够删除的，除非先进行日志切换 ALTER SYSTEM SWITCH LOGFILE。

2. 删除日志文件组

删除日志文件组，需要使用 ALTER DATABASE DROP LOGFILE GROUP 语句，例如删除 GROUP5。

```
SQL> ALTER DATABASE DROP LOGFILE GROUP 5;
```

数据库已更改。

 删除日志文件组除了要注意日志文件组是否处于 CURRENT 状态外，也要注意数据库中的日志文件组不能少于两个的问题。

6.2.7 查看日志文件信息

想要了解日志文件信息可以通过以下三个数据字典：

❑ **V$LOG** 包含控制文件中的日志文件信息。

❑ **V$LOGFILE** 包含日志文件组及其成员信息。

❑ **V$LOG_HISTORY** 包含日志历史信息。

例如，通过 DESC 命令查看 V$LOGFILE 中的字段信息。

```
SQL> DESC V$LOGFILE;
名称                              是否为空?   类型
------------------------- ----------- ----------------------

GROUP#                                       NUMBER
STATUS                                       VARCHAR2(7)
TYPE                                         VARCHAR2(7)
MEMBER                                       VARCHAR2(513)
IS_RECOVERY_DEST_FILE                        VARCHAR2(3)
```

上述代码中，GROUP#表示日志文件组编号；STATUS 表示日志成员状态；TYPE 表示日志文件类型；MEMBER 表示日志成员名称；IS_RECOVERY_DEST_FILE 表示文件是否在复苏区创造。

【实践案例 6-3】

例如，可以通过 V$LOGFILE 查询日志文件组的编号、日志文件类型和日志成员名称，如下。

```
SQL> SELECT GROUP#,MEMBER,TYPE FROM V$LOGFILE;

GROUP#  MEMBER                                              TYPE
-------- --------------------------------------------------- ----------------
    3    E:\APP\ADMINISTRATOR\ORADATA\ORCL\REDO03.LOG        ONLINE
    2    E:\APP\ADMINISTRATOR\ORADATA\ORCL\REDO02.LOG        ONLINE
    1    E:\APP\ADMINISTRATOR\ORADATA\ORCL\REDO01.LOG        ONLINE
    4    E:\APP\ADMINISTRATOR\ORADATA\ORCL\REDO004_NEW.LOG   ONLINE
    4    E:\APP\ADMINISTRATOR\ORADATA\ORCL\REDO006.LOG       ONLINE
```

6.3 管理归档日志

在 Oracle 中，数据一般是存放在数据文件中，不过数据库与 Oracle 最大的区别之一就是数据库可以在数据出错的时候进行恢复。这个也就是我们常见的 Oracle 中的重做日志（REDO FILE）的功能。Oracle 数据库有两种日志模式，一个是非归档日志模式（NOARCHIVELOG），另外一个就是归档日志模式（ARCHIVELOG）。

我们在前面讲解过，日志文件的大小是有限的，如果所有的日志文件都写满了，系统就会自动切换到第一组日志文件。在这时，就面临着两个选择，第一个就是把以前的日志文件覆盖从头开始继续写，第二种就是把以前的日志文件先进行备份，之后才允许向文件中写入新的日志内容。这种备份的日志文件就是归档日志。

6.3.1 归档日志概述

为了避免日志文件中的内容在循环使用中被覆盖，在归档日志模式下，Oracle 系统将已经写满的日志文件通过复制保存到指定的地方，这个过程叫"归档"，复制保存下来的日志文件叫"归档日志"。

归档日志（Archive Log）是非活动的重做日志备份。通过使用归档日志，可以保留所有重做历史记录，当数据库处于 ARCHIVELOG 模式并进行日志切换时，后台进程 ARCH 会将重做日志的内容保存到归档日志中。当数据库出现介质失败时，使用数据文件备份，归档日志和重做日志可以完全恢复数据库。

 日志文件的归档操作主要由后台归档进程（ARCN）自动完成，必要情况下，数据库管理员（DBA）可以手工完成归档操作。

如果要提高日志的归档效率，可以启动多个归档进程 ARCN。最多允许启动的 ARCN 进程个数由参数 log_archive_max_processes 决定，该参数的取值范围为 1~10。可以通过数据字典 V$PARAMETER 来了解该参数的值，如下：

```
SQL> SELECT name,value FROM V$PARAMETER
  2  WHERE NAME='log_archive_max_processes';
NAME                                 VALUE
------------------------------------ --------------------------------
log_archive_max_processes            4
```

由上述查询结果可以看出 LOG_ARCHIVE_MAX_PROCESSES 的值为 4，说明最多可以启动 4 个 ARCN 进程。

如果想要修改该参数值，可以使用 ALTER SYSTEM 命令，如下。

```
SQL> ALTER SYSTEM SET LOG_ARCHIVE_MAX_PROCESSES = 8
  2  SCOPE = BOTH;

系统已更改。
```

上述命令中使用了 SCOPE 参数，该参数有三个可选值：

❑ **MEMORY** 表示只更改当前实例运行参数。

❑ **SPFILE** 表示修改服务器参数文件 SPFILE 中的设置。

❑ **BOTH** 表示即修改当前实例运行参数，又修改服务器参数文件 SPFILE 中的设置。

上文使用了 ALTER SYSTEM 命令，将参数 LOG_ARCHIVE_MAX_PROCESSES 的值设置为最大值 8，再次查询参数的值，如下。

```
SQL> SELECT name,value FROM V$PARAMETER
  2  WHERE NAME='log_archive_max_processes';
NAME                          VALUE
```

```
------------------------------------  --------------------------------
log_archive_max_processes                 8
```

通过查询结果可知，LOG_ARCHIVE_MAX_PROCESSES 的值已经被成功修改为 8，也就是说现在最多可以启动 8 个 ARCN 进程。

6.3.2　设置数据库模式

在安装 Oracle 11g 时，数据库默认使用非归档模式，这样可以避免对数据库创建过程中生成的日志文件进行归档。如果想要将数据库的日志模式切换到归档模式，可以在数据库安装好并正常运行之后进行切换。

在切换运行模式之前，应首先查看数据库当前的日志模式，这需要 DBA 使用 ARCHIVE LOG LIST 语句，如下。

```
SQL> conn/as sysdba;
已连接。
SQL> ARCHIVE LOG LIST;
数据库日志模式             非存档模式
自动存档                   禁用
存档终点                   USE_DB_RECOVERY_FILE_DEST
最早的联机日志序列          25
当前日志序列               30
```

如上述查询结果，当前数据库的日志模式属于被存档模式。如果我们想将日志模式切换成存档模式该怎么做呢？下面是切换步骤。

（1）关闭数据库，如下。

```
SQL> shutdown;
数据库已经关闭。
已经卸载数据库。
ORACLE 例程已经关闭。
```

（2）重新启动数据库实例，但不打开数据库，如下。

```
SQL> startup mount;
ORACLE 例程已经启动。

Total System Global Area  376635392 bytes
Fixed Size                  1374724 bytes
Variable Size             289408508 bytes
Database Buffers           79691776 bytes
Redo Buffers                6160384 bytes
数据库装载完毕。
```

（3）使用 ALTER DATABASE ARCHIVELOG 语句，将数据库的日志模式切换为归档模式，如下。

```
SQL> ALTER DATABASE ARCHIVELOG;

数据库已更改。
```

 如果从归档模式切换为非归档模式，使用 ALTER DATABASE NOARCHIVELOG 语句。

（4）打开数据库，如下。

```
SQL> ALTER DATABASE OPEN;

数据库已更改。
```

（5）使用 ARCHIVE LOG LIST 语句查看日志模式，如下。

```
SQL> ARCHIVE LOG LIST;
数据库日志模式              存档模式
自动存档                   启用
存档终点                   USE_DB_RECOVERY_FILE_DEST
最早的联机日志序列           25
下一个存档日志序列           30
当前日志序列                30
```

对于大型的数据库而言，日志文件一般较大，如果归档进程 ARCN 频繁地执行归档操作，将会消耗大量的 CPU 时间和 I/O 资源；而如果 ARCN 进程执行间隔过长，虽然可以减少所使用的资源，但是会使日志写入进程 LGWR 出现等待的几率增大。

 为了避免 LGWR 进程出现等待状态，可以考虑启动多个 ARCn 进程，具体设置已经在上一小节中进行了讲解。

6.3.3　设置归档目标

归档目标，即是归档日志文件保存的位置。归档目标由参数 DB_RECOVERY_FILE_DEST 决定，可以通过 SHOW PARAMETER DB_RECOVERY_FILE_DEST 命令了解该参数的信息，如下。

```
SQL> SHOW PARAMETER DB_RECOVERY_FILE_DEST;

NAME                         TYPE            VALUE
---------------------- --------------- ---------------------------------
db_recovery_file_dest        string          E:\app\Administrator\flash_recovery_area
db_recovery_file_dest_size big integer 3852M
```

上述查询结果显示了归档目标位置以及归档空间大小。

可以通过参数 LOG_ARCHIVE_DEST_n 为数据库设置归档目标的个数，其中 n 表示归档目标个数，n 的值为 1~10 个。

为了保证数据的安全性，在为数据库设置多个归档目标时，最好将这些归档目标存放于不同的物理位置。而在归档时，Oracle 会将日志文件组以相同的方式归档到每一个归档目标中。

设置归档目标是需要指定归档目标所在系统，如果使用 LOCATION 关键字，则为本系统；如果使用 SERVICE 关键字则为远程数据库系统，其语法如下。

```
ALTER SYSTEM SET
log_archive_dest_N = ' { LOCATION | SERVER } = directory ' ;
```

其中，directory 表示磁盘目录；LOCATION 表示归档目标为本地系统的目录；SERVER 表示归档目标为远程数据库的目录。

使用初始化参数 log_archive_dest_N 配置归档位置时，可以在归档位置上指定 OPTIONAL 或 MANDATORY 选项。指定 MANDATORY 选项时，可以设置 REOPEN 属性，作用如下：

❑ **OPTIONAL**   该选项是默认选项，使用该选项时，无论归档是否成功，都可以覆盖日志文件。

❑ **MANDATORY**   该选项用于强制归档。使用该选项时，只有在归档成功后，日志文件才能被覆盖。

❑ **REOPEN**   该属性用于指定重新归档的时间间隔，默认值为 300 秒。需要注意，REOPEN 属性必须跟在 MANDATORY 选项后。

为了强制归档到特定位置，必须指定 MANDATORY 选项。下面以强制归档到特定目录为例，说明 MANDATORY 和 OPTIONAL 选项使用方法。

```
SQL> ALTER SYSTEM SET LOG_ARCHIVE_DEST_1=
  2  'LOCATION=J:\TU\MYARCHIVE1 MANDATORY';
系统已更改。
SQL> ALTER SYSTEM SET LOG_ARCHIVE_DEST_1=
  2  'LOCATION=J:\TU\MYARCHIVE2 MANDATORY REOPEN
系统已更改。
SQL> ALTER SYSTEM SET LOG_ARCHIVE_DEST_1=
  2  'LOCATION=J:\TU\MYARCHIVE3 OPTIONAL';
系统已更改。
```

使用初始化参数 log_archive_dest_N 配置归档位置时，DBA 可以使用初始化参数 log_archive_min_succeed_dest 控制本地归档的最小成功个数。如下。

```
SQL> ALTER SYSTEM SET
  2  log_archive_min_succeed_dest=2;

系统已更改。
```

执行上述语句后，如果生成的归档日志少于两份，日志文件将不能被覆盖。

另外，数据库管理员可以使用初始化参数 log_archive_dest_state_n 控制归档位置的可用性。该参数的取值有如下两个。

❏ **ENABLE**　表示会激活相应的归档位置。

❏ **DEFER**　表示会禁用相应的归档位置。

当归档日志的所在磁盘损坏或填满时，数据库管理员需要暂时禁用该归档位置。如下。

```
SQL> ALTER SYSTEM SET
  2  log_archive_dest_state_2=defer;

系统已更改。
```

执行上述语句后，会禁用初始化参数 log_archive_dest_state_1 所对应的归档位置。如果想要重新启动该归档位置，可以使用以下语句。

```
SQL> ALTER SYSTEM SET
  2  log_archive_dest_state_2=ENABLE;

系统已更改。
```

【实践案例 6-4】

例如，设置 LOG_ARCHIVE_DEST_1 参数的值，如下。

```
SQL> ALTER SYSTEM SET LOG_ARCHIVE_DEST_1=
  2  'LOCATION=J:\TU\MYARCHIVE';

系统已更改。
```

6.3.4　归档文件格式

在 Oracle 11g 中，归档日志的默认文件名格式为 ARC%S%_%R%T。为了改变归档日志的位置和名称格式，必须改变相应的初始化参数。初始化参数 log_archive_format 用于指定归档日志的文件名称格式，设置该初始化参数时，可以指定以下匹配符：

❏ **%s**　日志序列号。

❏ **%S**　日志序列号（带有前导）。

❏ **%t**　重做线程编号。

❏ **%T**　重做线程编号（带有前导）。

❏ **%a**　活动 ID 号。

❏ **%d**　数据库 ID 号。

❏ **%r**　RESETLOGS 的 ID 值。

通过参数 LOG_ARCHIVE_FORMAT，可以设置归档日志名称格式，如下。

```
SQL> ALTER SYSTEM SET LOG_ARCHIVE_FORMAT=
  2  'myarchive%S_%R.%T'
```

```
   3  SCOPE=spfile;
```

系统已更改。

 在 Oracle 11g 中，配置归档日志文件格式时，必须带有%s、%t 和%r 匹配符，其他匹配符均为可选。设置 LOG_ARCHIVE_FORMAT 参数的值必须在数据库重启时才生效。

6.3.5 设置归档进程的跟踪级别

特殊情况下，Oracle 的后台进程会在跟踪文件中进行记录。通过参数 LOG_ARCHIVE_TRACE，可以设置归档进程 ARCN 的跟踪级别，控制它写入跟踪文件中的内容。对于 ARCN 进程，运行设置的级别如下：

- ❏ **0** 禁止对 ARCN 进程进行跟踪，不在跟踪文件中记录有关日志归档的任何信息。
- ❏ **1** 记录已经成功归档的日志信息。
- ❏ **2** 记录各个归档目标的状态。
- ❏ **4** 记录归档操作是否成功。
- ❏ **8** 记录归档目标的活动状态。
- ❏ **16** 记录归档目标活动的详细信息。
- ❏ **32** 记录归档目标的参数设置。
- ❏ **64** 记录 ARCN 进程的活动状态。

LOG_ARCHIVE_TRACE 参数的默认值为 0，可以使用 ALTER SYSTEM 语句修改该参数的值。如下。

```
SQL> ALTER SYSTEM SET LOG_ARCHIVE_TRACE=4;

系统已更改。
```

上述代码将归档进程的跟踪级别设置为 4。上述代码为单个设置跟踪级别，有的读者可能会想，可不可以设置多个跟踪级别，怎么设置？其实 Oracle 除了可以单个设置跟踪级别外允许设置多个跟踪级别。

设置多个跟踪级别的方式是将多个级别所对应的值相加，将相加的结果作为 LOG_ARCHIVE_TRACE 的参数值。如下。

```
SQL> ALTER SYSTEM SET LOG_ARCHIVE_TRACE=12;

系统已更改。
```

上述代码中将 LOG_ARCHIVE_TRACE 的值设置为 12，从跟踪级别看并不存在 12 所对应的级别。实际上，这个 12 代表两个级别：4 和 8，也就是说同时为 ARCN 进程设置了两个级别：4 和 8。

LOG_ARCHIVE_TRACE 参数的取值范围为 0～127，在这个范围中的任意值所针对的跟踪级别是固定的。例如上示例中的 12，它只能被解析为 4 和 8 的和，再例如 17，它只能解析为 1 和 16 的和，除此以外，任意级别相加的结果都不可能为 3 或者 17。

6.3.6 查看归档日志信息

上文所介绍的内容中，已经介绍了使用 ARCHIVE LOG LIST 命令查询数据库当前的日志模式，在查询结果当中包括了部分归档日志信息。除此之外还可以使用表 6-1 中的视图来查询归档日志信息。

表 6-1 查看归档日志信息视图

视图	描述
V$DATABASE	用于查询数据库是否处于归档模式
V$ARCHIVED_LOG	包含控制文件中所有已经归档的日志信息
V$ARCHIVE_DEST	包含所有归档目标信息
V$ARCHIVE_PROCESSES	包含已经启动的 ARCN 进程状态信息
V$BACKUP_REDOLOG	包含所有已经备份的归档日志信息
V$LOG	包含所有日志文件组信息

下面介绍各视图的作用及其用法。

1. V$DATABASE

使用该视图用于查询数据库是否处于归档模式，如下：

```
SQL> SELECT LOG_MODE FROM V$DATABASE;

LOG_MODE
-------------
ARCHIVELOG
```

上述代码中，查询到的 LOG_MODE 字段的值为 ARCHIVELOG，该值表示数据库当前处于归档模式；如果该字段的值为 NOARCHIVELOG，则表示数据库当前处于非归档模式。

2. V$ARCHIVED_LOG

该视图表示包含控制文件中所有已经归档的日志信息，如下：

```
SQL> SELECT NAME FROM V$ARCHIVED_LOG;

NAME
---------------------------------------------------------------
```

```
J:\TU\MYARCHIVE3\MYARCHIVE0000000030_0786550074.0001
```

上述代码中查询到一条记录，表示控制文件中包含有一条已经归档的日志信息。该归档信息存储在 J:\TU\MYARCHIVE3 目录下。

3. V$ARCHIVE_DEST

该视图包含所有归档的目标信息。例如通过该视图查询数据库的归档目标以及归档目标的状态，如下：

```
SQL> SELECT destination,status from V$ARCHIVE_DEST
  2  WHERE destination IS NOT NULL;


DESTINATION                      STATUS
------------------------     ------------------------------------------
J:\tu\myarchive3                 VALID
```

查询结果中显示了前面设置的归档目标 J:\tu\myarchive3，而其 STATUS 字段的值为 VALID，表示有效可用。

 由于归档目标最多可以设置 10 个，而前面设置了一个，所以，这里使用 WHERE 字句将没有设置归档目标的记录行在查询结果中去掉。

4. V$ARCHIVE_PROCESSES

该视图包含已经启动的 ARCN 进程状态信息，如下：

```
SQL> SELECT * FROM V$ARCHIVE_PROCESSES;


   PROCESS STATUS            LOG_SEQUENCE STAT
-------------------     ----------------------------------------------
         0 ACTIVE                  0 IDLE
         1 ACTIVE                  0 IDLE
         2 ACTIVE                  0 IDLE
         3 ACTIVE                  0 IDLE

...................
已选择 30 行。
```

其中，PROCESS 表示进程编号；STATUS 为进程活动状态；LOG_SEQUENCE 为日志序列；STATE 为进程使用状态（IDLE 表示闲置的）。

5. V$LOG

包含所有日志文件组信息，其中包括日志文件组是否需要归档，如下：

```
SQL> SELECT group#,archived FROM V$LOG;
```

```
   GROUP# ARC
------------------------
        1 NO
        2 YES
        3 YES
        4 YES
```

其中，ARCHIVED 字段的值表示是否需要归档，YES 表示需要，NO 表示不需要。

6.4 项目案例：查看数据文件、控制文件和日志文件

本章介绍了控制文件和数据文件的相关知识，之后又重点介绍了日志文件的相关信息。在实际的开发应用中，数据文件、控制文件和日志文件的管理对于数据库管理员来说非常重要，而在对这些文件进行管理之前，都需要通过 Oracle 数据字典来查看相关的文件信息。下面做一个综合案例，完成使用不同的数据字典来查看相对应的文件信息。

【案例分析】

使用管理员的身份连接数据库，并使用 V$DATAFILE、V$CONTROLFILE 和 V$LOGFILE 这 3 个数据字典来查看 orcl 数据库中的数据文件、控制文件和日志文件信息。步骤如下：

（1）使用视图 V$DATAFILE 查看数据文件信息，如下。

```
SQL> SELECT FILE#,NAME FROM V$DATAFILE;

    FILE#          NAME
---------- --------------------------------------------------------------

        1          E:\APP\ADMINISTRATOR\ORADATA\ORCL\SYSTEM01.DBF
        2          E:\APP\ADMINISTRATOR\ORADATA\ORCL\SYSAUX01.DBF
        3          E:\APP\ADMINISTRATOR\ORADATA\ORCL\UNDOTBS01.DBF
        4          E:\APP\ADMINISTRATOR\ORADATA\ORCL\USERS01.DBF
        5          E:\APP\ADMINISTRATOR\ORADATA\ORCL\EXAMPLE01.DBF
        6          E:\APP\ADMINISTRATOR\ORADATA\ORCL\TEMP1401.DBF
        7          E:\APP\ADMINISTRATOR\ORADATA\ORCL\TEMP1402.DBF
已选择 7 行。
```

（2）使用 V$CONTROLFILE 视图查看控制文件信息，如下。

```
SQL> SELECT NAME FROM V$CONTROLFILE;

NAME
--------------------------------------------------------------------
E:\APP\ADMINISTRATOR\ORADATA\ORCL\CONTROL01.CTL
```

```
E:\APP\ADMINISTRATOR\FLASH_RECOVERY_AREA\ORCL\CONTROL02.CTL
```

（3）使用 V$LOGFILE 视图查看日志文件信息，如下。

```
SQL> SELECT GROUP#,TYPE,MEMBER FROM V$LOGFILE;

    GROUP#  TYPE       MEMBER
---------- --------  ------------------------------------------------------------
        1  ONLIN      E E:\APP\ADMINISTRATOR\ORADATA\ORCL\REDO01.LOG
        3  ONLINE     E:\APP\ADMINISTRATOR\ORADATA\ORCL\REDO03.LOG
        2  ONLINE     E:\APP\ADMINISTRATOR\ORADATA\ORCL\REDO02.LOG
```

6.5 习题

一、填空题

1．Oracle 的物理存储结构包括，数据文件、日志文件和_____。

2．备份控制文件主要有两种方式：_____和备份成脚本文件。

3．每个 Oracle 数据库至少应包含_____个重做日志组。

4．通过参数_____，可以设置归档进程 ARCN 的跟踪级别，控制它写入跟踪文件中的内容。

5．如果在创建控制文件时使用了 RESETLOGS 选项，则应该执行_____语句打开数据库。

二、选择题

1．如果某个数据库拥有两个重做日志组，当第 2 个重做日志级突然损坏时，数据库管理员当采取_____操作？

    A．删除原有的第 2 重做日志组，然后再使用 ALTER DATABASE database_name
        ADD LOGFILE GROUP 2 语句建立新的第 2 重做日志组

    B．删除所有重做日志组，然后再使用 ALTER DATABASE database_name ADD
        LOGFILE GROUP 语句建立新的重做日志组

    C．使用 ALTER DATABASE database_name CLEAR LOGFILE GROUP2 语句对第
        2 重做日志组进行初始化

    D．使用 ALTER DATABASE database_name CLEAR LOGFILE GROUP2 语句对第
        2 重做日志组进行初始化，然后删除它，再重新第 2 重做日志组

2．在_____情况下，可能需要增加日志文件组？

    A．检查点完成

    B．多元化重做日志

    C．日志组未归档

    D．日志文件组成员被损坏

3．想要查看控制文件信息，使用＿＿＿＿＿＿数据字典。

    A．V$LOG

    B．V$CONTROLFILE

    C．V$LOGFILE

    D．V$ARCHIVE

4．为数据库添加一个新的数据文件之后，应当立即执行＿＿＿＿＿＿操作？

    A．重新启动实例

    B．备份所有的表空间

    C．备份控制文件

    D．更新初始化参数

三、上机练习

1．创建控制文件

以 SYSTEM 身份登录到 SQL*Plus 中，在数据库关闭，数据库实例开启的情况下创建控制文件。

2．备份控制文件

备份控制文件有两种方式：一种是备份为二进制文件，另一种是备份为脚本文件。在本实践中，使用 SYSTEM 用户以管理员的身份登录到 SQL*Plus 中。先将 orcl 数据库中的控制文件备份为二进制文件，然后以脚本文件的形式再次备份控制文件，最后查看脚本文件的存放位置，并打开该文件，查看其生成的控制文件脚本。

6.6　实践疑难解答

6.6.1　数据文件丢了怎么办

数据文件丢了怎么办

网络课堂：http://bbs.itzcn.com/thread-19429-1-1.html

【问题描述】：最近在学 Oracle 数据库，学到备份这一段。遇到了问题就是不小心丢了没有备份的数据文件。请教各位，怎样恢复数据库的正常状态？

【解决办法】：以下这几种情况都可能会使数据文件丢失，看哪种符合你的情况：

如果你是不小心删除了，立刻关闭所有的应用。然后用专门的硬盘恢复工具来恢复数据文件，比如 WINDOWS 的 ESAY RECOVERY。

如果你有很早之前的备份和所有的 ARCHIVELOG，那么可以直接恢复。

如果没有很早之前的备份，但有全部的 ARCHIVELOG，可以用 LOGMNR 包来看到做过什么操作，可能会很多，做起来麻烦，但也是种办法。

如果都不行，那就没办法了。

6.6.2 Oracle 数据库控制文件移动后无法打开数据库

 Oracle 数据库控制文件移动后无法打开数据库
网络课堂：http://bbs.itzcn.com/thread-19428-1-1.html

【问题描述】：我用 system 登录 ORACLE，创建了备份控制文件，用的是：

```
ALTER DATABASE BACKUP CONTROLFILE TO 'E:\ORACLE\CONTROLFILE.CTL';
```

然后用

```
ALTER SYSTEM SET CONTROL_FILE="D:\oracle\oradata\oradb01\CONTROL01.
CTL,E:\ORACLE\CONTROLFILE.CTL" SCOPE=spfile;
```

命令移动了控制文件，现在无法打开数据库了。使用 ALTER DATABASE MOUNT；命令时，提示 ORA-00205 错误，请问应该怎样恢复数据库？

【解决办法】：你备份了控制文件到'E:\ORACLE\CONTROLFILE.CTL';
然后需要复制重命名三份文件：

```
CONTROL01.CTL CONTROL02.CTL CONTROL02.CTL
```

这样打开数据库的时候参数文件才能找到你命名后的文件。

```
ALTER SYSTEM SET CONTROL_FILE="D:\oracle\oradata\oradb01\CONTROL01.CTL,E:\
ORACLE\CONTROLFILE.CTL" SCOPE=spfile;
```

第7章

SQL（Structured Query language）是实现与关系数据库通信的标准语言，是数据库的核心语言。SQL 不仅具有丰富的查询功能，还具有数据定义和数据控制功能，是集查询、DDL（数据定义语言）、DML（数据操纵语言）、DCL（数据控制语言）于一体的关系数据语言。通过 SQL 语言，可以完成对数据表的查询、更新和删除功能，此外，还可以使用基本函数对数据表中的数据进行统计计算。

本章将详细介绍 SQL 语言中 SELECT 查询语句、INSERT 插入语句、UPDATE 更新语句、DELETE 删除语句，以及 SQL 语言中的基本函数，并简单介绍了 Oracle 中的事务处理。

本章学习要点：

➤ 熟练掌握 SELECT 查询语句
➤ 了解基本运算符的使用
➤ 熟练掌握 INSERT 插入语句
➤ 熟练掌握 UPDATE 更新语句
➤ 熟练掌握 DELETE 删除语句
➤ 熟练掌握字符函数的使用
➤ 熟练掌握聚合函数的使用
➤ 了解转换函数和日期函数的使用
➤ 掌握 Oracle 中的事务处理机制

7.1 基本查询

使用 SQL 语言的主要功能之一就是数据库查询操作。在查询数据信息时，不仅可以查询所有数据信息，还可以查询指定条件的数据信息。本节将详细讲述 Oracle 中的 SQL 查询语句。

7.1.1 查询命令 SELECT

执行查询的命令为 SELECT，该命令用于在数据表中查询最终数据。无论查询语句多么复杂，最外层的 SELECT 命令总是最后执行。在使用 SELECT 语句查询数据时，如果只需要查询数据表中某一列或几列数据时，可以在 SELECT 语句中指定要查询的列名（字段名），列名之间使用逗号（,）隔开。

【实践案例 7-1】

使用 SELECT 命令查询员工表 DEPARTMENTS 中部门的 ID 和名称，语句如下：

```
select department_id,department_name FROM departments;
```

执行该语句，Oracle 首先根据 FROM 子句获得 DEPARTMENTS 数据表中的所有记录，
如下所示：

```
DEPARTMENT_ID        DEPARTMENT_NAME             MANAGER_ID        LOCATION_ID
-------------        --------------------------  ----------------  -----------------
10                   Administration              200               1700
20                   Marketing                   201               1800
30                   Purchasing                  114               1700
40                   Human Resources             203               2400
50                   Shipping                    121               1500
60                   IT                          103               1400
70                   Public Relations            204               2700
80                   Sales                       145               2500
90                   Executive                   100               1700
100                  Finance                     108               1700
...
270                  Payroll                                       1700
```

接着，Oracle 扫描所有记录，并根据 SELECT 命令所指定的列获取最终结果，如下
所示：

```
DEPARTMENT_ID        DEPARTMENT_NAME
-------------        ----------------------------
10                   Administration
20                   Marketing
30                   Purchasing
40                   Human Resources
50                   Shipping
60                   IT
70                   Public Relations
80                   Sales
90                   Executive
100                  Finance
...
270                  Payroll
```

7.1.2 使用 WHERE 指定过滤条件

WHERE 子句用于限定 SELECT 语句查询结果行。在使用 SELECT 语句查询表信息时，

由于没有指定任何限制条件，所以会查询表的所有行。但是实际应用环境中，用户往往只需要获得某些行的数据。例如获取部门号为 10 的所有部门信息。在执行查询操作时，通过使用 WHERE 子句可以限制查询显示结果。语法如下：

```
SELECT <column1,column2,…> FROM table_name
WHERE expression
```

上述语法中的各个参数说明如下：

❑ **expression**　表示条件语句。

❑ **WHERE**　用于指定条件子句，如果条件子句返回值为 TRUE，则会检索相应行的数据，如果条件为 FALSE，则不会检索该行数据。

在 WHERE 子句中可以使用各种比较操作符来形成查询条件，表 7-1 列出了 WHERE 子句中可以使用的所有比较操作符和逻辑操作符。

表 7-1　WHERE 子句中可以使用的比较操作符和逻辑操作符

	比较操作符	含义
比较操作符	=	等于
	<>、!=	不等于
	>=	大于等于
	<=	小于等于
	>	大于
	<	小于
	BETWEEN … AND …	在两值之间
	IN	匹配于列表值
	LIKE	匹配于字符样式
	IS NULL	测试 NULL
逻辑操作符	AND	如果条件都是 TRUE，则返回 TRUE，否则返回 FALSE
	OR	如果任一个条件是 TRUE，则返回 TRUE，否则返回 FALSE
	NOT	如果条件是 FALSE，则返回 TRUE；如果条件是 TRUE，则返回 FALSE

1. 在 WHERE 条件中使用数字值

当在 WHERE 条件中使用数字值时，既可以使用单引号引住数字值，也可以直接引用数字值。下面以显示 EMPLOYEES 表中工资高于 10000 的员工为例，说明在 WHERE 子句中使用数字值的方法。示例如下：

```
SQL>  SELECT employee_id,first_name,last_name FROM employees
  2   WHERE salary > 10000;
EMPLOYEE_ID          FIRST_NAME           LAST_NAME
-----------  --------------------  --------------------------
201                  Michael              Hartstein
205                  Shelley              Higgins
100                  Steven               King
101                  Neena                Kochhar
```

102	Lex	De Haan
108	Nancy	Greenberg
114	Den	Raphaely
145	John	Russell
146	Karen	Partners
147	Alberto	Errazuriz
148	Gerald	Cambrault
149	Eleni	Zlotkey
162	Clara	Vishney
168	Lisa	Ozer
174	Ellen	Abel

已选择 15 行。

2. 在 WHERE 条件中使用字符值

当在 WHERE 条件中使用字符值时，必须用单引号引住。下面以显示 EMPLOYEES 表中姓氏为 Raphaely 的员工信息为例，说明在 WHERE 子句中使用字符值的方法。示例如下：

```
SQL> SELECT first_name,last_name FROM employees
  2  WHERE last_name = 'Raphaely';
FIRST_NAME           LAST_NAME
-------------------- ------------------------
Den                  Raphaely
```

因为字符值区分大小写，所以在引用字符值时必须要指定正确的大小写格式，否则不能正确显示输出信息。

3. 在 WHERE 条件中使用 BETWEEN … AND …操作符

BETWEEN … AND …操作符用来查询指定范围内的数据。通常，在 BETWEEN 操作符后设置较小的值，在 AND 操作符后设置最大值。

【实践案例 7-2】

编写 SELECT 查询语句，在 WHERE 子句中使用 BETWEEN … AND …操作符，查询 EMPLOYEES 表中工资在 8000 到 15000 之间的所有员工姓名和姓氏信息，具体的执行过程如下：

```
SQL> SELECT first_name,last_name,salary FROM employees
  2  WHERE salary BETWEEN 8000 AND 15000;
FIRST_NAME           LAST_NAME                    SALARY
-------------------- ------------------------ ----------
Michael              Hartstein                     13000
Hermann              Baer                          10000
```

```
Shelley              Higgins                    12008
William              Gietz                       8300
Alexander            Hunold                      9000
Nancy                Greenberg                  12008
Daniel               Faviet                      9000
…
Jack                 Livingston                  8400
已选择 33 行。
```

4. 在 WHERE 条件中使用 LIKE 操作符

LIKE 操作符用于执行模糊查询。当执行查询操作时，如果不能完全确定某些信息的查询条件，但这些信息又具有某些特征，那么可以使用 LIKE 操作符。当执行模糊查询时，需要使用通配符"%"和"_"，其中"%"用于表示匹配指定位置的 0 个或多个字符，而"_"则用于表示匹配单个字符。

【实践案例 7-3】

在 WHERE 子句中使用 LIKE 操作符，查询 EMPLOYEES 数据表中姓氏以 J 开头的所有员工信息，执行过程如下：

```
SQL> SELECT employee_id,first_name,last_name,salary,department_id
  2  FROM employees
  3  WHERE last_name LIKE 'J%';
EMPLOYEE_ID   FIRST_NAME       LAST_NAME        SALARY     DEPARTMENT_ID
------------- ---------------- ---------------- ---------- ----------------
179           Charles          Johnson          6200       80
195           Vance            Jones            2800       50
```

【实践案例 7-4】

在 LIKE 子句中使用"_"符号匹配单个字符，查询第 3 个字符为 s 的所有员工信息，执行过程如下：

```
SQL>  SELECT employee_id,first_name,last_name,salary,department_id
  2   FROM employees
  3   WHERE last_name LIKE '__s%';
EMPLOYEE_ID     FIRST_NAME      LAST_NAME        SALARY    DEPARTMENT_ID
--------------  --------------  ---------------- --------- --------------
105             David           Austin           4800      60
129             Laura           Bissot           3300      50
132             TJ              Olson            2100      50
145             John            Russell          14000     80
153             Christopher     Olsen            8000      80
162             Clara           Vishney          10500     80
已选择 6 行。
```

5. 在 WHERE 条件中使用 IN 操作符

IN 操作符用于执行列表匹配操作，列表中的值以逗号（,）隔开。如果查询条件与列表中的任意一个值匹配时，则返回该行数据。

【实践案例 7-5】

在 WHERE 子句中使用 IN 操作符，查询姓氏为 Russell、Vishney 或者 McEwen 的所有员工信息，执行过程如下：

```
SQL> SELECT employee_id,first_name,last_name,salary,department_id
  2  FROM employees
  3  WHERE last_name IN ('Russell','Vishney','McEwen');
EMPLOYEE_ID    FIRST_NAME       LAST_NAME        SALARY      DEPARTMENT_ID
-----------    -------------    -------------    ----------  ----------------
158            Allan            McEwen           9000        80
145            John             Russell          14000       80
162            Clara            Vishney          10500       80
```

6. 在 WHERE 子句中使用逻辑操作符

当执行查询操作时，许多情况下需要指定多个查询条件。当使用多个查询条件时，必须要使用逻辑操作符 AND、OR 或 NOT。在这 3 个操作符中，NOT 优先级最高，AND 其次，OR 最低。如果要改变优先级，则需要使用括号。

【实践案例 7-6】

在 WHERE 子句中使用 AND 操作符，查询工资为 3000 且职位编号为 SH_CLERK 的所有员工信息。执行过程如下：

```
SQL> SELECT employee_id,first_name,last_name,salary,job_id,department_id
FROM employees
  2  WHERE salary = 3000 AND job_id = 'SH_CLERK';
EMPLOYEE_ID    FIRST_NAME    LAST_NAME     SALARY      JOB_ID      DEPARTMENT_ID
-----------    ------------  ------------  --------    ---------   ---------
187            Anthony       Cabrio        3000        SH_CLERK    50
197            Kevin         Feeney        3000        SH_CLERK    50
```

【实践案例 7-7】

在 WHERE 子句中使用 OR 操作符，查询工资为 8000，或者职位编号为 SH_CLERK 的符合条件的所有员工信息。执行过程如下：

```
SQL> SELECT employee_id,first_name,last_name,salary,job_id,department_id
ROM employees
  2  WHERE salary = 8000 OR job_id = 'SH_CLERK';
EMPLOYEE_ID    FIRST_NAME    LAST_NAME     SALARY      JOB_ID      DEPARTMENT_ID
-----------    ------------  ------------  ----------  ---------   ----------
198            Donald        OConnell      2600        SH_CLERK    50
199            Douglas       Grant         2600        SH_CLERK    50
```

120	Matthew	Weiss	8000	ST_MAN	50
153	Christopher	Olsen	8000	SA_REP	80
159	Lindsey	Smith	8000	SA_REP	80
180	Winston	Taylor	3200	SH_CLERK	50
...					
197	Kevin	Feeney	3000	SH_CLERK	50

已选择 23 行。

【实践案例 7-8】

在 WHERE 子句中使用 NOT 操作符，查询 EMPLOYEES 表中部门号不为 10、30 或 40 且职位编号为 SH_CLERK 的所有员工信息。执行过程如下：

```
SQL>SELECT  employee_id,first_name,last_name,salary,job_id,department_id
FROM employees
  2  WHERE department_id NOT IN (10,30,40) AND job_id = 'SH_CLERK';
EMPLOYEE_ID  FIRST_NAME        LAST_NAME        SALARY  JOB_ID    DEPARTMENT_ID
-----------  ----------------  ---------------  ------  --------  -------------
        198  Donald            OConnell           2600  SH_CLERK             50
        199  Douglas           Grant              2600  SH_CLERK             50
        180  Winston           Taylor             3200  SH_CLERK             50
        181  Jean              Fleaur             3100  SH_CLERK             50
        182  Martha            Sullivan           2500  SH_CLERK             50
...
        197  Kevin             Feeney             3000  SH_CLERK             50
已选择 20 行。
```

7.1.3   使用 DISTINCT 关键字获取唯一记录

DISTINCT 关键字用来限定在检索结果中显示不重复的数据，对于重复值，只显示其中一个。该关键字是在 SELECT 子句中列的列表前面使用。如果不指定 DISTINCT 关键字，默认显示所有的列，即默认使用 ALL 关键字。

【实践案例 7-9】

在 SELECT 语句中使用 DISTINCT 关键字，查询存在员工的部门编号，执行过程如下：

```
SQL> SELECT DISTINCT department_id FROM employees;
DEPARTMENT_ID
-------------
100
30
20
70
90
110
```

```
50
40
80
10
60
已选择 12 行。
```

在上述 SELECT 语句中，在 DEPARTMENT_ID 列之前使用了 DISTINCT 关键字，即表明需要显示不重复的 DEPARTMENT_ID 列值，也就是存在员工的部门编号。

7.1.4 使用 GROUP BY 子句分组

在数据库查询中，分组是一个非常重要的应用。分组是指将数据表中的所有记录，以某个或者某些列为标准，划分为一组。例如，在一个存储了地区学生的表中，以学校为标准，可以将所有学生信息划分为多个组。

进行分组查询需要使用 GROUP BY 子句，其语法格式如下：

```
SELECT <column1,column2,…> FROM table_name
GROUP BY column1[,column2…]
```

1. 使用 GROUP BY 进行单列分组

单列分组是指在 GROUP BY 子句中使用单个列生成分组统计结果。当进行单列分组时，会基于列的每个不同值生成一个数据统计结果。

【实践案例 7-10】

在 SELECT 语句中使用 GROUP BY 子句进行单列分组，将员工以所在的部门为标准进行分组，获取每个部门工资的总金额。执行过程如下：

```
SQL> SELECT department_id ,sum(salary) FROM employees
  2  GROUP BY department_id;
DEPARTMENT_ID      SUM(SALARY)
-------------      ------------------------------------
100                51608
30                 24900
                   7000
20                 19000
70                 10000
90                 58000
110                20308
50                 156400
40                 6500
80                 304500
10                 4400
60                 28800
```

已选择 12 行。

2. 使用 GROUP BY 进行多列分组

多列分组是指 GROUP BY 子句中使用两个或两个以上的列生成分组统计结果。当进行多列分组时，会基于多个列的不同值生成数据统计结果。

【实践案例 7-11】

在 SELECT 语句中使用 GROUP BY 子句进行多列分组，将员工信息以部门编号和职位编号进行分组，获取每个部门不同岗位的工资总和和最高工资。执行过程如下：

```
SQL> SELECT department_id,sum(salary),max(salary) FROM employees
  2  GROUP BY department_id,job_id;
DEPARTMENT_ID       SUM(SALARY)                MAX(SALARY)
-------------       -------------------        -------------------
110                 8300                       8300
90                  34000                      17000
50                  55700                      3600
80                  243500                     11500
110                 12008                      12008
50                  36400                      8200
...
30                  11000                      11000
已选择 20 行。
```

上面例子中，根据 DEPARTMENT_ID 列和 JOB_ID 列进行分组。在进行分组时，首先按照 DEPARTMENT_ID 列对员工进行分组，然后再按照 JOB_ID 列进行分组，从而获得每个部门中的每个岗位的工资总和和最高工资。

7.1.5　使用 HAVING 子句过滤分组

HAVING 子句用于限制分组统计结果，并且 HAVING 子句必须跟在 GROUP BY 子句后面。

【实践案例 7-12】

在 GROUP BY 子句之后使用 HAVING 子句对其分组按照一定条件进行过滤，获取员工工资总额大于 20000 的部门编号，执行过程如下：

```
SQL> SELECT department_id ,sum(salary) FROM employees
  2  GROUP BY department_id
  3  HAVING (sum(salary))>20000;
DEPARTMENT_ID                SUM(SALARY)
------------    ---------------------------------------------------
100                          51608
30                           24900
90                           58000
```

110	20308
50	156400
80	304500
60	28800

已选择 7 行。

.如上述执行语句，在 GROUP BY 子句之后又使用了 HAVING 子句对其分组进行过滤，分组的结果为【实践案例 7-10】所示的结果，总共有 12 条记录，使用 HAVING 子句对这12 条记录进行过滤，过滤条件为工资总额大于 20000，故最终获取了 7 条记录。

7.1.6 使用 ORDER BY 子句排序

ORDER BY 子句用于排序结果集。ORDER BY 子句在使用时需要指定排序标准和排序方式。排序标准是指按照结果集中某个或某些列进行排序；排序方式有两种：升序（默认排序方式）和降序。ORDER BY 子句的语法格式如下：

```
SELECT <column1,column2,…> FROM table_name
WHERE expression
ORDER BY column1[,column2…][ASC | DESC]
```

上述语法中各个参数的说明如下：
- **ORDER BY COLUMN** 表示按列名进行排序。
- **ASC** 指定按照升序排列，这是默认的排列顺序。
- **DESC** 指定按照降序排列。

1. 升序排序

默认情况下，当使用 ORDER BY 执行排序操作时，数据以升序方式排列。在执行升序排列时，也可以在排序列后指定 ASC 关键字。

【实践案例 7-13】
使用 ORDER BY 子句对部门编号为 50 的员工工资进行升序排序，执行过程如下：

```
SQL> SELECT employee_id,first_name,last_name,salary FROM employees
  2  WHERE department_id = 50
  3  ORDER BY salary asc;
EMPLOYEE_ID        FIRST_NAME           LAST_NAME             SALARY
--------------     ------------------   ------------------    --------------------
132                TJ                   Olson                 2100
128                Steven               Markle                2200
136                Hazel                Philtanker            2200
135                Ki                   Gee                   2400
127                James                Landry                2400
131                James                Marlow                2500
144                Peter                Vargas                2500
182                Martha               Sullivan              2500
```

191	Randall	Perkins	2500
140	Joshua	Patel	2500
...			
121	Adam	Fripp	8200

已选择 45 行。

2. 降序排序

当使用 ORDER BY 子句执行排序操作时，默认情况下会执行升序排序。为了执行降序排序，必须要指定 DESC 关键字。

【实践案例 7-14】

在 ORDER BY 子句中指定 DESC 关键字，对部门编号为 100 的员工工资进行降序排列，具体的执行过程如下：

```
SQL> SELECT employee_id,first_name,last_name,salary FROM employees
  2  WHERE department_id = 100
  3  ORDER BY salary desc;
EMPLOYEE_ID          FIRST_NAME              LAST_NAME                  SALARY
-----------  --------------------  ------------------------  --------------
108          Nancy                 Greenberg                   12008
109          Daniel                Faviet                       9000
110          John                  Chen                         8200
112          Jose Manuel           Urman                        7800
111          Ismael                Sciarra                      7700
113          Luis                  Popp                         6900
已选择 6 行。
```

3. 使用多列排序

当使用 ORDER BY 子句执行排序操作时，不仅可以基于单个列或单个表达式进行排序，也可以基于多个列或多个表达式进行排序。当以多个列或多个表达式进行排序时，首先按照第一个列或表达式进行排序，当第一个列或表达式存在相同数据时，然后以第二个列或表达式进行排序，以此类推……

【实践案例 7-15】

下面以员工编号升序、工资降序显示员工信息为例，说明使用多列排序的方法。执行过程如下：

```
SQL> SELECT employee_id,first_name,last_name,salary FROM employees
  2  WHERE department_id = 100
  3  ORDER BY employee_id asc,salary desc;

EMPLOYEE_ID          FIRST_NAME              LAST_NAME               SALARY
-----------  --------------------  ------------------------  -----------
108                  Nancy                   Greenberg                12008
```

109	Daniel	Faviet	9000
110	John	Chen	8200
111	Ismael	Sciarra	7700
112	Jose Manuel	Urman	7800
113	Luis	Popp	6900

已选择 6 行。

175

 注意 如果在 SELECT 语句中同时包含有 GROUP BY、HAVING 以及 ORDER BY 子句，则必须将 ORDER BY 子句放在最后。

7.1.7 使用算术运算符

在使用 SQL 语言中的 SELECT 语句时，不仅可以对数据进行查询，还可以在数字列上使用算术表达式（+、-、*、/）来进行运算，其中乘除的优先级要高于加减。如果要改变优先级，可以使用括号。

【实践案例 7-16】

在 SELECT 语句中使用算术运算符，计算部门编号为 100 的员工最高工资与最低工资之差，执行过程如下：

```
SQL> SELECT max(salary) "最高工资",min(salary) "最低工资",
max(salary)-min(salar
y) "工资之差" FROM employees
  2  WHERE department_id = 100;
最高工资   最低工资   工资之差
---------- ---------- ----------
 12008       6900       5108
```

7.2 SQL 更新数据

数据库中的数据变更，主要包含三种语句：INSERT、UPDATE 和 DELETE，这三种语句也称为 DML（Data Manipulation Language）语句，用于操纵表和视图的数据。通过执行 INSERT 语句，可以给表增加数据；通过执行 UPDATE 语句，可以更新表的数据；通过执行 DELETE 语句，可以删除表的数据。

7.2.1 插入数据——INSERT 操作

INSERT 操作用于向表中插入新的数据，既可以插入单条数据，也可以与子查询结合使用实现批量插入。

1. 插入单条数据

对于 INSERT 操作来说，单条数据的插入是最常用的方式，其语法格式如下：

```
INSERT INTO <table_name > [(<column1>,<column2>,…,<columnn>)]
VALUES (<value1>,<value2>,…,<valuen>)
```

上述语法中的各个参数说明如下：

❑ **table_name**　指定要插入元组的表的名字。

❑ **<column1>, < column 2>, …, < column n>**　指定要添加列值的列名序列，VALUES 后则一一对应要添加列的数据值。

> 若列名序列都省略，则新插入的记录必须在指定表的每个字段列上都有值；若列名序列部分省略，则新记录在列名序列中未出现的列上取空值。所有不能取空值的列必须包括在列名序列中。

【实践案例 7-17】

使用 INSERT 语句向学生表 STUDENT 中插入一条学生记录（1，张山，20，男，河北），示例如下：

```
SQL>INSERT INTO student(id,name,age,sex,address)
  2  VALUES(1,'张山',20,'男','河北');
已创建 1 行。
```

当执行成功之后，可以再次查询 STUDENT 表中的数据，以检测是否成功的插入，如下：

```
SQL> SELECT * FROM student;
ID            NAME         AGE             SEX             ADDRESS
----------    ------    ---------------   ---------------  ----------------
1             张山         20              男              河北
```

分析查询结果可知，使用 INSERT 语句已成功插入了一条新的学生信息。

2. 批量插入

批量插入需要用到子查询（将在后面的章节中做详细的讲解），其语法格式如下：

```
INSERT INTO <基本表名> [(<列名 1>,<列名 2>,…,<列名 n>)]  子查询
```

这种形式可将子查询的结果集一次性插入基本表中。如果列名序列省略，则子查询所得到的数据列必须和要插入数据的基本表的数据列完全一致。如果列名序列给出，则子查询结果与列名序列要一一对应。

【实践案例 7-18】

假设表 TEMP_STUDENT 中含有 TEMP_ID 和 TEMP_NAME 两个字段，由于业务需求，需要将 STUDENT 表中的 ID 字段值和 NAME 字段值插入到 TEMP_STUDENT 表中，分别对应其 TEMP_ID 和 TEMP_NAME 字段。示例代码如下：

```
SQL> INSERT INTO temp_student(temp_id,temp_name)
  2  SELECT id,name FROM student;
已创建 1 行。
```

此时，表 TEMP_STUDENT 中已经成功插入了一条数据，如下所示：

```
SQL> SELECT * FROM temp_student;
TEMP_ID       TEMP_NAME
---------- --------------------
1             张山
```

> **注意** 无论是插入单条记录，还是插入多条记录，都应该注意要插入的值与要插入的字段一一对应。

7.2.2 更新数据——UPDATE 操作

SQL 使用 UPDATE 语句对数据表中符合更新条件的记录进行更新。UPDATE 语句的一般格式如下：

```
UPDATE < table_name >
SET <column1> = <value1> [,<column2> = <value2 >]…
[WHERE <expression>]
```

上述语法中的各个参数说明如下：
- ❑ **table_name** 指定要更新的基本表。
- ❑ **SET** 指定要更新的字段及其相应的值。
- ❑ **WHERE** 指定更新条件，如果没有指定更新条件，则对表中所有记录进行更新。
- ❑ **Expression** 表示更新条件。

对指定基本表中满足条件的数据，用表达式值作为对应列的新值，其中，WHERE 子句是可选的，如不选，则更新指定表中的所有数据的对应列。

【实践案例 7-19】

使用 UPDATE 语句更新 SCORES 表中编号为 3 的成绩信息，使其成绩加 10 分，示例如下：

```
SQL> SELECT * FROM scores;
ID            SCORE
---------- --------------------
1             99
2             89
3             75
SQL> update scores set score = score+10
  2  WHERE id = 3;
```

```
已更新 1 行。
```

再次执行查询操作，检测是否更新成功：

```
SQL> SELECT * FROM scores;
ID          SCORE
----------  ----------------
1           99
2           89
3           85
```

分析查询结果可知，使用 UPDATE 语句成功更新了 SCORES 表中的数据。

7.2.3   删除数据——DELETE 操作

DELETE 操作用于删除表中数据，语法格式如下：

```
DELETE FROM <table_name> [ WHERE expression] ;
```

其中：DELETE FROM 子句用来指定将要删除的数据所在的表；WHERE 子句用来指定将要删除的数据所要满足的条件，可以是表达式或子查询。如果不指定 WHERE 子句，则将从指定的表中删除所有的行。

 使用 DELETE 语句，只是从表中删除数据，不会删除表结构。如果要删除表结构，则应该使用 DROP TABLE 语句。

在 DELETE 语句中并没有指定列名，这是因为 DELETE 语句不针对表中的某列进行，而是针对表中的数据行进行删除。例如删除 ID 为 2 的成绩记录，如下：

```
SQL>DELETE FROM scores WHERE id = 2;
已删除 1 行。
```

 在数据库管理操作中，经常需要将某个表的所有记录删除而只保留表结构。如果使用 DELETE 语句进行删除，Oracle 系统会自动为该操作分配回滚段，则删除操作需要较长的时间才能完成。为了加快删除操作，可以使用 DDL 语句中的 TRUNCATE 语句，使用该语句可以快速地删除某个表中的所有记录。

7.3   基本函数

与其他编程语言一样，Oracle 中同样存在着数据类型。Oracle 中的数据类型主要有两个应用场景：一是用于指定数据表中列的类型，二是用于 PL/SQL 编程中声明变量。Oracle 的数据类型主要包括：字符型、数值型、日期型和大对象型。同时，Oracle 提供了针对数据类型的内置函数。本节将重点讲述 Oracle 中的基本函数。

7.3.1 字符函数

在 Oracle 数据库函数中，字符函数是比较常用的函数之一。字符函数的输入参数为字符类型，其返回值是字符类型或数字类型。字符函数既可以在 SQL 语句中使用，也可以直接在 PL/SQL 块中引用。下面详细介绍 Oracle 所提供的字符函数，以及在 SQL 语句中使用这些字符函数的方法。

1. 获取字符串长度——LENGTH()函数

该函数用于返回字符串长度。

【实践案例 7-20】

使用 LENGTH()函数获取 STUDENT 表中编号为 1 的学生姓名长度，如下所示：

```
SQL> SELECT length(name) "长度" FROM student
  2 WHERE id = 1;
长度
----------
2
```

下面我们来查看一下 STUDENT 表中编号为 1 的学生信息，如下：

```
SQL> SELECT * FROM student
  2 WHERE id = 1;
ID          NAME        AGE         SEX         ADDRESS
----------  ----------  ----------  ----------  ---------------
1           张山        20          男          河北
```

分析查询结果可知，对于 length()函数来说，双字节字符被视作了一个字符来进行计算，故"张山"字符串的长度为 2。也就是说，无论是单字节字符还是双字节字符，使用 LENGTH() 函数都将被视作一个字符进行计算。

2. 向左补全字符串——LPAD()函数

该函数用于向左补全字符串，主要用于字符串的格式化。格式化的方式为：将字符串格式化为指定长度，如有不足部分，则在字符串的左端填充特定字符。LPAD()函数定义如下：

```
LPAD(x,width[,pad string])
```

其中，x 表示原始字符串；width 表示格式化之后的字符串长度；pad_string 表示使用哪个字符填充不足的位数。

【实践案例 7-21】

假设在 HR 用户下含有一张 EMP 表，该表用于存储员工信息（员工工号、员工姓名、员工年龄），下面在 SELECT 语句中使用 LPAD()函数将员工工号格式化为 4 位，不足部分使用 "0" 来填充。例如，工号为 1 应被格式化为 0001。示例如下：

```
SQL> SELECT lpad(empno,4,'0') "员工工号",empname "员工姓名" FROM emp;
员工工号      员工姓名
--------- ---------------------
0001          王丽丽
0002          马腾
```

 如果原始字符串长度已经超过格式化后的长度，LPAD()将从字符串左端进行截取。比如，原始字符串为 12345，格式化后的长度为 4，则 Oracle 将返回自左端截取的 4 位字符：1234。

3. 向右补全字符串——RPAD()函数

与 LPAD()函数相似，RPAD()函数返回字符串格式化为特定位数的操作。只是该函数自右端补全不足位数。RPAD()函数的定义如下：

```
RPAD(x,width[,pad_string])
```

该函数在 x 的右边补齐空格，得到总长为 width 个字符的字符串，然后返回 x 被补齐之后的结果字符串。还可以提供一个可选的 pad_string，这个参数用于指定重复使用哪个字符串来补齐 x 右边的空位。

【实践案例 7-22】

在 SELECT 语句中使用 RPAD()函数，将员工工号格式化为 5 位数，不足部分使用 "-" 在右端补全字符串。示例如下：

```
SQL> SELECT rpad(empno,5,'-') "员工工号",empname "员工姓名" FROM emp;
员工工号       员工姓名
----------- ---------------------
1----         王丽丽
2----         马腾
```

 当原始字符串长度大于格式化后的长度，RPAD()函数同样是自左端截取字符串，比如，原始字符串为 12345，格式化后的长度为 4，则 Oracle 将返回自左端截取的 4 位字符：1234。

4. 连接字符串——CONCAT()函数

该函数可以将两个字符串进行连接，定义如下：

```
CONCAT(x , y)
```

该语句表示将 y 字符串连接到 x 字符串之后，并将得到的字符串作为结果返回。

【实践案例 7-23】

使用 CONCAT()函数将字符串"Oracle"追加到字符串"Hello"之后，示例如下：

```
SQL> SELECT concat('Hello','Oracle') new_str FROM dual;
NEW_STR
-----------
HelloOracle
```

> Oracle 中的 dual 表示一个单行单列的虚拟表，任何用户均可读取，常用在没有目标表的 SELECT 语句块中，比如查看当前连接用户、查看当前日期和时间等。

5. 获取字符串的小写形式——LOWER()函数

该函数用于返回字符串的小写形式。例如，在 SELECT 语句中使用 LOWER()函数，获取部门编号为 50 的所有员工姓名的小写形式，示例如下：

```
SQL> SELECT lower(first_name),last_name FROM employees
  2  WHERE department_id = 50;
LOWER(FIRST_NAME)      LAST_NAME
--------------------   -------------------------
mozhe                  Atkinson
sarah                  Bell
laura                  Bissot
alexis                 Bull
anthony                Cabrio
kelly                  Chung
curtis                 Davies
...
matthew                Weiss
已选择 45 行。
```

6. 截取字符串——SUBSTR()函数

该函数用于截取字符串，并将截取后的新字符串返回，其定义格式如下：

```
SUBSTR(x,start[,length])
```

其中，x 表示原始字符串；start 表示开始截取的位置；length 表示截取的长度。需要注意的是，Oracle 中字符串中第一个字符的位置为 1。

【实践案例 7-24】

使用 SUBSTR()函数返回字符串"HelloOracle"中从第 2 个字符开始，长度为 4 的子字符串，示例如下：

```
SQL> SELECT substr('HelloOracle',2,4) FROM dual;
SUBS
----
ello
```

7. 获得字符串出现的位置——INSTR()函数

该函数用于返回子字符串在父字符串中出现的位置，如果子字符串未出现在父字符串中，该函数将返回 0。其定义形式如下：

```
INSTR(x,find_string[,start][,occurrence])
```

其中，x 表示父字符串；find_string 为子字符串；start 为可选参数，指定进行搜寻的起始位置；occurrence 表示可选参数，表示第几次获得子字符串。

【实践案例 7-25】

使用 INSTR()函数，获取字符串"HelloOracle"中"e"从第一个字符开始第二次出现的位置，示例如下：

```
SQL>  SELECT instr('HelloOracle','e',1,2) position FROM dual;
POSITION
----------
11
```

 当可选参数 start 和 occurrence 为空时，默认值为 1。

8. 单词首字母大写——INITCAP()函数

该函数用于将单词转换为首字母大写、其他字符小写的形式，并返回得到的字符串。

【实践案例 7-26】

下面将字符串"welcome to you"中单词首字母转换成大写，示例如下：

```
SQL> SELECT initcap('welcome to you') new_str FROM dual;
NEW_STR
---------------
Welcome To You
```

9. 反转字符串——REVERSE()函数

该函数可以对 Oracle 中的对象进行反转处理。这里的处理是遵循 Oracle 对象的存储结构。示例如下：

```
SQL> SELECT reverse('ABCDEFG') new_str FROM dual;
NEW_STR
```

```
-------
GFEDCBA
```

 注意　如果尝试反转双字节字符，例如汉字，那么将返回乱码。

10. 替换字符串——REPLACE()函数

该函数用于将字符串中的指定子字符串进行替换，其定义形式如下：

```
REPLACE(x,search_string,replace_string)
```

其中，x 表示原始字符串，search_string 表示要替换的子字符串，replace_string 表示要使用哪个字符串来替换 search_string 所表示的子字符串。作为替换值的 replace_string 参数是可选的。如果没有传递 replace_string，就会将搜索字符串从原来的字符串中剥离，因为不指定最后一个参数的时候，默认的参数值是空字符串。

例如，将"ABCDEFG"字符串中的"AB"子字符串替换为"88"，示例如下：

```
SQL> SELECT replace('ABCDEFG','AB','88') new_str FROM dual;
NEW_STR
-------
88CDEFG
```

11. 格式化字符串——TO_NUMBER()函数

TO_NUMBER()函数用于将指定的字符串进行格式化。其定义形式如下：

```
TO_NUMBER(x[,format])
```

其中，x 表示原始字符串，format 为可选参数，表示字符串的格式。下面使用 TO_NUMBER()函数将字符串 970.13 转换为一个数字，然后再加上 25.5，最后计算其结果：

```
SQL> SELECT to_number('970.13')+25.5 FROM dual;
TO_NUMBER('970.13')+25.5
------------------------
995.63
```

下面这个查询使用 TO_NUMBER()函数将字符串-$12,345.67 转换为一个数字，传递的 format 字符串参数是$99,999.99：

```
SQL> SELECT to_number('-$12,345.67','$99,999.99')
  2  FROM dual;
TO_NUMBER('-$12,345.67','$99,999.99')
-------------------------------------
-12345.67
```

184

7.3.2 数值函数

针对数值型，Oracle 提供了丰富的内置函数进行处理。数值函数的输入参数和返回值都是数值型，并且多数函数精确到 38 位。数值函数不仅可以在 SQL 语句中引用，也可以直接在 PL/SQL 块中应用。下面将对 Oracle 数据库中可以使用的比较常见的数值函数的用法进行详细说明。

1. 获取数值的绝对值——ABS()函数

该函数用于返回数值的绝对值。下面查询数值 100 和–200.3 的绝对值，示例如下：

```
SQL> SELECT abs(100),abs(-200.3) FROM dual;
ABS(100)        ABS(-200.3)
---------- -------------------------------
100             200.3
```

2. 取模操作——MOD()函数

该函数用于返回一个除法表达式的余数，包含两个参数：被除数和除数。其定义形式如下：

```
MOD(x,y)
```

其中，x 表示被除数；y 表示除数。

【实践案例 7-27】

使用 MOD()函数计算 1900 除以 300 的余数，示例如下：

```
SQL> SELECT mod(1900,300) result FROM dual;
RESULT
----------
100
```

MOD(1900,300)用于获得 1900/300 的余数，该余数为 100。

在 mod()函数中，被除数可以为 0，比如 mod(5,0)，获得的余数为 5。

3. 向上取整——CEIL()函数

该函数用于返回大于或者等于数值型参数的最小整数值。

【实践案例 7-28】

使用 CEIL()函数，获得大于或者等于 15.2 和–10.8 的最小整数，示例如下：

```
SQL> SELECT ceil(15.2),ceil(-10.8) FROM dual;
```

```
CEIL(15.2)       CEIL(-10.8)
----------  ---------------------------
16                    -10
```

CEIL(15.2)返回大于等于 15.2 的最小整数 16，CEIL(-10.8)返回大于等于-10.8 的最小整数-10。

4. 向下取整——FLOOR()函数

该函数用于返回小于或者等于参数值的最大整数值。

【实践案例 7-29】

使用 FLOOR()函数，获取小于或者等于 15.8 和-10.2 的最大整数，示例如下：

```
SQL> SELECT floor(15.8),floor(-10.2) FROM dual;
FLOOR(15.8)        FLOOR(-10.2)
-----------------------------------------------------------
15                  -11
```

5. 四舍五入——ROUND()函数

该函数用于返回数值的四舍五入值，定义形式如下：

```
ROUND(x,[y])
```

其中，x 表示原数值，y 表示小数位数，说明对第几位小数取整，为可选参数。y 的取值可以为正数、负数和 0。当小数位数为 0 时，可以将其省略。

【实践案例 7-30】

使用 ROUND()函数对指定数值类型的数字进行四舍五入运算,分别设置其小数位数为正数、负数和 0，示例如下：

```
SQL> SELECT round(4.38,1),round(456.38,-1),round(456.38) FROM dual;
ROUND(4.38,1)   ROUND(456.38,-1)       ROUND(456.38)
-------------  ----------------  -----------------------------
4.4                 460                    456
```

当小数位数为正数时，表示精确到小数点之后的位数,ROUND(4.38,1)表示将小数 4.38 四舍五入精确到小数点后 1 位，运算结果为 4.4；当小数位数为负数时，表示精确到小数点之前的位数，ROUND(456.38, -1)表示将小数 456.38 四舍五入精确到小数点前 1 位，运算结果为 460；当小数位数为 0，或者省略时，表示精确到整数，ROUND(456.38)精确到整数位 456。

6. 乘方运算——POWER()函数

该函数用于进行乘方运算，包含两个参数：乘方运算的底数和指数，其定义形式如下：

```
POWER(x,y)
```

其中，x 表示乘方运算的底数，y 表示乘方运算的指数。

【实践案例 7-31】

使用 POWER()函数计算 4 的 3 次幂，示例如下：

```
SQL> SELECT power(4,3) result FROM dual;
RESULT
----------
64
```

7. 计算数字的平方根——SQRT()函数

该函数用于返回数值参数的平方根。从平方根的意义可以看出，该函数的参数值不能小于 0。下面使用 SQRT()函数计算 9 的平方根，示例如下：

```
SQL> SELECT sqrt(9) result FROM dual;
RESULT
----------
3
```

8. 获取数字的正负性——SIGN()函数

该函数用于检测数字的正负，它需要一个数值类型的参数。当参数小于 0 时，SIGN()函数返回−1；当参数等于 0 时，SIGN()函数返回 0；当参数大于 0 时；SIGN()函数返回 1。

【实践案例 7-32】

下面的示例演示了 SIGN()函数的使用，从而获取数字的正负性，示例如下：

```
SQL> SELECT sign(-10),sign(10),sign(0) FROM dual;
 SIGN(-10)    SIGN(10)     SIGN(0)
---------- ---------- ------------------------------
-1            1            0
```

9. 格式化数值——TO_CHAR()函数

TO_CHAR()函数用于将一个数值类型的数据进行格式化，并返回格式化后的字符串，其定义形式如下：

```
TO_CHAR(x[,format])
```

其中，x 表示原数值，format 为可选参数，表示 x 的格式。TO_CHAR()函数中的格式参数比较多，本节将讲述较为常用的几种。

❑ 格式字符 "0"

0 代表一个数字位。当原数值没有数字位与之匹配时，强制添加 0。示例如下：

```
SQL> SELECT to_char(12.86,'000.000') result FROM dual;
RESULT
--------
```

```
012.860
```

格式 000.000 代表将数字格式化为小数点前后各 3 位，如果原数值没有数字位与之对应，则使用 0 进行填充，其结果为 012.860。

❑ **格式字符 "9"**

9 代表一个数字位。当原数值中的整数部分没有数字位与之匹配时，不填充任何字符。示例如下：

```
SQL> SELECT to_char(12.86,'999.999') result FROM dual;
RESULT
--------
12.860
```

当使用 9 代替 0 之后，整数部分中没有数字与格式字符对应时，将忽略该位，那么将返回 12.860。但是，对于小于 1 的小数来说，所有格式字符均使用 9，返回值往往并不理想，如下所示：

```
SQL> SELECT to_char(0.86,'999.999') result FROM dual;
RESULT
--------
.860
```

.860 并非是我们希望得到的值，因此，格式参数中的个位使用 0 是更好的选择，如下所示：

```
SQL> SELECT to_char(0.86,'990.999') result FROM dual;
RESULT
--------
0.860
```

❑ **格式字符 "$"**

TO_CHAR()函数的一个典型应用就是为货币数值进行格式化。为了标识货币，通常在数值之前添加 "$"。在 TO_CHAR()函数中，同样可以使用格式字符 "$" 在返回值的开头添加美元符号。示例如下：

```
SQL> SELECT to_char(12.86,'$999.999') result FROM dual;
RESULT
----------
$12.860
```

❑ **格式字符 "L"**

美元符号表示货币，但是货币标识往往具有本地化的色彩。例如，在我国，通常使用 "￥" 符号，而非 "$" 符号。在 TO_CHAR()函数中，使用 "L" 指定本地化的货币标识，示例如下：

```
SQL> SELECT to_char(12.86,'L999.999') result FROM dual;
RESULT
```

```
-------------------
¥12.860
```

7.3.3　日期时间函数

Oracle 提供了丰富的函数来处理日期，本节将详细讲述这些函数的使用。

1. 获得当前日期——SYSDATE()函数

该函数会根据数据库的时区，使用 DATE 值返回当前日期。由于 SYSDATE 函数没有参数，所以在使用时省略了括号，如下：

```
SQL> SELECT sysdate FROM dual;
SYSDATE
--------------
14-6月 -12
```

2. 获得两个日期所差的月数——MONTHS_BETWEEN()函数

MONTHS_BETWEEN()函数用于获得两个日期相减获得的月数。返回值是一个实数，它可以指出两个日期之间的完整的月份和月份片段。如果第一个参数表示的日期早于第二个参数表示的日期，那么返回值为负值。

【实践案例 7-33】

使用 MONTHS_BETWEEN()函数计算"2012-06-13"和"2012-05 -05"之间的月份数，示例如下：

```
SQL> SELECT months_between(to_date('2012-06-13','YYYY-MM-DD'),to_date
('2012-05-0
5','YYYY-MM-DD')) as new_date FROM dual;
NEW_DATE
----------
1.25806452
```

3. 为日期加上特定月份——ADD_MONTHS()函数

对于一个日期型来说，一个常见应用为添加固定月数。下面的例子演示了在 2012 年 6 月 15 日上加上 2 个月：

```
SQL> SELECT add_months(to_date('2012-06-15','YYYY-MM-DD'),2) new_date
  2  FROM dual;
NEW_DATE
--------------
15-8月 -12
```

下面的例子演示了从 2012 年 6 月 15 日中减去 2 个月：

```
SQL> SELECT add_months(to_date('2012-06-15','YYYY-MM-DD'),-2) new_date
  2  FROM dual;
NEW_DATE
--------------
15-4 月 -12
```

4. 获取指定星期的日期值——NEXT_DAY()函数

NEXT_DAY()函数用于获得指定日期之后的指定星期第一次出现的日期值。例如，2012年6月15日为星期五，那么，为了获得紧随其后的第一个星期一的日期，则可以执行如下的语句：

```
SQL> SELECT next_day(to_date('2012-06-15','YYYY-MM-DD'),2) new_date
  2  FROM dual;
NEW_DATE
--------------
18-6 月 -12
```

NEXT_DAY()函数的第一个参数指定起始日期值，第二个参数表示星期几。next_day(to_date('2012-06-15','YYYY-MM-DD'),2)函数返回2012-06-15之后的第一个星期一的日期，即 2012-06-18。

 注意 在 Oracle 中，1 代表星期日、2 代表星期一、3 代表星期二……以此类推。

5. 获取指定日期所在月的最后一天——LAST_DAY()函数

LAST_DAY()函数用于返回某个日期所在月份的最后一天，返回值同样为一个日期型。
【实践案例 7-34】
使用 LAST_DAY()函数，获取 2012 年 6 月份的最后一天日期，示例如下：

```
SQL> SELECT last_day(to_date('2012-06-15','YYYY-MM-DD')) FROM dual;
LAST_DAY(TO_DA
--------------
30-6 月 -12
```

7.3.4 聚合函数

在查询 Oracle 数据表中的数据时，常常需要对查询的结果进行统计计算，这就需要使用到聚合函数。本节将简单介绍 Oracle 中常用的聚合函数的使用。

1. 求平均值——AVG()函数

该函数用于获得一组数据的平均值，只能应用于数值型。如果在传递给 AVG()的记录集合中包含了 NULL 值，那么就会将这些值完全忽略。

下面的示例演示了使用 AVG()函数获取员工的平均工资，示例如下：

```
SQL> SELECT avg(salary) FROM employees;
AVG(SALARY)
-----------
 6461.83178
```

 聚合函数中可以使用任意有效的表达式，比如 salary+200，同时也可以使用 DISTINCT 关键字过滤计算平均值的列。

2. 统计记录数——COUNT()函数

该函数用于统计记录数目。COUNT()函数的常用形式有两种：一种是统计单列，另一种是统计所有列。对于统计单列来说，列名作为 COUNT()函数的参数。当列值不为空时，将计数为 1，否则，将计数为 0；当表的所有列被作为 COUNT()函数的参数时，可以使用 COUNT(*)进行统计。这种情况下，即使所有列值均为空，Oracle 仍将进行计数。

【实践案例 7-35】

下面向表 STUDENT 中插入新的数据，并比较空值和非空值的统计情况。

```
SQL> insert into student values(2,'王丽',20,null,null);
已创建 1 行。
```

此时表 STUDENT 中的数据如下所示：

```
SQL> SELECT * FROM student;
ID          NAME          AGE          SEX          ADDRESS
----------- ------------- ------------ ------------ -------------
1           张山            20           男            河北
2           王丽            20
```

新增记录后，列 NAME 不为空，而 ADDRESS 为空，则使用 COUNT()函数来比较二者在统计时的区别：

```
SQL> SELECT count(name) count_name,count(address) count_address
  2  FROM student;
COUNT_NAME         COUNT_ADDRESS
----------         --------------------
2                                     1
```

分析查询结果可知，当列值为空时，COUNT()函数并不进行计算。

【实践案例 7-36】

下面的示例演示了使用 COUNT(*)统计 STUDENT 表中所有记录的数目。

```
SQL> SELECT count(*) FROM student;
```

```
COUNT(*)
----------
2
```

> **提示** 在使用 COUNT()函数时要避免使用星号（＊），因为这样 COUNT()返回结果时所需要的时间可能比较长。

3. 求最大值——MAX()函数

该函数用于获得一组数据中的最大值。MAX()函数可以应用的数据类型包括数值型和字符型。其中，应用于数值型时，是按照数值的大小顺序来获得最大值；应用于字符型时，Oracle 会按照字母表由前往后的顺序进行排序。

【实践案例 7-37】

使用 MAX()函数获得员工的最高工资，SQL 语句如下：

```
SQL> SELECT max(salary) max_salary FROM employees;
MAX_SALARY
----------
24000
```

FROM employees 提供了表 EMPLOYEES 中的所有记录作为数据源；max(salary)中的 salary 为数据源中的列，该列的所有数据组成了 MAX()函数的参数，MAX()函数则统计该组数据中的最大值。

【实践案例 7-38】

使用 MAX()函数获得员工姓名按升序排列之后的最后一位，示例如下：

```
SQL> SELECT max(first_name) FROM employees;
MAX(FIRST_NAME)
--------------------
Winston
```

max(first_name)用于获得表 EMPLOYEES 中 FIRST_NAME 列的最大值，获取规则为首字母按字母表顺序排序，并获得排名最后的一个。如果列 FIRST_NAME 中含有中文，则按中文拼音首字母的排序进行获取。

4. 求最小值——MIN()函数

与 MAX()函数相反，MIN()用于获得最小值。MIN()函数同样可以应用于数值型、字符型和日期型。

【实践案例 7-39】

使用 MIN()函数获得员工工资的最低工资，示例如下：

```
SQL> SELECT min(salary) FROM employees;
MIN(SALARY)
```

```
-----------
2100
```

 注意 当使用 MIN()函数求得最小值时，如果传递的参数中既包含有中文也包含有英文，英文字母将永远小于中文字符串。

5．求和——SUM()函数

SUM()函数用于获得一组数据的和，该函数只能应用于数值型。

【实践案例 7-40】

下面这个查询以部门分组，查询每个部门的工资总和：

```
SQL> SELECT department_id,sum(salary) FROM employees
  2  GROUP BY department_id;
DEPARTMENT_ID              SUM(SALARY)
-------------- --------------------------------
100                        51608
30                         24900
                           7000
20                         19000
70                         10000
90                         58000
110                        20308
50                         156400
40                         6500
80                         304500
10                         4400
60                         28800
已选择12 行。
```

7.4 数据一致性与事务管理

数据库中的数据是每时每刻都有可能发生变化的，但是这种变化必须是可以接受的和合理的，即数据必须保持一致性。事务是保证数据一致性的重要手段。本节将详细讲述数据库的一致性和事务管理。

7.4.1 Oracle 中的数据一致性

数据库是现实世界的反映。例如银行转账，由 A 账户转账给 B 账户，此时对数据库的操作应该由两条 UPDATE 语句组成，一是将 A 账户金额减少，而是在 B 账户增加相应的数据，并永久地保存在数据库中。如果在转账的过程中，A 账户的金额已经减少，此时停电或者其他原因导致无法对数据库进行操作，那么 B 账户将无法进行金额增加的操作。这就造成了数据不一致的现象。

为了避免这种情况的发生，则必须同时取消减少和增加金额的操作，以保证数据的一致性。

7.4.2　Oracle 中的事务

事务是保证数据一致性的重要手段。试图改变数据库状态的多个动作应该视作一个密不可分的整体。无论其中经过了多么复杂的操作，该整体执行之前和执行之后，数据库均可保证一致性。整个逻辑整体即是一个事务，如图 7-1 所示。

图 7-1　事务与数据的一致性

7.4.3　Oracle 中的事务处理

一个事务的生命周期包括事务开始、事务执行和事务结束。在 Oracle 中，并不会显式声明事务的开始，而是由 Oracle 自行处理。事务的结束可以使用 COMMIT 或者 ROLLBACK 命令。

1. 使用 COMMIT 命令提交事务

要永久性地记录事务中 SQL 语句的结果，需要执行 COMMIT 语句，从而提交（Commit）事务。事务的开始无须显式声明，在一个会话中，一次事务的结束便意味着新事务的开始。事务的结束可以使用 COMMIT 命令。

【实践案例 7-41】

执行两条 UPDATE 语句，并使用 COMMIT 命令提交修改，将这两条 SQL 语句作为一个事务。示例如下：

```
SQL> UPDATE student SET age = 22
  2  WHERE id = 1;
已更新 1 行。
SQL> UPDATE student SET sex = '女',address = '河南'
  2  WHERE id = 2;
已更新 1 行。
SQL> COMMIT;
提交完成。
```

此时，表 STUDENT 中的数据如下：

```
SQL> SELECT * FROM student;
ID      NAME        AGE             SEX         ADDRESS
------  ---------   --------------  ----------  ------------------------
1       张山         22              男           河北
2       王丽         20              女           河南
```

我们所说的事务是指或者全部提交，或者全部回滚，但这并不代表事务中的所有动作都可成功执行。如果其中某个动作执行失败，使用 COMMIT 仍然会提交所有成功的修改，这就导致了数据的不一致。为了解决这一问题，通常我们需要在事务的开始之前使用 BEGIN 关键字，在事务结束之后使用 END 来标识。

【实践案例 7-42】

下面的示例演示了使用 BEGIN、END 来标识事务的开始和结束，从而保证了数据的一致性。示例如下：

```
SQL> BEGIN
  2  UPDATE student SET age = age+2a
  3  WHERE id = 1;
  4  UPDATE student SET name = '王丽丽'
  5  WHERE id = 2;
  6  COMMIT;
  7  END;
  8  /
UPDATE student SET age = age+2a
                              *
第 2 行出现错误：
ORA-06550: 第 2 行, 第 31 列:
PL/SQL: ORA-00933: SQL 命令未正确结束
ORA-06550: 第 2 行, 第 1 列:
PL/SQL: SQL Statement ignored
```

由于 SQL 语句 update student set age = age+2a WHERE id = 1 出现了错误，导致更新失败。但是第二条的 SQL 语句不会出现错误，即使最后使用了 COMMIT 命令提交了数据修改，Oracle 不会修改任何一条数据，STUDENT 表中的数据如下：

```
SQL> SELECT * FROM student;
ID          NAME        AGE         SEX         ADDRESS
----------  ---------   ----------  ----------  ------------------------
1           张山         22          男           河北
2           王丽         20          女           河南
```

当使用了 BEGIN END 块时，客户端一次性将所有 SQL 语句发送到服务器端执行。一旦出现错误，Oracle 会当作整个 SQL 块错误，因此不会对数据库进行任何的更新操作。

2. 使用 ROLLBACK 命令回滚事务

ROLLBACK 命令用于回滚事务内的所有数据修改，并结束事务，将所有数据重新设置为原始状态。

【实践案例 7-43】

向服务器端发送两条 UPDATE 更新语句，然后执行 ROLLBACK 命令，取消对表所进行的修改，示例如下：

```
SQL> UPDATE student SET age = age+2
  2  WHERE id = 1;
已更新 1 行。
SQL> UPDATE student SET name = '王丽丽'
  2  WHERE id = 2;
已更新 1 行。
SQL> ROLLBACK;
回退已完成。
```

查询 STUDENT 表的所有记录，查看 UPDATE 操作是否成功执行，如下：

```
SQL> SELECT * FROM student;
ID      NAME        AGE              SEX            ADDRESS
-----   --------    ------------     -----------    ------------
1       张山         22               男              河北
2       王丽         20               女              河南
```

从上面查询结果可知，使用 UPDATE 语句对 STUDENT 表所做的修改被 ROLLBACK 语句取消。

7.4.4 设置保存点

保存点是设置在事务中的标记，把一个较长的事务划分为若干个短事务。通过设置保存点，在事务需要回滚操作时，可以只回滚到某个保存点。

设置保存点的语法如下：

```
SAVEPOINT savepoint_name;
```

下面的示例演示了保存点的具体应用。

首先使用 UPDATE 语句将编号为 1 的学生年龄增加 2，语句如下：

```
SQL> UPDATE student SET age = age+2
  2  WHERE id = 1;
已更新 1 行。
```

接着使用 SAVEPOINT 命令设置一个保存点，并将其命名为 save1：

```
SQL> SAVEPOINT save1;
```

保存点已创建。

然后再使用 UPDATE 语句将编号为 2 的学生姓名更改为：王丽丽，如下：

```
SQL> UPDATE student SET name='王丽丽'
  2  WHERE id = 2;
已更新 1 行。
```

此时，STUDENT 表中的数据如下：

```
SQL> SELECT * FROM student;
ID         NAME         AGE         SEX           ADDRESS
--------- ---------- ----------- ------------- ---------------------
1          张山          24          男            河北
2          王丽丽         20          女            河南
```

从查询结果可以看出，两条 UPDATE 语句已经成功执行。下面我们将事务回滚到刚才设置的保存点 save1 处：

```
SQL>  ROLLBACK TO SAVEPOINT save1;
回退已完成。
```

这样就取消对编号为 2 的学生姓名进行的修改，但保留对编号为 1 的学生年龄进行的修改操作。此时，STUDENT 表中的数据如下：

```
SQL> SELECT * FROM student;
ID         NAME        AGE         SEX              ADDRESS
--------- --------- ------------ ---------------- ------------------------
1          张山         24          男               河北
2          王丽         20          女               河南
```

7.4.5 事务处理原则

事务的处理原则包括 4 点，简写为首字母缩写：ACID（原子性（Atomicity）、一致性（Consistency）、隔离性（Isolation）和持久性（Durablity））。

1. 事务的原子性——Atomicity

原子性是事务的最基本属性。它表示整个事务所有操作是一个逻辑整体。如同原子一样，不可分割，或者全部执行，或者都不执行。

2. 事务的一致性——Consistency

事务的一致性是指在事务开始之前数据库处于一致性状态，当事务结束之后，数据库仍然处于一致性状态。也就是说，事务不能破坏数据库的一致性。

很多情况下，事务内部对数据库操作有可能破坏数据库的一致性。例如，在货物调仓的过程中，出仓操作是成功执行的，而入仓失败。此时的事务，如果执行了 COMMIT 命令，势必破坏了数据库的一致性，那么，正确的做法就是应该以 ROLLBACK 命令结束事务。

3. 事务的隔离性——Isolation

事务隔离性是指一个事务对数据库的修改，与并行的另外一个事务的隔离程度。各个事务对数据库的影响都是独立的，那么，一个事务对于其他事务的数据修改，有可能产生以下几种情况。

1）幻像读取

幻像读取意味着，同一事务中，前后两次执行相同的查询，第一次查询获得的结果集仍然存在于第二次查询结果中，并且没有任何改变。例如：事务 T1 读取一条指定的 WHERE 子句所返回的结果集。然后事务 T2 新插入一行记录，这行记录恰好可以满足 T1 所使用查询中的 WHERE 子句的条件。然后 T1 又使用相同的查询再次对表进行检索，但是此时却看到了事务 T2 刚才插入的新行。这个新行就称为"幻像"，因为对于 T1 来说这一行就像是变魔术似地突然出现了一样。

2）不可重读

不可重读意味着，同一事务中，前后两次读取数据表中的同一条记录，所获得结果不相同。例如：事务 T1 读取一行记录，紧接着事务 T2 修改了 T1 刚才读取的那一行记录的内容。然后 T1 又再次读取这一行记录，发现它与刚才读取的结果不同了。这种现象称为"不可重读"，因为 T1 原来读取的那一行记录已经发生了变化。

3）脏读

一个事务在执行时，有可能读取到外界其他事务对数据库的修改。这些数据修改是尚未提交的，并有可能被外界事务回滚。如果当前事务受到外界未提交数据的影响，将造成脏读。例如：事务 T1 更新了一行记录的内容，但是并没有提交所做的修改。事务 T2 读取更新后的行。然后 T1 执行回滚操作，取消了刚才所做的修改。现在 T2 所读取的行就无效了（也称为"脏"数据），因为在 T2 读取这行记录时，T1 所做的修改并没有提交。

为了处理这些可能出现的问题，数据库实现了不同级别的事务隔离性，以防止并发事务会相互影响。SQL 标准定义了以下几种事务隔离级别，按照隔离性级别从低到高依次为：

（1）READ UNCOMMITTED：幻像读、不可重读和脏读都允许。

（2）READ COMMITTED：允许幻像读和不可重读，但是不允许脏读。

（3）REPEATABLE READ：允许幻像读，但是不允许不可重读和脏读。

（4）SERIALIZABLE：幻像读、不可重读和脏读都不允许。

Oracle 数据库支持 READ COMMITTED 和 SERIALIZABLE 两种事务隔离性级别，不支持 READ UNCOMMITTED 和 REPEATABLE READ 这两种隔离性级别。隔离级需要使用 SET TRANSACTION 命令来设定，其语法如下：

```
SET TRANSACTION ISOLATION LEVEL
{READ COMMITTED
| READ UNCOMMITTED
| REPEATABLE READ
| SERIALIZABLE };
```

例如下面这个语句就将事务隔离性级别设置为 SERIALIZABLE：

```
SET TRANSACTION ISOLATION LEVEL SERIALIZABLE;
```

> Oracle 数据库默认使用的事务隔离性级别是 READ COMMITTED，在 Oracle 数据库中也可以使用 SERIALIZABLE 的事务隔离性级别，但是这会增加 SQL 语句执行所需要的时间，因此只有在必需的情况下才使用 SERIALIZABLE 级别。

4．事务的持久性——Durablity

持久性是指，事务一旦提交，对数据库的修改也将记录到永久介质中，例如存储为磁盘文件。即使下一时刻的数据库故障也不会导致数据丢失。当用户提交事务时，Oracle 数据库总是首先生成 redo 文件。redo 文件记录了事务对数据库修改的细节，即使系统崩溃，Oracle 同样可以利用 redo 文件保证所有事务成功提交。

7.5　项目案例：查看各个部门的员工工资详情

在本节之前已经详细介绍了 Oracle 中的 SQL 基本查询，在查询语句 SELECT 中可以使用聚合函数对数据表中的一组数据进行统计计算，比如，获得某一列数值的总和、平均值、最大值、最小值等。本节将综合应用这些知识点，实现对各个部门的员工工资统计的功能。

【实例分析】

在 SELECT 查询语句中使用聚合函数分别求得各个部门员工的工资总和、平均工资、最高工资、最低工资和员工人数，并按部门编号升序排列。具体的执行过程如下：

```
SQL> SELECT department_id "部门编号",sum(salary) "总额",avg(salary) "平均额",
  2  max(salary) "最高额",min(salary) "最低额",count(*) "总人数"
  3  FROM employees
  4  GROUP BY department_id
  5  ORDER BY department_id;
部门编号      总额        平均额      最高额      最低额       总人数
---------- ---------- --------- -------- --------- ---------------------
10         4400       4400      4400      4400       1
20         19000      9500      13000     6000       2
30         24900      4150      11000     2500       6
40         6500       6500      6500      6500       1
50         156400     3475.55556 8200     2100       45
```

60	28800	5760	9000	4200	5
70	10000	10000	10000	10000	1
80	304500	8955.88235	14000	6100	34
90	58000	19333.3333	24000	17000	3
100	51608	8601.33333	12008	6900	6
110	20308	10154	12008	8300	2
	7000	7000	7000	7000	1

已选择 12 行。

在本案例中，使用 GROUP BY 对部门编号 DEPARTMENT_ID 进行了分组，并使用 SUM()、AVG()、MAX()和 MIN()对 SALARY 列进行了统计计算，从而获得各个部门员工的总工资、平均工资、最高工资和最低工资。同时，在 SELECT 语句中还使用了 COUNT()函数统计了各个部门的员工人数。在 SQL 语句的最后，使用 ORDER BY 子句对 DEPARTMENT_ID 进行了升序排序。

7.6 习题

一、填空题

1. _____关键字用来限定在检索结果中显示不重复的数据，对于重复值，只显示其中一个。

2. 在 SQL 中，使用_____命令向表中输入数据。

3. 查询学生表中的所有信息，并以学号倒序排序的 SQL 语句为：

```
SELECT * FROM student order by stuNo _____
```

则下划线处应填写_____。

4. 下列 SQL 语句中，查询结果按_____列的顺序进行排序。

```
SQL>  SELECT department_id,sum(salary) sum_sal
  2   FROM employees
  3   WHERE department_id > 20
  4   GROUP BY department_id
  5   ORDER BY sum_sal;
```

二、选择题

1. 查询一个学生的信息，但忘记了该学生的名字，只记得该学生姓"张"，而且名字中有一个"美"字，SQL 语句为_____。

   A.

```
SELECT * FROM student WHERE name LIKE '%张美%'
```

B.

```
SELECT * FROM student WHERE name LIKE '张%美%'
```

C.

```
SELECT * FROM student WHERE name LIKE '张_美_'
```

D.

```
SELECT * FROM student WHERE name LIKE '张美%'
```

2．在 SELECT 语句中，表示条件表达式用_____子句，分组使用_____子句，排序使用_____子句。

    A．HAVING、GROUP BY、ORDER BY

    B．WHERE、ORDER BY、GROUP BY

    C．WHERE、GROUP BY、ORDER BY

    D．WHERE、HAVING、ORDER BY

3．在 SQL 语句中，字符串匹配运算符使用_____操作符。

    A．IN

    B．IS

    C．NOT IN

    D．LIKE

4．下列查询语句中，_____函数无法产生这个输出。

```
SQL>SELECT _____(-45) as output FROM dual;
OUTPUT
--------------
-45
```

    A．ABS()

    B．CEIL()

    C．FLOOR()

    D．ROUND()

三、上机练习

1．获取各月倒数第三天入职的所有员工信息

编写 SQL 语句查询 HR 用户下的 EMPLOYEES 表中的数据。具体的思路如下：使用 LAST_DAY()函数，获取各个员工入职日期所在月份的最后一天，并将获得的值减去 2，从而获得倒数第三天的日期。在 WHERE 子句中以入职日期 HIRE_DATE 列作为过滤条件，判断每个员工的入职日期是否为当月的倒数第三天日期。从而获得如下的执行结果：

```
EMPLOYEE_ID          FIRST_NAME          LAST_NAME          HIRE_DATE
----------- ---------------------- ------------------ ----------------------
```

110	John	Chen	28-9月-05
126	Irene	Mikkilineni	28-9月-06
142	Curtis	Davies	29-1月-05
149	Eleni	Zlotkey	29-1月-08

7.7 实践疑难解答

7.7.1 Oracle 中 SELECT 语句如何实现查询行数限制

Oracle 中 SELECT 语句如何实现查询行数限制

网络课堂：http://bbs.itzcn.com/thread-19266-1-1.html

【问题描述】：SQL Server 中的 TOP 关键字可以查询数据表中的前 N 条记录，而在 Oracle 中并没有 TOP 关键字，那么如何实现与 SQL Server 中 TOP 关键字一样的功能呢？比如查询 HR 用户下的 DEPARTMENTS 表中的前 10 条记录，应如何编写 SQL 语句？

【解决办法】：ROWNUM 是一种伪列，它会根据返回记录生成一个序列化的数字，并且数字始终从 1 开始。因此可以使用 ROWNUM 来实现 SQL Server 中 TOP 的功能，如下：

```
SQL> SELECT * FROM departments
  2  WHERE rownum <= 10;
DEPARTMENT_ID     DEPARTMENT_NAME      MANAGER_ID        LOCATION_ID
------------- -------------------- ---------------- --------------------
10                Administration       200               1700
20                Marketing            201               1800
30                Purchasing           114               1700
40                Human Resources      203               2400
50                Shipping             121               1500
60                IT                   103               1400
70                Public Relations     204               2700
80                Sales                145               2500
90                Executive            100               1700
100               Finance              108               1700
已选择10行。
```

上面的执行结果就是 DEPARTMENTS 表中的前 10 条记录。

7.7.2 将列值为 NULL 的数据放在排序结果的最前面

将列值为 NULL 的数据放在排序结果的最前面

网络课堂：http://bbs.itzcn.com/thread-19267-1-1.html

【问题描述】：在 HR.EMPLOYEES 表的 DEPARTMENT_ID 一列中，存在 NULL 值。

如果我对该表的 DEPARTMENT_ID 列进行排序，并希望 DEPARTMENT_ID 字段值为 NULL 的数据排在结果的最前面，那么使用 ORDER BY 应该如何做呢？

【解决办法】：在 Oracle 中，如果 ORDER BY 子句中指定了表达式 NULLS FIRST，则表示排序列为 NULL 值的记录排在最前面（无论是 ASC 还是 DESC）；如果 ORDER BY 中指定了表达式 NULLS LAST，则表示排序列为 NULL 值的记录将排在最后（无论是 ASC 还是 DESC）。

下面语句是将 HR.EMPLOYEES 表中 DEPARTMENT_ID 一列做降序排列，并将值为 NULL 的记录排在最前面：

```
SQL> SELECT department_id,first_name,last_name FROM employees
  2  ORDER BY department_id DESC NULLS FIRST;
DEPARTMENT_ID      FIRST_NAME             LAST_NAME
-------------      --------------------   ------------------------
                   Kimberely              Grant
110                Shelley                Higgins
110                William                Gietz
100                Jose Manuel            Urman
100                Daniel                 Faviet
100                John                   Chen
100                Luis                   Popp
100                Nancy                  Greenberg
100                Ismael                 Sciarra
90                 Lex                    De Haan
90                 Neena                  Kochhar
...
10                 Jennifer               Whalen
已选择107 行。
```

7.7.3 为何会报 ORA-00979 的错误信息

 为何会报 ORA-00979 的错误信息

网络课堂：http://bbs.itzcn.com/thread-19268-1-1.html

【问题描述】：刚接触 Oracle，今天编写了一个分组查询的 SQL 语句，没料到在执行该语句时，却提示 "ORA-00979：不是 GROUP BY 表达式" 的错误信息，这是怎么回事啊？下面是我的 SQL 语句：

```
SQL> SELECT first_name,department_id,avg(salary) FROM employees
  2  GROUP BY department_id;
SELECT first_name,department_id,avg(salary) FROM employees
       *
第 1 行出现错误:
ORA-00979: 不是 GROUP BY 表达式
```

【解决办法】：当一个 SQL 语句中含有聚合函数，比如：COUNT()、SUM()、AVG()等等，并且执行 SELECT 语句之后又有不是聚合函数的字段，就必须要在 GROUP BY 语句之后指定所有不是聚合函数的字段，故你的 SQL 语句应该改成：

```sql
SELECT first_name,department_id,avg(salary) FROM employees
GROUP BY department_id,first_name;
```

第**8**章

子查询与高级查询

Oracle 中的 SQL 查询，不仅包含基本的查询方式，还可以使用子查询、联合语句和链接查询的方式对数据表进行查询操作。其中，子查询是指在查询语句的内部嵌入查询，以获得临时的结果集；联合语句是指对于多个查询所获得的结果集进行集合查询；连接查询是将多个表连接到一起进行集合查询。

本章将详细介绍如何在外部的 SELECT、UPDATE 或 DELETE 语句内部使用子查询，以及 Oracle 中的联合语句和连接查询的具体应用。

本章学习要点：

➢ 了解子查询的类型
➢ 熟练掌握单行子查询的使用
➢ 熟练掌握多行子查询的使用
➢ 熟练掌握关联子查询的使用
➢ 熟练掌握嵌套子查询的使用
➢ 熟练掌握在 UPDATE 和 DELETE 语句中使用子查询
➢ 掌握联合语句的使用
➢ 熟练掌握不同方式的连接查询

8.1　子查询

子查询是指嵌入在其他 SQL 语句中的 SELECT 语句，也称为嵌套查询。根据子查询返回结果的不同，子查询又被分为单行子查询、多行子查询、多列子查询和嵌套子查询。当在 WHERE 子句、SET 子句中引用子查询时，不能带有 ORDER BY 子句。

本节主要介绍如何在外部的 SELECT、UPDATE 或 DELETE 语句内部使用 SELECT 语句，以及各种类型的子查询的使用方法。

8.1.1　在 WHERE 子句中使用子查询

子查询可以放在另一个查询的 WHERE 子句中。

【实践案例 8-1】

在 WHERE 子句中使用子查询，查询工号为 108 的员工所在的部门信息，如下：

```
SQL> SELECT * FROM departments
  2  WHERE department_id = (
  3  SELECT department_id FROM employees
  4  WHERE employee_id = 108);
DEPARTMENT_ID        DEPARTMENT_NAME        MANAGER_ID         LOCATION_ID
-------------  --------------------  --------------------  ---------------
100                  Finance                    108                1700
```

其中，SELECT department_id FROM employees WHERE employee_id = 108 是子查询，该子查询返回如下所示的结果集：

```
SQL> SELECT department_id FROM employees WHERE employee_id = 108;
DEPARTMENT_ID
-------------
100
```

这个子查询首先被执行（只执行一次），返回 EMPLOYEE_ID 为 108 的行的 DEPARTMENT_ID 值，其结果为 100。它又被传递给外部查询的 WHERE 子句。因此，外部查询就可以认为等价于下面这个查询：

```
SQL> SELECT * FROM departments
  2  WHERE department_id = 100;
DEPARTMENT_ID        DEPARTMENT_NAME        MANAGER_ID         LOCATION_ID
-------------  --------------------  --------------------  ---------------
100                  Finance                    108                1700
```

8.1.2　在 HAVING 子句中使用子查询

HAVING 子句的作用是对行组进行过滤，在外部查询的 HAVING 子句中也可以使用子查询，这样就可以基于子查询返回的结果对行组进行过滤。

【实践案例 8-2】

在 HAVING 子句中使用子查询，获得部门员工工资总和最高的部门编号，示例如下：

```
SQL> SELECT department_id,sum(salary) "工资总和" FROM employees
  2  GROUP BY department_id
  3  HAVING sum(salary) = (
  4  SELECT max(sum(salary)) FROM employees
  5  GROUP BY department_id);
DEPARTMENT_ID   工资总和
-------------  --------------------
80             304500
```

该案例首先使用 SUM()函数计算每个部门的工资总和，然后 SUM()函数所返回的结果被传递给 MAX()函数，MAX()函数返回工资总和的最大值。其子查询的执行结果如下：

```
SQL> SELECT max(sum(salary)) FROM employees
```

```
 2  GROUP BY department_id;
MAX(SUM(SALARY))
----------------
304500
```

此子查询返回值 304500 将用在外部查询的 HAVING 子句中，因此该查询等价于下面这个查询：

```
SQL> SELECT department_id,sum(salary) "工资总和" FROM employees
  2  GROUP BY department_id
  3  HAVING sum(salary) = 304500;
DEPARTMENT_ID    工资总和
-------------  --------------------------------
80                304500
```

8.1.3　在 FROM 子句中使用子查询

当在 FROM 子句中使用子查询时，该子查询的返回结果将会被作为视图对待，因此也称为内嵌视图。当在 FROM 子句中使用子查询时，必须要给子查询指定别名。

【实践案例 8-3】

在 FROM 子句中使用子查询，获得部门员工最低的平均工资，示例如下：

```
SQL> SELECT min(emp.avg_salary) FROM (
  2  SELECT avg(salary) avg_salary,department_id FROM employees
  3  GROUP BY department_id) emp;
MIN(EMP.AVG_SALARY)
-------------------
3475.55556
```

在该案例中，子查询按部门编号进行分组，从 EMPLOYEES 表中检索部门编号和部门平均工资，并指定子查询的别名为 emp。该子查询的返回结果如下：

```
SQL> SELECT avg(salary) avg_salary,department_id FROM employees
  2  GROUP BY department_id;
AVG_SALARY    DEPARTMENT_ID
----------  ----------------------------------------
8601.33333        100
      4150        30
      7000
      9500        20
     10000        70
19333.3333        90
     10154       110
3475.55556        50
      6500        40
```

```
8955.88235          80
    4400            10
    5760            60
已选择 12 行。
```

子查询的输出结果可以作为外部查询的 FROM 子句的另外一个数据源,即本案例的结果就是从该数据源中获得平均工资最低值。

8.1.4 使用 IN 操作符实现多行子查询

当在多行子查询中使用 IN 操作符时,会处理匹配于子查询中任一个值的行。

【实践案例 8-4】

在 WHERE 子句中使用 IN 操作符,获得拥有员工的部门信息。示例如下:

```
SQL> SELECT * FROM departments
  2 WHERE department_id IN (
  3 SELECT distinct department_id FROM employees);
DEPARTMENT_ID        DEPARTMENT_NAME        MANAGER_ID          LOCATION_ID
-------------        ---------------------  ------------------  -----------
10                   Administration         200                 1700
20                   Marketing              201                 1800
30                   Purchasing             114                 1700
40                   Human Resources        203                 2400
50                   Shipping               121                 1500
60                   IT                     103                 1400
70                   Public Relations       204                 2700
80                   Sales                  145                 2500
90                   Executive              100                 1700
100                  Finance                108                 1700
110                  Accounting             205                 1700
已选择 11 行。
```

在 EMPLOYEES 数据表中存储了员工信息,在 DEPARTMENTS 数据表中存储了部门信息,但是并不是每个部门下都有员工存在,因此只要获取员工所在的部门编号就可以获取存在员工的部门信息。

子查询返回 EMPLOYEES 表中不重复的部门编号,结果如下:

```
SQL> SELECT distinct department_id FROM employees;
DEPARTMENT_ID
-------------------------------------------------------------
100
30

20
70
```

```
90
110
50
40
80
10
60
```
已选择 12 行。

在子查询返回的结果中还有一个 DEPARTMENT_ID 为空的值，因此为 12 条数据。而在 DEPARTMENTS 表中不存在为空的 DEPARTMENT_ID 值，因此返回 11 条数据。

8.1.5 使用 ANY 操作符实现多行子查询

ANY 操作符必须与单行操作符结合使用，并且返回行只需匹配于子查询的任一个结果即可。

【实践案例 8-5】

在 WHERE 子句中使用 ANY 操作符，查询工资大于部门编号为 110 的任意一个员工工资的员工信息，示例如下：

```
SQL> SELECT employee_id,first_name,last_name,salary FROM employees
  2  WHERE salary > ANY(
  3  SELECT salary FROM employees
  4  WHERE department_id = 110);
EMPLOYEE_ID         FIRST_NAME              LAST_NAME              SALARY
-----------         --------------------    ------------------    ----------------
100                 Steven                  King                   24000
101                 Neena                   Kochhar                17000
102                 Lex                     De Haan                17000
145                 John                    Russell                14000
146                 Karen                   Partners               13500
201                 Michael                 Hartstein              13000
205                 Shelley                 Higgins                12008
108                 Nancy                   Greenberg              12008
147                 Alberto                 Errazuriz              12000
168                 Lisa                    Ozer                   11500
148                 Gerald                  Cambrault              11000
174                 Ellen                   Abel                   11000
114                 Den                     Raphaely               11000
...
177                 Jack                    Livingston             8400
已选择 30 行。
```

在该案例中，首先使用子查询查找部门编号为 110 的所有员工工资，然后在外部查询中查找工资大于这些工资中任意一个工资的员工信息，等价于查找工资大于这些工资最低工资的员工信息。

8.1.6 使用 ALL 操作符实现多行子查询

ALL 操作符必须与单行操作符结合使用，并且返回行必须要匹配于所有子查询结果。

【实践案例 8-6】

在 WHERE 子句中使用 ALL 操作符，查询工资大于部门编号为 110 的所有员工工资的员工信息，等价于查找工资大于这些工资中最高工资的员工信息，示例如下：

```
SQL> SELECT employee_id,first_name,last_name,salary FROM employees
  2  WHERE salary > ALL(
  3  SELECT salary FROM employees
  4  WHERE department_id = 110);
EMPLOYEE_ID        FIRST_NAME              LAST_NAME               SALARY
-----------        --------------------    --------------------    ----------------
201                Michael                 Hartstein               13000
146                Karen                   Partners                13500
145                John                    Russell                 14000
102                Lex                     De Haan                 17000
101                Neena                   Kochhar                 17000
100                Steven                  King                    24000
已选择 6 行。
```

在该案例中，首先使用子查询查找部门编号为 110 的所有员工工资，然后在外部查询中查找工资大于这些工资中所有工资的员工信息，等价于查找工资大于这些工资中最高工资的员工信息。

8.1.7 实现多列子查询

单行子查询是指子查询只返回单列单行数据，多行子查询是指子查询返回单列多行数据，二者都是针对单列而言的。而多列子查询则是指返回多列数据的子查询语句。当多列子查询返回单行数据时，在 WHERE 子句中可以使用单行比较符；当多列子查询返回多行数据时，在 WHERE 子句中必须使用多行比较符（IN，ANY，ALL）。

【实践案例 8-7】

使用子查询返回多列，并使用 IN 操作符实现多列比较，查询每个部门中工资最高的员工信息，示例如下：

```
SQL> SELECT department_id,first_name,last_name,salary FROM employees
  2  WHERE (department_id,salary) IN
  3  (SELECT department_id,max(salary) FROM employees
  4  GROUP BY department_id);
DEPARTMENT_ID      FIRST_NAME         LAST_NAME          SALARY
-------------      ------------------ ------------------ --------  --------------
```

100	Nancy	Greenberg	12008
30	Den	Raphaely	11000
20	Michael	Hartstein	13000
70	Hermann	Baer	10000
90	Steven	King	24000
110	Shelley	Higgins	12008
50	Adam	Fripp	8200
40	Susan	Mavris	6500
80	John	Russell	14000
10	Jennifer	Whalen	4400
60	Alexander	Hunold	9000

已选择 11 行。

上面的例子中，子查询用 GROUP BY 根据部门编号进行分组，查询每个部门和所对应的员工的最低工资，下面执行这个子查询：

```
SQL> SELECT department_id,max(salary) FROM employees
  2  GROUP BY department_id;
DEPARTMENT_ID     MAX(SALARY)
-------------     --------------------------------
100               12008
30                11000
                  7000
20                13000
70                10000
90                24000
110               12008
50                8200
40                6500
80                14000
10                4400
60                9000
已选择 12 行。
```

上面的子查询检索到 12 行，其中有一个部门编号为空。在查询结果中包含了每个部门的编号和最低工资，这些值在外部查询的 WHERE 子句中与每个部门的 DEPARTMENT_ID 和 SALARY 列进行比较，当部门号和工资同时匹配时才显示结果，故显示的结果只有 11 条。

8.1.8 实现嵌套子查询

在子查询内部可以嵌套其他子查询，嵌套层次最多为 255。然而，在编程时应该尽量少使用嵌套子查询的技术，因为使用表连接时，查询的性能可能会更高。

【实践案例 8-8】

使用嵌套子查询，首先获得编号大于 10 的部门信息，然后使用 GROUP BY 子句对部门编号进行分组，获得编号大于 10 的各个部门员工平均工资的最低值，最后获得平均工资大于该值的部门编号及对应的平均工资。示例如下：

```
SQL> SELECT department_id,avg(salary) FROM employees
  2  GROUP BY department_id
  3  HAVING avg(salary) >
  4  (SELECT min(avg(salary)) FROM employees WHERE department_id
  5  IN (SELECT distinct department_id FROM employees WHERE department_id
> 10)
  6  GROUP BY department_id);
DEPARTMENT_ID                 AVG(SALARY)
-------------    ----------------------------------------
100                              8601.33333
30                               4150
                                 7000
20                               9500
70                               10000
90                               19333.3333
110                              10154
40                               6500
80                               8955.88235
10                               4400
60                               5760
已选择 11 行。
```

可以看到，这个例子非常复杂，它包含了 3 个查询：一个嵌套子查询、一个子查询和一个外部查询。现在把这个查询分解为 3 个部分，并检查一下每个部分返回的结果。嵌套子查询如下：

```
SQL> SELECT DISTINCT department_id FROM employees WHERE department_id > 10;
DEPARTMENT_ID
-------------
20
30
40
50
60
70
80
90
100
110
已选择 10 行。
```

下面的查询为根据上述的嵌套子查询所返回的部门号，计算这些部门平均工资的最低值，并返回该值。如下：

```
SQL> SELECT min(avg(salary)) FROM employees
  2 WHERE department_id IN (
  3 20,30,40,50,60,70,80,90,100,110)
  4 GROUP BY department_id;
MIN(AVG(SALARY))
----------------
3475.55556
```

将子查询返回的结果传递给外部查询，外部查询返回平均工资大于 3475.55556 的部门编号和平均工资。整个 SQL 语句等价于下面的语句：

```
SELECT department_id,avg(salary) FROM employees
GROUP BY department_id
HAVING avg(salary) > 3475.55556;
```

上述语句的查询结果与前面整个查询返回的结果相同。

8.1.9   在 UPDATE 语句中使用子查询

当在 UPDATE 语句中使用子查询时，既可以在 WHERE 子句中引用子查询（返回未知条件值），也可以在 SET 子句中使用子查询（修改列数据）。

【实践案例 8-9】

在 SET 子句中使用子查询，将编号为 1 的学生姓名和年龄更改为与编号为 2 的学生姓名、年龄相同。示例如下：

```
SQL> SELECT * FROM student;
ID          NAME               AGE          SEX          ADDRESS
----------  -----------------  -----------  -----------  -------------------------
1           张山               22           男           河北
2           王丽               20           女           河南
SQL> update student set (name,age) = (
  2 SELECT name,age FROM student
  3 WHERE id = 2)
  4 WHERE id = 1;
已更新 1 行。
```

为了检测是否成功地执行了更新操作，再次使用 SELECT 语句查询 STUDENT 表中的学生信息，如下：

```
SQL> SELECT * FROM student;
ID          NAME               AGE          SEX          ADDRESS
----------  -----------------  -----------  -----------  -------------------------
1           王丽               20           男           河北
2           王丽               20           女           河南
```

8.1.10　在 DELETE 语句中使用子查询

在 DELETE 语句中使用子查询时，可以在 WHERE 子句中引用子查询返回条件值。

【实践案例 8-10】

在 DELETE 语句中使用子查询，删除班级名称为三年级二班的所有学生信息，示例如下：

```
SQL> DELETE FROM student
  2 WHERE classes_id = (
  3 SELECT id FROM classes
  4 WHERE name = '三年级二班');
已删除 7 行。
```

8.2　联合语句

联合语句是指对于多个查询所获得的结果集进行集合操作。这些集合操作包括 UNION、UNION ALL、INTERSECT 和 MINUS。这些集合运算都是二元运算，运算结果仍然是一个记录集合。本节将重点讲述这几种联合运算的使用。

8.2.1　使用 UNION 操作符

UNION 操作符用于获取两个结果集的并集，当使用该操作符时，会自动去掉结果集中的重复行，并且会以第一列的数据进行升序排序。

【实践案例 8-11】

假设数据库中存在 A_STUDENT 和 B_STUDENT 表，分别存储了参加 A 培训班和 B 培训班的学生信息。现需要取得参加 A 培训班和 B 培训班的共有多少学生，实际为获取表 A_STUDENT 和表 B_STUDENT 的并集，相应的 SQL 语句如下：

```
SQL> SELECT * FROM a_student
  2 UNION
  3 SELECT * FROM b_student;
ID      NAME        AGE           SE
------  ----------  ------------  ----------------
1       王丽丽      22            女
2       马玲        22            女
2       张芳        22            女
3       马腾        22            男
4       殷国朋      22            男
4       张辉        22            男
已选择 6 行。
```

UNION 用于对 SELECT * FROM a_student 和 SELECT * FROM b_student 所获得的结果集进行并集运算。其中，A_STUDENT 表数据如下：

```
SQL> SELECT * FROM a_student;
ID                 NAME                 AGE            SE
---------- -------------------- ---------- ----------------------
1                  王丽丽               22             女
2                  马玲                 22             女
3                  马腾                 22             男
4                  殷国朋               22             男
```

B_STUDENT 表中的数据如下：

```
SQL> SELECT * FROM b_student;
ID                 NAME             AGE               SE
---------- --------------- ---------------- ----
1                  王丽丽           22                女
2                  张芳             22                女
3                  马腾             22                男
4                  张辉             22                男
```

 注意 UNION 运算的两个结果集必须具有完全相同的列数，并且各列具有相同的数据类型。

8.2.2 使用 UNION ALL 操作符

UNION ALL 运算与 UNION 运算都可看做并集运算。但是 UNION ALL 只是将两个运算结果集进行简单的合并，并不去除其中的重复数据，这是与 UNION 运算的最大区别。

【实践案例 8-12】

使用 UNION ALL 操作符统计共有多少人次参加了培训，并且不去除重复的学生，如下：

```
SQL> SELECT * FROM a_student
  2 UNION ALL1
  3 SELECT * FROM b_student;
ID                 NAME                 AGE            SE
---------- -------------------- ---------- ----------------------
1                  王丽丽               22             女
2                  马玲                 22             女
3                  马腾                 22             男
4                  殷国朋               22             男
1                  王丽丽               22             女
2                  张芳                 22             女
```

| 3 | 马腾 | 22 | 男 |
| 4 | 张辉 | 22 | 男 |

已选择 8 行。

UNION ALL 并不删除重复的记录，因此该 SQL 语句的执行结果为 8 条记录。同时，由于 UNION ALL 操作符不删除重复记录，因此在执行效率上要高于 UNION 操作。因此，当对两个结果集进行确定不会存在重复记录时，应该使用 UNION ALL 操作，以提高效率。

215

8.2.3　使用 INTERSECT 操作符

INTERSECT 操作符用于获取两个结果集的交集。当使用该操作符时，只会显示同时存在于两个结果集中的数据，并且会以第一列进行升序排序。

【实践案例 8-13】

下面使用 INTERSECT 操作符获得既参加培训班 A 又参加了培训班 B 的所有学生信息。即同时存在于 A_STUDENT 和 B_STUDENT 表中的学生记录。相应的 SQL 语句如下：

```
SQL> SELECT * FROM a_student
  2  INTERSECT
  3  SELECT * FROM b_student;
ID         NAME        AGE          SE
---------- ----------- ------------ ----------------------
1          王丽丽       22           女
3          马腾         22           男
```

分析查询结果可知，有 2 名学生既参加了培训班 A，又参加了培训班 B。

8.2.4　使用 MINUS 操作符

MINUS 操作符用于获取两个结果集的差集。该操作符将返回在一个结果集中存在，而在第二个结果集中不存在的记录，并且会以第一列进行升序排序。

【实践案例 8-14】

使用 MINUS 操作符获得参加 A 培训班，但未参加 B 培训班的学生信息。示例如下：

```
SQL> SELECT * FROM a_student
  2  MINUS
  3  SELECT * FROM b_student;
ID         NAME        AGE                  SE
---------- ----------- -------------------- ----------------
2          马玲         22                   女
4          殷国朋       22                   男
```

MINUS 用于获得两个结果集的差集。分析查询结果可知，共有 2 名学生参加了 A 培训班，却未参加 B 培训班。

8.3 连接查询

连接查询是指基于两个或两个以上表或视图的查询。在实际应用中，查询单个表可能无法满足应用程序的实际需求（例如显示员工所在的部门名称以及员工姓名），在这种情况下就需要进行连接查询。

8.3.1 使用等号(=)实现多个表的简单连接

连接查询实际上是通过各个表之间共同列的关联性来查询数据的，它是关系数据库查询最主要的特征。简单连接使用逗号将两个或多个表进行连接，这也是最简单、最常用的多表查询形式。

简单连接是指使用相等比较符（=）指定连接条件的连接查询，这种连接查询主要用于检索主从表之间的相关数据。使用自然连接的语法如下：

```
SEELCT table1.column,table2.column FROM table1,table2
WHERE table1.column1=table2.column2;
```

【实践案例 8-15】

使用自然连接的方式，查看员工的工号、姓名及所在部门名称信息，具体的执行过程如下：

```
SQL> SELECT emp.employee_id,emp.first_name,emp.last_name,
dept.department_name
  2  FROM employees emp,departments dept
  3  WHERE emp.department_id = dept.department_id;
EMPLOYEE_ID    FIRST_NAME      LAST_NAME        DEPARTMENT_NAME
-----------    --------------  --------------   ----------------------------
200            Jennifer        Whalen           Administration
201            Michael         Hartstein        Marketing
202            Pat             Fay              Marketing
114            Den             Raphaely         Purchasing
119            Karen           Colmenares       Purchasing
115            Alexander       Khoo             Purchasing
...
205            Shelley         Higgins          Accounting
已选择106行。
```

 注意 如果列别名有大小写之分，并包含特殊字符或空格，那么这样的别名必须要用双引号引住。

8.3.2　使用 INNER JOIN 实现多个表的内连接

内连接与使用等号（=）连接相似，用于返回满足连接条件的记录，其语法格式如下：

```
SELECT table1.column,table2.column FROM table1
[INNER] JOIN table2
On table1.column1=table2.column2;
```

其中：

❑ **INNER JOIN**　表示内连接。

❑ **ON**　用于指定连接条件。

【实践案例 8-16】

使用内连接方式查询每个员工的工号、姓名和所在部门名称等信息，示例如下：

```
SQL> SELECT emp.employee_id,emp.first_name,emp.last_name,dept.
department_name
  2  FROM employees emp
  3  INNER JOIN departments dept
  4  ON
  5  emp.department_id = dept.department_id;
EMPLOYEE_ID    FIRST_NAME         LAST_NAME        DEPARTMENT_NAME
-----------    ---------------    --------------   -----------------------------
200            Jennifer           Whalen           Administration
201            Michael            Hartstein        Marketing
202            Pat                Fay              Marketing
114            Den                Raphaely         Purchasing
119            Karen              Colmenares       Purchasing
...
205            Shelley            Higgins          Accounting
已选择 106 行。
```

 默认情况下，在执行连接查询时如果没有指定任何连接操作符，那么这些
连接查询都属于内连接。

8.3.3　使用 OUTER JOIN 实现多个表的外连接

内连接所指定的两个数据源，处于平等的地位。而外连接不同，外连接总是以一个数
据源为基础，将另外一个数据源与之进行条件匹配。即使条件不匹配，基础数据源中的数
据总是出现在结果集中。外连接根据基础数据源的位置不同，可以分为两种连接方式——
左外连接和右外连接。

1. 左外连接

左外连接不仅会返回连接表中满足连接条件的所有记录，而且还会返回不满足连接条件的连接操作符左边表的其他行。其语法格式如下：

```
SELECT table1.column,table2.column FROM table1
LEFT OUTER JOIN table2
ON table1.column1=table2.column2;
```

【实践案例 8-17】

在 EMPLOYEES 表中并未包含所有的部门信息，这就意味着很多部门都还没有员工存在。下面使用左外连接的方式，查询每个部门的员工情况，如下：

```
SQL> SELECT dept.department_id,dept.department_name,emp.employee_id,
emp.first_name
  2  FROM departments dept
  3  LEFT OUTER JOIN employees emp
  4  ON
  5  dept.department_id = emp.department_id;
```

DEPARTMENT_ID	DEPARTMENT_NAME	EMPLOYEE_ID	FIRST_NAME
10	Administration	200	Jennifer
20	Marketing	201	Michael
20	Marketing	202	Pat
30	Purchasing	114	Den
30	Purchasing	119	Karen
30	Purchasing	115	Alexander
30	Purchasing	116	Shelli
...			
120	Treasury		
130	Corporate Tax		
140	Control And Credit		
150	Shareholder Services		
160	Benefits		
170	Manufacturing		
180	Construction		
190	Contracting		
200	Operations		
210	IT Support		
220	NOC		
230	IT Helpdesk		
240	Government Sales		
250	Retail Sales		
260	Recruiting		

```
270                      Payroll
已选择122 行。
```

在本实例中，EMPLOYEES 和 DEPARTMENTS 两个表为数据源，其中左表为
DEPARTMENTS、右表为 EMPLOYEES，即表明以左表 DEPARTMENTS 为基础表，
dept.department_id = emp.department_id 为连接条件，查询每个部门下的员工信息，如果该
部门还未有员工存在，则员工信息用 NULL 填充。

2. 右外连接

右外连接不仅会返回满足连接条件的所有记录，而且还会返回不满足连接条件的连接
操作符右边表的其他行。其语法格式如下：

```
SELECT table1.column,table2.column FROM table1
RIGHT OUTER JOIN table2
ON table1.column1=table2.column2;
```

【实践案例 8-18】

修改左外连接的例子，使用右外连接的连接方式实现同样的功能，即获得每个部门的
员工情况，SQL 语句如下：

```
SELECT dept.department_id,dept.department_name,emp.employee_id,emp.
first_name
FROM employees emp
RIGHT OUTER JOIN departments dept
ON
emp.department_id = dept.department_id;
```

right outer join 将表 EMPLOYEES 与表 DEPARTMENTS 进行关联，但是基础表为
DEPARTMENTS，故与左外连接的查询结果相同。

3. 外连接的简略写法

Oracle 提供了外连接的简略写法，即在 WHERE 子句中将附属数据源的列使用加号(+)
进行标识，从而省略 LEFT OUTER JOIN 或者 RIGHT OUTER JOIN 及 ON 关键字。

【实践案例 8-19】

使用简略方式修改左外连接的示例，相应的 SQL 语句及执行结果如下：

```
SQL> SELECT dept.department_id,dept.department_name,emp.employee_id,
emp.first_name
  2  FROM departments dept,employees emp
  3  WHERE dept.department_id = emp.department_id(+);
DEPARTMENT_ID    DEPARTMENT_NAME         EMPLOYEE_ID    FIRST_NAME
-------------    --------------------    -----------    -------------
        10       Administration              200        Jennifer
        20       Marketing                   201        Michael
```

```
20                    Marketing              202             Pat
30                    Purchasing             114             Den
30                    Purchasing             119             Karen
30                    Purchasing             115             Alexander
30                    Purchasing             116             Shelli
...
120                   Treasury
130                   Corporate Tax
140                   Control And Credit
150                   Shareholder Services
160                   Benefits
170                   Manufacturing
180                   Construction
190                   Contracting
200                   Operations
210                   IT Support
220                   NOC
230                   IT Helpdesk
240                   Government Sales
250                   Retail Sales
260                   Recruiting
270                   Payroll
已选择 122 行。
```

本案例中的 WHERE dept.department_id = emp.department_id(+)表示表 EMPLOYEES 为附属表，而表 DEPARTMENTS 为基础表。

8.4　项目案例：获取各个部门中工资最高的员工信息

在本节之前，已经详细介绍了子查询在各个子句中的应用，以及连接查询的具体使用。本节将综合使用这些知识点，求得各个部门中工资最高的员工信息。

【实例分析】

编写 SQL 语句，在内连接的 SELECT 语句中使用子查询，获取各个部门中工资最高的员工信息，示例如下：

```
SQL> SELECT emp.first_name,emp.salary,t.department_id FROM employees emp
  2   INNER JOIN
  3   (SELECT max(salary) max_sal,department_id FROM employees
  4   GROUP BY department_id) t
  5  ON
  6   (emp.salary = t.max_sal AND emp.department_id = t.department_id);
FIRST_NAME           SALARY         DEPARTMENT_ID
------------- -------- --------- ---------------------------
```

Nancy	12008	100
Den	11000	30
Michael	13000	20
Hermann	10000	70
Steven	24000	90
Shelley	12008	110
Adam	8200	50
Susan	6500	40
John	14000	80
Jennifer	4400	10
Alexander	9000	60

已选择 11 行。

在本案例中，使用了 INNER JOIN 实现了多个表的内连接查询，其中一个表为EMPLOYEES，而另一个表则为子查询的结果集，该子查询的执行结果如下：

```
SQL> SELECT max(salary) max_sal,department_id FROM employees
  2  GROUP BY department_id;
MAX_SAL            DEPARTMENT_ID
----------         -------------------------
12008              100
11000              30
7000
13000              20
10000              70
24000              90
12008              110
8200               50
6500               40
14000              80
4400               10
9000               60
已选择 12 行。
```

该结果集将作为内连接（INNER JOIN）的数据源之一，并命名为 t。根据内连接的连接条件——emp.salary = t.max_sal and emp.department_id = t.department_id，从而获得各个部门工资最高的员工信息。

8.5 习题

一、填空题

1. 下列语句使用了_____子查询。

```
SQL> SELECT department_id,job_id,avg(salary) FROM employees
  2  GROUP BY department_id,job_id
  3  HAVING avg(salary)>(
  4  SELECT salary FROM employees WHERE employee_id = 110);
```

2. 当在_____子句中使用子查询时，该子查询的返回结果将会被作为视图对待，因此也称为内嵌视图。

3. _____操作符必须与单行操作符结合使用，并且返回行只需匹配于子查询的任一个结果即可。

4. _____操作符用于获取两个结果集的差集。该操作符将返回在一个结果集中存在，而在第二个结果集中不存在的记录，并且会以第一列进行升序排序。

二、选择题

1. 如果要对数据库中的数据进行操作，下列选项中_____表示 Oracle 中 SELECT 语句的功能，并且不需要使用子查询。

    A. 可以使用 SELECT 语句更新 Oracle 中的数据

    B. 可以使用 SELECT 语句删除 Oracle 中的数据

    C. 可以使用 SELECT 语句和另一个表的内容生成一个表

    D. 上述选项均可选

2. 根据 PRODUCT_NAME 列从 PRODUCT 表中查询过滤返回的数据，可以使用_____子句进行过滤。

    A. SELECT

    B. WHERE

    C. FROM

    D. HAVING

3. 要从 ORDERS 表中取得数据，其中包括三个列：CUSTOMER、ORDER_DATE 与 ORDER_AMT，那么，_____语句可获取客户 LESLIS 超过 2700 的订单。

    A.

```
WHERE customer = 'LESLIS';
```

    B.

```
WHERE customer = 'LESLIS' and order_amt < 2700;
```

    C.

```
WHERE customer = 'LESLIS' or order_amt > 2700;
```

    D.

```
WHERE customer ='LESLIS' and order_amt > 2700;
```

4. 对于外连接的描述，下列_____选项正确描述了外连接语句。

A. 由于外连接操作允许一个表中有 NULL 值，因此连接这些表时不必指定相等性比较

B. 在表 A 与表 B 的外连接语句中，如果不管表 B 有无相应记录，都要显示表 A 的所有行，则只能使用右外连接

C. 在表 A 与表 B 的外连接语句中，如果不管表 A 有无相应记录，都要显示表 B 的所有行，则只能使用左外连接

D. 尽管外连接操作允许一个表中有 NULL 值，但连接这些表时仍要指定相等性比较

5. 公司的员工费用应用程序有两个表：一个是 EMP 表，包含所有员工信息；另一个是 EXPENSE 表，包含公司每个员工提交的费用票据。下列_____查询取得提交的费用总和超过其工资值的员工 ID 与姓名。

A.

```
SELECT emp.empno,emp.ename FROM emp
WHERE emp.sal < (
SELECT sum(x.vouch_amt) FROM expense x)
AND x.empno = emp.empno;
```

B.

```
SELECT emp.empno,emp.ename FROM emp
WHERE emp.sal < (
SELECT x.vouch_amt FROM expense x)
AND x.empno = emp.empno;
```

C.

```
SELECT emp.empno,emp.ename FROM emp
WHERE emp.sal < (
SELECT sum(x.vouch_amt) FROM expense x
WHERE x.empno = emp.empno);
```

D.

```
SELECT emp.empno,emp.ename FROM emp
WHERE exists (
SELECT sum(x.vouch_amt) FROM expense x
WHERE x.empno = emp.empno);
```

6. _____操作符用于获取两个结果集的并集，当使用该操作符时，会自动去掉结果集中的重复行，并且会以第一列的数据进行升序排序。

A. INTERSECT

B. UNION

C. UNION ALL

D. MINUS

三、上机练习

1. 求工资最高的第六位到第十位的员工姓名和工资信息

在 FROM 子句中使用子查询获取按工资降序排列后的员工姓名和工资，并将 ROWNUM 作为查询结果中的一列。将获取的排序后的员工信息作为视图，在 WHERE 子句中使用 ROWNUM 来过滤第六位到第十位的员工信息，从而输出过滤后的结果。输出的结果如下：

```
FIRST_NAME               SALARY
--------------------    ------------------------------------
Michael                  13000
Shelley                  12008
Nancy                    12008
Alberto                  12000
Lisa                     11500
```

8.6   实践疑难解答

8.6.1   出现 ORA-01427 的错误问题

出现 ORA-01427 的错误问题

网络课堂：http://bbs.itzcn.com/thread-19271-1-1.html

【问题描述】：刚接触 Oracle，今天执行一段 SQL 语句，提示如下错误：

```
SQL> SELECT department_id,job_id,avg(salary) FROM employees
  2   GROUP BY department_id,job_id
  3   HAVING avg(salary)>(
  4   SELECT salary FROM employees WHERE first_name = 'John');
SELECT salary FROM employees WHERE first_name = 'John')
*
第 4 行出现错误:
ORA-01427: 单行子查询返回多个行
```

提示的意思是说子查询返回的是多条记录吗？应该如何与外部查询中的字段进行匹配呢？

【解决办法】：在 Oracle 中，返回多行数据的子查询语句被称为多行子查询。当子查询返回的是多行数据时，必须要使用多行运算符（IN、ALL、ANY），而你却使用了单行运算符（>），因此会出现这样的错误提示信息。解决此问题的办法有两个：

（1）将 SQL 语句中的单行运算符（>）修改为多行运算符（IN、ALL、ANY 中的任意一个），这里需要注意的是：ALL 和 ANY 操作符不能单独使用，而只能与单行操作符（=,>, <, >=, <=, <>）结合使用。

（2）修改 SQL 语句中的子查询为单行子查询，返回单个值。

8.6.2 如果子查询返回多列怎么办

如果子查询返回多列怎么办

网络课堂：http://bbs.itzcn.com/thread-19272-1-1.html

【问题描述】：当子查询返回单行单列时，可以使用 WHERE、HAVING 子句将外部查询中的列值与子查询返回的列值进行比较；当子查询返回多行单列时，可以使用 IN、NOT IN、ANY、ALL 操作符将外部查询中的列值与参与比较的集合中的元素进行一一比较。那么当子查询返回多列时，该怎么办？Oracle 也同样提供了操作符来用于多列比较吗？

【正确答案】：如果子查询返回多列，则对应的比较条件也应该出现多列，这种查询称为多列子查询，并不需要使用特定的操作符。例如查询职位和工作部门与 SCOTT 员工相同的员工信息：

```
SQL> SELECT empno 员工编号,ename 姓名,sal 工资,job 职位
  2 FROM emp
  3 WHERE (deptno,job)=(SELECT deptno,job FROM emp WHERE ename='SCOTT');

员工编号     姓名                    工资      职位
---------- ---------- ---------- -----------
      7788     SCOTT                 3000      ANALYST
      7902     FORD                  3000      ANALYST
```

这里需要说明的是：在该例的子查询中返回两列，查询条件中也要出现两列，表示员工的职位和所在部门应该与姓名为 SCOTT 的员工职位和部门相同。

8.6.3 IN 和 EXISTS 之间的区别及用法

IN 和 EXISTS 之间的区别及用法

网络课堂：http://bbs.itzcn.com/thread-19273-1-1.html

【问题描述】：下面例子使用了 NOT EXISTS 操作符，检索最高领导人员的有关信息，也就是该员工没有上级领导，对应的 mgr 列的值为 NULL。如下：

```
SQL> SELECT empno , ename ,sal , mgr FROM scott.emp outer
  2 WHERE NOT EXISTS(
  3 SELECT 1 FROM scott.emp inner
  4 WHERE inner.mgr = outer.mgr);
    EMPNO   ENAME             SAL          MGR
---------- -------- --------- ----------
      7839   KING             5000
```

然后我又使用了 NOT IN 操作符重写了上述语句，如下：

```
SQL> SELECT empno , ename , sal , mgr FROM scott.emp
  2  WHERE mgr NOT IN (
  3  SELECT mgr FROM scott.emp );
未选定行
```

为什么这两种不同的查询方式查询出来的结果是不一样的,我自认为 EXISTS 与 IN 操作符之间是可以互换的,它们之间的区别在哪里?

【正确答案】:EXISTS 的用法与 IN 不一样,EXISTS 用于检测行的存在,当 EXISTS 中的子查询存在结果时则返回 TRUE,否则返回 FALSE,NOT EXISTS 则相反。IN 用于确定指定的值是否与子查询或列表中的值相匹配。

EXISTS 之后的子查询被称为相关子查询,它是不返回列表的值的,只是返回一个 TRUE 或 FALSE 的结果,其运行方式是先运行主查询一次,再去子查询中匹配与其对应的结果,如果返回的结果为 TRUE 则输出,否则不输出。然后再根据主查询中的每一行去子查询中进行匹配。

IN 之后的子查询是返回结果集的,换句话说执行次序和 EXISTS 是不一样的,子查询先产生结果集,然后主查询再去结果集中匹配复合要求的字段列表,相匹配的输出,否则不输出。

EXISTS 之后的子查询不返回值,只是起到一个验证的作用,而 IN 之后的子查询返回的是值。

下面通过几个例子来说明 EXISTS 与 IN 之间的区别与用法。

(1)使用 EXISTS 替代 IN。在许多基于基础表的查询中,为了满足一个条件,往往需要对另一个表进行连接。在这种情况下,使用 EXISTS(或 NOT EXISTS)通常将提高查询的效率。

```
低效:
SQL> SELECT *
  2  FROM emp
  3  WHERE empno > 0
  4  AND deptno in (SELECT deptno
  5  FROM dept
  6  WHERE loc = 'MELB');
高效:
SQL>  SELECT *
  2   FROM emp
  3   WHERE empno> 0
  4   AND EXISTS (SELECT 'X'
  5  FROM dept
  6  WHERE dept.deptno = emp.deptno
  7  AND loc = 'MELB');
```

(2)用 NOT EXISTS 替代 NOT IN。在子查询中,NOT IN 子句将执行一个内部的排序和合并。无论在哪种情况下,NOT IN 都是最低效的(因为它对子查询中的表执行了一个全表遍历)。为了避免使用 NOT IN,我们可以把它改写成外连接(Outer Joins)或 NOT

EXISTS。例如：

```
低效：
SQL> SELECT *
  2  FROM emp
  3  WHERE deptno NOT IN (SELECT deptno FROM dept
  4  WHERE dname = 'SALES');
高效：
SQL> SELECT * FROM emp
  2  WHERE NOT EXISTS(
  3  SELECT 'X' FROM dept
  4  WHERE dept.deptno= emp.deptno AMD dname = 'SALES');
```

8.6.4 嵌套、连接和简单查询分别适用于什么情况

嵌套、连接和简单查询分别适用于什么情况

网络课堂：http://bbs.itzcn.com/thread-19274-1-1.html

【问题描述】：刚接触 Oracle 数据库，对知识掌握的比较模糊。今天我编写了一条 SQL 语句，发现使用嵌套查询和连接查询都可以获取我想要的数据，并且查询出的结果数据是一模一样的。我想问一下：嵌套查询、连接查询和简单查询分别适用于什么情况？它们之间有什么区别？

【解决办法】：这个就要具体问题具体分析了，以我的观点来看，必须要自己在实际的 SQL 练习或者项目中去体会，没有固定要用什么方式。初学者实现就行，但是数据库管理员要做的更多的是考虑效率问题。

总的来说查询都是简单为好，复杂的嵌套查询会影响效率，基本就是用 "SELECT * FROM table_name WHERE 条件" 这样的简单查询就好。而嵌套查询和连接查询都需要视情况而定，比如我要写一个查询表 1 与表 2 中 ID 对应，并且表 2 其中一个字段 SCORE 值大于 60 的记录，可以使用嵌套查询：

```
SELECT * FROM table1
WHERE id IN (SELECT id FROM table2 WHERE score>60);
```

同样我们还可以使用简单的连接查询：

```
SELECT * FROM table1 a,table2 b
WHERE a.id=b.id AND b.score>60;
```

第9章

PL/SQL 基础

PL/SQL 是一种高级数据库程序设计语言，该语言专门用于在各种环境下对 Oracle 数据库进行访问。由于该语言集成于数据库服务器中，所以 PL/SQL 代码可以对数据进行快速高效的处理。除此之外，可以在 Oracle 数据库的某些客户端工具中使用 PL/SQL 语言，这也是 Oracle 的一个特点。

本章首先简单讲述了 PL/SQL 语言的必要性和特点，然后详细讲述了 PL/SQL 的编程结构以及流程控制语句，最后介绍了游标的使用和异常处理。通过本章的学习，可以对 PL/SQL 编程有初步的认识。

本章学习要点：

➢ 掌握 PL/SQL 语言的特点和编写规范

➢ 熟练掌握 PL/SQL 中变量和常量的使用

➢ 熟练掌握条件分支语句的使用

➢ 熟练掌握循环语句的使用

➢ 掌握 PL/SQL 中各种类型游标的使用

➢ 熟悉 Oracle 中常见的异常处理

9.1 PL/SQL 概述

PL/SQL 是 Procedure Language/Structuer Query Language 的英文缩写，是 Oracle 对标准 SQL 规范的扩展，全面支持 SQL 的数据操作、事务控制等。PL/SQL 完全支持 SQL 数据类型，减少了在应用程序和数据库之间转换数据的操作。本节主要介绍 PL/SQL 的语言特点及编写规则，对 PL/SQL 进行初步认识。

9.1.1 PL/SQL 语言特点

PL/SQL 是 Oracle 系统的核心语言。使用 PL/SQL 可以编写具有很多高级功能的程序，虽然通过多个 SQL 语句可能也会实现同样的功能，但是相比而言，PL/SQL 具有更为明显的一些特点：

❑ 能够使一组 SQL 语句的功能更具模块化程序特点。

❑ 采用了过程性语言控制程序的结构。

❑ 可以对程序中的错误进行自动处理，使程序能够在遇到错误的时候不会被中断。

❑ 具有较好的可移植性，可以移植到另一个 Oracle 数据库中。

❑ 集成在数据库中，调用更快捷。

❑ 减少了网络的交互，有助于提高程序性能。

通过多条 SQL 语句实现功能时，每条语句都需要在客户端和服务端传递，而且每条语句的执行结果也需要在网络中进行交互，占用了大量的网络带宽，消耗了大量网络传递的时间，而在网络中传输的那些结果，往往都是中间结果，而不是我们所关心的。

而使用 PL/SQL 程序是因为程序代码存储在数据库中，程序的分析和执行完全在数据库内部进行，用户所需要做的就是在客户端发出调用 PL/SQL 的执行命令，数据库接收到执行命令后，在数据库内部完成整个 PL/SQL 程序的执行，并将最终的执行结果反馈给用户。在整个过程中网络里只传输了很少的数据，减少了网络传输占用的时间，所以整体程序的执行性能会有明显的提高。

9.1.2 PL/SQL 的基本语法

为了编写正确、高效的 PL/SQL 块，PL/SQL 应用开发人员必须遵从特定的 PL/SQL 代码编写规则，否则会导致编译错误或运行错误。在编写 PL/SQL 代码时，应该遵从以下一些规则。

1. PL/SQL 语句

PL/SQL 是 Oracle 系统的核心语言，在 PL/SQL 中可以使用的 SQL 语句有：INSERT、UPDATE、DELETE、SELECT INTO、COMMIT、ROLLBACK 和 SAVEPOINT。在编写 PL/SQL 语句时应当遵循以下规则：

❑ 语句可以写成多行，如 SQL 语句一样。

❑ 各个关键字、字段名称等，通过空格分隔。

❑ 每条语句必须以分号结束，包括 PL/SQL 结束部分的 END 关键字后面也需要使用分号结束。

2. 变量

PL/SQL 程序设计中的变量定义与 SQL 的变量定义要求相同，如下：

❑ 变量名不能超过 30 个字符。

❑ 第一个字符必须为字母。

❑ 不分大小写。

❑ 不能用减号（-）。

❑ 不能是 SQL 关键字。

一般不要将变量名声明与表中字段名完全相同，这样可能会得到不正确的结果。

在 PL/SQL 中变量命名有特殊的规定，建议在系统的设计阶段就要求所有编程人员共同遵守一定的要求，使得整个系统的文档在规范上达到要求，如表 9-1 所示。

表 9-1　变量的命名规范

变量种类	命名规范	例子
程序变量	以 v_作为前缀	v_name
程序常量	以 c_作为前缀	c_name
游标变量	以 _cursor 作为后缀	emp_cursor
异常标识	以 e_作为前缀	e_too_many
表类型	以 _table_type 作为后缀	emp_table_type
表变量	以 _table 作为后缀	emp_table
记录变量	以 _record 作为后缀	emp_record
SQL*Plus 替代变量	以 p_作为前缀	p_emp
绑定变量	以 g_作为前缀	g_emp

3. 注释

注释用于解释单行代码或多行代码的作用，从而提高 PL/SQL 程序的可读性。当编译并执行 PL/SQL 代码时，PL/SQL 编译器会忽略注释。注释又包括单行注释和多行注释。

❑ **单行注释**

单行注释是指放置在一行上的注释文本，并且单行注释主要用于说明单行代码的作用。在 PL/SQL 中使用--符号编写单行注释，示例如下：

```
SELECT sal INTO v_sal FROM emp  --取得员工工资
WHERE empno=7788;
```

❑ **多行注释**

多行注释是指分布到多行上的注释文本，并且其主要作用是说明一段代码的作用。在 PL/SQL 中使用/*...*/来编写多行注释，示例如下：

```
SQL> SET SERVEROUTPUT ON
SQL> DECLARE
  2    v_sal emp.sal%TYPE;
  3  BEGIN
  4  /*
  5  以下代码用于取得雇员工资
  6  */
  7    SELECT sal INTO v_sal FROM emp
  8      WHERE empno=7788;
  9    DBMS_OUTPUT.PUT_LINE(v_sal);
 10  END;
 11  /
3000
PL/SQL 过程已成功完成。
```

9.2   PL/SQL 编程结构

PL/SQL 为模块化的 SQL 语言，用于从各种环境中访问 Oracle 数据库。它具备了许多 SQL 中所没有的过程化属性方面的特点。

本节将详细介绍 PL/SQL 的编程结构，包括基本语言块、数据类型、变量的定义、运算符等。

9.2.1   基本语言块

PL/SQL 的基本单位是"块"，所有的 PL/SQL 程序都是由一个或多个 PL/SQL 块构成的，这些块可以相互进行嵌套。通常一个块完成程序的一个单元的工作。一个基本的块由三个部分组成，如下：

```
[DECLARE
...  --声明部分]
BEGIN
...  --执行部分
[EXCEPTION
...  --异常处理部分]
END;
/
```

其中：

❑ **声明部分**   主要用于声明变量、常量、数据类型、游标、异常处理名称以及局部子程序定义等。包含了变量和常量的数据类型和初始值。这个部分是由关键字 DECLARE 开始的。

❑ **执行部分**   执行部分是 PL/SQL 块的功能实现部分。该部分通过变量赋值、流程控制、数据查询、数据操纵、数据定义、事务控制、游标处理等实现块的功能。由关键字 BEGIN 开始。

❑ **异常处理部分**   在这一部分中处理异常或错误。

❑ **/**   PL/SQL 程序块需要使用正斜杠（/）结尾，才能被执行。

对于 PL/SQL 基本语言块，应该注意以下几点：

❑ 执行部分是必需的，而声明部分和异常部分是可选的。

❑ 可以在一个块的执行部分或异常处理部分嵌套其他的 PL/SQL 块。

❑ 每一个 PL/SQL 块都是由 BEGIN 或 DECLARE 开始，以 END 结束。

❑ PL/SQL 块中的每一条语句都必须以分号结束，SQL 语句可以是多行的，但分号表示该语句的结束。一行中可以有多条 SQL 语句，它们之间以分号分隔。

下面以一个示例说明 PL/SQL 块各部分的作用。示例如下：

```
SQL> SET SERVEROUTPUT ON
SQL>  DECLARE
  2   var1 NUMBER;                    --定义变量
  3   BEGIN
  4   var1:=100+200;                  --为变量赋值
  5   DBMS_OUTPUT.PUT_LINE('100+200='||var1); --输出变量
  6   EXCEPTION                       --异常处理
  7   WHEN OTHERS THEN
  8   DBMS_OUTPUT.PUT_LINE('出现异常');
  9   END;
 10   /
100+200=300
PL/SQL 过程已成功完成。
```

其中，DBMS_OUTPUT 是 Oracle 所提供的系统包，PUT_LINE 是该包所包含的过程，用于输出字符串信息。当使用 DBMS_OUTPUT 包输出数据或消息时，必须要将 SQL*Plus 的环境变量 SERVEROUTPUT 设置为 ON。

9.2.2 PL/SQL 数据类型

对于 PL/SQL 程序来说，它的常量和变量的数据类型，除了可以使用与 SQL 相同的数据类型以外，Oracle 还专门为 PL/SQL 程序块提供了表 9-2 所示的特定类型。

表 9-2 PL/SQL 数据类型

类型	说明
BOOLEAN	布尔型。取值为 TRUE、FALSE 或 NULL
BINARY_INTEGER	带符号整数，取值范围为$-2^{31} \sim 2^{31}$
NATURAL	BINARY_INTEGER 的子类型，表示非负整数
NATURALN	BINARY_INTEGER 的子类型，表示不为 NULL 的非负整数
POSITIVE	BINARY_INTEGER 的子类型，表示正整数
POSITIVEN	BINARY_INTEGER 的子类型，表示不为 NULL 的正整数
SIGNTYPE	BINARY_INTEGER 的子类型，取值为-1、0 或 1
PLS_INTEGER	PLS_INTEGER 是专为 PL/SQL 程序使用的数据类型，它不可以在创建表的列中使用，PLS_INTEGER 数据类型表示一个有符号整数，表示的范围为-2^{31} 到 2^{31}。PLS_INTEGER 具有比 NUMBER 变量更小的表示范围，因此会占用更少的内存。PLS_INTEGER 能够更有效地利用 CPU，因此其运算可以比 NUMBER 和 BINARY_INTEGER 更快
SIMPLE_INTEGER	Oracle Database 11g 的新增类型。它是 BINARY_INTEGER 的子类型，其取值范围与 BINARY_INTEGER 相同，但不能存储 NULL 值。当使用 SIMPLE_INTEGER 值时，如果算法发生溢出，不会触发异常，只会简单地截断结果
STRING	与 VARCHAR2 相同
RECORD	一组其他类型的组合
REF CURSOR	指向一个行集的指针

9.2.3 变量和常量

与其他编程语言一样，Oracle 也提供了相应的变量、常量的定义和使用。本节将具体讲述 Oracle 中的变量和常量的应用。

1. 变量

在 PL/SQL 程序中，最常用的变量是标量变量。当使用变量时需要定义变量，其语法如下：

```
variable_name data_type [ [ NOT NULL ] { := | DEFAULT } value ] ;
```

上述语法中的各个参数说明如下：

❑ **variable_name** 表示定义变量的名称。

❑ **NOT NULL** 表示可以对变量定义非空约束。如果使用了此选项，则必须为该变量赋非空的初始值，并且不允许在程序其他部分将其值修改为 NULL。

【实践案例 9-1】

例如，定义一个变量 v_num，并为其赋值为 100，示例代码如下：

```
SQL> SET SERVEROUTPUT ON
SQL> DECLARE
  2    v_num NUMBER(4);
  3  BEGIN
  4    v_num:=100;
  5    DBMS_OUTPUT.PUT_LINE('变量值为: '||v_num);
  6  END;
  7  /
变量值为: 100
PL/SQL 过程已成功完成。
```

在该案例中，定义了一个类型为 NUMBER 的变量 v_num，并赋值为 100。然后使用 DBMS_OUTPUT.PUT_LINE 过程输出 v_num 变量的值。

2. 常量

定义常量时需要使用 CONSTANT 关键字，并且必须在声明时就为该常量赋值，而且在程序其他部分不能修改该常量的值。定义常量的语法格式如下：

```
constant_name CONSTANT data_type { := | DEFAULT } value ;
```

上述语法中的各个参数说明如下：

❑ **constant_name** 表示常量的名称。

❑ **data_type** 表示常量的数据类型。

❑ **:=|DEFAULT** 表示为常量赋值，其中:=为赋值操作符。

【实践案例 9-2】

定义一个常量 c_num，并为其赋值为 500。示例代码如下：

```
SQL>  SET SERVEROUTPUT ON
SQL>  DECLARE
  2      c_num CONSTANT NUMBER(4):=500;
  3  BEGIN
  4      DBMS_OUTPUT.PUT_LINE('常量值为: '||c_num);
  5  END;
  6  /
常量值为: 500
PL/SQL 过程已成功完成。
```

在该案例中，定义了一个类型为 NUMBER 的常量 c_num，并在声明时为其赋值为 500，即表明该值在程序的其他部分是不能修改的。

 注意 PL/SQL 程序块中的赋值符号是冒号等号（:=），而不是常见的等号（=），并且在书写时不要将冒号与等号分开，也就是说两者之间不能存在空格。

9.2.4 复合数据类型

复合变量与标量变量相对应，相对于标量变量，它可以将不同数据类型的多个值存储在一个单元中。当定义复合变量时，必须使用 PL/SQL 复合数据类型，常用的复合数据类型主要有 3 种，分别是：%TYPE 类型、自定义记录类型以及%ROWTYPE 类型。

1. %TYPE 类型

定义一个变量时，其数据类型与已经定义的某个数据变量的类型相同，或者与数据库表的某个列的数据类型相同，这时可以使用%TYPE，如下：

```
DECLARE
var_name emp.ename%type;
```

在上述代码中，如果 emp 表中 ename 列的数据类型为 VARCHAR2(10)，那么变量 var_name 的数据类型就为 VARCHAR2(10)。

【实践案例 9-3】

使用%TYPE 关键字声明变量类型 v_id 和 v_name，并从 STUDENT 表中查询符合条件的学生序号和姓名。如下：

```
SQL>  SET SERVEROUTPUT ON
SQL>  DECLARE
  2    v_id student.id%type;
  3    v_name student.name%type;
  4    BEGIN
  5    SELECT id,name INTO v_id,v_name
```

```
 6    FROM student WHERE id = 2;
 7   DBMS_OUTPUT.PUT_LINE('学号为: '||v_id);
 8   DBMS_OUTPUT.PUT_LINE('姓名为: '||v_name);
 9   END;
10   /
学号为: 2
姓名为: 王丽
PL/SQL 过程已成功完成。
```

2. 记录类型

记录类型是将逻辑相关的数据作为一个单元存储起来，它必须包括至少一个标量型或 RECORD 数据类型的成员。当使用记录类型的变量时，首先需要定义记录的结构，然后才可以声明记录类型的变量。定义记录数据类型时必须使用 TYPE 语句，在该语句中指出将在记录中包含的字段以及数据类型。定义记录数据类型的语法格式如下：

```
TYPE record_name IS RECORD(
field1_name data_type [not null] [:=default_value],
...
fieldn_name data_type [not null] [:=default_value]);
```

上述语法格式中的各个参数说明如下：

❑ **record_name**　表示自定义的记录数据类型名称，例如 NUMBER。

❑ **field1_name**　表示记录数据类型中的字段名。

❑ **data_type**　为该字段的数据类型。

【实践案例 9-4】

定义一个名称为 my_type 的记录类型，该记录类型由整数型的 v_id 和字符串型的 v_name 变量组成，其变量名为 my_var，代码如下：

```
SQL>  SET SERVEROUTPUT ON
SQL>  DECLARE
 2    TYPE my_type IS RECORD(
 3    v_id NUMBER,
 4    v_name VARCHAR2(50));
 5   my_var my_type;
 6   BEGIN
 7   SELECT id,name INTO my_var
 8   FROM student WHERE id = 2;
 9   DBMS_OUTPUT.PUT_LINE('学号为: '||my_var.v_id);
10   DBMS_OUTPUT.PUT_LINE('姓名为: '||my_var.v_name);
11   END;
12   /
学号为: 2
姓名为: 王丽
PL/SQL 过程已成功完成。
```

> **提示**　引用记录类型变量的方法是"记录变量名.字段名"。

3. %ROWTYPE 类型

在 PL/SQL 中提供的%ROWTYPE 类型可以根据数据表中行的结构定义数据类型，并存储数据表中检索到的一行数据。例如：

```
SQL> SET SERVEROUTPUT ON
SQL> DECLARE
  2  row_stu student%rowtype;
  3  BEGIN
  4  SELECT * INTO row_stu
  5  FROM student where id=2;
  6  DBMS_OUTPUT.PUT_LINE('学号为: '||row_stu.id);
  7  DBMS_OUTPUT.PUT_LINE('姓名为: '||row_stu.name);
  8  DBMS_OUTPUT.PUT_LINE('年龄为: '||row_stu.age);
  9  DBMS_OUTPUT.PUT_LINE('性别为: '||row_stu.sex);
 10  END;
 11  /
学号为: 2
姓名为: 王丽
年龄为: 20
性别为: 女
PL/SQL 过程已成功完成。
```

在上述代码中声明了一个%ROWTYPE 类型的变量，该变量的结构与表 student 的结构完全相同，因此可以检索到的一行数据保存到该类型的变量中，并根据表中列的名称引用对应的数据。

9.3　条件分支语句

条件分支语句用于判断一个表达式返回结果的真假（是否满足条件），并根据返回的结果判断执行那个语句块。Oracle 主要提供了两种条件分支语句来对程序进行逻辑控制，这两种选择条件语句分别是：IF 条件分支语句和 CASE 表达式。

9.3.1　IF 条件分支语句

IF 条件分支语句需要用户提供一个布尔表达式，Oracle 将根据布尔表达式的返回值来判断程序的执行流程。IF 条件分支语句可以包含 IF、ELSIF、ELSE、THEN 以及 END IF 等关键字。根据执行分支操作的复杂程度，可以将 IF 条件分支语句分为两类：简单条件分

支语句和多重条件分支语句

1. 简单条件分支语句

简单条件分支语句由 IF-ELSE 两部分组成的。通常表现为"如果满足某种条件，就进行某种处理，否则就进行另一种处理"。其最基本的语法结构为：

```
IF condition THEN
    statements1
ELSE
    statements2;
END IF;
```

以上语句的执行过程是：首先判断 IF 语句后面的 condition 条件表达式，如果该表达式的返回值为 TRUE，则执行 statements1 语句块；否则执行 ELSE 后面的 statements2 语句块。其运行流程如图 9-1 所示。

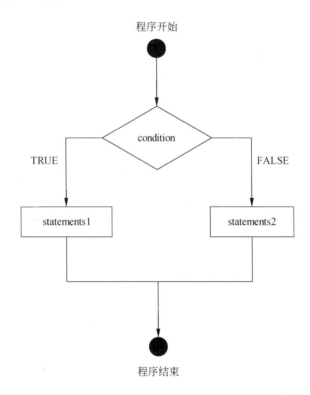

图 9-1　简单条件分支语句的执行流程图

【实践案例 9-5】

使用 IF-ELSE 条件分支语句统计表 EMPLOYEES 中部门编号为 100 的员工信息，并打印符合条件的员工人数。示例代码如下：

```
SQL> SET SERVEROUT ON
SQL> DECLARE
```

```
2  v_count NUMBER(4);
3  BEGIN
4    SELECT COUNT(*) INTO v_count FROM EMPLOYEES
5    WHERE department_id = 100;
6  IF v_count>0 THEN
7    DBMS_OUTPUT.PUT_LINE('本公司部门编号为100的员工人数有:'||v_count||'人');
8  ELSE
9    DBMS_OUTPUT.PUT_LINE('本公司没有部门编号为100的员工信息');
10 END IF;
11 END;
12 /
本公司部门编号为100的员工人数有: 6人
PL/SQL 过程已成功完成。
```

在本案例中，首先定义了一个名称为 v_count 的变量，接着将查询的部门编号为 10 的员工总数赋值于变量 v_count，然后使用 IF 条件语句判断 v_count 变量值是否大于 0，如果大于 0，则输出 v_count 的值，从而获得部门编号为 100 的员工总数；否则表示没有部门编号为 100 的员工信息。

> IF 语句是基本的选择结构语句。每一个 IF 语句都有 THEN，以 IF 开头的语句行不能包含语句结束符——分号（;），每一个 IF 语句以 END IF 结束；每一个 IF 语句有且只能有一个 ELSE 语句相对应。

2. 多重条件分支语句

多重条件分支语句是由 IF-ELSIF-ELSE 组成的，用于针对某一事件的多种情况进行处理。通常表现为"如果满足某种条件，就进行某种处理"。其最基本的语法结构为：

```
IF condition1 THEN
    statements1
ELSIF condition2 THEN
    statements2
...
 ELSE
    statements n+1
END IF ;
```

以上语句的执行过程是：依次判断表达式的值，当某个分支的条件表达式的值为 TRUE 时，则执行该分支对应的语句块。如果所有的表达式均为 FALSE，则执行语句块 n+1。其运行流程如图 9-2 所示。

【实践案例 9-6】

使用多重条件分支语句判断部门编号为 100 的员工总人数：当总人数等于 1 时，仅输出一名部门编号为 100 的员工提示信息；当总人数大于 1 时，输出总人数；否则输出没有部门编号为 100 的员工提示信息。示例代码如下：

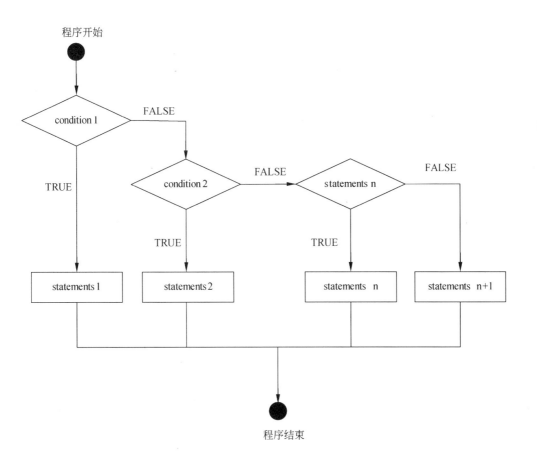

图 9-2　多重条件分支语句的执行流程图

```
SQL> SET SERVEROUT ON
SQL> DECLARE
  2  v_count NUMBER(4);
  3  BEGIN
  4    SELECT COUNT(*) INTO v_count FROM employees
  5      WHERE department_id = 100;
  6  IF v_count = 1 THEN
  7    DBMS_OUTPUT.PUT_LINE('本公司仅有一名部门编号为100的员工');
  8  ELSIF v_count>0 THEN
  9  DBMS_OUTPUT.PUT_LINE('本公司部门编号为100的员工人数有:'||v_count||'人');
 10  ELSE
 11    DBMS_OUTPUT.PUT_LINE('本公司没有部门编号为100的员工信息');
 12  END IF;
 13  END;
 14  /
本公司部门编号为100的员工人数有: 6人
PL/SQL 过程已成功完成。
```

在本案例中，使用 IF-THEN 语句判断变量 v_count 的值是否等于 1；使用 ELSIF-THEN 语句判断变量 v_count 的值是否大于 1。当 v_count 变量值既不等于 1，也不大于 1 时，执行 ELSE 语句块中的内容。

9.3.2　CASE 语句

当程序中的分支过多时，使用 IF 条件分支语句会相当的繁琐，这时，我们可以使用 Oracle 提供的 CASE 语句来实现。

Oracle 中 CASE 语句可以分为两种：简单 CASE 语句和搜索 CASE 语句。其中简单 CASE 语句的作用是使用表达式来确定返回值，而搜索 CASE 语句的作用是使用条件确定返回值。

> 在功能上，CASE 表达式和 IF 条件语句很相似，可以说 CASE 表达式基本上可以实现 IF 条件语句能够实现的所有功能。从代码结构上来讲，CASE 表达式具有很好的阅读性。

1. 简单 CASE 语句

简单 CASE 语句使用嵌入式的表达式来确定返回值，其语法形式如下：

```
CASE search_expression
    WHEN expression1 THEN result1 ;
    WHEN expression2 THEN result2 ;
    …
    WHEN expressionn THEN resultn ;
    [ ELSE default_result ; ]
END CASE ;
```

上述语法中的各个参数说明如下：

- **search_expression**　表示待求值的表达式。
- **expression1**　表示要与 search_expression 进行比较的表达式，如果二者的值相等，则返回 result1，否则进入下一次比较。
- **default_result**　表示如果所有的 WHEN 子句中的表达式的值都与 search_expression 不匹配，则返回 default_result，即默认值；如果不设置此选项，而又没有找到匹配的表达式，则 Oracle 将报错。

以上语句的执行过程是：首先计算 search_expression 表达式的值，然后将该表达式的值与每个 WHEN 后的表达式进行比较。如果含有匹配值，就执行对应的语句块，然后不再进行判断，继续执行该 CASE 后面的所有语句块。如果没有匹配值，则执行 ELSE 语句后面的语句块。其执行流程如图 9-3 所示。

【实践案例 9-7】

使用简单 CASE 语句统计部门编号为 100 的员工人数，示例代码如下：

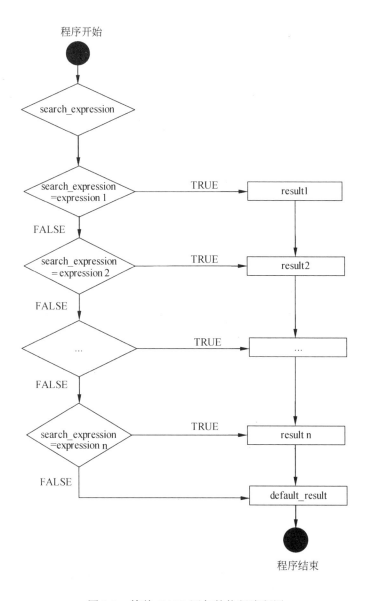

图 9-3 简单 CASE 语句的执行流程图

```
SQL>  DECLARE
  2   v_count NUMBER(4);
  3   BEGIN
  4     SELECT COUNT(*) INTO v_count FROM employees
  5      WHERE department_id = 100;
  6 CASE v_count
  7    WHEN 0 THEN
  8          DBMS_OUTPUT.PUT_LINE('本公司没有部门编号为100的员工信息');
  9    WHEN 1 THEN
 10          DBMS_OUTPUT.PUT_LINE('本公司仅有一名部门编号为100的员工');
 11    ELSE
```

```
   12            DBMS_OUTPUT.PUT_LINE('本公司部门编号为100的员工人数有:
                 '||v_count||'人');
   13  END CASE;
   14  END;
   15  /
本公司部门编号为100的员工人数有: 6人
PL/SQL 过程已成功完成。
```

在该案例中,将 v_count 变量值分别与 0、1 进行比较,检测其是否相等。当变量 v_count 的值既不等于 0,也不等于 1 时,执行 ELSE 语句后的语句块,输出本公司部门编号为 100 的员工人数。

2. 搜索 CASE 语句

搜索 CASE 语句使用条件表达式来确定返回值,其语法形式如下:

```
CASE
    WHEN condition1 THEN result1 ;
    WHEN condition2 THEN result2 ;
    …
    WHEN conditionn THEN resultn ;
    [ ELSE default_result ; ]
END CASE ;
```

与简单 CASE 表达式相比较,可以发现 CASE 关键字后面不再跟随待求表达式,而 WHEN 子句中的表达式也换成了条件语句(condition),其实搜索 CASE 表达式就是将待求表达式放在条件语句中进行范围比较,而不再像简单 CASE 表达式那样只能与单个的值进行比较。其执行流程如图 9-4 所示。

【实践案例 9-8】

使用搜索 CASE 语句改写案例 9-7,统计部门编号为 100 的员工人数,改写后的代码如下:

```
SQL> SET SERVEROUT ON
SQL> DECLARE
  2   v_count NUMBER(4);
  3   BEGIN
  4     SELECT COUNT(*) INTO v_count FROM employees
  5      WHERE department_id = 100;
  6   CASE
  7     WHEN v_count = 0 THEN
  8        DBMS_OUTPUT.PUT_LINE('本公司没有部门编号为100的员工信息');
  9     WHEN v_count = 1 THEN
 10        DBMS_OUTPUT.PUT_LINE('本公司仅有一名部门编号为100的员工');
 11     ELSE
 12        DBMS_OUTPUT.PUT_LINE('本公司部门编号为100的员工人数有:
              '||v_count||'人');
```

```
13   END CASE;
14   END;
15   /
本公司部门编号为 100 的员工人数有: 6 人
PL/SQL 过程已成功完成。
```

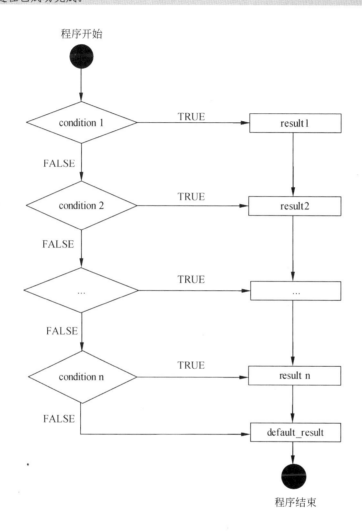

图 9-4 搜索 CASE 语句的执行流程图

9.4 循环控制语句

为了在编写的 PL/SQL 块中重复执行一条语句或者一组语句,可以使用循环控制语句。Oracle 中的循环语句包括 3 种方式:无条件循环、WHILE 循环和 FOR 循环。本节将详细介绍 Oracle 中的这 3 种循环控制语句的应用。

9.4.1 无条件循环

在 PL/SQL 中最简单的循环语句为无条件循环语句，这种循环语句以 LOOP 开始，以 END LOOP 结束，其语法格式如下：

```
LOOP
    statements
    EXIT [WHEN condition]
END LOOP;
```

在上述语法格式中，statements 是 LOOP 循环体中的语句块。无论是否满足条件，statements 至少会被执行一次。当 condition 为 TRUE 时，退出循环，并执行 END LOOP 后的相应操作。其执行流程如图 9-5 所示。

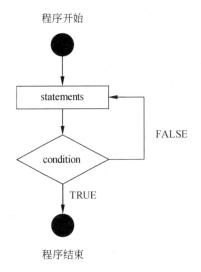

图 9-5　无条件循环语句的执行流程图

【实践案例 9-9】

使用无条件循环打印工号为 101～106 之间的所有员工姓名，示例代码如下所示：

```
SQL>  SET SERVEROUT ON
SQL>  DECLARE
  2    v_no NUMBER(4):=100;                    --定义变量 v_no，并赋值为 100
  3    v_name VARCHAR2(20);
  4    BEGIN
  5    LOOP
  6      v_no:=v_no+1;
  7      SELECT first_name INTO v_name FROM employees
  8      WHERE employee_id = v_no;
  9      DBMS_OUTPUT.PUT_LINE('工号为【'||v_no||'】的员工姓名：'||v_name);
 10      EXIT WHEN v_no>=106;          --当工号大于等于 106 时，退出循环
 11    END LOOP;
 12    END;
```

```
 13    /
工号为【101】的员工姓名: Neena
工号为【102】的员工姓名: Lex
工号为【103】的员工姓名: Alexander
工号为【104】的员工姓名: Bruce
工号为【105】的员工姓名: David
工号为【106】的员工姓名: Valli
PL/SQL 过程已成功完成。
```

在该案例中，首先定义了两个变量 v_no 和 v_name，分别用于存储员工的工号和姓名。在 LOOP 循环体中，将 v_no 的值加 1 重新赋值给 v_no 变量，并通过 SELECT 语句将根据员工工号过滤的员工姓名赋值给 v_name 变量，同时输出员工信息。然后使用 EXIT WHEN 语句指定退出循环的条件为 v_no 变量的值大于或等于 106。最后使用 END LOOP 结束无条件循环。

 无条件循环在循环开始时，不指定循环条件，但是必须在循环体内部指定退出循环的条件，否则，该循环将会一直执行，从而造成死循环

9.4.2 WHILE 循环

无条件循环至少要执行一次循环体内的语句，而对于 WHILE 循环来说，可以在循环开始时指定循环条件。只有条件成立时，才会进行循环处理。WHILE 循环以 WHILE...LOOP 开始，以 END LOOP 结束，其语法格式如下：

```
WHILE condition LOOP
     statements
END LOOP;
```

如上所示，当 condition 为 TRUE 时，执行 statements 中的代码；而当 condition 为 FALSE 或 NULL 时，退出循环，并执行 END LOOP 后的语句。其执行流程如图 9-6 所示。

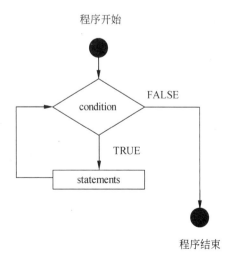

图 9-6 WHILE 循环语句的执行流程图

【实践案例 9-10】

使用 WHILE 循环改写案例 9-9，打印工号为 101～106 之间的所有员工姓名，示例代码如下所示：

```
SQL>  SET SERVEROUT ON
SQL>  DECLARE
  2   v_no NUMBER(4):=100;                    --定义变量 v_no, 并赋值为 100
  3   v_name VARCHAR2(20);
  4   BEGIN
  5   WHILE v_no<106 LOOP
  6      v_no:=v_no+1;
  7      SELECT first_name INTO v_name FROM employees
  8      WHERE employee_id = v_no;
  9      DBMS_OUTPUT.PUT_LINE('工号为【'||v_no||'】的员工姓名: '||v_name);
 10   END LOOP;
 11   END;
 12   /
工号为【101】的员工姓名: Neena
工号为【102】的员工姓名: Lex
工号为【103】的员工姓名: Alexander
工号为【104】的员工姓名: Bruce
工号为【105】的员工姓名: David
工号为【106】的员工姓名: Valli
PL/SQL 过程已成功完成。
```

在该案例中，首先定义了两个变量 v_no 和 v_name，并为 v_no 变量赋值为 100。然后在 WHILE 循环中定义循环条件为 v_no<106。在循环体中，将 v_no 的值进行累加运算，并将该值作为员工工号，使用 SELECT 语句查询相对应的员工姓名，赋值于 v_name 变量，从而输出工号及对应的员工姓名。当 v_no 的值小于 106 时，执行循环体中的部分，随着循环体中 v_no 的累加，当条件不成立时，Oracle 将退出循环。

 当使用 WHILE 循环时，应该定义循环控制变量，并在循环体内改变循环控制变量的值。

9.4.3 FOR 循环

FOR 循环用于循环次数已知的情况，其语法格式如下：

```
FOR loop_variable IN [REVERSE] lower_bound..upper_bound LOOP
    statements
END LOOP;
```

上述语法中的各个参数说明如下：
❑ **loop_variable** 指定循环变量。

- ❏ **REVERSE** 指定在每一次循环中循环变量都会递减。循环变量先被初始化为其终止值，然后在每一次循环中递减 1，直到达到其起始值。
- ❏ **lower_bound** 指定循环的起始值。在没有使用 REVERSE 的情况下，循环变量初始化为这个起始值。
- ❏ **upper_bound** 指定循环的终止值，如果使用 REVERSE，循环变量就初始化为这个终止值。

【实践案例 9-11】

使用 FOR 循环来统计工号为 101～106 之间的所有员工姓名，示例如下：

```
SQL> SET SERVEROUT ON
SQL> DECLARE
  2  v_no NUMBER(4);
  3  v_name VARCHAR2(20);
  4  BEGIN
  5  FOR v_no IN 101..106 LOOP
  6    SELECT first_name INTO v_name FROM employees
  7    WHERE employee_id = v_no;
  8        DBMS_OUTPUT.PUT_LINE('工号为【'||v_no||'】的员工姓名: '||v_name);
  9  END LOOP;
 10  END;
 11  /
工号为【101】的员工姓名: Neena
工号为【102】的员工姓名: Lex
工号为【103】的员工姓名: Alexander
工号为【104】的员工姓名: Bruce
工号为【105】的员工姓名: David
工号为【106】的员工姓名: Valli
PL/SQL 过程已成功完成。
```

在该案例的 FOR 循环中，定义其循环变量为 v_no，取值范围为 101～106。然后在循环体中，将 v_no 的值作为员工工号，使用 SELECT 语句查询相对应的员工姓名，并赋值于 v_name 变量，从而打印出工号为 101～106 之间的所有员工姓名。

【实践案例 9-12】

使用 FOR 循环打印九九乘法口诀表，代码如下：

```
SQL> SET SERVEROUTPUT ON
SQL> DECLARE
  2  m NUMBER;
  3  BEGIN
  4  FOR i IN 1..9 LOOP
  5   FOR j IN 1..i LOOP
  6     m := i*j;
  7       IF j!=1 THEN
  8           DBMS_OUTPUT.PUT('   ');
```

```
9        END IF;
10        DBMS_OUTPUT.PUT (i||'*'||j||'='||m);
11   END LOOP;
12     DBMS_OUTPUT.PUT_LINE(NULL);
13  END LOOP;
14  END;
15   /
1*1=1
2*1=2    2*2=4
3*1=3    3*2=6    3*3=9
4*1=4    4*2=8    4*3=12    4*4=16
5*1=5    5*2=10   5*3=15    5*4=20   5*5=25
6*1=6    6*2=12   6*3=18    6*4=24   6*5=30   6*6=36
7*1=7    7*2=14   7*3=21    7*4=28   7*5=35   7*6=42   7*7=49
8*1=8    8*2=16   8*3=24    8*4=32   8*5=40   8*6=48   8*7=56   8*8=64
9*1=9    9*2=18   9*3=27    9*4=36   9*5=45   9*6=54   9*7=63   9*8=72
9*9=81
PL/SQL 过程已成功完成。
```

在本案例中，使用了嵌套 FOR 循环来实现九九乘法口诀表的输出，其中，i 用于控制行的输出（当前行等于 i 时进行换行操作），j 用于控制列的输出（当第二个乘数等于 j 时进行换行操作，即两个乘数相同）。

9.5 游标

当使用 SELECT 语句检索结果时，返回的结果通常是多行记录，如果需要对多行记录中的一行数据单独进行操作，就需要使用游标。游标的主要类型有静态游标和动态游标两类，而静态游标又可分为显式游标和隐式游标。本节将详细介绍游标的使用。

9.5.1 游标简介

游标类似于编程语言中指针的概念。开发者可以首先获取一个记录集合，并将其封装于游标变量中。游标变量利用自身的属性，来实现记录的访问。例如，初始化的游标变量总是指向结果集合中的第一条记录。当游标下移时，便指向"当前记录"的下一条记录，此时，游标变量的"当前记录"也指向了新的记录。如此循环，开发者可以利用游标来访问记录集合中的每条记录。

针对每条记录，游标也提供了访问记录中各列的方式，从而将访问的粒度细化到数据表的原子单位。而更为重要的是，游标的使用总是在 PL/SQL 编程环境中。加之 Oracle 中的 PL/SQL 编程语言的强大，这使得数据能够完成任何复杂度的操作。

游标的主要类型分为静态游标和动态游标。而静态游标是常用的游标。静态游标又分为显式游标和隐式游标两类。但是，无论哪种游标，只是在开发过程中的使用方式不同，其实现原理都完全相同。

游标作为一个临时表，可以通过游标的属性来获取游标状态。下面将介绍游标的 4 个常用属性。

1. 使用%ISOPEN 属性

%ISOPEN 属性主要用于判断游标是否打开，在使用游标时如果不能确定游标是否已经打开，可以使用该属性。

```
DECLARE
    CURSOR cursor_emp IS SELECT * FROM employees;
BEGIN
.../*对游标 cursor_emp 的操作*/
  IF cursor_emp %ISOPEN THEN  --如果游标已经打开，即关闭游标
    CLOSE cursor_emp
  END IF;
END;
/
```

2. 使用%FOUND 属性

%FOUND 属性主要用于判断游标是否找到记录，如果找到记录用 FETCH 语句提取游标数据，否则关闭游标。示例如下：

```
DECLARE
  CURSOR cursor_emp IS SELECT * FROM employees;
  v_emp employees%ROWTYPE;
BEGIN
  OPEN cursor_emp;  --打开游标
  WHILE cursor_emp%FOUND  LOOP  --如果找到记录，开始循环提取数据
    FETCH cursor_emp INTO v_emp;
    … /*对游标 cursor_emp 的操作*/
  END LOOP;
  CLOSE cursor_emp;  --关闭游标
END;
/
```

3. 使用%NOTFOUND 属性

%NOTFOUND 与%FOUND 属性恰好相反，如果提取到数据，则返回值为 FALSE；如果没有提取到数据，则返回值为 TRUE。示例如下：

```
DECLARE
    CURSOR cursor_emp IS SELECT * FROM employees;
    v_emp employees%ROWTYPE;
BEGIN
```

```
   OPEN cursor_emp;  --打开游标
   LOOP
     FETCH cursor_emp INTO v_emp;
       .../*对游标 cursor_emp 的操作*/
     EXIT WHEN cursor_emp%NOTFOUND;  --如果没有找到下一条记录, 退出 LOOP
   END LOOP;
   CLOSE cursor_emp;  --关闭游标
END;
/
```

4. 使用%ROWCOUNT 属性

该属性用于返回到当前为止已经提取到的实际行数。示例如下:

```
SQL>  DECLARE
  2    CURSOR cursor_emp IS SELECT * FROM employees;
  3    v_emp employees%ROWTYPE;
  4  BEGIN
  5    OPEN cursor_emp; --打开游标
  6    LOOP
  7      FETCH cursor_emp INTO v_emp;  --提取数据
  8      EXIT WHEN cursor_emp%NOTFOUND;
  9    END LOOP;
 10    DBMS_OUTPUT.PUT_LINE('rowcount:'||cursor_emp%ROWCOUNT);
 11    CLOSE cursor_emp;  --关闭游标
 12  END;
 13  /
rowcount:107
PL/SQL 过程已成功完成。
```

9.5.2　显式游标

在使用显式游标时,首先需要声明游标。显式游标主要用于处理 SELECT 语句返回的多行数据。基本操作有:声明游标、打开游标、使用游标和关闭游标。

1. 声明游标

声明显式游标应该使用 DECLARE CURSOR 语句,其语法格式如下:

```
DECLARE CURSOR cursor_name(parameter) IS SELECT...
```

上述语法中的各个参数说明如下:
❑ **CURSOR**　表示游标关键字。
❑ **cursor_name**　表示需要定义的游标的名称。
❑ **parameter**　表示参数声明,当定义参数游标时,需要指定参数名及其数据类型。

❑ **SELECT...** *表示建立游标所用的查询语句。*

例如，在表 EMPLOYEES 中存储了员工信息，可以声明一个游标，并将表 EMPLOYEES 中所有记录封装到该游标中，相应的 SQL 语句如下：

```
DECLARE
   CURSOR cursor_employees IS SELECT * FROM employees;
```

同时，也可以使用带有参数的游标封装 SELECT 查询的员工信息，如下：

```
DECLARE
   CURSOR cursor_emp(deptno NUMBER) IS SELECT first_name FROM employees
   WHERE department_id=deptno;
```

2. 打开游标

声明游标只是定义了游标变量以及游标所封装的记录集合。当使用游标时，必须打开游标。打开游标需要使用 OPEN 语句，其语法格式如下：

```
OPEN cursor_name(parameter);
```

上述语法中，cursor_name 表示游标的名称。

例如，打开声明的游标 cursor_emp，如下：

```
OPEN cursor_emp(100);                    --打开游标
```

3. 使用游标

将游标打开之后，使用 SELECT 语句查询的结果被临时存放到游标结果集中。如果需要从结果集中获取数据，就需要检索游标。检索游标，实际上就是从结果集中获取单行数据并保存到定义的变量中，需要使用到 FETCH 语句，其语法格式如下：

```
FETCH cursor_name INTO variable1 , variable2,…;
```

在上述语法中，variable1、variable2 等是用来存放游标中相应字段数据的变量，其中变量的个数、顺序及类型要与游标中相应字段保持一致。

例如，定义一个%ROWTYPE 类型的变量 row_emp，然后将使用 FETCH 语句提取游标中的数据放到变量 row_emp 中。如下：

```
DECLARE
   CURSOR cursor_employees IS SELECT * FROM employees;
   row_emp employees%rowtype;
BEGIN
   OPEN cursor_employees;                    --打开游标
   FETCH cursor_employees INTO row_emp;      --检索游标
   /*其他执行语句部分*/
END;
```

4. 关闭游标

游标使用完之后，必须使用 CLOSE 语句将其关闭，语法格式如下：

```
CLOSE cursor_name;
```

【实践案例 9-13】

使用游标统计不同编号为 100 的所有员工信息，并打印。具体的 SQL 语句如下：

```
SQL> SET SERVEROUT ON
SQL> DECLARE
  2     CURSOR cursor_emp IS SELECT employee_id,first_name,department_id FROM
  3    employees WHERE department_id=100;
  4     emp_id NUMBER(4);                    --声明变量
  5     emp_name VARCHAR2(20);
  6     emp_deptno NUMBER(4);
  7   BEGIN
  8     OPEN cursor_emp;                  --打开游标
  9     FETCH cursor_emp INTO emp_id,emp_name,emp_deptno;
 10     WHILE cursor_emp%found LOOP
 11           DBMS_OUTPUT.PUT_LINE('工号为'||emp_id||'的员工信息：姓名
               '||emp_name||'，部门编号'||emp_deptno);
 12     FETCH cursor_emp INTO  emp_id,emp_name,emp_deptno;
 13     END LOOP;
 14     CLOSE cursor_emp;                 --关闭游标
 15   END;
 16   /
工号为 108 的员工信息：姓名 Nancy，部门编号 100
工号为 109 的员工信息：姓名 Daniel，部门编号 100
工号为 110 的员工信息：姓名 John，部门编号 100
工号为 111 的员工信息：姓名 Ismael，部门编号 100
工号为 112 的员工信息：姓名 Jose Manuel，部门编号 100
工号为 113 的员工信息：姓名 Luis，部门编号 100

PL/SQL 过程已成功完成。
```

在该示例中，首先在 DECLARE 语句块中定义了一个名称为 cursor_emp 的游标和 3 个变量。然后在 BEGIN 语句块中使用 OPEN 语句打开游标，并使用 FETCH 语句检索游标，将游标中封装的字段值分别赋值给 emp_id、emp_name 和 emp_deptno 变量。接着使用 WHILE 循环控制语句判断 FETCH 语句是否成功捕获了记录，如果成功捕获，则输出工号及对应的员工信息，否则，退出循环。

【实践案例 9-14】

使用含有参数的游标，获取特定部门编号的员工信息，示例代码如下：

```
SQL>  SET SERVEROUT ON
SQL> DECLARE
  2    CURSOR emp_cursor(deptno NUMBER) IS
  3    SELECT * FROM employees
  4    WHERE department_id=deptno;
  5    v_emp employees%rowtype;
  6  BEGIN
  7    OPEN emp_cursor(100);
  8    FETCH emp_cursor INTO v_emp;
  9    WHILE emp_cursor%found LOOP
 10         DBMS_OUTPUT.PUT_LINE('工号为'||v_emp.employee_id||'的员工信息:
            姓名'||v_emp.first_name||',部门编号'||v_emp.department_id);
 11  FETCH emp_cursor INTO v_emp;
 12     END LOOP;
 13     CLOSE emp_cursor;                    --关闭游标
 14    END;
 15     /
工号为 108 的员工信息: 姓名 Nancy, 部门编号 100
工号为 109 的员工信息: 姓名 Daniel, 部门编号 100
工号为 110 的员工信息: 姓名 John, 部门编号 100
工号为 111 的员工信息: 姓名 Ismael, 部门编号 100
工号为 112 的员工信息: 姓名 Jose Manuel, 部门编号 100
工号为 113 的员工信息: 姓名 Luis, 部门编号 100
PL/SQL 过程已成功完成。
```

在该案例中，定义了一个名称为 emp_cursor 的游标，该游标包含有一个 NUMBER 类型的参数，并在 SELECT 语句中利用游标参数 deptno 作为查询条件，获取指定部门编号的员工信息。在 DECLARE 语句块中还定义了一个%ROWTYPE 类型的参数 v_emp，用于保存一条员工记录。在 BEGIN 语句块中，首先打开游标，并为参数传值为 100；然后使用 WHILE 循环语句遍历检索到的员工记录，输出员工信息。最后关闭游标。

9.5.3   隐式游标

隐式游标是相对于显式游标而言。用户通过声明游标、打开游标、使用游标和关闭游标来控制游标的生命周期。隐式游标则不允许用户声明和控制，仅限于使用。隐式游标包括两种：使用 Oracle 预定义的名为 SQL 的隐式游标和使用 CURSOR FOR LOOP 来进行循环的隐式游标。

1. SQL 隐式游标的使用

SQL 隐式游标是 Oracle 内置的游标。SQL 游标与当前会话有关。当前会话中的更新、删除操作都会影响 SQL 隐式游标的属性。

【实践案例 9-15】

执行一条 SELECT 查询语句，观察其 SQL 游标的属性。示例代码如下：

```
SQL>  DECLARE
  2       emp_name VARCHAR2(20);
  3    BEGIN
  4       SELECT first_name INTO emp_name FROM employees WHERE employee_id=100;
  5        IF sql%isopen THEN
  6                 DBMS_OUTPUT.PUT_LINE('SQL 游标已打开');
  7        ELSE
  8                 DBMS_OUTPUT.PUT_LINE('SQL 游标未打开');
  9        END IF;
 10       DBMS_OUTPUT.PUT_LINE('游标捕获记录数'||sql%rowcount);
 11     END;
 12     /
SQL 游标未打开
游标捕获记录数 1
PL/SQL 过程已成功完成。
```

在该案例中，通过 SELECT 语句将工号为 100 的员工姓名赋值于变量 emp_name 中。此时，SQL 游标的打开状态并非为 TRUE，表明处于未打开的状态，而 ROWCOUNT 属性值为 1，表示当前动作获得的记录数为 1。

【实践案例 9-16】

在应用开发中，经常会出现这种情况：一条传入数据库的记录，用户并不能确定该记录是否已经存在。如果存在，需要对记录的各列进行更新；否则，需要插入该记录。此时，使用 SQL 隐式游标也是一种较好的选择。示例代码如下：

```
SQL>  BEGIN
  2    UPDATE student SET name='张辉',age=22,sex='男',address='河北' WHERE
      id=3;
  3     IF sql%rowcount=0 THEN
  4              INSERT INTO student values(3,'张辉',22,'男','河北');
  5              DBMS_OUTPUT.PUT_LINE('插入了一条数据！');
  6      ELSE
  7              DBMS_OUTPUT.PUT_LINE('更新了一条数据！');
  8      END IF;
  9    DBMS_OUTPUT.PUT_LINE('游标捕获记录数'||sql%rowcount);
 10   END;
 11   /
插入了一条数据！
游标捕获记录数 1
PL/SQL 过程已成功完成。
```

在该案例中，首先尝试更新表 STUDENT 中 ID 为 3 的记录。如果表 STUDENT 中不存在该记录，SQL 游标的 ROWCOUNT 属性等于 0，执行 IF 语句块中的插入操作。最后输出游标捕获的记录数。

2. CURSOR FOR LOOP 隐式游标的使用

除了 SQL 隐式游标之外，Oracle 还提供了另外一个隐式游标——CURSOR FOR LOOP 游标。利用该游标，用户可以像使用普通循环语句一样循环处理 SELECT 语句所获得的每一条记录。其一般语法格式如下：

```
FOR cursor_name IN (SELECT ...) LOOP
    statement
END LOOP;
```

其中，SELECT ...查询语句将获得一个记录集合；LOOP 对记录集中的每条记录进行循环处理；在循环内部，可以直接使用游标变量来获得单条记录。

【实践案例 9-17】

CURSOR FOR LOOP 游标中的游标变量，无需显式声明、打开等操作。为了获得表 EMPLOYEES 中，部门编号在 101～106 之间的所有员工信息，可以使用 CURSOR FOR LOOP 游标。示例代码如下：

```
SQL> BEGIN
  2     FOR cursor_emp IN (
  3     SELECT * FROM employees WHERE employee_id>100 AND employee_id<=106)
  4      LOOP
  5             DBMS_OUTPUT.PUT_LINE(cursor_emp.employee_id||':
         '||cursor_emp.first_name||', '||cursor_emp.department_id);
  6     END LOOP;
  7   END;
  8   /
101: Neena, 90
102: Lex, 90
103: Alexander, 60
104: Bruce, 60
105: David, 60
106: Valli, 60
PL/SQL 过程已成功完成。
```

在该案例中，SELECT 语句的执行结果是一个集合，通过使用 CURSOR FOR LOOP 游标将集合中的每条数据信息赋值于游标变量 cursor_emp，并通过 PUT_LINE()过程将游标变量中的详细信息进行打印。

9.5.4 动态游标

动态游标是指在游标声明时，不指定其查询定义，而是在游标打开时进行定义。动态游标又可分为两类：强类型动态游标和弱类型动态游标。本节将详细讲述这两种动态游标的使用。

1. 强类型动态游标

强类型动态游标是指，在游标使用之前，虽未定义游标的查询定义，但是游标的类型已经确定。也就是说游标所代表的记录类型必须确定。例如，一个强类型动态游标，不能既用来存储客户信息，又存储订单信息。

声明动态游标，应该使用 REF CURSOR 关键字。而声明强类型动态游标，则需要为其指定一个返回类型，其语法格式如下：

```
TYPE cursor_variable_type IS REF CURSOR RETURN return_type;
```

其中，return_type 是一个记录类型，表明该游标是一个强类型的动态游标。

【实践案例 9-18】

强类型动态游标常用于根据不同的条件使用不同的游标定义。例如，获取职位为 Sales Manager 的员工信息。如果返回给用户的记录数目为 0，则需要打印出所有的员工信息。使用强类型动态游标进行处理的示例代码如下：

```
SQL> BEGIN
  2   DECLARE
  3     TYPE employee_type IS REF CURSOR
  4             RETURN employees%rowtype;
  5     e_count NUMBER(4);
  6     employee employees%rowtype;
  7     cursor_employee employee_type;                    --定义游标类型的变量
  8   BEGIN
  9     SELECT COUNT(*) INTO e_count FROM employees
 10     WHERE job_id = (SELECT job_id FROM jobs WHERE job_title='Sales
         Manager');
 11     IF e_count = 0 THEN
 12             OPEN cursor_employee FOR SELECT * FROM employees;
 13     ELSE
 14             OPEN cursor_employee FOR SELECT * FROM employees WHERE job_id
                = SELECT job_id FROM jobs WHERE job_title='Sales Manager');
 15     END IF;
 16     FETCH cursor_employee INTO employee;
 17     WHILE cursor_employee%found LOOP
 18             DBMS_OUTPUT.PUT_LINE(employee.employee_id||':
                '||employee.first_name||', '||employee.job_id);
 19             FETCH cursor_employee INTO employee;
 20     END LOOP;
 21   END;
 22   END;
 23   /
145: John, SA_MAN
146: Karen, SA_MAN
147: Alberto, SA_MAN
```

```
148: Gerald, SA_MAN
149: Eleni, SA_MAN
PL/SQL 过程已成功完成。
```

在该案例中，声明了动态游标的类型为 employee_type，记录类型为表 EMPLOYEES 的行类型。接着将获得的职位为 Sales Manager 的员工数目赋值于 e_count 变量，并使用 IF 条件控制语句判断该变量的值：当 e_count 变量值为 0 时，获取所有的员工信息；否则，获取职位为 Sales Manager 的员工信息。在结束 IF 条件语句之后，将封装好的记录行赋值于 employee 变量，并使用 WHILE 循环语句检索游标中是否存在记录行，当存在时，打印出员工信息，否则退出循环。

2. 弱类型动态游标

强类型动态游标虽然在查询定义上具有了一定的灵活性，但所返回的记录类型是一定的。有时在游标定义时，无法确定其记录类型，那么使用弱类型动态游标是一个较好的选择。弱类型动态游标的语法格式如下：

```
TYPE cursor_variable_type IS REF CURSOR
```

【实践案例 9-19】

在表 EMPLOYEES 中，如果无法获得职位为 Sales Manager 的员工信息，则需要继续查询表 JOBS 中的数据，以尝试获得该表中职位为 Sales Manager 的信息。而表 EMPLOYEES 与表 JOBS 中的数据无法利用相同的记录类型，因此，此时应该使用弱游标类型。具体的示例代码如下：

```
SQL> BEGIN
  2   DECLARE
  3     TYPE cursor_type IS REF CURSOR;
  4     c_count NUMBER(4);
  5     employee employees%rowtype;
  6     job jobs%rowtype;
  7     cursor_custom cursor_type;
  8   BEGIN
  9     SELECT COUNT(*) INTO c_count FROM employees WHERE job_id = (SELECT
       job_id FROM jobs WHERE job_title='Sales Manager');
 10     IF c_count=0 THEN
 11         OPEN cursor_custom FOR SELECT * FROM jobs WHERE job_title='Sales
           Manager';
 12         FETCH cursor_custom INTO job;
 13         WHILE cursor_custom%found LOOP
 14             DBMS_OUTPUT.PUT_LINE(job.job_id||': '||job.job_title||
               ','||job.MIN_SALARY||', '||job.MAX_SALARY);
 15             FETCH cursor_custom INTO job;
 16         END LOOP;
 17     ELSE
```

```
18          OPEN cursor_custom FOR SELECT * FROM employees WHERE job_id
            = (SELECT job_id FROM jobs WHERE job_title='Sales Manager');
19          FETCH cursor_custom INTO employee;
20          WHILE cursor_custom%found LOOP
21              DBMS_OUTPUT.PUT_LINE(employee.employee_id||':
                '||employee.first_name||', '||employee.job_id);
22              FETCH cursor_custom INTO employee;
23          END LOOP;
24      END IF;
25  END;
26  END;
27  /
145: John, SA_MAN
146: Karen, SA_MAN
147: Alberto, SA_MAN
148: Gerald, SA_MAN
149: Eleni, SA_MAN
PL/SQL 过程已成功完成。
```

在该案例中，声明了一个弱游标类型，其游标类型为 cursor_type，且没有记录类型。接着声明了 employee 和 job 两个变量，这两个变量具有不同的记录类型，其中第 11 行用于在打开游标时，指定查询定义——表 JOBS 中 JOB_TITLE 值为 Sales Manager 的记录信息；第 18 行用于在打开游标的同时，指定查询定义——表 EMPLOYEES 中职位为 Sales Manager 的所有记录信息。

通过本案例可以看出，弱类型动态游标的主要特点为：游标的记录类型灵活多变，这使得利用单个游标来获取不同表中的记录成为可能。

9.6 异常处理

在操作 PL/SQL 时，可能会遇到各种各样的异常。在 PL/SQL 程序中，导致出现异常的原因有很多，例如程序业务逻辑错误、关键字拼写错误等。本节将详细讲述 Oracle 中的异常处理机制。

9.6.1 异常处理概念

PL/SQL 程序运行期间经常会发生各种各样的异常，一旦发生异常，如果不进行处理，程序就会中止执行。Oracle 中的异常主要有如下的三种：

❑ **预定义异常**

Oracle 预定义的异常大约有 24 个。对这种异常情况的处理，无需在程序中定义，由 Oracle 自动将其引发。

❑ 非预定义异常

非预定义异常是指其他标准的 Oracle 错误。对这种异常情况的处理，需要用户在程序中定义，然后由 Oracle 自动将其引发。

❑ 用户自定义异常

程序执行过程中，出现编程人员认为的非正常情况。对这种异常情况的处理，需要用户在程序中定义，然后显式的在程序中将其引发。

在处理异常时，一般使用 EXCEPTION 语句块进行操作，其一般语法格式如下：

```
EXCEPTION
  WHEN exception1 TEHN
    statements1;
  WHEN exception2 THEN
    statements2;
  ...
  WHEN exceptionn TEHN
    statementsn;
  WHEN OTHERS THEN
    statementsn+1;
```

其中，exception 表示异常名称；WHEN OTHERS 表示其他情况，与 IF 条件分支语句中的 ELSE 作用相同，即当上述条件都不成立时执行该语句块中的代码。

9.6.2 预定义异常

预定义异常，是指 Oracle 系统为一些常见错误定义好的异常。这些异常无需声明，当程序出现错误时，Oracle 系统会自动触发，这里只需添加相应的异常处理即可。常见的 Oracle 系统预定义异常如表 9-3 所示。

表 9-3 常见的 Oracle 系统预定义异常

错误信息	异常错误名称	说明
ORA-0001	Dup_val_on_index	试图破坏一个唯一性限制
ORA-0051	Timeout-on-resource	在等待资源时发生超时
ORA-0061	Transaction-backed-out	由于发生死锁事务被撤销
ORA-1001	Invalid-CURSOR	试图使用一个无效的游标
ORA-1012	Not-logged-on	没有连接到 Oracle
ORA-1017	Login-denied	无效的用户名/口令
ORA-1403	NO_DATA_FOUND	SELECT INTO 没有找到数据
ORA-1422	TOO_MANY_ROWS	SELECT INTO 返回多行
ORA-1476	Zero-divide	试图被零除
ORA-1722	Invalid-NUMBER	转换一个数字失败
ORA-6500	Storage-error	内存不够引发的内部错误
ORA-6501	Program-error	内部错误
ORA-6502	Value-error	转换或截断错误
ORA-6504	Rowtype-mismatch	主变量和游标的类型不兼容

续表

错误信息	异常错误名称	说明
ORA-6511	CURSOR-ALERADY-OPEN	试图打开一个已经打开的游标时，将产生这种异常
ORA-6530	Access-INTO-null	试图为 null 对象的属性赋值

【实践案例 9-20】

更新指定员工的工资，如果工资小于 1500，则加 100。在更新过程中，可能会发生多种异常信息，比如：用户输入的员工工号不存在、返回多条员工信息等。示例代码如下：

```
SQL> DECLARE
  2    v_empno employees.employee_id%TYPE := &empno;
  3    v_sal   employees.salary%TYPE;
  4  BEGIN
  5    SELECT salary INTO v_sal FROM employees WHERE employee_id = v_empno;
  6    IF v_sal<=1500 THEN
  7        UPDATE employees SET salary = salary + 100 WHERE
           employee_id=v_empno;
  8        DBMS_OUTPUT.PUT_LINE('编码为'||v_empno||'员工工资已更新!');
  9    ELSE
 10        DBMS_OUTPUT.PUT_LINE('编码为'||v_empno||'员工工资已经超过规定
           值!');
 11    END IF;
 12  EXCEPTION
 13    WHEN NO_DATA_FOUND THEN
 14      DBMS_OUTPUT.PUT_LINE('数据库中没有编码为'||v_empno||'的员工');
 15    WHEN TOO_MANY_ROWS THEN
 16      DBMS_OUTPUT.PUT_LINE('程序运行错误!请使用游标');
 17    WHEN OTHERS THEN
 18      DBMS_OUTPUT.PUT_LINE(SQLCODE||'---'||SQLERRM);
 19  END;
 20  /
输入 empno 的值:  10
原值    2:   v_empno employees.employee_id%TYPE := &empno;
新值    2:   v_empno employees.employee_id%TYPE := 10;
数据库中没有编码为 10 的员工
PL/SQL 过程已成功完成。
```

从执行结果可以看到，Oracle 抛出了 NO_DATA_FOUND 错误名称的异常，从而提示数据库中不存在指定的数据信息。

9.6.3 非预定义异常

在 PL/SQL 中还有一类会经常遇到的错误。每个错误都会有相应的错误代码和错误原因，但是由于 Oracle 没有为这样的错误定义一个名称，因而不能直接进行异常处理。在一般情况下，只能在 PL/SQL 块执行出错时查看其出错信息。

编写 PL/SQL 程序时，应该充分考虑到各种可能出现的异常，并且都作出适当的处理，这样的程序才是健壮的。对于这类非预定义的异常，由于它也被自动抛出，因而只需要定义一个异常，把这个异常的名称与错误的代码关联起来，然后就可以像处理预定义异常那样处理这样的异常了。非预定义异常的处理过程如图 9-7 所示。

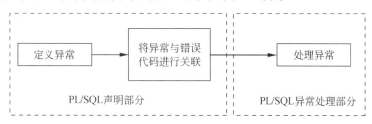

图 9-7　非预定义异常的处理过程

异常的定义在 PL/SQL 块的声明部分进行，定义的格式为：

```
exception_name EXCEPTION
```

其中，exception_name 表示用户自定义的异常名称，它仅仅是一个符号，没有任何意义。只有将这个名称与某个错误代码关联起来以后，这个异常才代表这个错误。将异常名称与错误代码进行关联的格式如下：

```
PRAGMA EXCEPTION_INIT(exception_name,exception_no)
```

其中，exception_name 表示异常名称，与声明的异常名称相对应；exception_no 表示错误代码，比如–2292，该错误代码的含义是违反了完整性约束。这种关联也是在 PL/SQL 声明部分进行。这样这个异常名称就代表特定的错误了，当 PL/SQL 程序在执行的过程中发生该错误时，这个异常将被自动抛出，这时就可以对其进行处理了。

【实践案例 9-21】

在 EMPLOYEES 表中引用了 DEPARTMENTS 表中的 DEPARTMENT_ID 列，因此，当删除 DEPARTMENTS 表中的数据时，可能会违反数据完整性约束，这就表明在执行 DELETE 删除操作时可能会出现异常。因此，我们需要对该操作进行异常处理，如下面的代码：

```
SQL> DECLARE
  2    v_deptno departments.department_id%type:=&deptno;
  3    deptno_remaining EXCEPTION;
  4    PRAGMA EXCEPTION_INIT(deptno_remaining,-2292);
                          ---2292是违反数据完整性约束的错误代码
  5  BEGIN
  6    DELETE FROM departments WHERE department_id = v_deptno;
  7  EXCEPTION
  8    WHEN deptno_remaining THEN
  9        DBMS_OUTPUT.PUT_LINE('违反数据完整性约束');
 10    WHEN OTHERS THEN
```

```
 11            DBMS_OUTPUT.PUT_LINE(sqlcode||'----'||sqlerrm);
 12  END;
 13  /
输入 deptno 的值: 100
原值   2:      v_deptno departments.department_id%type:=&deptno;
新值   2:      v_deptno departments.department_id%type:=100;
违反数据完整性约束
PL/SQL 过程已成功完成。
```

在该案例中，由于 EMPLOYEES 表引用了 DEPARTMENT_ID 为 100 的部门信息，因此在删除该信息时会产生异常。从而 EXCEPTION 语句将捕获该异常，输出异常提示信息。

9.6.4 自定义异常

对于用户自定义的异常，有两种处理方法。第一种方法是先定义一个异常，并在适当的时候抛出，然后在 PL/SQL 块的异常处理部分进行处理。用户自定义的异常一般在一定的条件下抛出，于是这个条件就成为引发这个异常的原因；第二种方法是向调用者返回一个自定义的错误代码和一条错误信息。

1. 在适当的时候抛出异常

异常的定义在 PL/SQL 块的声明部分进行，定义的格式如下：

```
exception_name EXCEPTION
```

exception_name 表示异常名称，仅当在一定条件下抛出时才有意义。抛出异常的语句时 RAISE，异常的抛出在 PL/SQL 块的可执行部分进行。RAISE 命令的格式为：

```
RAISE exception_name
```

异常一般在一定的条件下抛出，因此 RAISE 语句通常跟在某个条件判断的后面，这样就把这个异常与这个条件关联起来了。抛出异常的原因可能是数据出错，也可能是满足了某个自定义的条件，处理自定义异常的方法与处理前两种异常的方法相同。

【实践案例 9-22】

在 EMPLOYEES 表中存储了所有员工信息，当用户输入部门编号时，获取该部门下的员工人数。当员工人数为 0 时，抛出异常，并提示员工不存在。示例代码如下：

```
SQL> DECLARE
  2    v_deptno employees.department_id%TYPE :=&deptno;
  3    v_count NUMBER(4);
  4    no_result  EXCEPTION;
  5  BEGIN
  6    SELECT COUNT(*) INTO v_count FROM employees WHERE department_id =
       v_deptno;
  7    IF v_count=0 THEN
```

```
 8       RAISE no_result;
 9    END IF;
10  EXCEPTION
11    WHEN no_result THEN
12       DBMS_OUTPUT.PUT_LINE('员工不存在!');
13    WHEN OTHERS THEN
14       DBMS_OUTPUT.PUT_LINE(SQLCODE||'---'||SQLERRM);
15  END;
16  /
输入 deptno 的值: 200
原值    2:    v_deptno employees.department_id%TYPE :=&deptno;
新值    2:    v_deptno employees.department_id%TYPE :=200;
员工不存在!


PL/SQL 过程已成功完成。
```

在该案例中，声明了一个名称为 no_result 的异常，然后在 BEGIN 语句块中使用 IF 条件分支语句判断是否存在指定部门编号的员工信息，如果不存在，则抛出异常（RAISE no_result）。最后使用 EXCEPTION 语句来处理异常。

2. 返回自定义的错误代码和错误信息

当 PL/SQL 块的执行满足一定的条件时，可以向 PL/SQL 程序返回一个错误代码和一条错误信息。错误代码的范围是–20000 到–20999，这个范围的代码是 Oracle 保留的，本身没有任何意义。程序如果把一个错误代码与某个条件关联起来，那么在条件满足时系统将引发这样的错误。当然这是人为制造的一种错误，并不表示程序或数据真正出现了错误。

PL/SQL 提供了一个过程，用于向 PL/SQL 程序返回一个错误代码和一条错误信息。这个过程是 RAISE_APPLICATION_ERROR，过程的调用格式为：

```
RAISE_APPLICATION_ERROR(error_number,error_message,[keep_errors])
```

其中，error_number 表示错误代码；error_message 表示相应的提示信息（<2048 字节）；keep_errors 为可选，如果 keep_errors 为 TRUE，则新错误将被添加到已经引发的错误列表中。如果 keep_errors=FALSE，则新错误将替换当前的错误列表。

【实践案例 9-23】

编写一个 PL/SQL 程序，计算 1+2+3...100 的值。在求和的过程中如果发现结果超出了 1000，则抛出异常，并停止求和。示例代码如下：

```
SQL> DECLARE
 2    result INTEGER:=0;
 3    out_of_range EXCEPTION;
 4    PRAGMA EXCEPTION_INIT(out_of_range,-20001);
 5  BEGIN
 6    FOR i IN 1..100 LOOP
 7        result:=result+i;
```

```
 8      IF result>1000 THEN
 9         RAISE_APPLICATION_ERROR(-20001,'当前的计算结果为'||result||',已
           经超出范围！');
10      END IF;
11      END LOOP;
12  EXCEPTION
13      WHEN out_of_range THEN
14          DBMS_OUTPUT.PUT_LINE('错误代码: '||sqlcode);
15          DBMS_OUTPUT.PUT_LINE('错误信息: '||sqlerrm);
16  END;
17  /
错误代码: -20001
错误信息: ORA-20001: 当前的计算结果为 1035, 已经超出范围!
PL/SQL 过程已成功完成。
```

从上述 PL/SQL 块可以看出，我们首先在声明部分定义了一个异常 out_of_range，然后将这个异常与错误代码–20001 关联起来，一旦程序在运行过程中发生了这个错误，就会抛出 out_of_range 异常。在块的可执行部分，如果在累加的过程中变量 result 的值超过了 1000，则返回错误代码–20001 以及相应的错误信息。这样在异常处理部分就可以捕捉并处理异常 out_of_range 了。

9.7　项目案例：获取指定部门下的所有员工信息

PL/SQL 是 Oracle 的核心语言，包括一整套的数据类型、条件分支结构、循环控制结构、游标和异常处理结构，PL/SQL 可以执行 SQL 语句，SQL 语句中也可以使用 PL/SQL 函数。本节将综合应用这些知识来开发一个案例，获取指定部门下的所有员工信息。

【实例分析】

当用户输入一个部门编号时，如果该部门下存在员工信息，则循环输出所有员工的姓名和部门编号信息；否则提示"员工不存在"。该案例要求使用游标来封装指定部门的所有员工信息；使用条件分支语句来判断游标中是否存在数据，如果存在，则使用 WHILE 循环输出所有的员工姓名和部门编号，否则抛出异常，并对异常进行处理。具体的 SQL 语句如下：

```
DECLARE
    CURSOR cursor_emp(deptno NUMBER) IS
        SELECT * FROM employees WHERE department_id = deptno;
    v_deptno employees.department_id%TYPE :=&deptno;
                                        --声明变量，接收用户输入的数据
    v_emp employees%rowtype;            --声明变量，存储员工信息
    no_result  EXCEPTION;               --声明异常，异常名称为no_result
BEGIN
    OPEN cursor_emp(v_deptno);          --打开游标
```

```
        FETCH cursor_emp INTO v_emp;                --使用游标
        IF cursor_emp%found THEN                     --判断是否能检索到数据
            WHILE cursor_emp%found LOOP              --打印出所有员工的信息
                DBMS_OUTPUT.PUT_LINE('工号为'||v_emp.employee_id||'的员工信息:
                姓名'||v_emp.first_name||',部门编号'||v_emp.department_id);
                FETCH cursor_emp INTO v_emp;
            END LOOP;
        ELSE
            RAISE no_result;                         --抛出异常
        END IF;
        EXCEPTION                                    /*处理异常*/
            WHEN no_result THEN
                DBMS_OUTPUT.PUT_LINE('员工不存在!');
            WHEN OTHERS THEN
                DBMS_OUTPUT.PUT_LINE(SQLCODE||'---'||SQLERRM);
END;
```

运行上述 SQL 语句,当用户指定的部门中不存在员工时,则提示"员工不存在"的错误信息,执行结果如下所示:

```
输入 deptno 的值: 200
原值    4:       v_deptno employees.department_id%TYPE :=&deptno;
新值    4:       v_deptno employees.department_id%TYPE :=200;
员工不存在!
PL/SQL 过程已成功完成。
```

当用户指定的部门中存在员工时,则打印出所有员工的姓名和部门编号信息,其执行结果如下所示:

```
输入 deptno 的值: 100
原值    4:       v_deptno employees.department_id%TYPE :=&deptno;
新值    4:       v_deptno employees.department_id%TYPE :=100;
工号为 108 的员工信息: 姓名 Nancy,部门编号 100
工号为 109 的员工信息: 姓名 Daniel,部门编号 100
工号为 110 的员工信息: 姓名 John,部门编号 100
工号为 111 的员工信息: 姓名 Ismael,部门编号 100
工号为 112 的员工信息: 姓名 Jose Manuel,部门编号 100
工号为 113 的员工信息: 姓名 Luis,部门编号 100
PL/SQL 过程已成功完成。
```

9.8 习题

一、填空题

1. 定义常量时需要使用_____关键字,并且必须在声明时就为该常量赋值,而且在程序其他部分不能修改该常量的值。

2. 在使用游标时，_____属性可以获得当前所查询的行数信息。

3. _____循环至少要执行一次循环体内的语句。

二、选择题

1. PL/SQL 不能直接执行下列_____语句。

    A. UPDATE

    B. INSERT

    C. DELETE

    D. REVOKE

2. 下列_____项不是游标的属性。

    A. %ROWCOUNT

    B. %ROWNUM

    C. %FOUND

    D. %NOTFOUND

3. 以下代码中，属于多行注释的选项为_____。

    A.

```
SELECT * FROM JOBS;        -查询 JOBS 表数据
```

    B.

```
SELECT * FROM JOBS;        //查询 JOBS 表数据
```

    C.

```
SELECT * FROM JOBS;        /*查询 JOBS 表数据*/
```

    D.

```
SELECT * FROM JOBS;        --查询 JOBS 表数据--
```

三、上机练习

1. 获取所有的部门信息

循环语句一个典型的应用就是结合游标获得表中的所有数据。本案例要求游标与 WHILE 循环语句结合使用，打印所有的部门信息。运行结果如下：

```
10—Administration
20—Marketing
30—Purchasing
40—Human Resources
50—Shipping
60—IT
```

```
70—Public Relations
80—Sales
90—Executive
100—Finance
110—Accounting
120—Treasury
130—Corporate Tax
140—Control And Credit
150—Shareholder Services
160—Benefits
170—Manufacturing
180—Construction
190—Contracting
200—Operations
210—IT Support
220—NOC
230—IT Helpdesk
240—Government Sales
250—Retail Sales
260—Recruiting
270—Payroll
PL/SQL 过程已成功完成。
```

9.9　实践疑难解答

9.9.1　PL/SQL 块与 SQL*Plus 命令的区别

 SQL 语句、PL/SQL 块与 SQL*Plus 命令的区别

网络课堂：http://bbs.itzcn.com/thread-19302-1-1.html

【问题描述】：PL/SQL 语句包括 INSERT、UPDATE、DELETE 和 SELECT 语句，而使用 SQL*Plus 命令同样可以实现数据的增、删、改、查功能。那么，我想问一下，这两者之间有什么区别呢？它们的定义是怎样的？

【正确答案】：PL/SQL 块是以数据库对象为操作对象，但由于 SQL 本身不具备过程控制功能，所以为了能够与其他语言一样具备过程控制的处理功能，在 SQL 中加入诸如循环和选择等面向过程的处理功能，由此形成了 PL/SQL。所有 PL/SQL 语句的解释均由 PL/SQL 引擎来完成，使用 PL/SQL 块可编写过程、触发器和包等数据库永久对象。

SQL*Plus 命令主要用来格式化查询结果，设置选择，编辑以及存储 SQL 命令，设置查询结果的显示格式，并且可以设置环境选项。可以编辑交互语句，可以与数据库进行"对话"。

9.9.2　PL/SQL 中使用游标的问题

PL/SQL 中使用游标的问题

网络课堂：http://bbs.itzcn.com/thread-19303-1-1.html

【问题描述】：我声明了一个名称为 cursor_emp 的游标，该游标用于存储 HR 用户下的 EMPLOYEES 表中的所有数据，目前使用 FOR 语句将存储在游标 cursor_emp 中的 first_name 列的数据循环读取，但执行之后出现以下错误，如下：

```
SQL> DECLARE
  2     CURSOR cursor_emp IS SELECT * FROM employees;
  3  BEGIN
  4     FOR current_cursor IN cursor_emp LOOP
  5          DBMS_OUTPUT.PUT_LINE('当前检索第'||cursor_emp%rowcount||'行:
'||first_name);
  6     END LOOP;
  7  END;
  8  /
       DBMS_OUTPUT.PUT_LINE('当前检索第'||cursor_emp%rowcount||'行:
       '||first_name);
                                                              *
第 5 行出现错误:
ORA-06550: 第 5 行, 第 67 列:
PLS-00201: 必须声明标识符 'FIRST_NAME'
ORA-06550: 第 5 行, 第 3 列:
PL/SQL: Statement ignored
```

由于初次接触游标，有很多迷惑的地方，请各位多多指教，谢谢！

【解决办法】：PL/SQL 程序运行的错误指出第 5 行出现错误，这里使用的是 FOR 语句，因此需要使用 current_cursor.first_name 的方式来获取游标中的数据，代码如下：

```
SQL> DECLARE
  2     CURSOR cursor_emp IS SELECT * FROM employees;
  3  BEGIN
  4     FOR current_cursor IN cursor_emp LOOP
  5          DBMS_OUTPUT.PUT_LINE('当前检索第'||cursor_emp%rowcount||'行:
'||current_cursor.first_name);
  6     END LOOP;
  7  END;
  8  /
当前检索第1行: Donald
当前检索第2行: Douglas
当前检索第3行: Jennifer
```

当前检索第 4 行: Michael
当前检索第 5 行: Pat
当前检索第 6 行: Susan
当前检索第 7 行: Hermann
当前检索第 8 行: Shelley
...
当前检索第 107 行: Kevin
PL/SQL 过程已成功完成。

上一章中所讲述的 PL/SQL 程序块是没有被存储的,系统需要重新编译后再执行,每次执行后都不可以被重新使用。为了提高系统的应用性能,Oracle 提供了一系列命名程序块,也可以称为子程序,包括触发器、函数、存储过程和程序包。其中触发器类似于事件执行机制;函数用于处理一些数据;存储过程是一种命名的 PL/SQL 程序块;程序包就是组合在一起的相关对象的集合。

本章将主要介绍触发器、函数、存储过程和程序包这四种命名程序块的创建及使用。

本章学习要点:
➢ 掌握触发器类型
➢ 熟练掌握触发器的创建和使用
➢ 掌握触发器的修改和删除
➢ 熟练掌握触发器的启用和禁用
➢ 熟练掌握语句触发器的创建和使用
➢ 熟练掌握行触发器的创建和使用
➢ 熟练掌握 INSTEAD OF 触发器的创建和使用
➢ 熟练掌握系统事件触发器的使用
➢ 熟练掌握用户事件触发器的使用
➢ 掌握函数的创建和使用
➢ 熟练掌握存储过程的创建和调用
➢ 掌握存储过程不同类型参数的应用
➢ 了解存储过程的修改和删除
➢ 熟练掌握程序包的创建
➢ 了解程序包中子程序的调用
➢ 熟练掌握程序包的修改和删除

10.1 触发器

触发器是 Oracle 中另外一个重要的对象,并且存储在数据库中。触发器本质也是 PL/SQL 代码块,它的意义在于不必用户手动调用执行,而是指定触发时机。一旦时机成熟,Oracle 数据库将自动执行触发器动作。触发器所执行的动作一般是一组 DML 操作。触发器按照触发事件类型和对象的不同,可以分为语句触发器、行触发器、INSTEAD OF 触发器、系统事件触发器和用户事件触发器。其中，语句触发器、行触发器和 INSTEAD OF 触发器都需要依附于具体的数据库对象的存在而存在，即这 3 种触发器一般针对 DML 操作；系统事件触发器则侧重于针对数据库级的动作；用户事件触发器更侧重于针对用户的 DDL 操作。

10.1.1　语句触发器

语句触发器是指当执行 DML 语句时被隐含执行的触发器。如果在表上针对某种 DML 操作建立了语句触发器，那么当执行 DML 操作时会自动执行触发器的相应代码。其语法格式如下：

```
CREATE [ OR REPLACE ] TRIGGER trigger_name
[ BEFORE | AFTER] trigger_event
{ ON table_name | view_name | DATABASE }
[ WHEN trigger_condition ]
[ DECLARE declaration_statements ; ]
BEGIN
    trigger_body ;
END [ trigger_name ] ;
```

上述语法中的各个参数说明如下：

❑ **trigger_name**
创建的触发器名称。

❑ **BEFORE | AFTER**
BEFORE 表示触发器在触发事件执行之前被激活；AFTER 表示触发器在触发事件执行之后被激活。

❑ **trigger_event**
表示激活触发器的事件。例如 INSERT、UPDATE 和 DELETE 事件等。

❑ **ON table_name | view_name | DATABASE**
table_name 指定 DML 触发器所针对的表。如果是 INSTEAD OF 触发器，则需要指定视图名（view_name）；如果是 DDL 触发器或系统事件触发器，则使用 ON DATABASE。

❑ **WHEN trigger_condition**
为触发器的运行指定限制条件。例如针对 UPDATE 事件的触发器，可以定义只有当修改后的数据符合某种条件时才执行触发器中的内容。

❑ **trigger_body**
触发器体。包含触发器的内容。

1. 创建 BEFORE 语句触发器

为了确保 DML 操作在正常情况下进行，可以基于 DML 操作建立 BEFORE 语句触发器。例如，要求只能由 ADMIN 用户对 STUDENT 表进行添加、修改和删除操作，那么应该为该表创建 BEFORE 语句触发器，以实现数据的安全保护。示例如下：

```
SQL> CREATE OR REPLACE TRIGGER trigger_stu_before
  2  BEFORE
  3     INSERT OR UPDATE OR DELETE ON student
  4  BEGIN
  5     IF user!='ADMIN' THEN
  6             RAISE_APPLICATION_ERROR(-20001,'权限不足，不能对学生信息进行管理');
  7     END IF;
  8  END;
  9  /
触发器已创建
```

BEFORE 表明新建触发器的触发时机为 INSERT、UPDATE 或 DELETE 动作之前，ON
student 表明触发器创建于表 student 之上。接着使用 IF 条件分支语句判断当前用户是否为
ADMIN，如果不是，则抛出异常，提示错误信息，并禁止对数据表 STUDENT 进行插入、
修改和删除的操作。

当前用户为 HR，尝试向表 STUDENT 中插入数据，触发器将抛出错误，如下：

```
SQL> INSERT INTO student
  2  VALUES(1,'马向林',23,'女','河南');
INSERT INTO student
           *
第 1 行出现错误:
ORA-20001: 权限不足，不能对学生信息进行管理
ORA-06512: 在 "HR.TRIGGER_STU_BEFORE", line 3
ORA-04088: 触发器 'HR.TRIGGER_STU_BEFORE' 执行过程中出错
```

2. 使用条件谓词

当在触发器中同时包含多个触发事件（INSERT、UPDATE 和 DELETE）时，为了在
触发器代码中区分具体的触发事件，可以使用以下 3 个条件谓词：

❑ **INSERTING**

当触发事件是 INSERT 操作时，该条件谓词返回值为 TRUE，否则为 FALSE。

❑ **UPDATING**

当触发事件是 UPDATE 操作时，该条件谓词返回值为 TRUE，否则为 FALSE。

❑ **DELETING**

当触发事件是 DELETE 操作时，该条件谓词返回值为 TRUE，否则为 FALSE。

 谓词实际是一个布尔值，在触发器内部根据激活动作，3 个谓词都会重新
赋值。

对于一些比较重要的数据表，可能要求记录下每个用户的实际操作。例如，对于表
STUDENT，现需将用户每次的修改动作都记录到日志中，那么可以使用触发器谓词来判
断用户的实际操作。示例代码如下：

```
SQL> CREATE TABLE student_log(
  2  username varchar2(20),
  3  action varchar2(50),
  4  logtime date);
表已创建。
```

表 STUDENT_LOG 中包含 3 个字段，其中，username 用于记录当前用户；action 记录具体的动作；logtime 记录操作的时间。

为表 STUDENT 创建一个触发器，用于记录用户对数据表的操作日志。代码如下：

```
SQL> CREATE OR REPLACE TRIGGER trigger_student_log
  2  AFTER INSERT OR UPDATE OR DELETE
  3  ON student
  4  BEGIN
  5    IF INSERTING THEN
  6         INSERT INTO student_log values(user,'insert',sysdate);
  7    END IF;
  8   IF UPDATING THEN
  9         INSERT INTO student_log values(user,'update',sysdate);
 10    END IF;
 11    IF DELETING THEN
 12         INSERT INTO student_log values(user,'delete',sysdate);
 13    END IF;
 14  END;
 15  /

触发器已创建
```

INSERTING、UPDATING 和 DELETING 都是触发器谓词，返回值为 TRUE 或 FALSE。使用 IF 条件分支语句判断触发器的激活动作是否为 INSERT、UPDATE 和 DELETE，并向表 STUDENT_LOG 中插入相应的记录。

```
SQL> INSERT INTO student VALUES(1,'张辉',23,'男','河南');
已创建 1 行。
SQL> select * from student_log;

SERNAME              CTION               OGTIME
-----------------    ------------------  ---------------
HR                   insert              25-6月 -12
```

可见，当对表 STUDENT 执行插入语句时，表 STUDENT_LOG 中也插入了相应的记录。

10.1.2 行触发器

行触发器是指执行 DML 操作时，每作用一行就触发一次的触发器。审计数据变化时，可以使用行触发器。其语法格式如下：

```
CREATE [ OR REPLACE ] TRIGGER trigger_name
[ BEFORE | AFTER] trigger_event
{ ON table_name | view_name | DATABASE }
[REFERENCING OLD AS old | NEW AS new]
FOR EACH ROW
[ WHEN trigger_condition ]
[ DECLARE declaration_statements ; ]
BEGIN
    trigger_body ;
END [ trigger_name ] ;
```

其中，FOR EACH ROW 表示触发器是行级触发器。如果不指定此子句，则默认为语句级触发器。

1. 建立 BEFORE 行触发器

在开发数据库应用时，为了确保数据符合商业逻辑或企业规则，应该使用约束对输入数据加以限制，但某些情况下使用约束可能无法实现复杂的商业逻辑或企业规则，此时可以考虑使用 BEFORE 行触发器。

下面来实现记录表 STUDENT 的历史记录的需求。步骤如下：

（1）创建 STUDENT_HISTORY 表，用于记录操作之前的记录。如下所示：

```
SQL> CREATE TABLE student_history(
  2   stuid NUMBER(4),
  3   stuname VARCHAR(20),
  4   stuage NUMBER(4),
  5   stusex VARCHAR2(2),
  6   stuaddress VARCHAR2(50));
表已创建。
```

（2）为了记录表 STUDENT 的历史记录，可以创建如下所示的行触发器。

```
SQL> CREATE OR REPLACE TRIGGER trigger_student_history
  2   BEFORE UPDATE OR DELETE
  3   ON student
  4   REFERENCING OLD AS old
  5   FOR EACH ROW
  6   BEGIN
  7   INSERT INTO student_history values(:old.id,:old.name,:old.age,:old
    .sex,:old
.address);
  8   END;
  9   /
触发器已创建
```

在触发器内部使用表中原有数据，应该使用:old 变量进行引用。:old 是一个行类型的变量，通过该变量可以引用行的各列。

（3）更新 STUDENT 表中的一条数据，触发器 trigger_student_history 将记录原有数据，如下：

```
SQL> UPDATE student SET name='张辉辉'
  2  WHERE id = 1;
已更新 1 行。
```

（4）查看表 STUDENT_HISTORY 中的数据，如下所示：

```
SQL> select * from student_history;
STUID        STUNAME        STUAGE       STUAGE        STUADDRESS
-----------  -------------  -----------  -----------   ----------
1            张辉           23           男            河南
```

分析查询结果可知，当表 STUDENT 中的数据被修改之后，触发器成功记录了修改之前的数据。

2. 建立 AFTER 行触发器

为了审计 DML 操作，可以使用语句触发器或 Oracle 系统提供的审计功能；而为了审计数据变化，则应该使用 AFTER 行触发器。下面以审计雇员工资变化为例，说明使用 AFTER 行触发器的方法。

（1）创建审计数据表 STUDENT_CHANGE，示例如下：

```
SQL> CREATE TABLE student_change(
  2  id NUMBER(4),
  3  oldname VARCHAR2(20),
  4  newname VARCHAR2(20),
  5  time DATE);
表已创建。
```

（2）为了审计所有学生的姓名变化和更新日期，必须要建立 AFTER 行触发器。示例如下：

```
SQL> CREATE OR REPLACE TRIGGER trigger_student_change
  2  AFTER UPDATE OF name ON student
  3  FOR EACH ROW
  4  DECLARE
  5     v_count NUMBER(4);
  6  BEGIN
  7     SELECT COUNT(*) INTO v_count FROM student_change WHERE id = :old.id;
  8     IF v_count=0 THEN
  9        INSERT INTO student_change VALUES (:old.id,:old.name,:new.name,
           sysdate);
```

```
10      ELSE
11      UPDATE student_change SET oldname=:old.name,newname=:new.name,
        time=sysdate WHERE id =:old.id;
12    END IF;
13  END;
14  /
触发器已创建
```

在建立了触发器 trigger_student_change 之后，当修改学生姓名时，会将每个学生的姓名变化全部录入到审计表 STUDENT_CHANGE 中。

（3）修改学生表 STUDENT 中的 NAME 字段值，示例如下：

```
SQL> UPDATE student SET name='王芳' WHERE id=1;
已更新 1 行。
SQL> SELECT * FROM student_change;
ID          OLDNAME              NEWNAME          TIME
----------  -------------------- ---------------  -----------
1           张辉辉               王芳             25-6月 -12
```

从查询结果可以看出，ID 为 1 的学生记录，在改变之前的姓名为张辉辉，改变之后为王芳，改变时间为 2012 年 6 月 25 日。

3. 限制行触发器

在前面的示例中，所有的触发器都是针对整个表，或者针对表中所有行。用户只要执行了某个特定动作，便会激活相应触发器。其实触发器同样可以指定限制条件，以确定触发器是否应该触发。

下面以审计用户年龄小于 18 岁为例，说明限制行触发器的使用方法。步骤如下：

（1）表 temp_user 的现有数据如下：

```
SQL> SELECT * FROM temp_user;
ID        NAME          AGE              STATUS
--------  ------------  ---------------  ----------
1         张芳          16               ACT
2         张力          16               ACT
3         马腾          20               ACT
```

对所有年龄小于 18 岁的用户进行更新操作，将其 STATUS 列值修改为 CXL。我们可以创建一个 BEFORE 行触发器，并为触发器指定限制条件。如下：

```
SQL> CREATE OR REPLACE TRIGGER trigger_user_cxl
  2  BEFORE
  3  UPDATE ON temp_user
  4  FOR EACH ROW
  5  WHEN (old.age<18)
  6  BEGIN
```

```
7    :new.status := 'CXL';
8  END;
9  /
触发器已创建
```

将 WHEN 语句置于 FOR EACH ROW 之后，表示只有行满足 age<18 时，触发器才会触发，需要注意的是限制条件必须用小括号括起来，并且引用记录应该使用 old，而非:old 的形式。

（2）更新 TEMP_USER 表中所有记录的 age 列内容。如下：

```
SQL> UPDATE temp_user SET age=age;
已更新 3 行。
```

虽然 DML 操作并不试图真正修改表的数据，但是由于触发器的存在，STATUS 列将会受到影响。

（3）查询 TEMP_USER 表中的所有数据，如下所示：

```
SQL> SELECT * FROM temp_user;
ID              NAME            AGE               STATUS
-------------   -------------   ---------------   ----------
1               张芳            16                CXL
2               张力            16                CXL
3               马腾            20                ACT
```

分析查询结果可知，只有 age 小于 18 的记录在修改时激活了触发器 trigger_user_cxl，从而执行了修改的操作。

10.1.3 INSTEAD OF 触发器

在 Oracle 系统中，对于简单视图，可以直接执行 INSERT、UPDATE 和 DELETE 操作。但是对于复杂视图（具有集合操作符、具有分组函数、具有 DISTINCT 关键字、具有连接查询等的视图），不允许直接执行 INSERT、UPDATE 和 DELETE 操作。

为了在复杂视图上执行 DML 操作，必须要基于视图建立 INSTEAD OF 触发器。INSTEAD OF 触发器用于执行一个替代操作来代替触发事件的操作，而触发事件本身最终不会被执行。其语法格式如下：

```
CREATE [ OR REPLACE ] TRIGGER trigger_name
INSTEAD OF trigger_event
{ ON table_name | view_name | DATABASE }
[ FOR EACH ROW ]
[ WHEN trigger_condition ]
[ DECLARE declaration_statements ; ]
BEGIN
    trigger_body ;
END [ trigger_name ] ;
```

其中，INSTEAD OF 表示用触发器中的事件代替触发事件执行。

> 建立 INSTEAD OF 触发器有以下注意事项：INSTEAD OF 选项只适用于视图；当基于视图建立触发器时，不能指定 BEFORE 和 AFTER 选项；在建立视图时不能指定 WITH CHECK OPTION 选项；在建立 INSTEAD OF 触发器时，必须指定 FOR EACH ROW 选项。

1. 建立复杂视图

视图是逻辑表，本身没有任何数据。视图只是对应于一条 SELECT 语句，当查询视图时，其数据实际是从视图基表上取得。

下面我们来创建一个包含有三个表的复杂视图，具体步骤如下：

（1）创建三个表，分别为学生表（STUDENTS）、课程表（COURSE）和学生选课表（ST_CR），如下所示。

```
SQL> CREATE TABLE students(
  2  code VARCHAR2(5),
  3  sname VARCHAR2(20));
表已创建。
SQL> CREATE TABLE course(
  2  code VARCHAR2(5),
  3  cname VARCHAR2(30));
表已创建。
SQL> CREATE TABLE st_cr
  2  (
  3  student VARCHAR2(5),
  4  course VARCHAR2(5),
  5  grade NUMBER(4)
  6  );
表已创建。
```

（2）为各个表添加约束，如下：

```
ALTER TABLE students ADD CONSTRAINT STUDENTS$PK PRIMARY KEY(CODE);
ALTER TABLE COURSE ADD CONSTRAINT COURSE$PK PRIMARY KEY(CODE);
ALTER TABLE ST_CR ADD CONSTRAINT ST_CR$PK PRIMARY KEY(STUDENT, COURSE);
ALTER TABLE ST_CR ADD CONSTRAINT ST_CR$FK$STUDENTS FOREIGN KEY(STUDENT)
REFERENCES STUDENTS(CODE);
ALTER TABLE ST_CR ADD CONSTRAINT ST_CR$FK$COURSE FOREIGN KEY(COURSE)
REFERENCES COURSE(CODE);
```

（3）为了简化学生及其选课信息的查询，应建立复杂视图 VIEW_STUDENTS_COURSE。示例如下：

```
SQL> CREATE OR REPLACE VIEW view_students_course AS
  2  SELECT s.code s_code, s.sname student, c.code c_code, c.cname course,
```

```
      sc.grade grade
   3  FROM students s, course c, st_cr sc
   4  WHERE s.code = sc.student AND c.code=sc.course;
视图已创建。
```

执行以上语句，建立复杂视图 VIEW_STUDENTS_COURSE 之后。

（4）向三个表中添加数据，直接查询 VIEW_STUDENTS_COURSE 视图，会显示学生及其选课信息。如下所示：

```
SQL> SELECT * FROM view_students_course;
S_COD        STUDENT              C_COD        COURSE               GRADE
-----  --------------------  -----------  -------------------  ----

10001        王丽丽               1            语文                 1
10001        王丽丽               2            数学                 1
10001        王丽丽               3            英语                 1
10002        张辉                 1            语文                 1
10002        张辉                 2            数学                 1
10002        张辉                 3            英语                 1
10003        马腾                 1            语文                 1
已选择 7 行。
```

 对于复杂视图，系统不允许执行 DML 操作。

2. 创建 INSTEAD OF 触发器

为了在复杂视图上执行 DML 操作，必须要基于复杂视图来建立 INSTEAD OF 触发器。下面以在 VIEW_STUDENTS_COURSE 上执行 INSERT 操作为例，说明 INSTEAD OF 触发器的使用。示例如下：

```
SQL> CREATE OR REPLACE TRIGGER trigger_stdents_course
   2  INSTEAD OF
   3  INSERT ON view_students_course
   4  FOR EACH ROW
   5  DECLARE
   6    w_action VARCHAR2(1);
   7  BEGIN
   8    IF INSERTING THEN
   9        w_action:='I';
  10    ELSE
  11        RAISE PROGRAM_ERROR;
  12    END IF;
  13    INSERT INTO students VALUES(:new.s_code,:new.student);
  14    INSERT INTO course VALUES(:new.c_code,:new.course);
  15    INSERT INTO st_cr VALUES(:new.s_code,:new.c_code,:new.grade);
```

```
16  END;
17  /
触发器已创建
```

当建立了 INSTEAD OF 触发器 TRIGGER_STUDENTS_COURSE 之后，就可以在复杂视图 VIEW_STUDENTS_COURSE 上执行 INSERT 操作了。示例如下：

```
SQL> INSERT INTO view_students_course(s_code,student,c_code,course,grade)
  2  VALUES ('10004','马向林',0004,'物理',2);
已创建 1 行。
```

执行了上述 INSERT 语句之后，可以看到每个表中都有一条新的记录插入。

10.1.4 系统事件触发器

系统事件触发器是指基于 Oracle 系统事件（例如 LOGON 和 STARTUP）所建立的触发器。这些事件主要包括数据库启动、数据库关闭、系统错误等。通过使用系统事件触发器，提供了跟踪系统或数据库变化的机制。

1. 数据库启动和关闭触发器

为了跟踪数据库启动和关闭事件，可以分别建立数据库启动触发器和数据库关闭触发器。只有特权用户才能建立数据库启动触发器和数据库关闭触发器，并且数据库启动触发器只能使用 AFTER 关键字，而数据库关闭触发器只能使用 BEFORE 关键字。

下面以管理员身份登录数据库，并创建一个名称为 DATABASE_LOG 的数据表，用于存储数据库的操作。然后创建如下的两个触发器：

```
SQL> CREATE OR REPLACE TRIGGER trigger_startup
  2  AFTER STARTUP ON DATABASE
  3  BEGIN
  4    INSERT INTO database_log VALUES(user,'startup',sysdate);
  5  END;
  6  /
触发器已创建
SQL> CREATE OR REPLACE TRIGGER trigger_shutdown
  2  BEFORE SHUTDOWN ON DATABASE
  3  BEGIN
  4    INSERT INTO database_log VALUES(user,'shutdown',sysdate);
  5  END;
  6  /
触发器已创建
```

其中，AFTER STARTUP、BEFORE SHUTDOWN 指定触发器的触发时机；ON DATABASE 指定触发器的作用对象；INSERT 语句用于向表 DATABASE_LOG 中添加新的日志信息，以记录数据库启动和关闭时的当前用户和时间。

这里无需指定数据库名称，此时的数据库即为触发器所在的数据库。

在建立了 TRIGGER_STARTUP 触发器之后，当打开数据库时，会执行该触发器的相应代码；在建立了触发器 TRIGGER_SHUTDOWN 之后，在关闭例程之前，会执行该触发器的相应代码。示例如下：

```
SQL> SHUTDOWN
数据库已经关闭。
已经卸载数据库。
ORACLE 例程已经关闭。
SQL> STARTUP
ORACLE 例程已经启动。
Total System Global Area  431038464 bytes
Fixed Size                  1375088 bytes
Variable Size             327156880 bytes
Database Buffers           96468992 bytes
Redo Buffers                6037504 bytes
数据库装载完毕。
数据库已经打开。
SQL> SELECT * FROM database_log;
USERNAME        ACTION         TIME
-------------   ------------   ----------
SYS             shutdown       25-6月 -12
SYS             startup        25-6月 -12
```

从表 database_log 中的数据可知，当关闭和启动数据库之后，将成功地向 DATABASE_LOG 数据表中插入两条新的记录。

2. 建立登录和退出触发器

为了记载用户登录和退出事件，可以分别建立登录和退出触发器。具体的实现步骤如下：

（1）创建日志数据表 USER_LOG，用于记载用户的名称、登录时间、退出时间和 IP 地址。

（2）创建登录触发器和退出触发器。这两个触发器一定要以特权用户身份建立，并且登录触发器只能使用 AFTER 关键字，而退出触发器只能使用 BEFORE 关键字。示例如下：

```
SQL> CREATE OR REPLACE TRIGGER trigger_logon
  2    AFTER LOGON ON DATABASE
  3    BEGIN
  4    INSERT INTO user_log (username,logon_time,address)
  5      VALUES(user,SYSDATE,ora_client_ip_address);
  6    END;
```

```
    7   /
触发器已创建
SQL>  CREATE OR REPLACE TRIGGER trigger_logoff
    2    BEFORE LOGOFF ON DATABASE
    3  BEGIN
    4    INSERT INTO user_log (username,logoff_time,address)
    5      VALUES(user,SYSDATE,ora_client_ip_address);
    6  END;
    7  /
触发器已创建
```

（3）在建立了触发器 TRIGGER_LOGON 之后，当用户登录到数据库之后，会执行其触发器代码；在建立了触发器 TRIGGER_LOGOFF 之后，当用户断开数据库连接之后，会执行其触发器代码。示例如下：

```
SQL> CONNECT hr/tiger;
已连接。
SQL> CONNECT sys/admin AS SYSDBA;
已连接。
SQL> SELECT * FROM user_log;
USERNAME          LOGON_TIME        LOGOFF_TIME      ADDRESS
-------------- ----------------- --------------- -------
HR               25-6月 -12
SYS              25-6月 -12
SYS                                 25-6月 -12
HR               25-6月 -12
```

10.1.5   用户事件触发器

用户是数据库对象之一。一个用户可以拥有数据库中的多个对象。例如，用户 HR 可能是多个数据表及视图的创建者。那么，用户 HR 拥有这些数据表和视图。用户事件触发器的作用对象不是单个对象，而是用户所拥有的所有对象的集合。

另外，并非用户的所有动作都可视作用户事件触发器的激活事件。这里的用户事件是指，除了 INSERT、UPDATE 和 DELETE 以外的，与用户登录/注销、DDL 和 DML 操作相关的事件。以下动作的 BEFORE 和 AFTER 时机均可创建触发器。

- ❑ **CREATE** 创建对象。
- ❑ **ALTER**   修改对象属性。
- ❑ **DROP**   删除对象。
- ❑ **ANALYZE** 分析数据表的统计信息，以供优化器使用。
- ❑ **ASSOCIATE STATISTICS** 关联统计信息。
- ❑ **DISASSOCIATE STATISTICS** 取消统计信息的关联。
- ❑ **AUDIT** 开启对象或系统上的审计功能，以便记录和跟踪用户操作。

❑ **NOAUDIT** 关闭对象或系统上的审计功能。

❑ **COMMENT** 为表或列添加注释。这些注释信息可以通过数据字典获取。

❑ **GRANT** 为数据库用户授权或角色。

❑ **REVOKE** 收回数据库用户的权限或角色。

❑ **RENAME** 重命名数据库中的对象。

❑ **TRUNCATE** 删除数据表中的所有记录，并且不能回滚。

【实践案例 10-1】

以 AFTER TRUNCATE 触发器为例，演示如何创建和使用用户事件触发器。

（1）以 SYSTEM 用户登录，创建日志表，代码如下：

```sql
SQL> CREATE TABLE truncate_log(
  2  object_name VARCHAR2(20),
  3  user_id VARCHAR2(20),
  4  truncate_date date);
表已创建。
```

（2）创建 AFTER TRUNCATE 触发器，代码如下：

```sql
SQL> CREATE OR REPLACE TRIGGER trigger_truncate
  2  AFTER TRUNCATE ON schema
  3  BEGIN
  4      INSERT INTO truncate_log VALUES (ora_dict_obj_name,user,sysdate);
  5  END;
  6  /

触发器已创建
```

其中，AFTER TRUNCATE 表明该触发器的触发事件在 TRUNCATE 动作之后；ON schema 指定触发器的作用对象为当前用户的所有对象；ora_dict_obj_name 指定被删除对象的对象名称。

（3）使用 TRUNCATE 命令清空表 temp 中的记录，并查看表 TRUNCATE_LOG 中的记录，如下所示：

```sql
SQL> TRUNCATE TABLE temp;
表被截断。
SQL> SELECT * FROM truncate_log;

OBJECT_NAME        USER_ID     TRUNCATE_DATE
---------------- ---------- ---------------
TEMP               SYSTEM      25-6月 -12
```

分析查询结果可知，当利用 TRUNCATE 命令清空表 TEMP 时，触发器 TRIGGER_TRUNCATE 已成功记录了该动作。

10.1.6 触发器的相关操作

随着业务的需求，触发器也会随之不断地增加，而有些触发器是长时间不用而停留在数据库中的，这样给数据库内存造成很大的压力，因此我们还可以对触发器执行查看、修改、改变状态和删除的功能。

1. 在数据字典中查看触发器信息

触发器一旦被创建，其信息同样可以通过数据字典获取。与触发器有关的数据字典有：USER_TRIGGER，ALL_TRIGGER 和 DBA_TRIGGER 等。其中，USER_TRIGGERS 存放当前用户的所有触发器，ALL_TRIGGERS 存放当前用户可以访问的所有触发器，DBA_TRIGGERS 存放数据库中的所有触发器。下面查看当前用户的所有触发器，示例如下：

```
SQL> SELECT trigger_type,trigger_name FROM user_triggers;
TRIGGER_TYPE          TRIGGER_NAME
----------------      --------------------------------
AFTER STATEMENT       REPCATLOGTRIG
BEFORE STATEMENT      DEF$_PROPAGATOR_TRIG
AFTER EVENT           TRIGGER_TRUNCATE
```

其中，列 TRIGGER_TYPE 标识了触发器类型；TRIGGER_NAME 标识了触发器事件。

2. 修改触发器

修改触发器，只能通过带有 OR REPLACE 选项的 CREATE TRIGGER 语句重建。而 ALTER TRIGGER 语句则用来启用或禁止触发器。

3. 改变触发器的状态

触发器有 ENABLED（有效）和 DISABLED（无效）两种状态。新建的触发器默认是 ENABLED 状态。启用和禁止触发器的语句是 ALTER TRIGGER，其语法如下：

```
ALTER TRIGGER trigger_name ENABLED | DISABLED;
```

如果使一个表上的所有触发器都有效或无效，可以使用下面的语句：

```
ALTER TABLE table_name ENABLED ALL TRIGGERS;
ALTER TABLE table_name DISABLED ALL TRIGGERS;
```

4. 删除触发器

删除触发器的语法如下：

```
DROP TRIGGER trigger_name;
```

 如果删除创建触发器的表或视图，那么也将删除这个触发器。

例如，删除 SYSTEM 用户下的 TRIGGER_TRUNCATE 触发器，可以使用如下的语句：

```
SQL> DROP TRIGGER trigger_truncate;
触发器已删除。
```

10.2 自定义函数

Oracle 中的自定义函数实际是一组 PL/SQL 的语句的组合。函数的最大特征是必须返回值。通过自定义函数，用户可以极大扩展 PL/SQL 编程的应用。自定义函数创建之后，其调用方法也非常简单，因此，自定义函数也称为常见的用户操作之一。

10.2.1 函数的基本操作

函数和触发器一样，首先要创建函数，然后在需要的时候通过 PL/SQL 语句调用函数，同时可以对函数进行修改和删除操作。

1. 创建函数

创建函数需要使用 CREATE OR REPLACE FUNCTION 命令，其语法格式如下：

```
CREATE [OR REPLACE] FUNCTION function_name
[parameter1 {IN | OUT | IN OUT} datatype
parameter 2 {IN | OUT | IN OUT} datatype
…
parameter N {IN | OUT | IN OUT} datatype]
RETURN datatype
{ IS | AS }
function_body
```

上述语法中各个参数的说明如下：
- **FUNCTION** 指定所创建的对象为函数。
- **parameter** 指定函数的参数。
- **RETURN datatype** 返回类型是必需的，因为调用函数是作为表达式的一部分。
- **function_body** 是一个含有声明部分、执行部分和异常处理部分的 PL/SQL 代码块，是构成函数的代码块。

【实践案例 10-2】
下面以建立根据员工工号查询员工姓名为例，说明建立函数的方法。示例如下：

```
SQL> CREATE OR REPLACE FUNCTION get_empname(empno NUMBER)
  2  RETURN VARCHAR2 AS
  3  BEGIN
  4    DECLARE
  5        v_name employees.first_name%type;
  6    BEGIN
  7        SELECT first_name INTO v_name FROM employees
```

285

```
  8              WHERE employee_id=empno;
  9              RETURN v_name;          --返回变量值
 10      END;
 11  END;
 12  /
函数已创建。
```

在该案例中，创建了一个名称为 get_empname() 的函数，该函数的返回值为一个字符串型（RETURN VARCHAR2）。然后在嵌套的 BEGIN 中使用 SELECT 语句查询特定的员工姓名，并将查询的结果赋值于变量 v_name，并返回该变量的值，其该变量的类型与声明中的返回类型 VARCHAR2 完全匹配。

2. 调用函数

一旦函数创建成功后，就可以在任何一个 PL/SQL 程序块中调用，其调用形式为：函数名+括号的形式。

【实践案例 10-3】

在 PL/SQL 环境中调用函数 get_empname，代码如下：

```
SQL> SET SERVEROUT ON
SQL> DECLARE
  2    v_temp VARCHAR(50);
  3  BEGIN
  4    v_temp:=get_empname('100');              --调用函数，并为参数传值
  5    DBMS_OUTPUT.PUT_LINE('工号为 100 的员工姓名为'||v_temp);
  6  END;
  7  /
工号为 100 的员工姓名为 Steven
PL/SQL 过程已成功完成。
```

3. 删除函数

删除函数的语法如下：

```
DROP FUNCTION function_name;
```

下面的语句将删除 GET_EMPNAME 函数：

```
SQL> DROP FUNCTION get_empname;
函数已删除。
```

10.2.2　函数的参数

当建立函数时，通过使用输入参数，可以将应用程序的数据传递到函数中，最终可以通过执行函数将结果返回到应用程序中。当定义参数时，如果不指定参数模式，则默认为

是输入参数，所以 IN 关键字既可以指定，也可以不指定。

1. 建立带有 IN 参数的函数

下面以建立用于返回学生年龄的函数为例，说明带有输入参数函数的使用。示例如下：

```
SQL> CREATE OR REPLACE FUNCTION get_age(stuname IN VARCHAR2)
  2    RETURN NUMBER
  3    AS
  4    v_age student.age%TYPE;  --定义变量
  5  BEGIN
  6    SELECT age INTO v_age FROM student
  7      WHERE name= stuname;  --查询数据并赋值给变量
  8    RETURN v_age;  --返回变量值
  9  EXCEPTION
 10    WHEN NO_DATA_FOUND THEN
 11      raise_application_error(-20003,'该学生不存在');
 12  END;
 13  /
函数已创建。
```

在建立了函数 GET_AGE 之后，就可以在应用程序中调用该函数了。调用该函数的示例如下：

```
SQL> DECLARE
  2      age NUMBER;
  3  BEGIN
  4      age:=get_age('王丽');                    --调用函数并传递参数
  5      DBMS_OUTPUT.PUT_LINE('王丽同学的年龄为: '||age);
  6  END;
  7  /
王丽同学的年龄为: 20
PL/SQL 过程已成功完成。
```

2. 建立带有 OUT 参数的函数

一般情况下，函数只需要返回单个数据。如果希望使用函数同时返回多个数据，例如同时返回学生姓名和年龄，那么就需要使用输出参数了。为了在函数中使用输出参数，必须要指定 OUT 参数模式。

下面以建立用于返回特定学生的姓名和家庭住址的函数为例，说明带有 OUT 参数函数的使用。示例如下：

```
SQL> CREATE OR REPLACE FUNCTION get_info(stuid NUMBER,title OUT VARCHAR2)
  2    RETURN VARCHAR2
  3    AS
  4    stuname student.name%type;
```

```
 5  BEGIN
 6    SELECT address,name INTO title,stuname FROM student
 7    WHERE id=stuid;
 8    RETURN stuname;
 9    EXCEPTION
10         WHEN no_data_found THEN
11                 RAISE_APPLICATION_ERROR(-20000,'无数据! ');
12  END;
13  /
函数已创建。
```

在建立了函数 GET_INFO()之后，就可以在应用程序中调用该函数了。

因为该函数带有 OUT 参数，所以不能在 SQL 语句中调用该函数，而必须要定义变量接收 OUT 参数和函数的返回值。

在 SQL*Plus 中调用函数 GET_INFO()的示例如下：

```
SQL> SET SERVEROUT ON
SQL> DECLARE
 2      address VARCHAR2(20);
 3      stuname VARCHAR2(20);
 4  BEGIN
 5      stuname:=get_info(1,address);
 6      DBMS_OUTPUT.PUT_LINE(stuname);
 7      DBMS_OUTPUT.PUT_LINE(address);
 8  END;
 9  /
王芳
河南
PL/SQL 过程已成功完成。
```

本案例获取了编号为 1 的学生姓名和家庭住址。

3. 建立带有 IN OUT 参数的函数

建立函数时，不仅可以指定 IN 和 OUT 参数，也可以指定 IN OUT 参数。IN OUT 参数也被称为输入输出参数。使用这种参数时，在调用函数之前需要通过变量给该参数传递数据，在调用结束之后 Oracle 会将函数的部分结果通过该变量传递给应用程序。

下面以计算两个数值相乘和相除求余的结果函数 COMP()为例，说明在函数中使用 IN OUT 参数的方法。示例如下：

```
SQL> CREATE OR REPLACE FUNCTION comp(num1 NUMBER,num2 IN OUT NUMBER)
 2  RETURN NUMBER
 3  AS
 4    v_result NUMBER(6);
```

```
 5     v_remainder NUMBER;
 6  BEGIN
 7    v_result:=num1*num2;
 8    v_remainder:=mod(num1,num2);
 9    num2:=v_remainder;
10    RETURN v_result;
11    EXCEPTION
12            WHEN zero_divide THEN
13                    RAISE_APPLICATION_ERROR(-20000,'除数不能为 0');
14  END;
15  /
函数已创建。
```

注意，因为该函数带有 IN OUT 参数，所以不能在 SQL 语句中调用该函数，而必须使用变量为 IN OUT 参数传递数值并接收数据，另外还需要定义变量接收函数返回值。调用该函数的示例如下：

```
SQL> DECLARE
 2     result1 NUMBER;
 3     result2 NUMBER;
 4  BEGIN
 5     result2:=10;
 6     result1:=comp(16,result2);
 7     DBMS_OUTPUT.PUT_LINE('result1='||result1);
 8     DBMS_OUTPUT.PUT_LINE('result2='||result2);
 9  END;
10  /
result1=160
result2=6
PL/SQL 过程已成功完成。
```

上面例子中，在 DECLARE 块中定义两个 NUMBER 类型的变量，分别命名为 result1 和 result2。在 BEGIN 块中初始化变量 result2 为 10，然后调用 COMP()函数并传递参数值，第 6 行等价于 "result1=16*10,result2=mod(16,10)"。

10.3 存储过程

存储过程是一种命名的 PL/SQL 程序块，它可以接受零个或多个输入、输出参数。如果在应用程序中经常需要执行特定的操作，可以基于这些操作建立一个特定的过程。通过使用过程，不仅可以简化客户端应用程序的开发和维护，而且还可以提高应用程序的运行性能。

10.3.1 创建与调用存储过程

如果需要使用存储过程，首先需要创建一个过程，过程创建好之后 Oracle 系统不会自动执行，还需要调用它才会被执行，同时还可以对它进行修改和删除。本节将介绍如何创建和调用存储过程。

1. 创建存储过程

创建存储过程需要使用 CREATE PROCEDURE 语句，其语法格式如下：

```
CREATE [ OR REPLACE ] PROCEDURE procedure_name
[
    ( parameter [ IN | OUT | IN OUT ] data_type )
    [ , … ]
]
{ IS | AS }
    [ declaration_section ; ]
BEGIN
    procedure_body ;
END [ procedure_name ] ;
```

语法说明如下：

❑ **OR REPLACE**　表示如果存储过程已经存在，则替换已有存储过程。

❑ **procedure_name**　创建的存储过程名称。

❑ **parameter**　参数。可以为存储过程设置多个参数，参数定义之间使用逗号（,）隔开。

❑ **IN | OUT | IN OUT**　指定参数的模式。IN 表示输入参数，在调用存储过程时需要为输入参数赋值，而且其值不能在过程体中修改；OUT 表示输出参数，存储过程通过输出参数返回值；IN OUT 则表示输入输出参数，这种类型的参数既接受传递值，也允许在过程体中修改其值，并可以返回。默认情况下为 IN，在使用 IN 参数时，还可以使用 DEFAULT 关键字为该参数设置默认值，形式如下：

```
parameter [ IN ] data_type DEFAULT value ;
```

❑ **data_type**　参数的数据类型。不能指定精确数据类型，例如只能使用 NUMBER，不能使用 NUMBER(2)等。

❑ **IS | AS**　这两个关键字等价，其作用类似于无名块中的声明关键字 DECLARE。

❑ **declaration_section**　声明变量。在此处声明变量不能使用 DECLARE 语句，这些变量主要用于过程体中。

❑ **procedure_body**　过程体。

❑ **END [procedure_name]**　在 END 关键字后面添加过程名，可以提高程序的可阅读性，不是必须的。

2. 调用存储过程

当存储过程创建好之后，其过程体中的内容并没有被执行，仅仅只是被编译。执行存储过程中的内容需要调用该过程。调用存储过程有两种形式，一种是使用 CALL 语句，另一种是使用 EXECUTE 语句，如下所示：

```
CALL procedure_name ( [ parameter [ , … ] ] ) ;
或
EXEC[UTE] procedure_name [ ( parameter [ , … ] ) ] ;
```

【实践案例 10-4】

创建一个简单的存储过程 pro_student_update，该过程完成对学生信息的修改操作，如下：

```
SQL> CREATE OR REPLACE PROCEDURE pro_student_update
  2  IS
  3  BEGIN
  4    UPDATE student SET name = '张辉' WHERE id=1;
  5  END;
  6  /
过程已创建。
```

过程创建好后，并没有执行修改操作，实现对 STUDENT 表中的数据进行修改需要调用 PRO_STUDENT_UPDATE 存储过程，如下：

```
SQL> EXECUTE pro_student_update;
PL/SQL 过程已成功完成。
SQL> SELECT * FROM student;
ID          NAME           AGE             SEX            ADDRESS
----------  -------------  --------------  -------------  -------
1           张辉           23              男             河南
2           王丽           20              女             河南
```

从查询结果可知，PRO_STUDENT_UPDATE 存储过程已经执行了 UPDATE 操作，即将编号为 1 的学生姓名由王芳修改为张辉。

10.3.2 存储过程的参数

存储过程与函数类似，也可以含有参数。Oracle 提供了三种参数模式：IN、OUT 和 IN OUT。其中，IN 模式的参数，用于向过程传入一个值；OUT 模式的参数，用于从被调用过程返回一个值；IN OUT 模式的参数，用于向过程传入一个初始值，返回更新后的值。

1. 建立带有 IN 参数的过程

建立过程时，可以通过使用输入参数，将应用程序的数据传递到过程中。当为过程定义参数时，如果不指定参数模式，那么默认就是输入参数，另外也可以使用 IN 关键字显式地定义输入参数。

下面定义一个添加记录的存储过程，实现对学生信息的添加操作，其参数全部为输入参数。存储过程的定义如下：

```
SQL> CREATE OR REPLACE PROCEDURE pro_student_add(
  2    v_id IN NUMBER,
  3    v_name IN VARCHAR2,
  4    v_age IN NUMBER,
  5    v_address IN VARCHAR2,
  6    v_sex IN VARCHAR2 DEFAULT '男'          --指定缺省的输入值
  7  )
  8  AS
  9  BEGIN
 10    INSERT INTO student VALUES(
 11    v_id,v_name,v_age,v_sex,v_address);
 12    EXCEPTION
 13         WHEN dup_val_on_index THEN
 14                DBMS_OUTPUT.PUT_LINE('数据已经存在');
 15  END;
 16  /
过程已创建。
```

如上所示，PRO_STUDENT_ADD 过程含有 5 个输入参数，其中 v_sex 指定了默认值。在调用该过程时，除了具有默认值的参数之外，其余参数必须要提供数值。调用示例如下：

```
SQL> EXEC pro_student_add(3,'张芳',22,'河南')
PL/SQL 过程已成功完成。
```

由于在创建存储过程时，为 v_sex 参数指定了默认值（缺省值），因此在调用该过程时，只传入其余的 4 个参数即可。

 只有 IN 参数才具有默认值，OUT 和 IN OUT 参数都不具有默认值。

2. 建立带有 OUT 参数的过程

过程不仅可以用于执行特定操作，而且也可以用于输出数据，在过程中输出数据是使用 OUT 或 IN OUT 参数来完成的。当定义输出参数时，必须指定 OUT 关键字。

下面定义一个返回修改后的学生姓名和年龄的存储过程 PRO_GETSTU，示例如下：

```
SQL> CREATE OR REPLACE PROCEDURE pro_getstu
  2  (
  3    v_id IN NUMBER,
  4    v_name OUT VARCHAR2,
  5    v_age OUT NUMBER
  6  )
  7  AS
  8  BEGIN
  9    UPDATE student SET sex='女' WHERE id=v_id;
```

```
10     SELECT name,age INTO v_name,v_age FROM student WHERE id=v_id;
11     EXCEPTION
12           WHEN no_data_found THEN
13                 DBMS_OUTPUT.PUT_LINE('无数据! ');
14  END;
15  /
过程已创建。
```

293

如上所示，PRO_GETSTU 存储过程包含有三个参数：一个输入参数和两个输出参数。当在应用程序中调用该过程时，必须要定义变量接收输出参数的数据。下面是在 SQL*Plus 中调用该过程的示例：

```
SQL> VAR stuname VARCHAR2(20);
SQL> VAR stuage NUMBER;
SQL> EXEC pro_getstu(3,:stuname,:stuage);
PL/SQL 过程已成功完成。
SQL> PRINT stuname stuage;
STUNAME
------------------
张芳
STUAGE
----------
22
```

3. 建立带有 IN OUT 参数的过程

IN OUT 参数也称为输入输出参数，当使用这种参数时，在调用过程之前需要通过变量给这种参数传递数据，在调用结束之后，Oracle 会通过该变量将过程结果传递给应用程序。

下面定义一个计算两个数值相加和相乘结果的过程COMP，说明在过程中使用 IN OUT 参数的方法。示例代码如下：

```
SQL> CREATE OR REPLACE PROCEDURE comp
 2  (
 3    num1 IN OUT NUMBER,
 4    num2 IN OUT NUMBER
 5  )
 6  AS
 7    v1 NUMBER;
 8    v2 NUMBER;
 9  BEGIN
10    v1:=num1+num2;
11    v2:=num1*num2;
12    num1:=v1;
13    num2:=v2;
```

```
 14  END;
 15  /
过程已创建。
```

如上所示，在过程 COMP ()中，num1 和 num2 为输入输出参数。当在应用程序中调用该过程时，必须提供两个变量临时存放数值，在运算结束之后会将这两个数值相加和相乘之后的结果分别存放到这两个变量中。下面是 SQL*Plus 中调用该过程的示例：

```
SQL> VAR num1 NUMBER;
SQL> VAR num2 NUMBER;
SQL> EXEC :num1:=10;
PL/SQL 过程已成功完成。
SQL> EXEC :num2:=6;
PL/SQL 过程已成功完成。
SQL> EXEC comp(:num1,:num2);
PL/SQL 过程已成功完成。
SQL> PRINT num1 num2;
NUM1
----------
16
NUM2
----------
60
```

10.3.3 存储过程的其他操作

当存储过程创建好之后，我们可以调用它来完成一些功能。随着存储过程的不断增加，数据库的压力也越来越大，从而需要对一些无用的存储过程实施删除的操作，而可以对一些存储过程进行修改完成另一个功能。

1. 删除存储过程

当过程不再需要时，用户可以使用 DROP PROCEDURE 命令来删除该过程。语法格式如下：

```
DROP PROCEDURE procedure_name;
```

例如，删除过时的 out_time 存储过程：

```
SQL> DROP PROCEDURE out_time;
过程已删除。
```

2. 修改存储过程

在 Oracle 中，可以使用带有 OR REPLACE 选项的重建命令修改存储过程，即重新创建一个与原存储过程名称相同的存储过程，在前面的示例中已经使用过，这里不再阐述。

3. 查询存储过程

对于创建好的存储过程，如果需要了解其定义信息，可以查询数据字典 USER_SOURCE。

例如，通过数据字典 USER_SOURCE 查询存储过程 COMP 的定义信息，如下：

```
SQL>  SELECT * FROM user_source WHERE name='COMP';
NAME              TYPE                  LINE          TEXT
------------  ------------------  -----------  ----------
COMP              PROCEDURE             1             PROCEDURE comp
COMP              PROCEDURE             2             (
COMP              PROCEDURE             3             num1 IN OUT NUMBER,
COMP              PROCEDURE             4             num2 IN OUT NUMBER
COMP              PROCEDURE             5             )
COMP              PROCEDURE             6             AS
COMP              PROCEDURE             7             v1 NUMBER;
COMP              PROCEDURE             8             v2 NUMBER;
COMP              PROCEDURE             9             BEGIN
...
COMP              PROCEDURE             14            END;
已选择14 行。
```

其中，NAME 表示对象名称；TYPE 表示对象类型；LINE 表示定义信息中文本所在的行数；TEXT 表示对应行的文本信息。

10.4 程序包

对于大多数应用来说，程序包并非必需。但是有时候，应用程序所创建的函数和存储过程过多，那么有效管理这些函数和存储过程就显得非常必要。程序包正是解决这一问题的优秀策略。

程序包由两部分构成，即规范和主体。本节将介绍如何使用程序包管理函数和存储过程。

10.4.1 程序包的规范

规范包含了所有需要实现的函数与存储过程。规范中只是声明了函数与存储过程，而不对它们进行具体的定义。规范类似于面向对象编程中的接口，只是标识了主体中必须要实现的函数与存储过程的集合。

创建规范需要使用 CREATE OR REPLACE PACKAGE，语法格式如下：

```
CREATE [OR REPLACE] PACKAGE package_name
{ IS | AS}
```

```
var_list;
FUNCTION function_name1(parameter_list) RETURN datatype1;
FUNCTION function_name2(parameter_list) RETURN datatype2;
...
PROCEDURE procedure_name1(parameter_list);
PROCEDURE procedure_name2(parameter_list);
...
END package_name;
```

上述语法中各个参数的说明如下：

- **package_name** 指定包名。
- **var_list** 指定元素列表，这些元素可以是变量、游标等。
- **FUNCTION** 函数的标识。
- **function_name** 函数名称。
- **datatype** 函数的返回类型。
- **PROCEDURE** 存储过程的标识。
- **procedure_name** 存储过程的名称。
- **parameter_list** 参数列表。

 在程序包的规范中，可以定义多个变量，这些变量可以为所有函数和存储过程共享，同时也可以定义多个函数和多个存储过程。

【实践案例 10-5】

针对表 STUDENT，可能存在着多个与之相关的函数和存储过程。可以利用程序包将其组织起来。

```
SQL> CREATE OR REPLACE PACKAGE pkg_student
  2  AS
  3  FUNCTION getStuName RETURN VARCHAR2;
  4  FUNCTION getAge(stuid IN NUMBER) RETURN NUMBER;
  5  PROCEDURE student_update;
  6  END;
  7  /
程序包已创建。
```

如上述程序，在创建包 PKG_STUDENT 时，只列出了自定义函数 getStuName、getAge 和存储过程 student_update 的声明部分，而不包含它们的实际代码，实际代码应该在主体中给出。

10.4.2 程序包的主体

单纯定义程序所需的规范是毫无意义的。规范需要与主体一一对应。在规范中声明的所有函数和存储过程，必须在主体中进行具体定义。主体与规范之间的一一对应是通过相同的包名来实现的。

创建主体需要使用 CREATE OR REPLACE PACKAGE BODY 语句。主体中也可以声明多个变量、游标等，并且在创建时需要指定已创建的程序包，其语法格式如下：

```
CREATE [ OR REPLACE ] PACKAGE BODY package_name
{ IS | AS }
package_body ;
END package_name ;
```

【实践案例 10-6】

创建程序包 PKG_STUDENT 的主体，在该主体中必须实现两个函数和一个存储过程（可以包含其他的子程序）。主体的创建如下：

```
SQL> CREATE OR REPLACE PACKAGE BODY pkg_student
  2  AS
  3  FUNCTION getStuName RETURN VARCHAR2 AS            --定义 getStuName 函数
  4  BEGIN
  5    DECLARE CURSOR cursor_name IS
  6    SELECT name FROM student ORDER BY id;
  7    stu_name VARCHAR2(20);
  8    student VARCHAR2(100);
  9    BEGIN
 10          OPEN cursor_name;
 11          FETCH cursor_name INTO stu_name;
 12          WHILE cursor_name%found LOOP
 13                  student:=student||stu_name||', ';
 14                  FETCH cursor_name INTO stu_name;
 15          END LOOP;
 16          RETURN substr(student,1,length(student)-1);
 17     END;
 18  END getStuName;
 19  FUNCTION getAge(stuid NUMBER) RETURN NUMBER AS       --定义 getAge 函数
 20  BEGIN
 21    DECLARE
 22      v_age student.age%type;
 23    BEGIN
 24      SELECT age INTO v_age FROM student WHERE id=stuid;
 25      RETURN v_age;
 26    END;
 27  END getAge;
 28  PROCEDURE student_update IS                 --定义 student_update 存储过程
 29  BEGIN
 30    UPDATE student SET name='张芳芳' WHERE id=3;
 31  END student_update;
 32  END pkg_student;
```

```
 33  /
程序包体已创建。
```

在该程序包的主体中，实现了 getStuName 函数、getAge 函数和 student_update 过程的实际代码。

10.4.3 调用程序包中的子程序

使用程序包可以使函数和存储过程的管理层次更加明晰。但是，处于程序包中的函数和存储过程在调用时，必须要添加程序包名，格式如下：

```
package_name.[ element_name ] ;
```

其中，element_name 表示元素名称，可以是存储过程名、函数名、变量名和常量名等。

 在程序包中可以定义公有常量与变量。

【实践案例 10-7】

调用 PKG_STUDENT 包中的 getStuName 函数，获取 STUDENT 表中的所有学生姓名。如下所示：

```
SQL> SELECT pkg_student.getStuName FROM dual;
GETSTUNAME
------------------------------------------------
张辉，王丽，张芳
```

调用 PKG_STUDENT 包中的 getAge 函数，获取特定学生的年龄。如下所示：

```
SQL> SELECT pkg_student.getAge(2) FROM dual;
PKG_STUDENT.GETAGE(2)
------------
20
```

调用 PKG_STUDENT 包中的 STUDENT_UPDATE 存储过程，执行修改操作。如下所示：

```
SQL> EXEC pkg_student.student_update;
PL/SQL 过程已成功完成。
```

查询 STUDENT 表中的数据，检测是否成功执行。如下所示：

```
SQL> SELECT * FROM student;
ID          NAME          AGE          SEX          ADDRESS
-------     -------------     -----------     ---------------     ----------
1           张辉          23           男           河南
2           王丽          20           女           河南
3           张芳芳          22           女           河南
```

从查询结果可以看出，编号为 3 的学生姓名已成功由张芳更新为张芳芳。

10.4.4　程序包的其他操作

程序包同存储过程相同，同样具有修改和删除的操作，本节将介绍程序包的修改和删除。

1．修改程序包

修改包只能通过带有 OR REPLACE 选项的 CREATE PACKAGE 语句重建。重建的包将取代原来包中的内容，达到修改包的目的。

2．删除程序包

删除包时将规范和主体一起删除，其语法如下：

```
DROP PACKAGE package_name;
```

例如，删除上面创建的 PKG_STUDENT 包，可以使用下面的语句：

```
SQL> DROP PACKAGE pkg_student;
程序包已删除。
```

10.5　项目案例：实现对员工的增加和删除功能

程序包是一个逻辑集合，是 PL/SQL 类型以及 PL/SQL 子程序的集合，其中，子程序包括过程、函数等。通过本章对程序包的讲解，我们了解到程序包的使用可以简化应用程序设计、实现信息隐藏、子程序重载等功能。本节将通过创建一个程序包，来实现员工的添加、删除和获取员工工资的功能。

【实例分析】

分别创建程序包的规范和主体，在规范中声明两个存储过程和一个自定义函数，并在程序包的主体中实现这 3 个子程序，从而实现对员工信息的添加、删除和获取工资等操作。具体的实现步骤如下：

（1）创建程序包的规范，在该规范中定义 ADD_EMPLOYEE、FIRE_EMPLOYEE 两个存储过程和 GET_SAL 自定义函数，分别用于添加员工信息、删除特定员工信息和获取特定员工的工资。规范的定义如下：

```
SQL> CREATE OR REPLACE PACKAGE pkg_emp AS    --创建规范，包的名字为 PKG_EMP
  2  v_deptno NUMBER(3) := 100;              --定义一个公共变量 v_deptno
  3  PROCEDURE add_employee                  --声明 ADD_EMPLOYEE 存储过程
  4    (eno NUMBER, name VARCHAR2, lastname VARCHAR2,
  5    salary NUMBER,email VARCHAR2,
  6    job VARCHAR2 DEFAULT 'AD_VP' , hiredate DATE DEFAULT sysdate,
```

```
 7        dno NUMBER DEFAULT v_deptno);
 8    PROCEDURE fire_employee(eno NUMBER);    --声明 FIRE_EMPLOYEE 存储过程
 9    FUNCTION get_sal(eno NUMBER) RETURN NUMBER; --声明 GET_SAL 自定义函数
10    END pkg_emp;
11    /
程序包已创建。
```

（2）创建程序包的主体，在主体中除了要实现上述规范中所定义的 3 个子程序，即 ADD_EMPLOYEE 存储过程、FIRE_EMPLOYEE 存储过程和 GET_SAL 自定义函数之外，还需要创建一个自定义函数 VALIDATE_DEPTNO，用于验证用户指定的部门是否存在。程序包的主体定义如下：

```
SQL> CREATE OR REPLACE PACKAGE BODY pkg_emp AS        --创建包体
 2      FUNCTION validate_deptno(v_deptno NUMBER) RETURN BOOLEAN
                                                    --创建自定义函数
 3      IS
 4          v_temp NUMBER;
 5      BEGIN
 6          SELECT 1 INTO v_temp FROM departments WHERE department_id =
            v_deptno;
 7          RETURN TRUE;
 8          EXCEPTION
 9              WHEN no_data_found THEN
10                  RETURN FALSE;
11      END;
12      PROCEDURE add_employee                        --创建 ADD_EMPLOYEE 的过程
13          (eno NUMBER,
14          name VARCHAR2,
15          lastname VARCHAR2,
16          salary NUMBER,
17          email VARCHAR2,
18          job VARCHAR2 DEFAULT 'AD_VP',
19          hiredate DATE DEFAULT sysdate,
20          dno NUMBER DEFAULT v_deptno)
21      IS
22      BEGIN
23          IF validate_deptno(dno) THEN    --该过程调用了包内的一个函数
            validate_deptno，来验证 dno 的有效性
24              INSERT INTO employees(employee_id, first_name, last_
                name, salary, email, job_id, hire_date, department_id)
                VALUES(eno, name, lastname , salary, email, job ,
                hiredate , dno);
25          ELSE
26              RAISE_APPLICATION_ERROR(-20000, '不存在该部门');
27          END IF;
```

```
28              EXCEPTION
29                  WHEN DUP_VAL_ON_INDEX THEN
30                      RAISE_APPLICATION_ERROR(-20011,'该雇员已存在');
31      END;
32      PROCEDURE fire_employee(eno NUMBER) IS  --创建 FIRE_EMPLOYEE 过程
33      BEGIN
34          DELETE FROM employees WHERE employee_id = eno;
35          IF SQL%NOTFOUND THEN
36              RAISE_APPLICATION_ERROR(-20012, '该雇员不存在');
37
38          END IF;
39      END;
40      FUNCTION get_sal(eno NUMBER) RETURN NUMBER IS  --创建 GET_SAL 函数
41          v_sal employees.salary%TYPE;
42      BEGIN
43          SELECT salary INTO v_sal FROM employees WHERE employee_id = eno;
44          RETURN v_sal;
45          EXCEPTION
46                  WHEN NO_DATA_FOUND THEN
47                      RAISE_APPLICATION_ERROR(-20012,'该雇员不存在');
48      END;
49  END pkg_emp;
50  /
程序包体已创建。
```

（3）调用程序包中的公共过程：ADD_EMPLOYEE，实现对员工的添加操作。代码如下：

```
SQL> EXEC pkg_emp.add_employee(2222,'TOM','Robinson',3000,'tom@qq.com');
PL/SQL 过程已成功完成。
SQL> SELECT * FROM employees WHERE employee_id=2222;

EMPLOYEE_ID  FIRST_NAME      LAST_NAME    EMAIL  PHONE_NUMBER   HIRE_DATE
-----------  ------------  ------------  --------------------------------------
JOB_ID  SALARY  COMMISSION_PCT  MANAGER_ID   DEPARTMENT_ID
--------------  ----------  ----------  --------  ----------  -----  --------
2222         TOM           Robinson     tom@qq.com               26-6月 -12
AD_VP   3000                             100
```

（4）调用程序包中的公共函数：GET_SAL，获取添加员工的工资。代码如下：

```
SQL> SELECT pkg_emp.get_sal(2222) FROM dual;
PKG_EMP.GET_SAL(2222)
----------------------
3000
```

（5）调用程序包中的 FIRE_EMPLOYEE 存储过程，删除新添加员工信息。代码如下：

```
SQL> EXEC pkg_emp.fire_employee(2222);
PL/SQL 过程已成功完成。
```

（6）再次查询编号为 2222 的员工信息，检测其是否成功删除。如下所示：

```
SQL>  SELECT * FROM employees WHERE employee_id=2222;
未选定行
```

10.6 习题

一、填空题

1．创建存储过程需要使用 CREATE PROCEDURE 语句，调用存储过程可以使用
_____或 EXECUTE 命令。

2．下面是创建存储过程的语句，该过程用于根据某学生 ID（stuid）返回学生姓名
（stuname）：

```
CREATE PROCEDURE stu_pro
( stu_id IN NUMBER , stu_name OUT VARCHAR2 ) AS
BEGIN
  SELECT stuname INTO _____
  FROM student WHERE stuid = stu_id;
END stu_pro ;
```

上述语句划横线处应填写_____。

3．触发器按照触发事件类型和对象的不同，可以分为语句触发器、行触发器、
_____触发器、系统事件触发器和用户事件触发器。

4．_____可以有效地管理过多的存储过程和函数。

二、选择题

1．关于存储过程参数，正确的说法是_____。
    A．存储过程的输出参数可以是标量类型，也可以是表类型
    B．存储过程输入参数可以不输入信息而调用过程
    C．可以指定字符参数的字符长度
    D．以上说法都不对

2．下列说法，正确的说法是_____。
    A．只要在存储过程中有增、删、改语句，就必须使用事务
    B．在函数内可以修改表数据
    C．函数不能递归调用
    D．以上说法都不对

3．关于触发器，下列说法正确的是_____。
    A．可以在表上创建 INSTEAD OF 触发器

    B. 语句触发器不能使用:old 和:new

    C. 行触发器不能用于审计功能

    D. 触发器可以显式调用

4. _____动作不会激发触发器？

    A. 更新数据

    B. 查询数据

    C. 删除数据

    D. 插入数据

三、上机练习

1. 转换表中的数据

在 HR 用户下存在一张 CC 表，表数据如下：

```
ID        NAME
-----  ------
1         西
1         安
1         的
2         天
2         气
3         真
3         好
```

编写存储过程，不改变表结构及数据内容，显式出如下转换后的结果：

```
1-----西 安 的
2-----天 气
3-----真 好
```

首先获取 ID 值相同的记录数目，然后使用 FOR 循环指定要循环的次数为该记录数目，并在循环体中使用 ROWNUM 来控制要显式的 NAME 字段值。最后退出循环，并以 END 结束存储过程的创建。

10.7 实践疑难解答

10.7.1 创建存储过程时出现语法错误

创建存储过程的语法错误

网络课堂：http://bbs.itzcn.com/thread-19304-1-1.html

【问题描述】：在创建存储过程时，为了程序的需要，声明了 uname、uid 和 ustar 三个参数，其中 uname 参数用于作为查询数据的条件参数；uid 参数用于获取用户的 ID 值；ustar

则用于获取用户的 USERSTAR 值。我编写了如下的存储过程的创建代码，运行此代码却
提示：创建的过程带有编译错误的信息。

```
SQL> CREATE OR REPLACE PROCEDURE show_user
  2  (uname VARCHAR2,uid NUMBER,ustar NUMBER)
  3  IS
  4  BEGIN
  5  SELECT userid,userstar INTO uid,ustar FROM userinfo
  6  WHERE username=uname;
  7  END;
  8  /
警告：创建的过程带有编译错误。
```

上述代码中使用了 SELECT INTO 语句将查询 userinfo 表中的 userid 和 userstar 字段值
存储在 uid 和 ustar 变量中。可是在执行过程中出现编译错误，这是为什么呢？

【解决办法】：如果创建的存储过程中需要输出或者输入参数值，那么必须使用特殊的
参数模式，而在上述错误代码中，可以看出需要将 uname 参数传入值，而 uid 和 ustar 则需
要输出值。因此在定义参数时需要使用 IN 和 OUT 关键字，正确的代码如下所示。

```
SQL> CREATE OR REPLACE PROCEDURE show_user
  2  (uname VARCHAR2,uid OUT NUMBER,ustar OUT NUMBER)
  3  IS
  4  BEGIN
  5  SELECT userid,userstar INTO uid,ustar FROM userinfo
  6  WHERE username=uname;
  7  END;
  8  /
过程已创建。
```

在代码中，为输入参数 uname 定义 IN 关键字，由于参数的默认模式为 IN，因此在这
里可以将 IN 关键字省略。然后为 uid 和 ustar 定义 OUT 关键字用来输出查询信息。

10.7.2 SQL、T-SQL 与 PL/SQL 的区别

SQL、T-SQL 与 PL/SQL 的区别

网络课堂：http://bbs.itzcn.com/thread-19305-1-1.html

【问题描述】：对数据库进行操作，不单纯只用 SQL 语句吗？T-SQL 和 PL/SQL 指的是
什么？这三者之间有什么区别？

【正确答案】：SQL 是 Structrued Query Language 的缩写，即结构化查询语言。它是负
责与 ANSI（美国国家标准学会）维护的数据库交互的标准。作为关系数据库的标准语言，
它已被众多商用 DBMS 产品所采用，使得它已成为关系数据库领域中一个主流语言，不仅
包含数据查询功能，还包括插入、删除、更新和数据定义功能。

T-SQL 是 SQL 语言的一种版本，且只能在 SQL Server 上使用。它是 ANSI SQL 的加

强版语言，提供了标准的 SQL 命令。另外，T-SQL 还对 SQL 做了许多补充，提供了数据库脚本语言，即类似 C、Basic 和 Pascal 的基本功能，如变量说明、流控制语言、功能函数等。

PL/SQL（Procedural Language-SQL）是一种增加了过程化概念的 SQL 语言，是 Oracle 对 SQL 的扩充。与标准 SQL 语言相同，PL/SQL 也是 Oracle 客户端工具（如 SQL*Plus、Developer/2000 等）访问服务器的操作语言。它有标准 SQL 所没有的特征：变量（包括预先定义的和自定义的）、控制结构（如 IF-THEN-ELSE 等流控制语句）、自定义的存储过程和函数、对象类型等。由于 PL/SQL 融合了 SQL 语言的灵活性和过程化的概念，使得 PLSQL 成为了一种功能强大的结构化语言，可以设计复杂的应用。

第11章

用户权限与安全

Oracle 为了确保数据库系统的安全，为每一个账号都分配了一定的权限或者角色。其中，权限是指用户可以访问而且只能访问自己被授权的资源。角色是一组权限的集合，将角色赋给一个用户，这个用户就拥有了这个角色中的所有权限。用户、权限和角色是密不可分的，DBA 可以利用角色来简化权限的管理，为用户授予适当的角色，从而让用户拥有一定的权限进行相应的操作。

本章学习要点：

➢ 熟练掌握对用户的操作

➢ 了解用户配置文件的作用

➢ 掌握 Oracle 中系统权限和对象权限

➢ 熟练掌握对角色的操作

➢ 掌握使用 OEM 对配置文件和角色的管理

11.1 用户

用户（user），通俗地讲就是访问 Oracle 数据库的"人"。在 Oracle 中，可以对用户的各种安全参数进行控制，以维护数据库的安全性，这些概念包括模式（schema）、权限、角色、存储设置、空间限额、存取资源限制、数据库审计等。每个用户都有一个口令，使用正确的用户/口令才能登录到数据库进行数据存取。在创建用户时，对用户可以使用的安全参数进行限制，从而可以对用户操作进行一定的规范。

11.1.1 创建用户

在创建一个用户时，可以为用户指定表空间，临时表文件和资源文件等。另外，还可以使用 PASSWORD EXPIRE 子句和 ACCOUNT 子句，对该用户进行相应的管理。

1. 创建新用户

创建一个新用户时需要使用 CREATE USER 语句，该语句的语法如下。

```
CREATE USER username
IDENTIFIED BY password
[DEFAULT TABLESPACE tablespace |
```

```
TEMPORARY TABLESPACE tablespace |
PROFILE profile
QUOTA integer | UNLIMITED ON tablespace
|PASSWORD EXPIRE
|ACCOUNT LOCK | UNLOCK ]
```

其中各参数的含义如下。

- **username**　要创建的数据库用户的名称。
- **password**　用户口令。
- **DEFAULT TABLESPACE tablespace**　用户指定默认表空间。
- **TEMPORARY TABLESPACE tablespace**　为用户指定临时表空间。
- **PROFILE profile|DEFAULT**　用户资源文件，该用户资源文件必须在之前已经被创建。
- **QUOTA integer[K|M]|UNLIMITED ON tablespace**　用户在表空间上的空间使用限额，可以指定多个表空间的限额。
- **PASSWORD EXPIRE**　强制用户在第一次登录数据库后必须修改口令。
- **ACCOUNT LOCK | UNLOCK**　表示锁定或者解锁某个用户账号。

创建数据库用户时，执行创建的用户必须具有 CREATE USER 的权限。例如，我们首先以管理员的身份连接到数据库，创建一个用户 user1，并为该用户指定登录口令 root，默认表空间 users 和临时表空间 temp 等。代码如下。

```
SQL> CREATE USER user1
  2  IDENTIFIED BY root
  3  DEFAULT TABLESPACE users
  4  TEMPORARY TABLESPACE temp
  5  QUOTA 10m ON users;
用户已创建。
```

如果需要回收用户在表空间内的存储空间，可以通过修改其所有表空间的配额为零，这样，用户创建的数据库对象仍然被保留，但是该用户无法再创建新的数据库对象。

> 如果希望一个用户可以在数据库中执行某些操作，必须为该用户授予执行这些操作所需要的权限。例如，一个用户想要连接到数据库上，就必须向该用户授予"创建会话"的权限，也就是 CREATE SESSION 系统权限。

2. 使用 PASSWORD EXPIRE 语句

在创建用户时还可以使用 PASSWORD EXPIRE 子句，用来设置用户口令过期、失效，强制用户在登录数据库时必须修改口令。例如：

```
SQL> CREATE USER user2
  2  IDENTIFIED BY root
  3  DEFAULT TABLESPACE users
```

```
   4   TEMPORARY TABLESPACE temp
   5   QUOTA 10m ON users
   6   PASSWORD EXPIRE;
用户已创建。
SQL> conn user2/root;
ERROR:
ORA-28001: the password has expired
更改 user2 的口令
新口令:
重新键入新口令:
口令已更改
```

3. 使用 ACCOUNT LOCK 或者 ACCOUNT UNLOCK 选项

创建用户时，可以使用 ACCOUNT LOCK 或者 ACCOUNT UNLOCK 选项，表示是否锁定或者解锁用户账号。如果用户被锁定，这个用户就不可用。例如：

```
SQL> CREATE USER user3
   2   IDENTIFIED BY aa
   3   DEFAULT TABLESPACE users
   4   TEMPORARY TABLESPACE temp
   5   ACCOUNT LOCK;
用户已创建。
```

当用户不可用时，需要 DBA 对其解锁后才可以使用。

4. 查看用户信息

通过数据字典 DBA_USERS 可以查看用户信息，如下。

```
SQL> column username format a25;
SQL> select username profile,account_status from dba_users;
PROFILE                 ACCOUNT_STATUS
------------------- -------------------
MGMT_VIEW               OPEN
SYS                     OPEN
SYSTEM                  OPEN

.............
已选择 39 行。
```

其中，USERNAME 表示用户名，PROFILE 表示用户所使用的资源文件，ACCOUNT_STATUS 表示用户的状态。

11.1.2 修改用户密码

用户创建完成后，管理员可以对用户进行修改，包括修改用户口令、改变用户默认表空间、临时表空间、磁盘配额及资源限制等。修改用户需要使用 ALTER USER 语句，该语句语法如下。

```
ALTER USER username IDENTIFIED BY password
OR IDENTIFIED EXETERNALLY
OR IDENTIFIED GLOBALLY AS 'CN=user'
[DEFAULT TABLESPACE tablespace]
[TEMPORARY TABLESPACE temptablespace]
[QUOTA [integer K[M] ] [UNLIMITED] ] ON tablespace
[PROFILES profile_name]
[PASSWORD EXPIRE]
[ACCOUNT LOCK or ACCOUNT UNLOCK]
OR [DEFAULT ROLE ALL [EXCEPT role[,role]]]
OR [DEFAULT ROLE NOTE]
```

例如，我们修改用户 user1 的密码，代码如下。

```
SQL> alter user user1 identified by bb;
用户已更改。
```

上述代码中将用户 user1 的密码修改为 bb。其中，by 关键字之后为新密码，新密码可以为任意字符串。

PASSWORD 命令可以用来修改当前登录用户的密码。在输入 PASSWORD 命令之后 SQL*Plus 就会提示先输入原来的密码，然后再输入两次新密码，以便确认。如下面例子。

```
SQL> conn user1/bb;
已连接。
SQL> password
更改 USER1 的口令
旧口令：
新口令：
重新键入新口令：
口令已更改
SQL> conn user1/aa
已连接。
```

上述代码中，先通过旧的密码 bb 连接数据库，然后输入 password 命令，两次输入新口令 aa，最后使用 aa 连接数据库。

也可以通过 GRANT 命令来修改密码，代码如下。

```
SQL> grant connect to user1 identified by cc;
授权成功。
```

在修改用户中，并不能对用户名进行修改，如果想要修改用户名，可以删除该用户之后再重建一个新用户。

11.1.3　删除用户

可以使用 DROP USER 语句删除用户，该语句语法如下。

```
DROP USER username [CASCADE]
```

上述代码中包含 CASCADE 关键字，表示如果需要删除的用户模式中包含对象（例如表等），必须要加上该关键字。但是在删除这些对象之前应该确保其他用户不需要访问这些对象。例如，删除用户 user1。

```
请输入用户名: system/admin as sysdba
SQL> drop user user1;
用户已删除。
```

上述语句中，由于 user1 中并未包含对象，所以不需要加上 CASCADE 关键字。

11.1.4　管理用户会话

当用户连接到数据库后，会在数据库实例中创建一个会话，每个会话对应一个用户。DBA 可以查看系统提供的数据字典视图，根据会话情况了解用户的操作，在必要时通过监控与限制的方式，使用户无限制地使用系统资源。

可以通过 V$SESSION 视图，查询 oracle 所有会话信息，代码如下。

```
SQL> SELECT SID,SERIAL#,LOGON_TIME,USERNAME,MACHINE FROM V$SESSION;
  SID    SERIAL#  LOGON_TIME   USERNAME   MACHINE
------- -------- ------------ --------- --------------------
  1      1         25-6月 -12             PC2008011106SAB
...
  142    98        25-6月 -12   DBSNMP    WORKGROUP\PC2008011106SAB
  146    190       25-6月 -12   SYSTEM    WORKGROUP\PC2008011106SAB
已选择 30 行。
```

上述代码中，LOGIN_TIME 表示该用户登录数据库的时间；USERNAME 表示用户名；MACHINE 表示用户登录数据库时所使用的计算机名。

SID 和 SERIAL#可以唯一标识一个会话，在删除一个会话时可以使用这两个关键字对应的值来确定一个会话，例如下列代码。

```
SQL> ALTER SYSTEM KILL SESSION '1,1';
系统已更改。
```

用户的会话被删除后，该用户将中断与数据库的连接，用户所占操作系统进程和系统资源都会被释放。

还有一些比较复杂的数据字典视图，例如 V$OPEN_CURSOR、V$SESSION_VAIT、V$PROCES、V$SESSTAT 和 V$SESS_IO 等。

使用不同的数据字典可以获取不同的信息,例如,使用 V$OPEN_CURSOR 可以获取用户连接数据库后所执行的 SQL 语句。如果将数据库字典视图结合使用,可以获取更多的会话信息或者一些统计信息等。例如,通过联合查询数据字典视图 V$PROCESS、V$SESSTAT、V$SESS_IO 和 V$SESSION,可以获得数据库资源竞争状况的统计信息。

11.2 用户配置文件

用户配置文件是一个参数的集合,其功能是限制用户可使用的系统和数据库资源并管理口令。如果数据库没有创建用户配置文件,将使用默认的用户配置文件,默认用户配置文件指定对于所有用户资源没有限制。

11.2.1 创建用户配置文件

必须要有 CREATE PROFILE 的系统权限才能够创建 USER PROFILE,创建自定义用户配置文件需要使用 CREATE PROFILE...LIMIT 语句。该语句语法如下:

```
CREATE PROFILE profile_name LIMIT [
resource_parameters|password_parameters
]
```

resource_parameters 参数的值如表 11-1 所示。

表 11-1　资源限制参数

参数名	描述
SESSIONS_PER_USER	用户可以同时连接的会话数目,如果用户的连接达到该极限值,则再次登录时将产生一条错误信息
CPU_PER_SESSION	限制用户在一次数据库会话期间可以使用的 CPU 时间,参数值是一个整数,单位是百分之一秒。当达到该时间值后,系统就会终止该会话。如果用户还需要执行操作,则必须重新建立连接
CPU_PER_CALL	用来限制每条 SQL 语句所能使用的 CPU 时间。参数值是一个整数,单位是百分之一秒
LOGICAL_READS_PER_SESSION	限制每个会话所能读取的数据库数量,包括从内存中和从磁盘中读取的数据块
LOGICAL_READS_PER_CALL	限制每条 SQL 语句所能读取的数据块数
PRIVATE_SGA	在共享服务器模式下,该参数限定一个会话可以使用的内存 SGA 区的大小,单位是数据块。在专用服务器模式下,该参数不起作用
CONNECT_TIME	限制每个用户能够连接到数据库的最长时间,单位是分钟。当连接时间超出设置值,该连接被终止
IDLE_TIME	指定用户在数据库被终止之前,可以让连接处于多长的空闲状态
COMPOSITE_LIMIT	由多个资源限制参数构成的复杂限制参数,利用该参数可以对所有混合资源进行设置

password_parameters 参数的值如表 11-2 所示。

表 11-2　口令管理

参数名	描述
FAILED_LOGIN_ATTEMPTS	用来限制用户在登录 Oracle 数据库时允许连续失败的次数，一旦连续失败的次数达到该值，系统将锁定该账号
PASSWORK_LOCK_TIME	如果用户登录数据库时，连续失败的次数超过 FAILED_LOGIN_ATTEMPTS 值，则该参数用来设置该用户账号被锁定的天数
PASSWORD_LIFE_TIME	用来设置用户口令的有效时间，单位是天。超过这个时间值，用户必须重新设置口令
PASSWORD_REUSE_MAX	用来设置口令在下次被重新使用之前，期间必须经历的口令改变次数
PASSWORD_REUSE_TIME	用来设置用户口令失败前，重新设置新口令的天数。当口令失效后，在登录时会出现警告信息，并显示该天数
PASSWORD_GRACE_TIME	用来设置口令实现的"宽限时间"，如果口令达到 PASSWORD_LIFT_TIME 设置的失效时间，设置宽限时间后，用户仍然可以对其进行修改
PASSWORD_VERIFY_FUNCTION	用来设置用于判断口令复杂性的函数

例如，创建资源文件 PROFILE1，使用资源限制参数和口令限制参数。如下：

```
SQL> CREATE PROFILE profile1 LIMIT
  2  FAILED_LOGIN_ATTEMPTS 3
  3  PASSWORD_LIFE_TIME 15
  4  PASSWORD_LOCK_TIME 100
  5  SESSIONS_PER_USER 10
  6  IDLE_TIME 15
  7  CONNECT_TIME 1440
  8  CPU_PER_CALL 50;
配置文件已创建
```

上述代码所创建的配置文件中，使用了 3 个口令限制参数和 4 个资源限制参数，具体分析如下，2 行表示允许连续三次输入错误的口令；3 行表示每隔 15 天修改一次登录口令；4 行表示在 100 天后才允许使用同一个口令；5 行表示用户最多能够建立 10 个数据库会话；6 行表示保持 15 分钟的空闲状态后，会话会自动断开；7 行表示每个会话持续连接到数据库的最长时间为 24 小时；8 行表示会话中每条 SQL 语句最多占用 50 个单位的 CPU 时间。

用户在自定义资源文件时，如果没有指定配置文件的某些参数，则 Oracle 会使用 DEFAULT 文件中相应的参数作为默认值。

在使用资源文件之前，必须设置数据库系统参数 RESOUTCE_LIMIT 的值为 TRUE（默认值为 FALSE），否则资源限制文件不起作用。例如，使用 ALTER SYSTEM 语句修改 RESOUTCE_LIMIT 参数，代码如下。

```
SQL> ALTER SYSTEM SET RESOURCE_LIMIT=TRUE;
系统已更改。
SQL> SHOW PARAMETER RESOURCE_LIMIT;
NAME                                     TYPE         VALUE
-------------------------------------------------------------
resource_limit                           boolean      TRUE
```

将该资源文件指定给用户有两种方式，一种是创建用户时指定，如下。

```
SQL> CREATE USER user1
    ........
  4  PROFILE profile1
    ........
```

也可以为已经存在的用户指定配置文件，如下。

```
SQL> ALTER USER user2 PROFILE profile1;
用户已更改。
```

11.2.2 查看配置文件信息

用户配置文件被创建好以后，将存储在数据字典中。通过查询数据字典的 **DBA_PROFILES**
视图，可以了解所创建的配置文件信息，如下：

```
SQL> SELECT RESOURCE_NAME,RESOURCE_TYPE,LIMIT FROM DBA_PROFILES
  2  where profile='PROFILE1';
RESOURCE_NAME                 RESOURCE         LIMIT
--------------------------    ----------------  ----------
COMPOSITE_LIMIT               KERNEL           DEFAULT
SESSIONS_PER_USER             KERNEL           10
CPU_PER_SESSION               KERNEL           DEFAULT
CPU_PER_CALL                  KERNEL           50
LOGICAL_READS_PER_SESSION     KERNEL           DEFAULT
LOGICAL_READS_PER_CALL        KERNEL           DEFAULT
IDLE_TIME                     KERNEL           15
CONNECT_TIME                  KERNEL           1440
PRIVATE_SGA                   KERNEL           DEFAULT
FAILED_LOGIN_ATTEMPTS         PASSWORD         3
PASSWORD_LIFE_TIME            PASSWORD         15
PASSWORD_REUSE_TIME           PASSWORD         DEFAULT
PASSWORD_REUSE_MAX            PASSWORD         DEFAULT
PASSWORD_VERIFY_FUNCTION      PASSWORD         DEFAULT
PASSWORD_LOCK_TIME            PASSWORD         100
PASSWORD_GRACE_TIME           PASSWORD         DEFAULT
已选择16行。
```

上述配置文件显示，用户配置文件实际上是对用户使用的资源进行限制的参数集。

11.2.3　修改与删除配置文件

在 Oracle 数据库中，数据库管理员不仅可以查看用户配置文件，还可以修改和删除配置文件。

1.　修改配置文件

配置文件也可以进行修改，修改配置文件使用 ALTER PROFILE 语句实现，例如，对资源文件 profile1 进行修改，如下。

```
SQL> ALTER PROFILE profile1 LIMIT
  2  FAILED_LOGIN_ATTEMPTS 5
  3  PASSWORD_LIFE_TIME 30
  4  IDLE_TIME 20
  5  CPU_PER_CALL 80;
配置文件已更改
```

如果使用 ALTER PROFILE 语句对 DEFAULT 文件进行修改，则所有配置中设置为 DEFAULT 的参数都会受到影响。

2.　删除配置文件

删除所创建的配置文件需要使用 DROP PROFILE 语句，如果要删除的配置文件已经被指定给了用户，则需要在该语句中使用 CASCADE 关键字。例如，删除 profile1，如果不使用 CASCADE 关键字，如下。

```
SQL> DROP PROFILE profile1;
DROP PROFILE profile1
*
第 1 行出现错误:
ORA-02382: 概要文件 PROFILE1 指定了用户, 不能没有 CASCADE 而删除
```

上述代码出现异常是因为我们在前面将该配置文件指定给了用户 user2，所以需要使用 CASCADE 关键字，如下。

```
SQL> DROP PROFILE profile1 CASCADE;
配置文件已删除。
```

 如果用户的配置文件被删除了，Oracle 会自动为该用户指定 DEFAULT 配置文件。

11.3　权限

权限是数据库中执行某种操作的权力。例如，创建一个用户，该用户就有了连接和操

作数据库的资格，但是要对数据库进行实际操作还需要该用户具有相应的操作权限。在 Oracle 数据库中，根据系统管理方式的不同，可以将权限分为两类：系统权限（针对用户）和对象权限（针对表和视图）。下面我们来详细介绍这两种权限。

11.3.1 系统权限

系统权限允许用户在数据库中执行特定的操作，比如执行 DDL 语句。例如，CREATE TABLE 权限就可以允许用户在自己的模式中创建表。DBA 在创建用户时，可以将一些权限授予用户。

1. 系统权限及其分类

系统权限可以为三类：

- ❑ **DBA**　拥有全部特权，是系统最高权限，只有 DBA 才可以创建数据库结构，SYS 和 SYSTEM 具有 DBA 权限。
- ❑ **RESOURCE**　权限的用户只可以创建实体，不可以创建数据库结构。
- ❑ **CONNECT**　拥有 Connect 权限的用户只可以登录 Oracle，不可以创建实体，不可以创建数据库结构。

系统权限是针对用户来设置的，用户必须被授予相应的系统权限才可以连接到数据库中进行相应的操作。常用的系统权限如表 11-3 所示。

表 11-3　常用的系统权限

系统权限	允许执行的操作
CREATE SESSION	连接到数据库上
CREATE SEQUENCE	创建序列
CREATE SYNONYM	创建同名对象
CREATE TABLE	在用户模式中创建表
CREATE ANY TABLE	在任何模式中创建表
DROP TABLE	删除用户模式中的表
DROP ANY TABLE	删除任何模式中的表
CREATE PROCEDUER	创建存储过程
EXECUTE ANY PROCEDURE	执行任何模式中的存储过程
CREATE USER	创建用户
DROP USER	删除用户
CREATE VIEW	创建视图

根据系统权限名称中是否包含 ANY 关键字可将系统分为两类，包含该关键字的系统权限表示可以在 Oracle 的任何模式中进行相应操作；不包含该关键字只能在用户自己的模式下进行相应的操作。

2. 授予系统权限

可以使用 GRANT 语句向用户授予系统权限，该语句语法如下。

```
GRANT system_privilege TO
public | role |username
[WITH ADMIN OPTION];
```

其中，system_privilege 表示系统权限，public 表示全体用户，role 表示用户角色，username 表示用户名。WITH ADMIN OPTION 表示该用户可以将其所有系统权限授予其他用户。

例如，使用 DBA 身份创建用户 si，在为 si 授予用户权限之前如果使用该用户连接数据库将会出现错误，例如：

```
SQL> conn si/si
ERROR:
ORA-01045: user SI lacks CREATE SESSION privilege; logon denied
```

上述代码中，用户 SI 缺少 CREATE SESSION 权限，现将该系统权限授予 SI 用户，代码如下。

```
SQL> conn system/root
已连接。
SQL> grant create session to si;
授权成功。
SQL> conn si/si;
已连接。
```

上述授权代码中，也可以使用 WITH ADMIN OPTION 选项，这样用户 si 就可以将它的权限授予其他用户，例如：

```
SQL> conn si/si;
已连接。
SQL> GRANT CREATE SESSION TO dan;
授权成功。
```

 为用户授权时，多个权限之间使用英文状态下（,）隔开。

3. 查询系统权限

通过 user_sys_privs 可以查询某个用户具有哪些系统权限，user_sys_privs 部分列的解释如表 11-4。

表 11-4　user_sys_privs 部分列

列	类型	说明
username	VARCHAR2	当前用户的用户名
privilege	VARCHAR2	用户拥有的系统权限
admin_option	VARCHAR2	该用户是否能将该权限授予其他用户

user_sys_privs 是 Oracle 数据库中数据字典的一部分，数据字典中存储了有关数据库本身的信息。

下面的例子是以 SI 用户的身份连接到数据库上，并查询该用户的系统权限。如下。

```
SQL> conn si/si
已连接。
SQL> SELECT * FROM USER_SYS_PRIVILEGE;
SQL> SELECT * FROM USER_SYS_PRIVS;
USERNAME           PRIVILEGE                ADM
---------------    ----------------------   -----
SI                 CREATE TABLE             NO
SI                 CREATE SESSION           YES
```

4. 使用系统权限

用户被授予系统权限之后，就可以使用这种权限来执行特定的操作，例如 SI 用户具有 CREATE TABLE 的权限，因此该用户可以创建表，例如：

```
SQL> conn si/si
SQL> CREATE TABLE user11(
  2  ID NUMBEr(4) NOT NULL,
  3  USERNAME VARCHAR2(30)
  4  );
表已创建。
```

如果 SI 使用自己不具有的系统权限，数据库就会报错，例如下面例子中，SI 视图删除用户 dan，操作失败。

```
SQL> drop user dan;
drop user dan
*
第 1 行出现错误:
ORA-01031: 权限不足
```

5. 撤销用户系统权限

数据库管理员或者系统权限的传递用户可以将授予的权限撤销，可以使用 REVOKE 语句撤销系统权限。语法如下。

```
revoke 系统权限 from public | role | username;
```

例如，将 SI 用户的 CREATE TABLE 权限撤销，如下。

```
SQL> conn system/root
已连接。
SQL> REVOKE CREATE TABLE FROM si;
撤销成功。
```

在撤销系统权限时，经过传递获得系统权限的用户是不受影响的。例如，用户 A 将权限授予用户 B，用户 B 又将系统权限授予用户 C，如果用户 B 的该权限被撤销以后 C 依然保留有该权限。

11.3.2　对象权限

对象权限是用户与用户之间对表、视图等模式对象的相互存取权限。在 Oracle 中，可以授权的数据库对象包括表、视图、序列、存储过程和函数等，对象权限一般是针对用户模式对象的。例如，用户访问模式对象中的表。在对象上可以操作 9 种不同类型的权限，如表 11-5 所示。

表 11-5　对象权限的分类

	ALTER	DELETE	EXECUTE	INDEX	INSERT	READ	REFERENCE	SELECT	UPDATE
TABLE	YES	YES		YES	YES		YES	YES	YES
VIEW		YES			YES			YES	YES
DIRECTORY						YES			
FUNCTION			YES						
PROCEDURE			YES						
PACKAGE			YES						
SEQUENCE	YES							YES	

对象不止有一个权限，上表中"YES"表示对应的对象拥有对应的权限，空格表示该对象没有对应的权限。在对象的权限中，没有 DROP 这个权限，表示不可以将一个用户的对象删除。

如果需要这个对象的全部权限，可以使用关键字 ALL。例如，VIEW 对象的 ALL 关键字表示 DELETE、INSERT、SELECT 和 UPDATE 权限。

1. 向用户授予对象权限

可以使用 GRANT 语句向用户授予对象权限，该授权语句语法如下。

```
GRANT object_privilege | ALL [PRIVILEGES]
ON [schema.]object
TO PUBLIC | role | user_name
[WITH GRANT OPTION];
```

上述代码中，object_privilege 表示对象权限，多个对象权限之间使用英文（,）隔开。schema 表示用户模式。

模式(schema)：是某个用户拥有所有对象的集合。具有创建对象权限并创建了对象的用户称为拥有某个模式。

例如，SCOTT 将自己的表 EMP 的查询权限授予用户 SI，之后用户 SI 就有了查询 SCOTT 用户的 EMP 表的权限，如下。

```
SQL> conn scott/tiger
已连接。
SQL> GRANT SELECT ON scott.emp TO SI;
授权成功。
SQL> conn si/si;
已连接。
SQL> SELECT EMPNO,ENAME,JOB,SAL FROM scott.emp;
    EMPNO      ENAME       JOB         SAL
    --------- ----------- ----------- ------
    7369       SMITH       CLERK        800
    7499       ALLEN       SALESMAN    1600
    …
    7902       FORD        ANALYST     3000
    7934       MILLER      CLERK       1300
已选择 14 行。
```

如果想将表 EMP 的所有权限授予用户 SI，可以使用关键 ALL，代码如下。

```
SQL> conn scott/tiger
已连接。
SQL> GRANT ALL ON scott.emp TO si WITH GRANT OPTION;
授权成功。
```

上述代码中，WITH GRANT OPTION 表示被授权的用户还可以将这些对象权限授予其他用户。

2. 查看对象权限

Oracle 把所有权限信息记录在数据字典中，当用户进行数据库的操作时，Oracle 首先根据数据字典中的权限信息，检查操作的合法性。表 11-6 列出了与权限相关的数据字典视图。

表 11-6　存储权限信息的数据字典视图

数据字典视图	描述
DBA_COL_PRIVS	包含数据库中所有授予表列上的对象权限信息
ALL_COL_PRIVS_MADE	包含当前用户作为对象权限的授权者，在所有列上的对象权限信息
ALL_COL_PRIVS_RECD	包含当前用户作为对象权限的接受者，在所有列上的对象权限信息
DBA_TAB_PRIVS	包含数据库所有的对象权限信息
DBA_SYS_PRIVS	包含数据库中所有的系统权限信息
SESSION_PRIVS	包含当前数据库用户可以使用的权限信息

上表显示，使用 DBA_TAB_PRIVS 视图中包含数据库所有的对象权限信息。使用 DESC 命令查看数据字典视图 DBA_TAB_PRIVS 的结构，如下。

```
SQL> desc dba_tab_privs;
```

名称	是否为空?	类型
GRANTEE	NOT NULL	VARCHAR2(30)
OWNER	NOT NULL	VARCHAR2(30)
TABLE_NAME	NOT NULL	VARCHAR2(30)
GRANTOR	NOT NULL	VARCHAR2(30)
PRIVILEGE	NOT NULL	VARCHAR2(40)
GRANTABLE		VARCHAR2(3)
HIERARCHY		VARCHAR2(3)

上述代码中，GRANTEE 表示权限所授予的用户；OWNER 表示拥有该对象的用户；TABLE_NAME 表示所授予的权限所操作的对象名；GRANTOR 表示授权者；PRIVILEGE 表示对象权限；GRANTABLE 表示权限所接受的用户是否可以将该权限授予其他用户；HIERARCHY 表示权限是否构成层次关系。

使用 SCOTT 身份连接数据库后，下面我们通过数据字典 USER_TAB_PRIVS 了解表的对象授权情况，如下。

```
SQL> SELECT GRANTEE,OWNER,TABLE_NAME,GRANTOR,PRIVILEGE,GRANTABLE FROM
USER_TAB_PRIVS;
GRANTEE    OWNER      TABLE_NAME    GRANTOR     PRIVILEGE          GRA
---------  ---------- ------------  ----------- -----------------  ------
SI         SCOTT      EMP           SCOTT       FLASHBACK          YES
SI         SCOTT      EMP           SCOTT       DEBUG              YES
SI         SCOTT      EMP           SCOTT       QUERY REWRITE      YES
...
已选择 11 行。
```

3. 撤销用户的对象权限

权限的拥有者可以将售出的权限撤销，撤销用户权限可以使用 REVOKE 语句，该语句语法如下。

```
REVOKE object_privilege | ALL [PRIVILEGES]
ON [schema.]object
TO PUBLIC | role | user_name
```

例如，SCOTT 用户撤销 EMP 表的 SELECT 权限，如下。

```
SQL> revoke select on scott.emp from si;
撤销成功。
```

注意 如果用户 SI 将该 select 权限授予了其他用户，其他用户也会失去该 select 权限。

11.4 角色

角色是一组权限的集合，如果将角色赋给一个用户，这个用户就拥有了这个角色中的所有权限。它还可以分配给其他角色。角色的优点及特性可以概括为以下几点。

- ❑ 并不是一次一个地将权限直接授予一个用户，而是先创建角色，向角色授予一些权限，然后将角色授予多个用户和角色。
- ❑ 在增加或删除一个角色的某个权限时，被授予该角色的所有用户和角色都会自动获得新加的权限或自动失去这种权限。
- ❑ 可以将多个角色授予一个用户或角色。
- ❑ 可以为角色设置密码。

11.4.1 系统预定义角色

预定义角色是在数据库安装后，系统自动创建的一些常用角色，并且为这些角色授予了相应的权限。

通过查询数据字典 DBA_ROLES，可以了解数据库中的系统预定义角色信息，如下。

```
SQL> SELECT ROLE,PASSWORD_REQUIRED FROM DBA_ROLES;
ROLE                            PASSWORD
------------------------------- ----------
CONNECT                         NO
RESOURCE                        NO
DBA                             NO
SELECT_CATALOG_ROLE             NO
EXECUTE_CATALOG_ROLE            NO
DELETE_CATALOG_ROLE             NO
EXP_FULL_DATABASE               NO
IMP_FULL_DATABASE               NO
LOGSTDBY_ADMINISTRATOR          NO
DBFS_ROLE                       NO
AQ_ADMINISTRATOR_ROLE           NO
已选择 56 行。
```

下面我们介绍一下常用的系统预定义角色，如表 11-7 所示。

表 11-7　常见的系统预定义角色

角色名称	说明
CONNECT	具有最终用户的典型权限，例如 ALET SESSION、CREATE CLUSTER 等权限
RESOURCE	该角色是授予开发人员的，包括以下系统权限 CREATE CLUSTER、PROCEDURE、SEQUENCE、TABLE、TRIGGER、TYPE 等

续表

角色名称	说明
DBA	拥有系统所有系统级权限
EXP_FULL_DATABASE	具有数据库逻辑备份时的数据导出权限，包括：EXECUTE ANY PROCEDURE 和 SELECT ANY TABLE 等
IMP_FULL_DATABASE	具有数据库逻辑备份时的数据导入权限，包括：BACKUP ANY TABLE 和 SELECT ANY TABLE 等
DELETE_CATALOG_ROLE	具有删除和重建数据字典所需要的权限
EXECUTE_CATALOG_ROLE	具有查询数据字典的权限
SELECT_CATALOG_ROLE	具有从数据字典中查询部分存储过程和函数的权限

通常情况下，角色 CONNECT、RESOURCE 和 DBA 主要用于数据库管理，这 3 个角色之间没有包含与被包含的关系。对于数据库管理员需要分别授予 CONNECT、RESOURCE 和 DBA 角色，对于开发人员来说，需要授予 CONNECT 和 RESOURCE 角色。

11.4.2 创建角色

想要创建角色，必须拥有 CREATE ROLE 权限，使用该语句创建角色语法格式如下。

```
CREATE ROLE role_name
[NOT INENTIFIED | IDENTIFIED BY password]
```

其中，NOT INENTIFIED 表示该角色不需要口令就可以被启用或者修改，IDENTIFIED 表示该角色需要通过特定口令才能启用或者修改该角色。默认情况下没有口令。

创建一个角色 ROLE1，不为该角色设置口令，如下。

```
SQL> create role role1;
角色已创建。
```

为角色 role1 授权，授予创建会话、创建表、创建视图和创建存储的权限。

```
SQL> grant create session,create any table,create view,create procedure to
role1 with admin option;
授权成功。
```

GRANT 语句可以将角色授予用户，如下。

```
SQL> grant role1 to user2;
授权成功。
```

使用授权用户连接数据库，连接数据库成功以后，可以查询数据字典 ROLE_SYS_PRIVS，查看用户所具有的角色以及该角色所包含的系统权限。如下。

```
SQL> conn user2/aa
已连接。
SQL> select * from role_sys_privs;
ROLE                PRIVILEGE                           ADM
```

```
-------------------   --------------------------   ----
ROLE1                 CREATE PROCEDURE             YES
ROLE1                 CREATE SESSION               YES
ROLE1                 CREATE VIEW                  YES
ROLE1                 CREATE ANY TABLE             YES
```

11.4.3　修改用户的默认角色

默认情况下，在将角色授予用户时，就为该用户启用了这个角色。这就表示，在用户连接到数据库时，就可以使用这个角色了，这个角色就是用户的默认角色。不过，默认角色的生效与失效可以由数据库管理员进行设置。

可以使用 ALTER USER 语句修改用户的默认角色，使其生效或者失效，语法格式如下。

```
ALTER USER user_name
[DEFAULT ROLE [role_name[,role_name]]
| ALL[EXCEPT role_name[,role_name]]
| NONE];
```

上述代码中，DEFAULT ROLE 表示默认角色；ALL 可以设置该用户的所有角色；EXCEPT 可以设置某角色外的其他所有角色生效；NONE 则表示设置指定角色为失效状态。

如果想要设置用户角色失效，可以使用上述语法来设置。例如，将 USER2 中所有默认角色失效。

```
SQL> ALTER USER user2 DEFAULT ROLE NONE;
用户已更改。
```

用户角色失效后，该用户角色中的权限将全部丢失。

设置用户角色生效时，也是根据上述语法。例如，设置用户 USER2 的所有用户生效，如下。

```
SQL> ALTER USER user2 DEFAULT ROLE ALL;
用户已更改。
```

11.4.4　管理角色

在 Oracle 数据库中，可以对角色进行修改、删除、禁用和启用等操作，下面我们详细介绍一下这些操作。

1. 禁用和启用角色

在 Oracle 数据库中，通过禁用和启用角色，可以实现对角色所包含的权限的动态管理。当用户登录到 Oracle 数据库，数据库启用用户明确授予的所有权限和默认角色的所有权限。在一个会话中，用户或者是应用程序可以通过 SET ROLE 语句来启用、禁用当前会话已经启用的角色。启用和禁用角色的语法如下。

```
SET ROLE [role_name[IDENTIFIED BY password]
| role_name[IDENTIFIED BY password]….]
| ALL [ EXCEPT role_name[,role_name]
| NONE];
```

上述代码中，**ALL** 关键字表示启用当前会话中所有的授权给用户的角色，除了那些在 **EXCEPT** 语句中出现的角色。**NONE** 关键字表示禁用当前会话中所有的角色，包括默认角色。

 使用 **ALL** 关键字时，不能启用那些直接授予用户的有密码的角色，这个子句只适用于不需要任何身份验证的角色。

例如，启用和禁用数据库用户 USRE2 的角色 ROLE1，具体操作如下。

（1）以 SYSTEM 身份连接到数据库，改变用户 USER2，使其没有默认角色，然后检查赋予用户 USER2 的角色，如下：

```
SQL> ALTER USER user2 DEFAULT ROLE NONE;
用户已更改。
SQL> GRANT CONNECT,RESOURCE TO user2;
授权成功。
SQL> SELECT GRANTED_ROLE,ADMIN_OPTION,DEFAULT_ROLE
  2  FROM DBA_ROLE_PRIVS
  3  WHERE GRANTEE='USER2';
GRANTED_ROLE       ADM        DEF
------------------ ---------- -----
RESOURCE           NO         NO
ROLE1              NO         NO
CONNECT            NO         NO
```

（2）以用户 USER2 登录数据库，查看数据字典视图 SESSION_ROLES，确认会话所使用的角色。

```
SQL> conn user2/aa
已连接。
SQL> SELECT * FROM SESSION_ROLES;
未选定行
```

（3）使用 SET ROLE 语句启用 ROLE1 角色，然后再查询 SESSION_ROLES 视图，如下：

```
SQL> SET ROLE role1;
角色集
SQL> SELECT * FROM SESSION_ROLES;
ROLE
------------------------------
ROLE1
```

（4）使用 SET ROLE 语句禁用 ROLE1 角色，当前用户的会话将失去所有权限，如下。

```
SQL> SET ROLE NONE;
角色集
SQL> SELECT * FROM SESSION_ROLES;
未选定行
```

 对大多数角色来说，用户是不能启用和禁用角色的，除非这些角色是直接或通过别的角色间接授予用户的。

2. 修改角色

使用 ALTER ROLE 语句可以对角色的口令进行修改，该语句的语法格式如下。

```
ALTER ROLE role
[NOT IDENTIFIED
| IDENTIFIED BY password];
```

上述代码中 NOT IDENTIFIED 表示不需要口令就可以启用或修改该角色；IDENTIFIED BY password 表示必须通过指定口令才能启用或修改该角色。

例如，为角色 ROLE1 增加口令，如下。

```
SQL> ALTER ROLE role1 IDENTIFIED BY role1;
角色已丢弃。
```

如果取消 ROLE1 的口令，代码如下。

```
SQL> ALTER ROLE role1 NOT IDENTIFIED;
角色已丢弃。
```

3. 撤销用户角色

使用 SQL 语句 REVOKE 可撤销用户角色。通过 ADMIN 选项获取角色的任何用户都可撤销任何其他数据库用户或角色的角色。此外，具有 GRANT ANY ROLE 权限的用户也可以撤销任何角色。撤销角色的语法如下。

```
REVOKE role [, role_name]
FROM {user|role|PUBLIC}
[, {user|role|PUBLIC} ]
```

上述代码中，ROLE 表示要撤销的角色，USER 表示要撤销其系统权限或角色的用户，PUBLIC 表示撤销所有用户的权限或角色。

```
SQL> REVOKE role1 FROM user2;
撤销成功。
```

4. 删除角色

使用下列语法从数据库中删除角色。

```
DROP ROLE role
```

使用该语句删除角色 ROLE1，如下。

```
SQL> DROP ROLE role1;
角色已删除
```

删除角色时，Oracle 服务器从所有用户和被授予该角色的角色中及数据库中撤销该角色。必须通过 ADMIN OPTION 被授予了角色或具有 DROP ANY ROLE 系统权限才能删除角色。

11.4.5　与角色相关的数据字典

如果需要在数据库中查看关于角色的信息，可以使用 Oracle 提供的一些数据字典视图，这些视图如表 11-8 所示。

表 11-8　存储角色信息的数据字典视图

数据字典视图	描述
DBA_ROLES	记录数据库中所有的角色
DBA_ROLE_PRIVS	记录所有已经被授予用户和角色的角色
UER_ROLES	包含已经授予当前用户的角色信息
ROLE_ROLE_PRIVS	包含角色授予的角色信息
ROLE_SYS_PRIVS	包含为角色授予的对象权限信息
ROLE_TAB_PRIVS	包含为角色授予的对象权限信息
SESSION_ROLES	包含当前会话所包含的角色信息

下面通过视图 DBA_ROLE_PRIVS 和 ROLE_SYS_PRIVS，来说明存储角色的数据字典视图的作用。

1. 查看用户角色

查看用户所拥有的角色，可以通过查看数据字典视图 DBA_ROLE_PRIVS。该视图的结构如下。

```
SQL> DESC DBA_ROLE_PRIVS;
名称                              是否为空?         类型
------------------------------ -------------- ---------------
GRANTEE                                         VARCHAR2(30)
GRANTED_ROLE                   NOT NULL        VARCHAR2(30)
ADMIN_OPTION                                    VARCHAR2(3)
DEFAULT_ROLE                                    VARCHAR2(3)
```

上述代码中，GRANTEE 表示该权限所授予的用户；GRANTED_ROLE 表示对用户授予的角色名；ADMIN_OPTION 表示授予角色时是否用了 ADMIN 选项；DEFAULT_ROLE 表示是否这个角色被指定为缺省角色。

使用 SELECT 语句，查询 DBA_ROLE_PRIVS 视图中用户 USER2 的角色信息。如下。

```
SQL> SELECT * FROM DBA_ROLE_PRIVS WHERE GRANTEE='USER2';

GRANTEE                         GRANTED_ROLE          ADM     DEF
------------------------------  --------------------  ------------------
USER2                           RESOURCE              NO      NO
USER2                           CONNECT               NO      NO
```

2．查看角色系统权限

如果想要查看某个角色所拥有的系统权限，可以查询数据字典 ROLE_SYS_PRIVS。该视图的结构如下：

```
SQL> DESC ROLE_SYS_PRIVS;
名称                                     是否为空?        类型
------------------------------------  -------------  -----------
ROLE                                  NOT NULL       VARCHAR2(30)
PRIVILEGE                             NOT NULL       VARCHAR2(40)
ADMIN_OPTION                                         VARCHAR2(3)
```

上述代码中，ROLE 表示角色名称；PRIVILEGE 表示授予该角色的系统权限；ADMIN_OPTION 表示该权限是否使用了 WITH ADMIN OPTION 选项。下面的示例是对 ROLE_SYS_PRIVS 进行检索。

```
SQL> SELECT * FROM ROLE_SYS_PRIVS WHERE ROLE='ROLE1';

ROLE                    PRIVILEGE                       ADM
--------------------    ----------------------------    ----
ROLE1                   CREATE PROCEDURE                YES
ROLE1                   CREATE SESSION                  YES
ROLE1                   CREATE VIEW                     YES
ROLE1                   CREATE ANY TABLE                YES
```

11.5 项目案例：用户权限

本章我们重点介绍了 Oracle 的用户、权限以及角色，下面我们通过一个案例来演示三者的关联。在本案例中我们创建两个用户 JUAN 和 MENG，一个角色 ROLE2。步骤如下。

（1）创建用户 JUAN，如下。

```
SQL> CREATE USER juan IDENTIFIED BY juan;
用户已创建。
```

（2）创建角色 ROLE2，并为该角色授权，如下。

```
SQL> CREATE ROLE role2;
角色已创建。
SQL> GRANT CREATE SESSION,CREATE TABLE,CREATE VIEW TO role2
  2  with admin option;
授权成功。
```

（3）将角色授予用户，授权成功后登录用户。

```
SQL> GRANT role2 TO juan;
授权成功。
SQL> conn juan/juan;
已连接。
```

（4）创建表 USERS，如下。

```
SQL> CREATE TABLE USERS(
  2  USERNAME VARCHAR2(30),
  3  PASSWORD VARCHAR2(20)
  4  );
表已创建。
```

（5）创建用户 MENG，并将角色 ROLE 授予该用户，如下。

```
SQL> CREATE USER meng IDENTIFIED BY meng;
用户已创建。
SQL> GRANT role2 TO meng;
授权成功。
```

（6）将用户 JUAN 中表 USERS 中所有权限授予 MENG，如下。

```
SQL> GRANT ALL ON juan.users TO meng;
授权成功。
```

（7）使用 MENG 用户连接数据库，向 JUAN 中的表 USERS 中插入一行数据，如下。

```
SQL> conn meng/meng;
已连接。
SQL> INSERT INTO juan.users VALUES('sijuan','123456');
已创建 1 行。
```

（8）数据插入成功以后，使用 SELECT 查询表 USERS，如下。

```
SQL> SELECT * FROM juan.users;
USERNAME                        PASSWORD
---------------                 ----------------
sijuan                                123456
```

在第 7 个步骤执行的时候，可能会报 "ORA-00942：表或视图不存在" 错误，如果报了该错误，需要在执行第 7 步之前执行下列代码即可。

```
SQL> ALTER USER juan QUOTA UNLIMITED ON USERS;
用户已更改。
SQL> ALTER USER meng QUOTA UNLIMITED ON USERS;
用户已更改。
```

11.6 习题

一、填空题

1. 要在数据库中创建一个用户需要使用_____语句。

2. 修改用户需要使用_____语句。

3. 通过_____视图，可以查询 Oracle 所有会话信息。

4. 必须要有_____的系统权限才能够创建用户配置文件。

5. 权限可以分为两类：系统权限和_____。

二、选择题

1. 系统权限_____拥有全部特权，是系统最高权限。
   A. DBA
   B. RESOURCE
   C. CONNECT
   D. SYS

2. 可以使用_____语句向用户授予系统权限。
   A. SELECT
   B. GRANT
   C. CONNECT
   D. CREATE

3. 下列_____不属于对象权限。
   A. CREATE
   B. DROP
   C. DELETE
   D. SELECT

4. 使用 SQL 语句_____可撤销用户角色。
   A. CREATE
   B. DROP
   C. REVOKE
   D. SELECT

5. 可以通过查看数据字典视图_____查看用户所拥有的角色。

A． SESSION_ROLES

B． UER_ROLES

C． ROLE_TAB_PRIVS

D． DBA_ROLE_PRIVS

3．上机练习

1．创建一个用户并授予相应权限

创建一个角色 ROLE1，为该角色授予 CREATE SESSION、CREATE TABLE 等权限，将该角色授予新建用户 USER1，并将 SCOTT 中 DETP 表的 SELECT 权限授予 USER1。

11.7　实践疑难解答

11.7.1　Oracle　角色权限

Oracle 角色权限

网络课堂：http://bbs.itzcn.com/thread-19430-1-1.html

【问题描述】：首先我用系统管理员建立了一个账户 AAA，除了在"对象"里我选择"方案"然后找到 BBB 用户的一个表 tableb，然后授予 AAA 该表的所有权限。其他都采用系统默认的设置。接着我用 AAA 账户 PL/SQL 登录数据库。SELECT * FROM TABLEB 执行之后，系统提示："表或视图不存在"。

请问，我如何才能在 PL/SQL 中查询该表？如果我在 Java 程序中直接用 AAA 账户登录数据库，能进行对表 tableb 的操作吗？

【解决办法】：

你授权后，可以有两种方法操作该表。

❏ 带上用户名，如 BBB.tableb

❏ 建立一个同义词，CREATE OR REPLACE SYNONYM AAA.tableb FOR BBB.tableb;这样，你在 AAA 用户下，直接可以用 tableb 操作该表了。

11.7.2　Oracle 里角色的密码怎么用呢

Oracle 里角色的密码怎么用呢

网络课堂：http://bbs.itzcn.com/thread-19431-1-1.html

【问题描述】：oracle 角色密码何时用到？

【正确回答】：角色的密码，一般是这种情况的：

一个用户，有默认角色与非默认角色两种。默认角色，就是当用户登录的时候，就自动拥有的角色；非默认角色，就是当用户登录的时候，用户需要通过 SET ROLE 来启用这个角色。

例如，用户同时被授予了 A，B，C 三个角色。A 为默认角色。B，C 为非默认角色。用户每次登录，自动被赋予了 A 这个角色。B，C 这两个角色，是要通过 SET ROLE 语句来启用的。而对于 Oracle 里角色的密码，就是当你 SET ROLE 启用角色的时候，如果这个角色是有密码的，你需要输入角色的密码，来启用这个角色。

11.7.3　WITH ADMIN OPTION 和 WITH GRANT OPTION

WITH ADMIN OPTION 和 WITH GRANT OPTION

网络课堂：http://bbs.itzcn.com/thread-19432-1-1.html

【问题描述】：WITH ADMIN/GRANT OPTION，是否可以无限传递下去？还是传到下一个就停止了，再传的话又要写一下这个命令？

【正确回答】：WITH ADMIN OPTION 用于系统权限授权，WITH GRANT OPTION 用于对象授权。

但给一个用户授予系统权限带上 WITH ADMIN OPTION 时，此用户可把此系统权限授予其他用户或角色。但收回这个用户的系统权限时，这个用户已经授予其他用户或角色的此系统权限不会因传播无效。如授予 A 系统权限 CREATE SESSION WITH ADMIN OPTION，然后A又把CREATE SESSION 权限授予B，但管理员收回A的CREATE SESSION 权限时，B 依然拥有 CREATE SESSION 的权限。但管理员可以显式收回 B CREATE SESSION 的权限，即直接 REVOKE CREATE SESSION FROM B。

而 WITH GRANT OPTION 用于对象授权时，被授予的用户也可把此对象权限授予其他用户或角色，不同的是在管理员收回用 WITH GRANT OPTION 授权的用户对象权限时，权限会因传播而失效，如 GRANT SELECT ON TABLE WITH GRANT OPTION TO A，A 用户把此权限授予B，但管理员收回 A 的权限时，B 的权限也会失效，但管理员不可以直接收回 B 的 SELECT ON TABLE 权限。

第12章 SQL 语句优化

在应用系统开发初期，由于开发数据库数据比较少，对于查询 SQL 语句、复杂视图的编写等体会不出 SQL 语句各种写法的性能优劣，但是如果将应用系统提交实际应用后，随着数据库中数据的增加，系统的响应速度就成为目前系统需要解决的最主要的问题之一。系统优化中一个很重要的方面就是 SQL 语句的优化。对于大量数据，劣质的 SQL 语句和优质的 SQL 语句之间的速度差别可以达到上百倍，可见对于一个系统不是简单地能实现其功能就可，而是要写出高质量的 SQL 语句，提高系统的可用性。

本章将详细介绍 Oracle SQL 语句的优化技巧，包括一些基本的 SQL 语句编写技巧、表的合理连接查询注意事项以及索引的有效使用等。

本章学习要点：
- 了解 SQL 语句的执行过程
- 掌握一般 SQL 语句的优化技巧
- 了解 EXISTS 与 IN 的区别
- 熟练掌握表的合理连接
- 熟练掌握使用表的别名
- 掌握索引的有效使用

12.1 一般的 SQL 语句优化技巧

当编写的 SQL 语句不合理时，将直接影响其运行速度，从而使效率低下。要使 Oracle SQL 语句具有优秀的性能，需要从多方面进行优化。本节将简单分析常见的几种优化方式。

12.1.1 SELECT 语句中避免使用 "*"

在使用 SELECT 语句查询一个表的所有列信息时，可以使用动态 SQL 列引用 "*"，用来表示表中所有的列。使用 "*" 替代所有的列，可以降低编写 SQL 语句的难度，减少 SQL 语句的复杂性，但是却降低了 SQL 语句执行的效率。实际上，Oracle 在解析的过程中，会将 "*" 依次转换为所有的列名，这个工作是通过查询数据字典来完成的，这意味着将耗费更多的时间。

下面通过 SQL 语句的执行过程，来了解 SQL 语句的执行效率。当一条 SQL 语句从客户端进程传递到服务器端进程后，Oracle 需要执行如下步骤：

（1）在共享池中搜索 SQL 语句是否已经存在。

（2）验证 SQL 语句的语法是否准确。

（3）执行数据字典来验证表和列的定义。

（4）获取对象的分析锁，以便在语句的分析过程中对象的定义不会改变。

（5）检查用户是否具有相应的操作权限。

（6）确定语句的最佳执行计划。

（7）将语句和执行方案保存到共享的 SQL 区。

从上面介绍的 SQL 语句的执行步骤可以发现，SQL 语句执行的前 4 步都是对 SQL 语句进行分析与编译，这需要花费很长的一段时间，显然 SQL 语句的编译是非常重要的，耗时的长短与 SQL 语句的结构清晰程度是密切相关的。

【实践案例 12-1】

例如，查询 STUDENT 表中所有列的信息，该表含有 5 个字段，分别为 ID、NAME、AGE、SEX 和 ADDRESS。首先使用 SET TIMING ON 语句显示执行时间，然后再使用 "*" 来替代所有的列名，执行语句和执行时间如下：

```
SQL> SET TIMING ON
SQL> SELECT * FROM student;
ID              NAME            AGE       SEX         ADDRESS
----------      -------------   -------   ----------  -----------------
1               张辉            23        男          河南
2               王丽            20        女          河南
3               张芳芳          22        女          河南
已用时间： 00： 00： 00.43
```

在 SELECT 子句中不使用 "*"，而使用具体的列名，执行语句和执行时间如下：

```
SQL> SET TIMING ON
SQL> SELECT id,name,age,sex,address FROM student;
ID              NAME            AGE       SEX         ADDRESS
----------      -------------   --------  ----------  ------------------
1               张辉            23        男          河南
2               王丽            20        女          河南
3               张芳芳          22        女          河南
已用时间： 00： 00： 00.03
```

从执行结果可以看出，在 SELECT 语句中指定要查询的列名与使用 "*" 来标识所有的列名相比较，前者执行的速度快。这是因为 Oracle 系统需要通过数据字典将语句中的 "*" 转换成 STUDENT 表中的所有列名，然后再执行与第二条语句同样的查询操作，这自然要比直接使用列名花费更多的时间。

如果再次执行这两条语句，会发现执行时间减少。这是因为所执行的语句被暂时保存在共享池中，Oracle 会重用已解析过的语句的执行计划和优化方案，因此执行时间也就减少了。

12.1.2　WHERE 条件的合理使用

在 SELECT 语句中，使用 GROUP BY 子句对行进行分组时，可以先使用 HAVING 对行进行过滤，而 HAVING 只会在检索出所有记录之后才对结果集进行过滤。如果使用 WHERE 子句限制记录的数据，那么就能减少这方面的开销。

【实践案例 12-2】

例如对 HR 用户下的 EMPLOYEES 表进行操作，根据 DEPARTMENT_ID 列进行分组，并且使用 HAVING 子句过滤 DEPARTMENT_ID 列的值小于 100 的记录信息。如下：

```
SQL> SET TIMING ON
SQL> SELECT department_id,SUM(salary) FROM employees
  2  GROUP BY department_id
  3  HAVING department_id<100;
DEPARTMENT_ID      SUM(SALARY)
-------------  ----------------
30                      24900
20                      19000
70                      10000
90                      58000
50                     156400
40                       6500
80                     304500
10                       4400
60                      28800
已选择 9 行。
已用时间： 00: 00: 00.45
```

使用 WHERE 子句替代 HAVING 子句，实现同样的执行结果，SQL 语句如下：

```
SQL> SELECT department_id,SUM(salary) FROM employees
  2  WHERE department_id<100
  3  GROUP BY department_id;
DEPARTMENT_ID      SUM(SALARY)
-------------  ----------------
30                      24900
20                      19000
70                      10000
90                      58000
50                     156400
40                       6500
80                     304500
10                       4400
60                      28800
已选择 9 行。
已用时间： 00: 00: 00.10
```

在某种特定的情况下，虽然 WHERE 子句与 HAVING 子句都可以用来过滤数据行，但 HAVING 子句会在检索出所有记录后才对结果集进行过滤；而使用 WHERE 子句就会减少这方面的开销。因此，一般的过滤条件应该尽量使用 WHERE 子句实现。

> HAVING 子句一般用于对一些集合函数执行结果的过滤，如 COUNT()、AVG()等。除此之外，一般的检索条件应该写在 WHERE 子句中。

12.1.3 使用 TRUNCATE 替代 DELETE

删除一个表的数据行可以使用 DELETE 语句，在使用 DELETE 语句删除表中的所有数据行时，Oracle 会对这些行进行逐行的删除，并且使用回滚段来记录删除操作，如果用户在没有使用 COMMIT 提交之前使用 ROLLBACK 命令进行回滚操作，则 Oracle 会将表中的数据恢复到删除之前的状态。

> 通过上面的介绍就可以发现两个问题，比较明显的问题是，在使用 DELETE 进行删除时，Oracle 需要花费时间去记录删除操作；而另一个问题则不是那么明显，那就是 DELETE 删除采取的是逐行删除的形式，也就是说所有的数据行并不是在同一时间被删除的，这就要求在数据行的删除过程中，Oracle 系统不能出现什么意外情况导致删除操作中止。

如果确定要删除表中的所有行，建议使用 TRUNCATE。使用 TRUNCATE 语句删除表中的所有数据行时，Oracle 不会在撤销表空间中记录删除操作，这就提高了语句的执行速度，而且这种删除是一次性的，也就是所有的数据行是在同一时间被删除的。当命令运行后，数据不能被恢复。

TRUNCATE 语句的使用语法如下：

```
TRUNCATE TABLE table_name [DROP | REUSE STORAGE];
```

语法中主要参数的含义如下：

❑ **table_name** 表名。
❑ **DROP STORAGE** 收回被删除的空间。默认选项。
❑ **REUSE STORAGE** 保留被删除的空间供表的新数据使用。

12.1.4 在确保完整性的情况下多用 COMMIT 语句

在前面的章节中已经介绍过，当用户执行 DML 操作后，如果不使用 COMMIT 命令进行提交，则 Oracle 会在回滚段中记录 DML 操作，以便用户在使用 ROLLBACK 命令时对数据进行恢复。Oracle 实现这种数据回滚功能，自然是要花费相应的时间与空间。因此，在确保数据完整性的情况下，尽量多使用 COMMIT 命令对 DML 操作进行提交，这样程序的性能得到提高，需求也会因为 COMMIT 所释放的资源而减少。COMMIT 所释放的资源如下：

❏ 回滚段上用于恢复数据的信息。

❏ 被程序语句获得的锁。

❏ REDO LOG BUFFER 中的空间。

❏ Oracle 为管理上述 3 种资源中的内部花费。

12.1.5　减少表的查询次数

在含有子查询的 SQL 语句中，要特别注意减少对表的查询次数。

【实践案例 12-3】

例如，使用子查询的方式查询部门名称为 Finance 的所有员工信息，示例代码如下：

```
SQL> SET TIMING ON
SQL> SELECT employee_id,first_name,salary,department_id FROM employees
  2  WHERE department_id = (
  3  SELECT department_id FROM departments
  4  WHERE department_name='Finance');
EMPLOYEE_ID              FIRST_NAME              SALARY              DEPARTMENT_ID
-----------  ------------------------  ----------------  ----------------

108                      Nancy                   12008               100
109                      Daniel                  9000                100
110                      John                    8200                100
111                      Ismael                  7700                100
112                      Jose Manuel             7800                100
113                      Luis                    6900                100
已选择 6 行。
已用时间：00：00：00.12
```

如上述 SQL 语句，首先使用子查询获取部门名称为 Finance 的部门编号，然后以它作为 WHERE 子句的过滤条件，从而获取部门名称为 Finance 的所有员工信息。在整个执行过程中，总共执行了两次查询：一次子查询和一次主查询。

下面使用表的连接方式来实现同样的执行效果，示例代码如下：

```
SQL> SELECT employee_id,first_name,salary,departments.department_id FROM
employees
  2  INNER JOIN departments
  3  ON
  4  employees.department_id = departments.department_id
  5  WHERE department_name='Finance';
EMPLOYEE_ID              FIRST_NAME              SALARY              DEPARTMENT_ID
----------------  ------------------  --------------  --------------------

108                      Nancy                   12008               100
109                      Daniel                  9000                100
110                      John                    8200                100
```

111	Ismael	7700	100
112	Jose Manuel	7800	100
113	Luis	6900	100

已选择 6 行。
已用时间: 00: 00: 00.01

如上述 SQL 语句，通过表的连接查询方式同样可以检索出需要的数据，但是在整个执行过程中，只执行了一次查询，从而提高了执行效率。

12.1.6 使用 EXISTS 替代 IN

在许多基于基础表的查询中，为了满足一个条件，往往需要对另一个表进行查询。在这种情况下，使用 EXISTS（或 NOT EXISTS）通常将提高查询的效率。

【实践案例 12-4】

例如，查询各个部门的员工人数（不包括在部门信息表 DEPARTMENTS 中不存在的部门）。下面在 WHERE 子句中使用 IN 操作符的方式来实现，如下所示：

```
SQL> SELECT employees.department_id ,COUNT(*)
  2  FROM employees
  3  WHERE employees.department_id IN(
  4  SELECT department_id FROM departments)
  5  GROUP BY department_id;
DEPARTMENT_ID            COUNT(*)
-------------- ----------------------
10                       1
20                       2
30                       6
40                       1
50                       45
60                       5
70                       1
80                       34
90                       3
100                      6
110                      2
已选择 11 行。
已用时间: 00: 00: 00.17
```

如上述 SQL 语句，使用 IN 操作符实现了 EMPLOYEES 表中部门编号的过滤，即将 EMPLOYEES 表中的 DEPARTMENT_ID 列值逐一的与 DEPARTMENTS 表中的所有部门编号进行对比，如果相等，则输出查询结果。

下面我们使用 EXISTS 操作符来实现部门信息的过滤，代码如下：

```
SQL> SELECT department_id,COUNT(*)
```

```
  2   FROM employees
  3   WHERE EXISTS(
  4   SELECT 1 FROM departments WHERE departments.department_id=employees
      .department_id)
  5   GROUP BY employees.department_id;
DEPARTMENT_ID                  COUNT(*)
--------------  -----------------------
10                             1
20                             2
30                             6
40                             1
50                             45
60                             5
70                             1
80                             34
90                             3
100                            6
110                            2
已选择 11 行。
已用时间: 00: 00: 00.03
```

如上述示例，使用 EXISTS 操作符同样实现了查询效果。但是 EXISTS 与 IN 的实现原理不一样，下面对它们进行简单比较：

❑ **IN**

确定给定的值是否与子查询或列表中的值相匹配。使用 IN 时，子查询先产生结果集，然后主查询再去结果集中寻找符合要求的字段列表，符合要求的输出，反之则不输出。

❑ **EXISTS**

指定一个子查询，检测行的存在。它不返回列表的值，只返回一个 TRUE 或 FALSE。其运行方式是先运行主查询一次，再去子查询中查询与其对应的结果，如果子查询返回 TRUE 则输出，反之则不输出。再根据主查询中的每一行去子查询中查询。

由于 IN 操作符需要进行确切地比较，而 EXISTS 只需要验证存不存在，所以使用 IN 将会比使用 EXISTS 花费更多的查询成本，因此能使用 EXISTS 替代 IN 的地方，应该尽量使用 EXISTS。另外，尽量使用 NOT EXISTS 替代 NOT IN，使用 EXISTS 替代 DISTINCT。

12.1.7 用表连接替代 EXISTS

通常来说，采用表连接的方式来查询数据要比使用 EXISTS 查询数据效率更高。

【实践案例 12-5】

例如，采用 EXISTS 的方式获取部门名称为 Finance 的所有员工信息，SQL 语句如下：

```
SQL> SET TIMING ON
SQL> SELECT employee_id,first_name,salary,department_id
  2  FROM employees
```

```
 3   WHERE EXISTS(
 4   SELECT 1 FROM departments WHERE departments.department_id=employees
     .department_id
 5   AND department_name='Finance');
EMPLOYEE_ID        FIRST_NAME              SALARY                DEPARTMENT_ID
---------------    --------------------    ------------------    ------------------
108                Nancy                   12008                 100
109                Daniel                  9000                  100
110                John                    8200                  100
111                Ismael                  7700                  100
112                Jose Manuel             7800                  100
113                Luis                    6900                  100
已选择6行。
已用时间: 00: 00: 00.09
```

如上述 SQL 语句，在 WHERE 子句中使用 EXISTS 操作符获取部门名称为 Finance，并且部门信息表中的部门编号与员工信息表中的部门编号相等的数据行。其中，部门名称为 Finance 的部门编号为 100，该条 SQL 语句查询的为部门编号为 100 的所有员工信息。

下面再使用连接查询替代 EXISTS 实现上述的执行效果，SQL 语句如下：

```
SQL> SELECT employee_id,first_name,salary,employees.department_id
  2   FROM employees,departments
  3   WHERE employees.department_id=departments.department_id
  4   AND department_name='Finance';
EMPLOYEE_ID        FIRST_NAME              SALARY                DEPARTMENT_ID
---------------    --------------------    ------------------    ------------------
108                Nancy                   12008                 100
109                Daniel                  9000                  100
110                John                    8200                  100
111                Ismael                  7700                  100
112                Jose Manuel             7800                  100
113                Luis                    6900                  100
已选择6行。
已用时间: 00: 00: 00.01
```

从两条 SQL 语句的执行时间可看出，使用连接查询的效率要比使用 EXISTS 的效率高。当两张表的数据量不大时，无论使用连接查询，还是使用 EXISTS 的方式进行查询，它们两者之间没有明显的区别。但是，当其中的一张表数据量比较大，或者两张表的数据量都较大，则最好使用连接查询的方式来获取期望的数据。

12.2 合理连接表

表连接是一种基本的关系运算，通过匹配数据表之间相关列的内容而形成数据行。在

Oracle 数据库中，可以连接两张表，也可以连接多张表。当连接多张表时，就必须要考虑效率问题。提高多表连接的效率主要体现在两个方面：合理安排 FROM 子句中表的顺序和合理安排 WHERE 子句中的条件顺序。

12.2.1 FROM 子句中表的顺序

在 SELECT 语句的 FROM 子句中，可以指定需要进行连接查询的多个表名称，其表的顺序直接关系到 SQL 语句的执行效率。

Oracle 的解析器在处理 FROM 子句中的表时，是按照从右至左的顺序，也就是说，FROM 子句中最后指定的表将被 Oracle 首先处理，Oracle 将它作为基础表（Driving Table），并对该表的数据进行排序；之后再处理倒数第二张表；最后将所有从第二张表中检索出来的记录与第一张表中的合适记录进行合并。因此，在 FROM 子句中包含多张表的情况下，需要选择记录行数最少的表作为基础表，也就是将它作为 FROM 子句中的最后一个表。

如果是 3 个以上的表进行连接查询，则需要将被其他表所引用的表作为基础表。例如，在考试科目信息表中引用了学生表中的学生学号，在成绩表中也引用了学生表中的学生学号，则需要将学生表作为连接查询的基础表。

【实践案例 12-6】

例如，在 HR 用户下的 EMPLOYEES 表中含有 107 条记录，而 DEPARTMENTS 表中含有 27 条记录。下面编写两条连接查询的 SQL 语句，其中在第一条 SQL 语句的 FROM 子句中，EMPLOYEES 表放于最后，在第二条 SQL 语句的 FROM 子句中，DEPARTMENTS 语句放于最后。示例代码如下：

```
SQL> SELECT employee_id,first_name,salary,departments.department_id
  2  FROM departments,employees
  3  WHERE departments.department_id = employees.department_id
  4  AND departments.department_name='Marketing';
EMPLOYEE_ID          FIRST_NAME           SALARY           DEPARTMENT_ID
----------- -------------------- ---------- ----------------------------
201                  Michael              13000            20
202                  Pat                  6000             20
已用时间: 00: 00: 00.20
SQL> SELECT employee_id,first_name,salary,departments.department_id
  2  FROM employees,departments
  3  WHERE departments.department_id = employees.department_id
  4  AND departments.department_name='Marketing';
EMPLOYEE_ID          FIRST_NAME        SALARY              DEPARTMENT_ID
----------------- --------------- ----------------- --------------------
201                  Michael           13000               20
202                  Pat               6000                20
已用时间: 00: 00: 00.03
```

如上述两条 SQL 语句，实现的功能相同，即获取部门名称为 Marketing 的所有员工信息，而执行的时间却不相同。在第一条 SQL 语句中，将记录条数比较多的 EMPLOYEES 表放于 FROM 子句的最后，则系统需要将该表中的数据全部查询出来，然后再与 DEPARTMENTS 表中的数据进行匹配；在第二条 SQL 语句中，将记录条数比较少的 DEPARTMENTS 表放于 FROM 子句的最后，则系统只需要将该表中的数据全部查询出来与 EMPLOYEES 表中的数据进行匹配即可，因此所消耗的时间较少。

12.2.2　WHERE 子句的条件顺序

在执行查询的 WHERE 子句中，可以指定多个检索条件。Oracle 采用自右至左（自下向上）的顺序解析 WHERE 子句，根据这个顺序，表之间的连接应该写在其他 WHERE 条件之前，将可以过滤掉最大数量记录的条件写在 WHERE 子句的末尾。

例如，将案例 12-6 中第二条 SQL 语句的 WHERE 条件交换一下，观察其执行时间。如下：

```
SQL> SELECT employee_id,first_name,salary,departments.department_id
  2  FROM employees,departments
  3  WHERE departments.department_name='Marketing'
  4  AND
  5  departments.department_id = employees.department_id;
EMPLOYEE_ID      FIRST_NAME       SALARY           DEPARTMENT_ID
---------------  -------------    ----------------  ----------------------
201              Michael          13000            20
202              Pat              6000             20
已用时间: 00: 00: 00.18
```

从上述 SQL 语句的执行消耗时间，可以看出，在案例 12-6 中的第二条 SQL 语句的效率要比该条 SQL 语句的效率高。这是因为，DEPARTMENTS 表中 DEPARTMENT_NAME 列值为 Marketing 的数据行只有一条，而满足 departments.department_id = employees.department_id 条件的 EMPLOYEES 表数据却有多条。将 departments.department_name='Marketing'条件放在 WHERE 子句的末尾时，解析器会先解析该条件语句，而又因为该满足该条件语句的数据只有一条，因此可以过滤最大数量记录的条数，故执行效率高。

12.3　有效使用索引

索引有助于提高表的查询效率，这也是索引的最主要用途。本节将主要介绍如何有效地使用索引，从而提高表的执行效率。

12.3.1　使用索引的基本原则

通过索引查询要比全表扫描快得多，当 Oracle 找出执行查询的最佳路径时，Oracle 优化器就会使用索引。但是，在认识到索引的优点的同时，也要注意使用索引所需要付出的代价。索引需要占据存储空间，需要进行定期维护，每当表中有记录增减或索引列被修改时，索引本身也会被修改，这就意味着每条记录的 INSERT、DELETE、UPDATE 操作都要使用更多的磁盘 I/O。而且很多已经是不必要的索引，甚至会影响查询效率。

> 在实际应用中，对索引进行定期地重构相当必要。具体的重构操作请参考本书其他模式对象章节中与索引管理相关的内容。

所以，在使用索引时，应该注意什么情况下使用它。一般，创建索引有如下几个基本原则：

❑ 对于经常以查询关键字为基础的表，并且该表中的数据行是均匀分布的。
❑ 以查询关键字为基础，表中的数据行随机排序。
❑ 表中包含的列数相对比较少。
❑ 表中的大多数查询都包含相对简单的 WHERE 子句。

除了需要知道什么情况下使用索引以外，还需要知道在创建索引时选择表中的哪些列作为索引列。一般，选择索引列有如下几个原则：

❑ 经常在 WHERE 子句中使用的列。
❑ 经常在表连接查询中用于表之间连接的列。
❑ 不宜将经常修改的列作为索引列。
❑ 不宜将经常在 WHERE 子句中使用，但与函数或操作符相结合的列作为索引列。
❑ 对于取值较少的列，应考虑建立位图索引，而不应该采用 B 树索引。

> 除了所查询的表没有索引，或者需要返回表中的所有行时，Oracle 会进行全表扫描以外，如果查询语句中带 LIKE 关键字，并使用了通配符 "%"，或者对索引列使用了函数，Oracle 同样会对全表进行扫描。

12.3.2 避免对索引列使用 NOT 关键字

通常，我们要避免在索引列上使用 NOT。因为，当 Oracle 检测到 NOT 时，会停止使用索引，而进行全表扫描，从而降低了执行效率。

【实践案例 12-7】

例如，采用在索引列上使用 NOT 关键字的方式，获取员工编号小于 110 的所有员工信息，其 SQL 语句如下：

```
SQL> SELECT employee_id,first_name,salary,department_id
  2  FROM employees
  3  WHERE NOT employee_id>=110;
EMPLOYEE_ID          FIRST_NAME            SALARY          DEPARTMENT_ID
------------------ ---------------------- --------------- ----------------
```

100	Steven	24000	90
101	Neena	17000	90
102	Lex	17000	90
103	Alexander	9000	60
104	Bruce	6000	60
105	David	4800	60
106	Valli	4800	60
107	Diana	4200	60
108	Nancy	12008	100
109	Daniel	9000	100

已选择 10 行。
已用时间：00: 00: 00.10

在 EMPLOYEES 表中，EMPLOYEE_ID 为主键，在该列上使用 NOT 关键字，对员工编号大于或等于 110 的条件取反，获取了员工编号小于 110 的所有员工信息。

下面再使用小于号（<）实现同样的查询效果，如下：

```
SQL> SELECT employee_id,first_name,salary,department_id
  2  FROM employees
  3  WHERE employee_id<110;
EMPLOYEE_ID        FIRST_NAME         SALARY             DEPARTMENT_ID
-----------------  -----------------  -----------------  -------------
100                Steven             24000              90
101                Neena              17000              90
102                Lex                17000              90
103                Alexander          9000               60
104                Bruce              6000               60
105                David              4800               60
106                Valli              4800               60
107                Diana              4200               60
108                Nancy              12008              100
109                Daniel             9000               100
已选择 10 行。
已用时间：00: 00: 00.01
```

无论使用 NOT 关键字，还是小于号，都能实现同样的查询效果。但是两者的执行过程是不一样的。由于 EMPLOYEE_ID 列是主键列，所以该列上有索引，如果使用小于号的形式实现查询，Oracle 会使用索引进行查询；而如果使用在索引上使用 NOT 关键字，Oracle 会进行全表扫描。

> 在索引列上使用 NOT 关键字，与在索引列上使用函数一样，都会导致 Oracle 进行全表扫描。

12.3.3 总是使用索引的第一个列

如果索引是建立在多个列上，只有在它的第一个列被 WHERE 子句引用时，优化器才会选择使用该索引。这也是一条简单而重要的规则，当仅引用索引的第二个列时，优化器使用了全表扫描而忽略了索引。

【实践案例 12-8】

例如，表 TAB_USER 表中有两个索引列，分别为 UNAME 和 PWD，其中前者为索引的第一个列，后者为第二个列。则下面分别使用这两个索引作为 WHERE 子句的过滤条件，查询不同的数据行。如下：

```
低效:
SQL> SELECT * FROM tab_user
  2  WHERE pwd='maxianglin';
UNAME          PWD             AGE          SEX
----------  --------------  ------------  ----------
admin          maxianglin      23           女
maxianglin  maxianglin      23           女
已用时间: 00: 00: 00.09

高效:
SQL> SELECT * FROM tab_user
  2  WHERE uname='admin';
UNAME          PWD             AGE          SEX
--------  ------------  ----------------  ----------
admin          admin           22           男
admin          maxianglin      23           女
已用时间: 00: 00: 00.01
```

12.3.4 避免在索引列上使用 IS NULL 和 IS NOT NULL

避免在索引列中使用任何可以为空的列，Oracle 将无法使用该索引。对于单列索引，如果列包含空值，索引中将不存在此记录。对于复合索引，如果每个列都为空，索引中同样不存在此记录。如果至少有一个列不为空，则记录存在于索引中。

例如，如果唯一性索引建立在表的 A 列和 B 列上，并且表中存在一条记录的 A、B 值为 111、NULL，Oracle 将不接受下一条具有相同 A、B 值的记录插入。然而如果所有的索引列都为空，Oracle 将认为整个键值为空，而 NULL 不等于空，因此可以插入 1000 条具有相同键值的记录，当然它们必须都是空。这是因为空值不存在于索引列中，所以 WHERE 子句中对索引列进行空值比较时，Oracle 将停止使用该索引。

【实践案例 12-9】

例如，当前的 TAB_USER 表中的数据如下：

```
SQL> SELECT * FROM tab_user;
UNAME              PWD                    AGE             SEX
----------  ---------------  ----------------  ----------
                                            23           男
                                            24           男
admin                                       25           女
                   maxianglin               24           女
admin              admin                    22           男
admin              maxianglin               23           女
maxianglin         maxianglin               23           女
已选择 7 行。
```

下面分别使用 IS NOT NULL 和不等号（<>）来获取 UNAME 列有值的所有用户信息，
如下两条 SQL 语句：

```
低效:
SQL> SELECT * FROM tab_user
  2  WHERE uname IS NOT NULL;
UNAME              PWD                    AGE             SEX
----------  ---------------  ----------------  ----------
admin              admin                    22           男
admin              maxianglin               23           女
admin                                       25           女
maxianglin         maxianglin               23           女
已用时间:  00: 00: 00.08
```

```
高效:
SQL> SELECT * FROM tab_user
  2  WHERE uname<>' ';
UNAME              PWD                    AGE             SEX
----------  ---------------  ----------------  ----------

admin              admin                    22           男
admin              maxianglin               23           女
admin                                       25           女
maxianglin         maxianglin               23           女
已用时间:  00: 00: 00.01
```

在第一条 SQL 语句中，采用了在索引列 UNAME 上使用 IS NOT NULL 的形式来进行
查询，则 Oracle 将停止使用该索引，因此使用不等号（<>）的形式进行查询时，效率较高。

12.3.5 监视索引是否被使用

因为不必要的索引会降低表的查询效率，因此在实际应用中应该经常检查索引是否被
使用，这需要用到索引的监视功能。

监视索引已经在第 5 章中介绍过，例如监视名称为 INDEX_UNAME 的索引，语句如下：

```
SQL> ALTER INDEX index_uname MONITORING USAGE;
索引已更改。
```

上述语句添加了对 INDEX_UNAME 索引的监视，然后就可以通过 V$OBJECT_USAGE 视图来了解该索引的使用状态，如下：

```
SQL> SELECT table_name,index_name,monitoring FROM v$object_usage;
TABLE_NAME                    INDEX_NAME                      MON
----------------------------- ------------------------------- -------------
TAB_USER                      INDEX_UNAME                     YES
```

上面 TABLE_NAME 字段表示索引所在表，INDEX_NAME 字段表示索引名称，MONITORING 字段表示索引是否处于激活状态。

如果确定索引不再需要使用，可以删除该索引，如下：

```
SQL> DROP INDEX index_uname;
索引已删除。
```

12.4 习题

一、填空题

1. Oracle 采用_____顺序解析 WHERE 子句中的条件语句。

2. 避免使用 HAVING 子句，HAVING 只会在检索出所有记录之后才对结果集进行过滤，这个处理需要排序、总计等操作。如果使用_____子句限制记录的数目，则能减少这方面的开销。

3. 当添加了对索引的监视之后，就可以通过_____视图来了解该索引的使用状态。

二、选择题

1. Oracle 的解析器按照_____顺序处理 FROM 子句中的表名。
   A. 从左至右
   B. 从右至左
   C. 随机的处理顺序
   D. 无顺序

2. 如果索引是建立在多个列上，只有在它的第一个列被 WHERE 子句引用时，优化器才会选择使用该索引。这是一条简单而重要的规则，当仅引用索引的第二个列时，优化器使用了_____的处理机制。
   A. 全表扫描

B. 第一列索引扫描

C. 第二列索引扫描

D. 全部索引扫描

3. 在程序中要尽量多地使用_____，这样程序的性能将得到很大的提高，需求也会因为它所释放的资源而减少。

A. "*" 号

B. EXISTS

C. WHERE

D. COMMIT

三、上机练习

1. 使用 EXISTS 替代 IN 优化 SQL 语句

由于业务需求，现需要获取 Finance 部门下的所有员工信息（暂时无工号的员工除外），下面的 SQL 语句是采用 IN 操作符来实现的，而该条 SQL 语句的执行时间为 00:00:01.92，执行效率较低。请使用 EXISTS 替代 IN 实现同样的功能，以优化 SQL 语句。

```
SQL> SET TIMING ON
SQL> SELECT * FROM employees
  2 WHERE employee_id>0 AND department_id IN (
  3 SELECT department_id FROM departments WHERE department_name='Finance');
EMPLOYEE_ID      FIRST_NAME           LAST_NAME                EMAIL            PHONE_NUMBER
-----------      --------------------  ------------------------  -------------    ------------
HIRE_DATE        JOB_ID               SALARY                   COMMISSION_PCT
-----------      --------------------  ------------------------  -------------
MANAGER_ID       DEPARTMENT_ID
-----           -------  ----  -------
108              Nancy                Greenberg                NGREENBE         515.124.4569
 17-8月 -02       FI_MGR               12008
101              100

109              Daniel               Faviet                   DFAVIET          515.124.4169
16-8月 -02        FI_ACCOUNT           9000
108              100

110              John                 Chen                     JCHEN            515.124.4269
28-9月 -05        FI_ACCOUNT           8200
108              100

111              Ismael               Sciarra                  ISCIARRA         515.124.4369
30-9月 -05        FI_ACCOUNT           7700
108              100

112              Jose Manuel          Urman                    JMURMAN          515.124.4469
```

```
07-3 月 -06      FI_ACCOUNT      7800
108             100

113             Luis            Popp                LPOPP           515.124.4567
07-12 月-07      FI_ACCOUNT      6900
108             100
已选择 6 行。
已用时间： 00： 00： 01.92
```

12.5 实践疑难解答

12.5.1 多次查询数据库的效率问题

多次查询数据库的效率问题
网络课堂：http://bbs.itzcn.com/thread-19668-1-1.html

【问题描述】：今天老师出了一道题目：高效率地查询出员工编号为 200 和 300 的员工信息，于是我编写了如下的两条 SQL 语句：

```
SQL> SELECT employee_id,first_name,last_name,salary FROM employees
  2  WHERE employee_id=200;
EMPLOYEE_ID          FIRST_NAME           LAST_NAME            SALARY
------------ -------------------- ---------------------- ----------
200                  Jennifer             Whalen               4400
SQL> SELECT employee_id,first_name,last_name,salary FROM employees
  2  WHERE employee_id=201;
EMPLOYEE_ID          FIRST_NAME           LAST_NAME            SALARY
------------ ---------------- ---------------------- ----------------
201                  Michael              Hartstein            13000
```

老师看过之后竟然说我写得不对，郁闷，我这样写有错吗？

【解决办法】：当执行每条 SQL 语句时，Oracle 在内部执行了许多工作：解析 SQL 语句、估算索引的利用率、绑定变量、读取数据块等等。由此可见，减少访问数据库的次数，就能实际上提高 Oracle 的工作效率。因此，我们需要尽量少减少对数据表的访问次数。故上面的 SQL 语句应改为：

```
SQL> SELECT a.employee_id,a.first_name,a.last_name,a.salary,b.employee_
id,b.firs
t_name,b.last_name,b.salary
  2  FROM employees a,employees b
  3  WHERE a.employee_id=200
  4  AND b.employee_id=201;
EMPLOYEE_ID          FIRST_NAME           LAST_NAME            SALARY
---------------- ------------------- -------------------- -------
200                  Jennifer             Whalen               4400
201                  Michael              Hartstein            13000
```

上述语句减少了访问数据库的次数，从而提高了效率。

12.5.2　如何使用 NOT EXISTS 替代 NOT IN

如何使用 NOT EXISTS 替代 NOT IN

网络课堂：http://bbs.itzcn.com/thread-19669-1-1.html

【问题描述】：我要查询 STUDENT 表中 ID 不在 SCORE 表中的记录行，于是我编写了如下的 SQL 语句：

```
SQL> SELECT * FROM student
  2 WHERE id NOT IN
  3 (SELECT stuid FROM score);
```

我从网上看到，使用 NOT EXISTS 替代 NOT IN 可以提高 Oracle 的执行效率，如何将上面 SQL 语句中的 NOT IN 用 NOT EXISTS 替换呢？但是需要保证实现的功能不变。

【解决办法】：NOT EXISTS 基本上可以完全替代 NOT IN 子句，因此在实际的应用中能用 EXISTS 的 SQL 语句绝对不使用 IN。将上面 SQL 语句中的 NOT IN 子句修改为 NOT EXISTS 子句之后的完整语句如下：

```
SQL> SELECT * FROM student
  2 WHERE NOT EXISTS
  3 (SELECT 1 FROM score WHERE score.stuid=student.id);
```

比较两条 SQL 语句执行时消耗的时间,使用 NOT IN 子句的 SQL 语句用时 1 分 25 秒,使用 NOT EXISTS 的 SQL 语句用时 10 秒。

12.5.3　为什么 Oracle 语句不走索引

为什么 Oracle 语句不走索引

网络课堂：http://bbs.itzcn.com/thread-19670-1-1.html

【问题描述】：在 USER 表中，我设置了 ID 列为索引，当执行如下的语句时，竟然全表扫描然后显示出查询结果。怎么办啊？这样效率太低了！

```
SELECT COUNT(id) FROM user;;
```

【解决办法】：你看看你设置的 USER 表中的 ID 列是否有空值，或者是否没有加非空约束。如果索引列上有 NULL 值的话，它是不会走索引的，即使你强制它也不会走。你可以把 ID 列加一个非空约束应该就可以了。

第13章 其他模式对象

模式是指一系列逻辑数据结构或对象的集合。除了表之外，Oracle 还提供了其他模式对象，例如索引、临时表、视图、序列和同义词。其中，索引是为了加速对表中数据的检索而创建的一种分散存储结构；临时表可以使用户只能够操作各自的数据而互不干扰；视图是从一个或多个表或视图中提取出来的数据的一种表现形式；序列用于产生唯一序号的数据库对象，用于为多个数据库用户依次生成不重复的连续整数；同义词是数据库中表、索引、视图或其他模式对象的一个别名。

本章学习要点：

➢ 了解索引的各种类型
➢ 掌握各种类型索引的创建
➢ 熟练掌握索引的管理
➢ 了解临时表的特点和类别
➢ 熟练掌握临时表的创建和使用
➢ 熟练掌握视图的创建
➢ 熟练掌握视图的更新和删除操作
➢ 熟练掌握序列的创建
➢ 熟练掌握序列的修改和删除操作
➢ 了解同义词的创建和删除

13.1 索引

索引是建立在表的一列或多个列上的可选对象，目的是提高表中数据的访问速度。但同时索引也会增加系统的负担，从而影响系统的性能。为表创建索引后，DML 操作就能快速找到表中的数据，而不需要全表扫描。因此，对于包含大量数据的表来说，设计索引，可以大大提高操作效率。在数据库中，索引是数据和存储位置的列表。

13.1.1 索引类型

Oracle 支持多种类型的索引，可以按列的多少、索引值是否唯一和索引数据的组织形式对索引进行分类，以满足各种表和查询条件的要求。Oracle 中常用的索引类型有：B 树索引、位图索引和基于函数的索引等，本节将主要介绍这 3 种类型的索引。

1. B 树索引

B 树索引是 Oracle 数据库中最常用的一种索引。当使用 CREATE INDEX 语句创建索引时，默认创建的索引就是 B 树索引。

B 树索引是按 B 树结构或使用 B 树算法组织并存储索引数据的。B 树索引就是一棵二叉树，它由根、分支节点和叶子节点三部分构成。其中，根包含指向分支节点的信息，分支节点包含指向下级分支节点和指向叶子节点的信息，叶子节点包含索引列和指向表中每个匹配行的 ROWID 值。叶子节点是一个双向链表，因此可以对其进行任何方面的范围扫描。其逻辑结构图如图 13-1 所示。

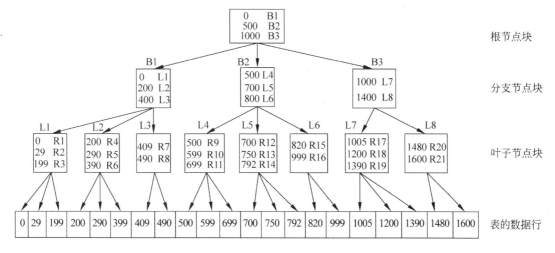

图 13-1 B 树索引逻辑结构图

B 树索引是一个典型的树结构，其包含的组件主要有以下三部分：

- **叶子节点（Leaf Node）** 包含条目直接指向表里的数据行。
- **分支节点（Branch Node）** 包含的条目指向索引里其他的分支节点或者是叶子节点。
- **根节点（Root Node）** 一个 B 树索引只有一个根节点，它实际就是位于树的最顶端的分支节点。

> 从 B 树索引的逻辑结构图可以看出，B 树索引的组织结构类似于一棵树，其中主要数据都集中在叶子节点上。每个叶子节点中包括：索引列的值和记录行对应的物理地址 ROWID。

对于分支节点块（包括根节点块）来说，其所包含的索引条目都是按照顺序排列的（默认为升序排列，也可以在创建索引时指定为降序排列）。每个索引条目（也可以叫做每条记录）都具有两个字段。第一个字段表示当前该分支节点块下面所链接的索引块中所包含的最小键值；第二个字段为 4 个字节，表示所链接的索引块的地址，该地址指向下面一个索引块。在一个分支节点块中所能容纳的记录行数由数据块大小以及索引键值的长度决定。

比如从图 13-1 可以看到，对于根节点块来说，包含三条记录，分别为（0 B1）、（500 B2）、（1000 B3），它们指向三个分支节点块。其中的 0、500 和 1000 分别表示这三个分支节点块所链接的键值的最小值。而 B1、B2 和 B3 则表示所指向的三个分支节点块的地址。

对于叶子节点块来说，其所包含的索引条目与分支节点一样，都是按照顺序排列的（默认为升序排列，也可以在创建索引时指定为降序排列）。每个索引条目（也可以叫做每条记录）也具有两个字段。第一个字段表示索引的键值，对于单列索引来说是一个值；而对于多列索引来说则是多个值组合在一起的。第二个字段表示键值所对应的记录行的 ROWID，该 ROWID 是记录行在表里的物理地址。如果索引是创建在非分区表上或者索引是分区表上的本地索引，则该 ROWID 占用 6 个字节；如果索引是创建在分区表上的全局索引，则该 ROWID 占用 10 个字节。

2. 位图索引

在 B 树索引中，保存的是经排序后的索引列及其对应的 ROWID 值。但是对于一些基数很小的列来说，这样做并不能显著提高查询的速度。所谓基数，是指某个列可能拥有的不重复值的个数。比如性别列的基数为 2（只有男和女）。

因此，对于像性别、婚姻状况、政治面貌等只具有几个固定值的字段而言，如果要建立索引，应该建立位图索引，而不是默认的 B 树索引。

 在 B 树索引中，通过在索引中保存排过序的索引列的值，以及数据行的 ROWID 来实现快速查找。这种查找方式，对于有些表来说，效率会很低。最典型的例子就是在表的性别列上创建 B 树索引。

例如有一个 EMPLOYEE 员工表，在该表中有一列是员工性别，该列的取值只有两种：男或女。如果在该列上使用 B 树索引，可以发现创建的 B 树将只有两个分支：男分支和女分支。如图 13-2 所示。

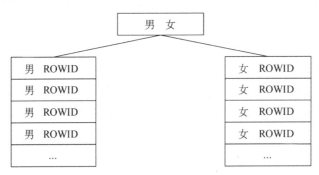

图 13-2　在性别列上使用 B 树索引

由于每个分支都无法再细分，这就使得每个分支都相当庞大，在这种情况下进行数据搜索，很明显是不可取的。当列的基数很小时，就不适合在该列上创建 B 树索引。这时，可以选取在该列上创建位图索引。位图索引以及对应的表行概念示意图如图 13-3 所示。

EMPLOYEE表

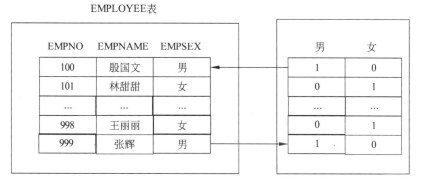

图 13-3　位图索引示意图

在创建位图索引时，Oracle 会扫描整张表，并为索引列的每个取值建立一个位图。在这个位图中，对表中每一行使用一位（bit，取值为 0 或 1）来表示该行是否包含该位图的索引列的取值，如果为 1，则表示该值对应的 ROWID 所在的记录包含该位图索引列值。最后通过位图索引中的映射函数完成值到行的 ROWID 的转换。

> 在位图索引的图表中，1 表示"是，该值存在于这一行中"，0 表示"否，该值不存在于这一行中"。虽然 1 和 0 不能作为指向行的指针，但是，由于图表中 1 和 0 的位置与表行的位置是相对应的，如果给定表的起始和终止 ROWID，则可以计算出表中行的物理位置。

3. 基于函数的索引

B 树索引和位图索引都是直接对表中的列创建索引，除此之外，Oracle 还可以对包含有列的函数或表达式创建索引，这就是函数索引。

当需要经常访问一些函数或表达式时，可以将其存储在索引中，当下次访问时，由于该值已经计算出来了，因此，可以大大提高那些在 WHERE 子句中包含该函数或表达式的查询操作的速度。

> 在 Oracle 中，经常遇到字符大小写或数据类型转换等问题。这时，就可以引用函数对这些数据进行转换。

函数索引既可以使用 B 树索引，也可以使用位图索引，可以根据函数或表达式的结果的基数大小来进行选择，当函数或表达式的结果不确定时采用 B 树索引，当函数或表达式的结果是固定的几个值时采用位图索引。

例如，在表 EMPLOYEE 中含有 EMPNAME 列值为 maxianglin 的一条记录行。如果使用大写的字符串 MAXIANGLIN 查找该员工记录，则无法找到。查询如下：

```
SQL> SELECT * FROM employee
  2  WHERE empname='MAXIANGLIN';
未选定行
```

这时，可以引用函数来解决这个问题。例如，引用 UPPER()函数，将查询时遇到的每个值都转换成大写。语句如下：

```
SQL> SELECT * FROM employee
  2  WHERE UPPER(empname)=UPPER('maxianglin');
EMPNO           EMPNAME          EMPSEX
-------------   --------------   ----------
100             maxianglin       女
```

在使用这种查询方式时，用户不是基于表中存储的记录进行搜索的。虽然只在某一列上建立了索引，但 Oracle 会被迫执行全表搜索，为每一行都计算 UPPER()函数。

在函数索引中可以使用各种算术运算符、PL/SQL 函数和内置 SQL 函数，如 TRIM()、LEN()和 SUBSTR()等。这些函数的共同特点是为每行返回独立的结果，因此，集函数（如SUM()、MAX()、MIN()、AVG()等）不可使用。

13.1.2　创建索引

创建索引需要使用 CREATE INDEX 语句。在自己的模式中创建索引，需要具有CREATE INDEX 系统权限；在其他用户模式中创建索引则需要具有 CREATE ANY INDEX系统权限。另外，索引需要存储空间，因此，还必须在保存索引的表空间中有配额，或者具有 UNLIMITED TABLESPACE 的系统权限。创建索引的语法如下：

```
CREATE [UNIQUE | BTIMAP] INDEX <schema>.<index_name>
ON <schema>.<table_name>
(<column_name> | <expression> ASC | DESC,
<column_name> | <expression> ASC | DESC,…)
TABLESPACE<tablespace_name>
STORAGE<storage_settings>
LOGGING | NOLOGGING
COMPUTE STATISTICS
NOCOMPRESS | COMPRESS<nn>
NOSORT | REVERSE
PARTITION | GLOBAL PARTITION<partition_setting>;
```

语法中各关键字或子句的含义如下：

❑ **UNIQUE**
表示唯一索引，默认情况下，不使用该选项。

❑ **BITMAP**
表示创建位图索引，默认情况下，不使用该选项。

❑ **ASC**
表示该列为升序排列。ASC 为默认排列顺序。

❏ **DESC**

表示该列为降序排列。

❏ **TABLESPACE**

用来在创建索引时，为索引指定存储空间。

❏ **STORAGE**

用户可以使用该子句来进一步设置存储索引的表空间存储参数，以取代表空间的默认
存储参数。

❏ **LOGGING | NOLOGGING**

LOGGING 用来指定在创建索引时创建相应的日志记录；NOLOGGING 则用来指定不
创建相应的日志记录。默认使用 LOGGING。

 如果使用 NOLOGGING，则可以更快地完成索引的创建操作，因为在创建
索引的过程中不会产生重做日志信息。

❏ **COMPUTE STATISTICS**

用来指定在创建索引的过程中直接生成关于索引的统计信息。这样可以避免以后再对
索引进行分析操作。

❏ **NOCOMPRESS | COMPRESS\<nn\>**

COMPRESS 用来指定在创建索引时对重复的索引值进行压缩，以节省索引的存储空
间；NOCOMPRESS 则用来指定不进行任何压缩。默认使用 NOCOMPRESS。

❏ **NOSORT | REVERSE**

NOSORT 用来指定在创建索引时，Oracle 将使用与表中相同的顺序来创建索引，省略
再次对索引进行排序的操作；REVERSE 则指定以相反的顺序存储索引值。

 如果表中行的顺序与索引期望的顺序不一致，则使用 NOSORT 子句将会导
致索引创建失败。

❏ **PARTITION | NOPARTITION**

使用该子句，可以在分区表和未分区表上对创建的索引进行分区。

可以在一个表上创建多个索引，但这些索引的列的组合必须不同。如下列的索引：

```
CREATE INDEX index1 ON employees(employee_id,department_id)
CREATE INDEX index2 ON employees(department_id,employee_id)
```

其中，index1 和 index2 索引都使用了 employee_id 和 department_id 列，但由于顺序不
同，因此也是合法的。

13.1.3 创建 B 树索引

B 树索引是 Oracle 默认的索引类型，当在 WHERE 子句中经常要引用某些列时，应该

在这些列上创建索引。B 树索引主要有三种形式：普通 B 树索引、唯一索引和复合索引，创建这三种形式的索引均需要使用 CREATE INDEX 语句。

1. 创建普通索引

创建普通索引的语法格式如下：

```
CREATE INDEX index_name ON table_name(column_name)
```

其中，CREATE INDEX 表示创建索引；index_name 表示索引名称；table_name 表示索引所在的表名称；column_name 表示创建索引的列名。

例如，为 EMPLOYEE 表的 EMPNAME 列创建一个名称为 EMPNAME_INDEX 的索引。如下：

```
SQL> CREATE INDEX empname_index ON employee(empname)
  2  TABLESPACE tablespace1;
索引已创建。
```

如上述语句，在创建普通的 B 树索引时，需要在 ON 关键字之后指定基于索引的表名和列名，并使用 TABLESPACE 指定存储索引的表空间。

2. 创建唯一索引

唯一的 B 树索引可以保证索引列上不会有重复的值。创建唯一索引需要使用 CREATE UNIQUE INDEX 语句，如下所示：

```
CREATE UNIQUE INDEX index_name ON table_name(column_name)
```

例如，为 EMPLOYEE 表的 EMPNO 列创建了唯一索引，名称为 EMPNO_INDEX。具体的创建语句如下：

```
SQL> CREATE UNIQUE INDEX empno_index ON employee(empno)
  2  TABLESPACE tablespace1;
索引已创建。
```

 通常情况下，用户不需要为表中不具有重复列值的列创建唯一索引，因为当一个列被定义了 UNIQUE 约束时，Oracle 会自动为该列创建唯一索引。

3. 创建复合索引

复合索引，是指基于表中多个字段的索引，其语法格式如下：

```
CREATE INDEX index_name ON table_name(column_name1 , column_name2 [ ,
column_name3 [ , …]])
```

其中，"column_name1 , column_name2 [, column_name3 [, …]]"表示要添加复合索引的字段列表。

例如为 EMPLOYEE 表的 EMPNO 列与 EMPNAME 列创建复合索引，如下：

```
SQL> CREATE INDEX no_name_index ON employee(empno,empname)
  2 TABLESPACE tablespace1;
索引已创建。
```

在创建复合索引时，多个列的顺序可以是任意的。虽然多个列的顺序不受限制，但是索引的使用效率会受到列顺序的影响。通常，将在查询语句的WHERE 子句中经常使用的列放在前面。

复合索引还有一个特点就是键压缩。在创建索引时，如果使用键压缩，则可以节省存储索引的空间。索引越小，执行查询时服务器就越有可能使用它们。并且，读取索引所需的磁盘 I/O 也会减少，从而使得索引读取的性能得到提高。

创建索引时，启用键压缩需要使用 COMPRESS 子句，如下：

```
SQL> CREATE INDEX no_name_comindex ON employee(empno,empname)
  2 COMPRESS 2;
索引已创建。
```

压缩并不是只能用于复合索引，只要是非唯一索引的列具有较多的重复值，即使单独的列，也可以考虑使用压缩。

对单独列上的唯一索引进行压缩是没有意义的，因为所有的列值都是不重复的。只有当唯一索引是复合索引，其他列的基数较小时，对其进行压缩才有意义。

13.1.4 创建位图索引

位图索引适合于那些基数较少，且经常对该列进行查询、统计的列。创建位图索引需要使用 CREATE BITMAP INDEX 语句，其语法格式如下：

```
CREATE BITMAP INDEX bitmap_index_name ON table_name(column_name)
```

其中，bitmap_index_name 表示创建位图索引的名称。

【实践案例 13-1】

例如，为员工表 EMPLOYEE 中的 EMPSEX 列创建位图索引，语句如下：

```
SQL> CREATE BITMAP INDEX empsex_bitmap_index ON employee(empsex)
  2 TABLESPACE tablespace1;
索引已创建。
```

为表创建单独的位图索引是没有意义的。只有对表中的多个列建立对应的位图索引，系统才可以有效地利用它们提高查询的速度。

位图索引的作用来源于与其他位图索引的结合。当在多个列上进行查询时，Oracle 对这些列上的位图进行布尔 AND 和 OR 运算，最终找到所需要的结果。

 具有位图索引的列不能具有唯一索引，也不能对其进行键压缩。

13.1.5 创建函数索引

使用函数索引，可以提高在查询条件中使用函数和表达式时查询的执行速度。Oracle 在创建函数索引时，首先对包含索引类的函数值或表达式进行求值，然后将排序后的结果存储到索引中。函数索引可以根据基数的大小，选择使用 B 树索引或位图索引。其语法格式如下：

```
CREATE INDEX index_name
ON table_name(function_name(column_name))
```

上述语句中的各个参数说明如下：

- **index_name** 索引名称。
- **table_name** 索引所在的表名称
- **function_name** 函数名称。
- **column_name** 索引所在列的列名称。

 如果用户要在自己的模式中创建基于函数的索引，则必须具有 QUERY REWRITE 系统权限；在其他模式中创建基于函数的索引，则必须具有 CREATE ANY INDEX 和 GLOBAL QUERY REWRITE 权限。

【实践案例 13-2】

例如，为 EMPLOYEE 表中的 EMPNAME 列创建一个基于函数 SUBSTR() 的函数索引，如下：

```
SQL> CREATE INDEX emp_substr_index ON employee(SUBSTR(empname,1,5))
  2  TABLESPACE tablespace1;
索引已创建。
```

在上述代码中，为 EMPLOYEE 表中的 EMPNAME 列创建了一个名称为 EMP_SUBSTR_INDEX 的函数索引。在创建索引后，如果在查询条件中包含有相同的函数，则可以提高查询的执行速度。下面的查询将会使用 EMP_SUBSTR_INDEX 索引：

```
SQL> SELECT * FROM employee
  2  WHERE SUBSTR(empname,1,5)='maxia';
EMPNO       EMPNAME         EM
---------   -------------   ------
100         maxianglin      女
```

13.1.6 管理索引

当需要修改已创建的索引时，可以使用 ALTER INDEX 语句。用户需要修改自己模式中的索引，需要具有 ALTER INDEX 的系统权限，如果需要修改其他用户模式对象中的索引，则需要具有 ALTER ANY INDEX 系统权限。

1. 重命名索引

在 Oracle 中可以对已经创建的索引进行重命名操作，其语法格式如下：

```
ALTER INDEX index_name RENAME TO new_index_name
```

其中，index_name 表示已创建的索引名称；RENAME TO 用于指定新的索引名称；new_index_name 表示新的索引名称。

例如，将 EMPLOYEE 表中的 EMPSEX 列上的位图索引 EMPSEX_BITMAP_INDEX 重命名为 SEX_INDEX_NAME，语句如下：

```
SQL> ALTER INDEX empsex_bitmap_index RENAME TO sex_index_name;
索引已更改。
```

2. 合并索引

随着对表的不断更新，在表的索引中将会产生越来越多的存储碎片，这些碎片会影响索引的使用效率，从而会降低数据访问效率。为解决这一问题，Oracle 提供了合并索引的操作，该操作可以清除索引中的存储碎片，提高数据查询的执行效率。其语法格式如下：

```
ALTER INDEX index_name COALESCE [ DEALLOCATE UNUSED]
```

上述语法中的各个参数说明如下：

❑ **index_name** 表示要合并的索引的名称。

❑ **COALESCE** 表示要执行合并索引的操作。

❑ **DEALLOCATE UNUSED** 表示合并索引的同时，释放合并后多余的空间。

合并索引是指将 B 树中叶子节点的存储碎片合并在一起，这种合并不会改变索引的物理组织结构。例如，假设前面创建的普通 B 树索引 EMPNAME_INDEX 的 B 树如图 13-4 所示。

从图 13-4 可以看出，合并前的 B 树中，有两个叶子节点的数据块使用的存储空间为 50%。如果对索引 EMPNAME_INDEX 进行合并，合并后的 B 树如图 13-5 所示。

图 13-4 合并索引前的 B 树索引结构　　　图 13-5 合并索引后的 B 树

从图 13-5 可以看出，合并索引后，第一个叶子节点的数据块使用的存储空间变成了

100%，而第二个叶子节点的数据块则被释放掉。

【实践案例 13-3】

以下实例演示了基于函数索引 EMP_SUBSTR_INDEX 的合并，合并语句如下所示：

```
SQL> ALTER INDEX emp_substr_index COALESCE
  2  DEALLOCATE UNUSED;
索引已更改。
```

3. 重建索引

除了合并索引可以清除索引中的存储碎片之外，还可以采用重建索引的方式来实现同样的清除碎片功能。重建索引在清除存储碎片的同时，还可以改变索引的全部存储参数设置，以及改变索引的存储表空间，其语法格式如下：

```
ALTER [UNIQUE] INDEX index_name REBUILD
```

例如，对普通 B 树索引 NMPAME_INDEX 进行重建，如下：

```
SQL> ALTER INDEX empname_index REBUILD
  2  TABLESPACE tablespace2;
索引已更改。
```

上面在对索引 EMPNAME_INDEX 进行重建的同时，修改了该索引存储的表空间，即表空间由 tablespace1 修改为 tablespace2。

> 重建索引，实际上是在指定的表空间中重新建立一个新的索引，然后再删除原来的索引。

4. 监视索引

索引在创建之后并不一定就会被使用，监视索引的目的是为了确保索引得到有效的利用。Oracle 会在自动搜集了表和索引的统计信息之后，决定是否要使用索引。打开索引的监视状态需要使用 ALTER INDEX ... MONITORING USAGE 语句，例如打开 EMPNAME_INDEX 索引的监视状态：

```
SQL> ALTER INDEX empname_index MONITORING USAGE;
索引已更改。
```

当打开索引的监视状态后，就可以通过 V$OBJECT_USAGE 动态性能视图查看其索引的使用情况，如下：

```
SQL> SELECT index_name,table_name,monitoring,used,start_monitoring FROM
v$object_usage;
INDEX_NAME      TABLE_NAME    MON     USE     START_MONITORING
--------------- ------------- ------- ------- -------------------
EMPNAME_INDEX   EMPLOYEE      YES     NO      07/04/2012 15:52:57
```

V$OBJECT_USAGE 视图的字段说明如下：

❑ **INDEX_NAME**

该字段表示可监视的索引名称。

❑ **TABLE_NAME**

该字段表示可监视索引所在的表名称。

❑ **MONITORING**

该字段标识是否激活了使用的监视。

❑ **USED**

该字段描述在监视过程中索引的使用情况。

❑ **START_MONITORING**

该字段描述监视的开始时间。另外，还有一个名称为 END_MONITORING 的字段，该字段描述监视的结束时间。

关闭索引的监视状态，需要使用 ALTER INDEX ... NOMONITORING USAGE 语句。例如，关闭索引 EMPNAME_INDEX 的监视状态，如下：

```
SQL> ALTER INDEX empname_index NOMONITORING USAGE;
索引已更改。
```

每次使用 MONITORING USAGE 打开索引监视，V$OBJECT_USAGE 视图都将针对指定的索引进行重新设置（清除或重新设置以前的使用信息，并记录新的开始时间）；当使用 NOMONITORING USAGE 关闭监视时，则不再执行下一步监视，该监视阶段的结束时间被记录下来。

5. 删除索引

用户可以删除自己模式中的索引。如果要删除其他模式中的索引，则必须具有 DROP ANY INDEX 系统权限。

删除索引主要分为如下两种情况：

❑ **删除基于约束条件的索引**

如果索引是在定义约束条件时由 Oracle 自动建立的，则必须禁用或删除该约束本身。

❑ **删除使用 CREATE INDEX 语句创建的索引**

如果索引是使用 CREATE INDEX 语句显示创建的，则可以使用 DROP INDEX 语句删除该索引。例如删除索引 EMPNAME_INDEX，如下：

```
SQL> DROP INDEX empname_index;
索引已删除。
```

在删除一个表时，Oracle 会删除所有与该表相关的索引。移动表数据之后，索引会失效，需重新创建索引。

一个索引被删除后，它所占用的盘区会全部返回给它所在的表空间，并且可以被表空间中的其他对象使用。通常在如下情况下需要删除某个索引：

- 该索引不需要再使用。
- 该索引很少被使用。索引的使用情况可以通过监视来查看。
- 该索引中包含较多的存储碎片，需要重建该索引。

13.2 临时表

合理的使用 Oracle 临时表可以提高数据库处理性能，它与普通的数据表一样只需要创建一次，其结构从创建到删除的整个期间都是有效的，被作为模式对象存储在数据字典中。本节将重点介绍临时表的类型以及临时表的创建与使用。

13.2.1 临时表概述

Oracle 数据库除了可以保存永久表外，还可以建立临时表。这些临时表用来保存一个会话 SESSION 的数据，或者保存在一个事务中需要的数据。当会话退出或者用户提交 COMMIT 和回滚 ROLLBACK 事务时，临时表的数据将自动清空，但是临时表的结构还存储在于用户的数据字典中。

Oracle 中的临时表是"静态"的，用户不需要在每次使用临时表时重新建立。Oracle 临时表在应用系统中有很大的作用，它可以使用户只能够操作各自的数据而互不干扰，这也是数据安全的一种解决方法。

临时表主要有如下特点：

- 临时表只有在用户向表中添加数据时，Oracle 才会为其分配存储空间。

 堆表在使用 CREATE TABLE 语句执行后，Oracle 就为其分配一个盘区。

- 为临时表分配的空间来自临时表空间，这避免了与永久对象的数据争用存储空间。
- 在临时表中存储数据是以事务或会话为基础的。当用户当前的事务结束或会话终止时，临时表占用的存储空间将被释放，存储的数据也随着丢失。
- 和堆表一样，用户可以在临时表上建立索引、视图和触发器等。

由于临时表中存储的数据只在当前事务处理或者会话进行期间有效，因此临时表主要分为两种：事务级别临时表和会话级别临时表，如下：

- **事务级别临时表**

事务级别临时表是指临时表中的数据只在事务生命周期中存在。当一个事务结束（COMMIT 或 ROLLBACK），Oracle 自动清除临时表中的数据。

- **会话级别临时表**

会话级临时表是指临时表中的数据只在会话生命周期之中存在，当用户退出会话结束的时候，Oracle 自动清除临时表中数据。

临时表中的数据只对当前 Session 有效，每个 Session 都有自己的临时数据，并且不能访问其他 Session 的临时表中的数据。因此，临时表不需要 DML 锁。当一个会话结束（用户正常退出、用户不正常退出或 ORACLE 实例崩溃）或者一个事务结束时，Oracle 对这个会话的表执行 TRUNCATE 语句，以清空临时表数据，但不会清空其他会话临时表中的数据。

13.2.2　临时表的创建与使用

创建临时表，需要使用 CREATE GLOBAL TEMPORARY TABLE 语句。在前面已经介绍，临时表主要分为事务级别临时表和会话级别临时表，下面介绍这两种临时表的创建与使用。

1. 事务级别临时表的创建与使用

创建事务级别临时表，需要使用 ON COMMIT DELETE ROWS 子句，其语法格式如下所示：

```
CREATE GLOBAL TEMPORARY TABLE [schema.]table_name(
    column_name data_type [DEFAULT expression] [constraint]
    [,column_name data_type [DEFAULT expression] [constraint]]
    [,column_name data_type [DEFAULT expression] [constraint]]
    [,…]
)
ON COMMIT DELETE ROWS;
```

上述语法中的各个参数说明如下：

❏ **schema**　指定临时表所属的用户名，或者所属的用户模式名称。

❏ **table_name**　所要创建的临时表名称。

❏ **column_name**　列的名称。列名在一个表中必须具有唯一性。

❏ **data_type**　列的数据类型。

❏ **DEFAULT expression**　列的默认值。

❏ **constraint**　为列添加的约束，表示该列的值必须满足的规则。

【实践案例 13-4】

创建一个事务级临时表 TEMP_STUDENT，该表用于存储学生信息，如下所示：

```
SQL> CREATE GLOBAL TEMPORARY TABLE temp_student(
  2  id NUMBER(4) PRIMARY KEY,
  3  name VARCHAR2(20) NOT NULL,
  4  age NUMBER(2),
  5  sex CHAR(2) CHECK(sex in ('男','女'))
  6  )
  7  ON COMMIT DELETE ROWS;
表已创建。
```

接着向临时表 TEMP_STUDENT 中添加数据，如下：

```
SQL> INSERT INTO temp_student
  2  VALUES(1001,'张辉',20,'男');
已创建 1 行。
```

此时查询 TEMP_STUDENT 临时表中的数据，如下：

```
SQL> SELECT * FROM temp_student;
ID           NAME         AGE      SEX
------ -------------- ------- ------
1001          张辉         20        男
```

然后提交事务，并再次查询 TEMP_STUDENT 表中的数据时，会发现数据已经被清空，如下：

```
SQL> COMMIT;
提交完成。
SQL> SELECT * FROM temp_student;
未选定行
```

 事务级别临时表中的数据在提交事务后将删除所有行。

2. 会话级别临时表的创建与使用

创建会话级别临时表，需要使用 ON COMMIT PRESERVE ROWS 子句，其语法格式如下：

```
CREATE GLOBAL TEMPORARY TABLE [schema.]table_name(
    column_name data_type [DEFAULT expression] [constraint]
    [,column_name data_type [DEFAULT expression] [constraint]]
    [,column_name data_type [DEFAULT expression] [constraint]]
    [,…]
)
ON COMMIT PRESERVE ROWS;
```

【实践案例 13-5】
下面的示例演示了会话级别临时表的使用，步骤如下：
（1）创建会话级别临时表 TEMP_USER，用于存储所有用户信息，语句如下：

```
SQL> CREATE GLOBAL TEMPORARY TABLE temp_user(
  2  id NUMBER(4) PRIMARY KEY,
  3  uname VARCHAR2(20) NOT NULL,
  4  upwd VARCHAR2(20) NOT NULL,
  5  ubirthday DATE)
  6  ON COMMIT PRESERVE ROWS;
表已创建。
```

（2）向临时表中添加一条用户信息，如下：

```
SQL> INSERT INTO temp_user
  2 VALUES(1,'maxianglin','maxianglin',TO_DATE('1989-02-21','YYYY-
    MM-DD'));
已创建 1 行。
```

此时查询 TEMP_USER 表中的数据，如下：

```
SQL> SELECT * FROM temp_user;
ID        UNAME            UPWD             UBIRTHDAY
-------   --------------   --------------   --------------
1         maxianglin       maxianglin       21-2月 -89
```

（3）提交事务，再次查询 TEMP_USER 表中的数据，如下：

```
SQL> COMMIT;
提交完成。
SQL> SELECT * FROM temp_user;
ID        UNAME            UPWD             UBIRTHDAY
-------   --------------   --------------   --------------
1         maxianglin       maxianglin       21-2月 -89
```

从查询结果可知，当提交事务后，会话级别临时表中的数据依然存在。

（4）断开与服务器的连接，并再次连接服务器，查询临时表 TEMP_USER 中的数据，如下：

```
SQL> CONNECT system/admin;
已连接。
SQL> CONNECT hr/tiger;
已连接。
SQL> SELECT * FROM temp_user;
未选定行
```

从执行结果可以看出，当断开与服务器的连接时，会话级别临时表中的数据将被清除。

 会话级别临时表中的数据在会话断开后将被清除。

13.3 视图

视图是一个虚拟表，它同真实表一样包含一系列带有名称的列和行数据。但是视图并不在数据库中存储数据值，它的行和列中的数据来源于定义视图的查询语句中所使用的表，数据库只在数据字典中存储了视图定义本身。用户可以通过视图以不同形式来显示基表（视图基于的表称为基表）中的数据，视图的强大之处在于它能够根据不同用户的需求对基表中的数据进行整理。所有对视图数据的修改最终都会被反映到视图的基表中，这些修改必须服从基表的完整性约束，并同样会触发定义在基表上的触发器。

13.3.1 创建视图

视图是基于一个表或多个表或视图的逻辑表，本身不包含数据，通过它可以对表中的数据进行查询和修改。

视图是存储在数据字典中的一条 SELECT 语句。一个比较简单的视图，只能通过它从基本表中检索数据，而不能通过它修改基本表中的数据。创建视图的一般语法格式如下：

```
CREATE [OR REPLACE] [FORCE | NOFORCE] VIEW <view_name>[(ALIAS [ , ALIAS
[ , ...]])]
AS<SUBQUERY>;
[WITH CHECK OPTION [CONSTRAINT constraint]]
[WITH READ ONLY]
```

上述语法中的各个参数说明如下：

❑ **OR REPLACE** 若所创建的视图已经存在，Oracle 将自动重建该视图。

❑ **FORCE** 不管基表是否存在，Oracle 都会自动创建该视图。

❑ **NOFORCE** 只有基表都存在，Oracle 才会创建该视图。

❑ **ALIAS** 用户指定视图列的别名。

❑ **SUBQUERY** 用于指定视图对应的查询语句。

❑ **WITH CHECK OPTION** 表示插入或修改数据行时必须满足视图定义的约束。

❑ **WITH READ ONLY** 表示在视图上不能进行任何 DML 操作。

在创建视图时，如果不提供视图列别名，Oracle 会自动使用查询语句的列名或列别名；如果视图查询语句包含函数或表达式，则必须定义列别名。

如果在当前用户模式中创建视图，则数据库用户必须具有 CREATE VIEW 系统权限；如果要在其他用户模式中创建视图，则必须具有 CREATE ANY VIEW 的系统权限。

【实践案例 13-6】
下面的案例演示了基于一个表的视图的创建，实现步骤如下：
（1）获取基表 STUDENT 中的学生信息，如下所示：

```
SQL> SELECT * FROM student;
ID         NAME        AGE        SEX
-----      -----------  ---------- --------
1          王丽丽       26          女
2          马玲         26          女
3          张辉         24          男
```

| 4 | 李力 | 22 | 男 |
| 5 | 郭力 | 21 | 男 |

（2）创建基于一个表（STUDENT）的视图 VIEW_STUDENT，获取年龄大于 22 岁的学生信息，并为视图中的每个字段指定别名。视图的定义如下：

```
SQL> CREATE OR REPLACE VIEW view_student(编号,姓名,年龄,性别)
  2  AS SELECT * FROM student WHERE age>22;
视图已创建。
```

（3）查询 VIEW_STUDENT 视图中的所有数据，如下：

```
SQL> SELECT * FROM view_student;
编号        姓名        年龄      性别
---------- --------- ------- --------
1          王丽丽       26       女
2          马玲        26       女
3          张辉        24       男
```

实际上，系统在创建视图时，只是将视图的定义存入到数据字典中，并不执行其中的 SELECT 语句。只有当用户对视图进行查询时，系统才按视图的定义从基本表中获取数据。可以通过数据字典视图 USER_VIEWS 的 TEXT 列查看视图中的 SELECT 语句内容，例如：SELECT text FROM user_views WHERE view_name = 'VIEW_STUDENT'。

【实践案例 13-7】

在 HR 用户模式下含有两个有关系的表 EMPLOYEES 和 DEPARTMENTS，下面创建一个基于多个表的视图 VIEW_EMP_DEPT，获取各个部门的所有员工信息，语句如下：

```
SQL> CREATE OR REPLACE VIEW view_emp_dept(部门编号,部门名称,员工姓名,员工薪金)
  2  AS
  3  SELECT dept.department_id,department_name,first_name,salary
  4  FROM departments dept,employees
  5  WHERE dept.department_id = employees.department_id;
视图已创建。
```

查询该视图中的数据，如下：

```
SQL> SELECT * FROM view_emp_dept;
部门编号          部门名称                    员工姓名              员工薪金
-------- ------------------------ ------------------ ----------
10               Administration            Jennifer              4400
20               Marketing                 Michael              13000
20               Marketing                 Pat                   6000
30               Purchasing                Den                  11000
```

30	Purchasing	Karen	2500
110	Accounting	Shelley	12008

已选择106行。

 这种由多个表的连接查询所实现的关系视图也可以称为连接视图。

13.3.2 更新视图中的数据

所谓更新视图即是在没有为视图指定 WITH READ ONLY 子句的情况下，通过对视图进行 INSRET、UPDATE 和 DELETE 操作，从而使与视图相关的基表中的数据改变。

一个视图可以同时包含可更新的字段与不可更新的字段。一个字段是否可更新，取决于 SELECT 语句。通过数据字典视图 USER_UPDATABLE_COLUMNS 可以了解到指定视图中的字段是否可被更新。USER_UPDATABLE_COLUMNS 数据字典视图的结构如下：

```
SQL> DESC user_updatable_columns;
名称                     是否为空?         类型
-------------------      --------         ----------------
OWNER                    NOT NULL         VARCHAR2(30)
TABLE_NAME               NOT NULL         VARCHAR2(30)
COLUMN_NAME              NOT NULL         VARCHAR2(30)
UPDATABLE                                 VARCHAR2(3)
INSERTABLE                                VARCHAR2(3)
DELETABLE                                 VARCHAR2(3)
```

 每个字段的 UPDATABLE、INSERTABLE 和 DELETABLE 都包含一个 YES/NO 值，用来表示该字段是否可以执行相应的操作。

1. 更新视图数据

用户可以使用 UPDATE 语句更新视图中的数据，而视图本身并不存储数据。其数据来源于基础数据表。因此，更新视图数据，实际是更新基础表中的数据。

【实践案例 13-8】

在学生视图 VIEW_STUDENT 中，现需将学生"王丽丽"的年龄调整为 23，则可以直接使用 UPDATE 语句更新视图。相应的 SQL 语句如下：

```
SQL> UPDATE view_student SET 年龄=23
  2  WHERE 姓名='王丽丽';
已更新 1 行。
```

在成功更新之后，重新查询视图数据：

```
SQL> SELECT * FROM view_student;
编号              姓名              年龄              性别
--------    -------------    -----------    --------------
1               王丽丽            23               女
2               马玲              26               女
3               张辉              24               男
```

分析查询结果可知，使用 UPDATE 命令已经成功将视图中"王丽丽"的年龄修改为 23 了。此时的更新实际是将表 STUDENT 中的数据进行了修改。查看基础表 STUDENT 中的数据进行验证：

```
SQL> SELECT * FROM student;
ID          NAME            AGE             SEX
------    -----------    ----------    ---------
1           王丽丽            23               女
2           马玲              26               女
3           张辉              24               男
4           李力              22               男
5           郭力              21               男
```

综合视图操作及查询结果可知，对视图的更新操作，实际为更新基础表中的数据。由于视图仅存储查询定义，因此，一旦基础表中的数据被修改，则修改后的结果可以立即反映到视图中。

【实践案例 13-9】

对于视图中的某些字段是不可更新的，则在执行 UPDATE 语句时，将会出现错误提示信息。例如，创建如下的视图定义：

```
SQL> CREATE VIEW view_age(编号,姓名,年龄,性别)
  2    AS SELECT id,name,age+1,sex FROM student;
视图已创建。
```

上面在创建 VIEW_AGE 视图时，将 STUDENT 表中 AGE 字段的值增加 1，而"编号"字段则直接对应 ID 字段，"姓名"字段直接对应 NAME 字段，"性别"字段直接对应 SEX 字段。

查询视图 VIEW_AGE 中可更新的列：

```
SQL> SELECT COLUMN_NAME,UPDATABLE FROM user_updatable_columns
  2 WHERE table_name='VIEW_AGE';
COLUMN_NAME        UPDATABLE
---------------    ----------
编号              YES
姓名              YES
年龄              NO
性别              YES
```

从查询结果可知，VIEW_AGE 视图中的编号、姓名和性别字段可更新，而年龄字段不可更新。

 由于视图中的"年龄"字段值是由计算获得的，所以该视图的"年龄"字段不可更新，而另外两个字段可更新。

然后查询 VIEW_AGE 视图，如下：

```
SQL> SELECT * FROM view_age;
编号          姓名          年龄          性别
---------- ----------- ---------- --------
1           王丽丽         24           女
2           马玲          27           女
3           张辉          25           男
4           李力          23           男
5           郭力          22           男
```

从查询结果可以看出，"年龄"字段显示的是增加 1 之后的计算结果。

接着对 VIEW_AGE 视图中的"年龄"字段进行更新，如下：

```
SQL> UPDATE view_age SET 年龄 = 25
  2  WHERE 姓名='王丽丽';
UPDATE view_age SET 年龄 = 25
                      *
第 1 行出现错误:
ORA-01733: 此处不允许虚拟列
```

Oracle 提示了错误信息，说明无法实现更新。因为"年龄"字段不是直接对应 STUDENT 表中的 AGE 字段，而是对该 AGE 字段进行了计算，所以无法直接通过修改"年龄"字段来实现对 STUDENT 表中 AGE 字段的修改。

2. 向视图插入数据

同样，可以利用 INSERT 语句向视图中插入数据。

【实践案例 13-10】

向视图 VIEW_STUDENT 中插入新的学生信息，其 SQL 语句如下：

```
SQL> INSERT INTO view_student
  2  VALUES(6,'司娟',24,'女');
已创建 1 行。
```

查询视图 VIEW_STUDENT 中的数据以及基础表 STUDENT 中的数据，如下：

```
SQL> SELECT * FROM view_student;
编号          姓名          年龄          性别
---------- ------------- ----------- -----
1           王丽丽         23           女
```

```
2           马玲              26          女
3           张辉              24          男
6           司娟              24          女
SQL> SELECT * FROM student;
ID          NAME            AGE         SEX
----------  -------------   ----------- -----
1           王丽丽            23          女
2           马玲              26          女
3           张辉              24          男
4           李力              22          男
5           郭力              21          男
6           司娟              24          女
已选择 6 行。
```

从查询结果可知，当向一个视图中插入一条数据时，实际是向基础表中插入一条数据。

【实践案例 13-11】

在创建视图时，可以使用 WITH CHECK OPTION 选项，它通常用来将数据从基本表中按一定规范选取出来。例如，在 VIEW_STUDENT 视图中保存的是年龄大于 22 的学生信息，如果向该视图中添加一条年龄小于或等于 22 的学生信息，也可以成功地执行插入语句，如下：

```
SQL> INSERT INTO view_student
  2  VALUES(7,'张芳',20,'女');
已创建 1 行。
```

此时查看 STUDENT 表的记录，如下：

```
SQL> SELECT * FROM student;
ID          NAME            AGE         SEX
----------  -------------   ----------- --------
1           王丽丽            23          女
2           马玲              26          女
3           张辉              24          男
4           李力              22          男
5           郭力              21          男
6           司娟              24          女
7           张芳              20          女
已选择 7 行。
```

这说明，用户在更新视图时可以使用违反规范的数据，这显然会给实际应用带来问题。因此，在创建视图时应该使用 WITH CHECK OPTION 选项为视图定义加以约束，如下：

```
SQL> CREATE OR REPLACE VIEW view_student(编号,姓名,年龄,性别)
  2  AS
  3  SELECT * FROM student WHERE age>22
  4  WITH CHECK OPTION;
视图已创建。
```

使用 WITH CHECK OPTION 选项应注意以下 3 点：仅在视图定义中含有 WHERE 子句的情况下起作用；仅对 INSERT/UPDATE 操作有效；实际是为视图创建了一个约束。

现在，向 VIEW_STUDENT 视图中添加一条违反规范的数据，如下：

```
SQL> INSERT INTO view_student
  2  VALUES(7,'张芳',20,'女');
INSERT INTO view_student
            *
第 1 行出现错误:
ORA-01402: 视图 WITH CHECK OPTION where 子句违规
```

如上所示，Oracle 提示违规信息，这说明 WITH CHECK OPTION 选项起到了约束的作用。

在创建有条件限制的视图时，应该尽可能地使用 WITH CHECK OPTION 选项。

3．删除视图

删除视图的动作实际为删除数据库中的对象操作。如同删除数据表对象，删除视图也需要使用 DROP 语句，其语法形式如下：

```
DROP VIEW view_name
```

其中，DROP VIEW 表示向数据库发送删除视图命令；view_name 指定了要删除的视图名称。

例如，删除 VIEW_STUDENT 视图，如下：

```
SQL> DROP VIEW view_student;
视图已删除。
```

视图删除后，该视图所基于的表的数据不受任何影响。

13.4 序列

序列是 Oracle 提供的用于产生一系列唯一数字的数据库对象。在 Oracle 数据库中，序列允许同时生成多个序列号，但每个序列号都是唯一的，这样可以避免在向表中添加数据时，手动指定主键值。序列也可以在多用户并发环境中使用，为所有用户生成不重复的顺序数字，而且不需要任何额外的 I/O 开销。

13.4.1　序列的创建与使用

与视图一样，序列并不占用实际的存储空间，只是在数据字典中保存它的定义信息。用户要在自己的模式中创建序列，必须具有 CREATE SEQUENCE 系统权限；如果在其他模式中创建序列，则必须具有 CREATE ANY SEQUENCE 系统权限。

创建序列，应该使用 CREATE SEQUENCE 语句，其语法格式如下：

```
CREATE SEQUENCE sequence_name
[START WITH start]
[INCREMENT BY increment]
[MINVALUE minvalue | NOMINVALUE]
[MAXVALUE maxvalue | NOMAXVALUE]
[CACHE cache | NOCACHE]
[CYCLE | NOCYCLE]
[ORDER | NOORDER]
```

上述语法中各个参数的说明如下：

❑ **sequence_name**
用来指定待创建的序列名称。

❑ **START**
用来指定序列的开始位置。在默认情况下，递增序列的起始值为 MINVALUE，递减序列的起始值为 MAXVALUE。

❑ **INCREMENT**
用来表示序列的增量。该参数值为正数，则生成一个递增序列，为负数则生成一个递减序列。其默认值为 1。

❑ **MINVALUE**
用来指定序列中的最小值。

❑ **MAXVALUE**
用来指定序列中的最大值。

❑ **CACHE | NOCACHE**
用来指定是否产生序列号预分配，并存储在内存中。

❑ **CYCLE | NOCYCLE**
用来指定当序列达到 MAXVALUE 或 MINVALUE 时，是否可复位并继续下去。如果使用 CYCLE，则如果达到极限，生成的下一个数据将分别是 MINVALUE 或者 MAXVALUE；如果使用 NOCYCLE，则如果达到极限并试图获取下一个值时，将返回一个错误。

❑ **ORDER | NOORDER**
用来指定是否可以保证生成的序列值是按顺序产生的。如果使用 ORDER，则可以保证；而如果使用 NOORDER，则只能保证序列值的唯一性，而不能保证序列值的顺序。

对于序列，有两个重要的属性——NEXTVAL 和 CURRVAL。其中，NEXTVAL 用于获得序列的下一个值；CURRVAL 用于获得序列的当前值。每次调用 NEXTVAL 都会使序列的当前值增加单位步长（默认步长为 1）。获得 NEXTVAL 属性与 CURRVAL 属性值的调用形式如下：

```
sequence_name.nextval
sequence_name.currval
```

【实践案例 13-12】

例如，创建一个用于生成表 STUDENT 主键 ID 的序列，使其自增 1，如下所示：

```
SQL> CREATE SEQUENCE seq_student
  2   START WITH 1
  3   INCREMENT BY 1
  4   NOMAXVALUE
  5   NOCYCLE
  6   CACHE 5;
序列已创建。
```

上面创建了一个名为 SEQ_STUDENT 的序列，该序列从 1 开始，每次递增 1，没有最大值，不可复位，在缓存中为序列预先分配 5 个序列值。

 使用 CACHE 子句在缓存中为序列预先分配序列值，可以提高获取序列值的速度。但是也可能会因为特殊情况而出现跳号现象，例如数据库突然关闭，使得 CACHE 中的序列号丢失。

接下来，清空 STUDENT 表中的数据，并使用序列的属性 NEXTVAL 向 STUDENT 表中添加新的记录，如下：

```
SQL> DELETE FROM student;
已删除 7 行。
SQL> INSERT INTO student
  2   VALUES(seq_student.nextval,'王丽丽',23,'女');
已创建 1 行。
SQL> INSERT INTO student
  2   VALUES(seq_student.nextval,'马玲',26,'女');
已创建 1 行。
SQL> INSERT INTO student
  2   VALUES(seq_student.nextval,'张辉',24,'男');
已创建 1 行。
```

 由于 STUDENT 表中有记录，为了不影响观察结果，上面添加新数据前先将该表清空。

查询 STUDENT 表中的数据信息，如下：

```
SQL> SELECT * FROM student;
ID              NAME            AGE           SEX
--------      ------------   -------------  ----------
1               王丽丽           23            女
2               马玲             26            女
3               张辉             24            男
```

从查询结果可知，序列 SEQ_STUDENT 可生成一个从 1 开始、自增 1 的整数序列。
调用序列 SEQ_STUDENT 中的 CURRVAL 属性，获取序列的当前值，如下：

```
SQL> SELECT seq_student.currval FROM dual;
CURRVAL
-------
3
```

 必须在第一次使用 NEXTVAL 之后才能使用 CURRVAL，否则 Oracle 将返回一个错误信息。

13.4.2 修改序列

修改序列，需要使用 ALTER SEQUENCE 语句。使用 ALTER SEQUENCE 语句，可以对除了序列的起始值以外的任何子句和参数进行修改。

 如果要修改序列的起始值，则必须先删除，然后再重建该序列。

【实践案例 13-13】
例如，将 SEQ_STUDENT 序列的增量修改为 5，如下：

```
SQL> ALTER SEQUENCE seq_student
  2  INCREMENT BY 5;
序列已更改。
```

此时向 STUDENT 表中添加数据，如下：

```
SQL> INSERT INTO student
  2  VALUES(seq_student.nextval,'李力',22,'男');
已创建 1 行。
SQL> INSERT INTO student
  2  VALUES(seq_student.nextval,'郭力',21,'男');
已创建 1 行。
```

查询 STUDENT 表中的数据，如下：

375

```
SQL> SELECT * FROM student;
ID          NAME            AGE         SEX
--------    --------    ----------    ----------
1           王丽丽           23          女
2           马玲            26          女
3           张辉            24          男
8           李力            22          男
13          郭力            21          男
```

从查询结果可知，新增加两条学生信息的 ID 自增为 5。

 注意 对序列进行修改后，缓存中保存的序列值将全部丢失。

13.4.3 删除序列

删除序列，需要使用 DROP SEQUENCE 语句，其语法格式如下：

```
DROP SEQUENCE sequence_name
```

例如，删除 SEQ_STUDENT 序列，如下：

```
SQL> DROP SEQUENCE seq_student;
序列已删除。
```

 提示 删除序列时，Oracle 只是将它的定义从数据字典中删除。

13.5 同义词

Oracle 中的同义词是表、索引、触发器、存储过程和视图等模式对象的一个别名。与视图、序列一样，同义词并不占用任何实际的存储空间，只在 Oracle 的数据字典中保存其定义描述。使用同义词的主要目的是方便用户访问属于其他用户模式中的数据库对象，或出于安全目的，因为同义词名字具有随机性，没有限制，这样就隐藏了创建同义词的原始对象的信息。Oracle 中的同义词主要分为两种：公有同义词和私有同义词，本节将分别介绍这两种类型同义词的创建、使用、修改和删除操作。

13.5.1 管理公有同义词

公有同义词对数据库中的所有用户有效，一般是由某种应用的所有者创建，如存储过程和程序包的公有同义词，以便其他用户可以使用它们。

1. 创建和使用公有同义词

创建公有同义词的语法格式如下：

```
CREATE [OR REPLACE] PUBLIC SYNONYM [schema.]synonym_name
FOR [schema.]schema_object
```

其中，PUBLIC 关键字用来指定创建的同义词是否为公有同义词；synonym_name 为创建的同义词名称；schema_object 为同义词所针对的对象。

 创建公有同义词，则必须具有 CREATE PUBLIC SYNONYM 系统权限。

【实践案例 13-14】

例如，为 HR 用户模式下的 STUDENT 表创建一个公有同义词，如下：

```
SQL> CREATE PUBLIC SYNONYM synonym_student
  2  FOR hr.student;
同义词已创建。
```

如上述语句，为 STUDENT 表对象创建了一个公有同义词 SYNONYM_STUDENT。这样，当将对同义词所依赖对象 STUDENT 的访问权限授权于其他用户后，就可以在其他用户模式中通过同义词 SYNONYM_STUDENT 访问 HR 用户模式中 STUDENT 表中的数据了，如下：

```
SQL> GRANT ALL ON student TO scott;
授权成功。
SQL> CONNECT scott/tiger
已连接。
SQL> SELECT * FROM synonym_student;
ID              NAME            AGE        SEX
-------         --------------- ---------- ----------
1               王丽丽          23         女
2               马玲            26         女
3               张辉            24         男
8               李力            22         男
13              郭力            21         男
```

如上所示，在 SCOTT 用户模式中查询公有同义词 SYNONYM_STUDENT 获得了 HR 用户模式中 STUDENT 表中的数据。

 创建同义词时，所对应的模式对象不必存在。

2. 删除同义词中的数据

与视图一样，同样可以删除公有同义词中的数据。例如，在 SCOTT 用户模式中删除 SYNONYM_STUDENT 同义词中编号为 13 的学生信息，如下所示：

```
SQL> DELETE FROM synonym_student WHERE id=13;
已删除 1 行。
```

然后再以 HR 用户登录，查看 STUDENT 表中的学生信息，如下：

```
SQL> CONNECT hr/tiger
已连接。
SQL> SELECT * FROM student;
ID          NAME          AGE         SEX
-------     -----------   ---------   --------
1           王丽丽         23          女
2           马玲           26          女
3           张辉           24          男
8           李力           22          男
```

分析查询结果可知，删除同义词中的数据实际为删除同义词所依赖的目标对象中的数据。

 更新公有同义词中的数据实际为更新该同义词所依赖的目标对象中的数据。

3. 删除公有同义词

删除公有同义词，需要使用 DROP PUBLIC SYNONYM 语句。例如，删除公有同义词 SYNONYM_STUDENT，如下：

```
SQL> DROP PUBLIC SYNONYM synonym_student;
同义词已删除。
```

13.5.2 管理私有同义词

私有同义词存在于某个用户模式中，只能为该用户访问或者获得授权可以访问同义词所依赖的对象的用户访问。

1. 创建和使用私有同义词

创建私有同义词的语法格式如下：

```
CREATE [OR REPLACE] SYNONYM [schema.]synonym_name
FOR [schema.]schema_object
```

如果在当前用户模式中创建私有同义词，则必须具有 CREATE SYNONYM 系统权限；在其他用户模式中创建私有同义词，则必须具有 CREATE ANY SYNONYM 系统权限。

【实践案例 13-15】

以 HR 用户登录数据库，并为该用户模式中的 STUDENT 表创建私有同义词 PRIVATE_SYNON_STU，如下所示：

```
SQL> CREATE SYNONYM private_synon_stu
  2  FOR student;
同义词已创建。
```

将 PRIVATE_SYNON_STU 同义词的所有操作特权授予 SCOTT 用户，如下：

```
SQL> GRANT ALL ON private_synon_stu TO scott;
授权成功。
```

对同义词的操作授权实际是对同义词所依赖的目标对象的授权。

以 SCOTT 用户连接数据库，在私有同义词 PRIVATE_SYNON_STU 前添加 HR 前缀来访问该同义词，如下：

```
SQL> SELECT * FROM hr.private_synon_stu;
ID          NAME          AGE           SEX
-------  ------------  ------------  --------
1           王丽丽         23            女
2           马玲          26            女
3           张辉          23            男
8           李力          22            男
```

2. 更新私有同义词中的数据

与更新公有同义词中的数据相同，都是执行 UPDATE 语句即可，不同的是需要在私有同义词前添加模式对象名称。例如，以 SCOTT 用户连接数据库，并执行更新语句，如下：

```
SQL> UPDATE hr.private_synon_stu SET age=23
  2  WHERE id=8;
已更新 1 行。
```

再以 HR 用户连接数据库，查询 STUDENT 表中的数据，如下：

```
SQL> SELECT * FROM student;
ID              NAME            AGE             SEX
```

```
------- --------------- -------------- -----
1            王丽丽              23             女
2            马玲               26             女
3            张辉               23             男
8            李力               23             男
```

分析查询结果可知，更新私有同义词中的数据实际为更新同义词所依赖对象 STUDENT 表中的数据。

3. 删除私有同义词

删除私有同义词，需要使用 DROP SYNONYM 语句。例如，删除同义词 PRIVATE_SYNON_STU，如下：

```
SQL> DROP SYNONYM private_synon_stu;
同义词已删除。
```

13.6 项目案例：使用序列实现批量插入数据的功能

通过本章的学习，我们知道：利用序列的 NEXTVAL 属性可以获得自增/自减的主键值，不仅可以用于单条数据的插入。其实，对于批量插入同样适用。这在数据库迁移时尤其有用。下面来创建一个案例，使用序列生成的主键值实现批量插入数据的功能，并通过视图来查看插入后的数据信息。

【实例分析】

视图 USER_OBJECTS 是 Oracle 数据库的内置视图，现需将其作为源数据，并新建临时表 TEMP_OBJECTS 作为数据迁移的目标表，其目标表中的编号为序列生成的自增整数，其他字段与 USER_OBJECTS 视图中的字段相对应。在实现了数据迁移之后，需要使用视图将重要的数据提取出来，其具体的实现步骤如下：

（1）创建 TEMP_OBJECTS 目标表，如下：

```
SQL> CREATE GLOBAL TEMPORARY TABLE temp_objects(
  2  object_id NUMBER,
  3  object_name VARCHAR2(128),
  4  object_type VARCHAR2(19),
  5  status VARCHAR2(7),
  6  created DATE
  7  )
  8  ON COMMIT PRESERVE ROWS;
表已创建。
```

在该会话级别临时表 TEMP_OBJECTS 中，列 OBJECT_NAME、OBJECT_TYPE、STATUS 和 CREATED 分别表示对象名称、类型、状态和创建时间。这些信息都来自于视图 USER_OBJECTS。

（2）创建生成自增主键的序列 SEQ_OBJECT，如下：

```
SQL> CREATE SEQUENCE seq_object
  2  START WITH 1
  3  MINVALUE 1
  4  MAXVALUE 9999999
  5  NOCYCLE
  6  NOCACHE;
序列已创建。
```

新建序列 SEQ_OBJECT 从 1 开始计数，最小值为 1，最大值为 9999999，不可循环取值，并且禁用缓存。

（3）将视图 USER_OBJECTS 中的数据迁移到临时表 TEMP_OBJECTS 中，实现数据的批量插入操作，其 SQL 语句如下：

```
SQL>                          INSERT                          INTO
temp_objects(object_id,object_name,object_type,status,created)
  2  SELECT seq_object.nextval,object_name,object_type,status,created
  3  FROM user_objects;
已创建108 行。
```

其中，SELECT seq_object.nextval,object_name,object_type,status,created FROM user_objects 用于自视图 USER_OBJECTS 中获得数据，而 seq_object.nextval 则是对每条记录都将返回唯一的序号。

（4）创建视图，获得表 TEMP_OBJECTS 中 OBJECT_ID 值小于 20 的数据信息，如下所示：

```
SQL> CREATE OR REPLACE VIEW view_objects(编号,名称,类型,状态,创建时间)
  2  AS
  3  SELECT * FROM temp_objects
  4  WHERE object_id<20;
视图已创建。
SQL> SELECT * FROM view_objects;
编号    名称                  类型          状态          创建时间
------ ----------------- ------------ ---------- ---------------
1      EMPLOYEE          TABLE        VALID       04-7 月 -12
2      EMPNO_INDEX       INDEX        VALID       04-7 月 -12
3      NO_NAME_INDEX     INDEX        VALID       04-7 月 -12
4      EMP_SUBSTR_INDEX  INDEX        VALID       04-7 月 -12
5      SEX_INDEX_NAME    INDEX        VALID       04-7 月 -12
6      TEMP_STUDENT      TABLE        VALID       05-7 月 -12
7      SYS_C0011266      INDEX        VALID       05-7 月 -12
...
19     COUNTRY_C_ID_PK   INDEX        VALID       11-6 月 -12
已选择 19 行。
```

分析查询结果可知,使用序列的 NEXTVAL 属性同样可以为批量插入提供自增序号支持。

13.7 习题

一、填空题

1. _____ 是 Oracle 默认的索引类型,当在 WHERE 子句中经常要引用某些列时,应该在这些列上创建索引。

2. 位图索引适合于那些基数较少,且经常对该列进行查询、统计的列。创建位图索引需要使用_____ 语句。

3. Oracle 中的临时表分为事务级临时表和会话级临时表。创建事务级临时表,需要使用 ON COMMIT DELETE ROWS 子句;创建会话级临时表,则需要使用_____ 子句。

二、选择题

1. 通过数据字典视图_____ 可以了解到指定视图中的字段是否可被更新。
   - A. USER_UPDATE_COLUMNS
   - B. USER_UPDATABLE_COLUMNS
   - C. USER_UPDATE
   - D. USER_UPDATABLE

2. 创建的视图 VIEW_USER 定义如下:

```
SQL> CREATE VIEW view_user(编号,用户名,密码)
  2   AS SELECT id,uname,upwd ||'A' FROM tab_user;
视图已创建。
```

针对上述创建的 VIEW_USER 视图,下列说法中正确的是_____。
   - A. 可以对视图中的任意列进行修改
   - B. 可以向视图中添加任意数据
   - C. 不能对视图中的"编号"列进行修改
   - D. 不能对视图中的"密码"列进行修改

3. 现需要创建一个从 8 开始,每次递增 2 的序列,并且没有最大值,同时也不可复位。下列选项中,_____ 选项是正确的。
   - A.

```
CREATE SEQUENCE seq_student
START WITH 8
INCREMENT BY 2
NOMAXVALUE
NOCYCLE;
```

   - B.

```
CREATE SEQUENCE seq_student
```

```
INCREMENT BY 8
START WITH 2
NOMAXVALUE
NOCYCLE;
```

C.

```
CREATE SEQUENCE seq_student
START WITH 8
INCREMENT BY 2
MAXVALUE 0
NOCYCLE;
```

D.

```
CREATE SEQUENCE seq_student
START WITH 8
INCREMENT BY 2
MAXVALUE
CYCLE FALSE;
```

三、上机练习

1. 实现商品打折后的信息浏览功能

本次上机实践主要练习视图的应用。现有一张 PRODUCT 表，在该表中包含的字段有：ID、NAME、PRICE 等，假设为了庆祝国庆黄金周的到来，该营销商预计将所有的商品打八折进行促销。请创建一个视图，在该视图中应包含商品编号、商品名称和打折后的商品价格，并使用 SELECT 语句查询该视图，以便实现用户浏览功能。

13.8 实践疑难解答

13.8.1 查询视图数据引起临时表空间暴涨

查询视图数据引起临时表空间暴涨

网络课堂：http://bbs.itzcn.com/thread-19671-1-1.html

【问题描述】昨天在做测试的时候发现一个非常奇怪的问题：查询视图中的数据时，开始速度很快，但是过了一段时间以后速度就变得很慢，最后干脆报错了，并且也不工作了。在排错的过程中，发现与该视图相关的临时表空间暴涨，达到了几十个 GB，在 Oracle 中对 Session 进行跟踪，发现磁盘空间还在不停地消耗，几乎是每隔 5 秒，临时表空间就会增长 500MB 左右，最后报错的原因应该是因为没有磁盘空间可以分配造成的。这是一件多么恐怖的事情啊，应该如何解决呢？

【解决办法】我们知道 Oracle 临时表空间主要是用来做查询和存放一些缓存的数据的，

磁盘消耗的一个主要原因是需要对查询的结果进行排序。在磁盘空间内存的分配上，如果上次磁盘空间消耗达到 1GB，那么临时表空间也是 1GB，如果还有增长，则依此类推，临时表空间始终保持在一个最大的上限。经过分析，导致临时表空间暴涨的原因有如下几点：

（1）没有为临时表空间设置上限，而是允许无限增长。但是如果设置了一个上限，最后可能还是会面临因为空间不够而出错的问题，临时表空间设置太小会影响性能，临时表空间过大同样会影响性能，至于需要设置为多大需要仔细地测试。

（2）查询的时候，表连接是查询中使用的表过多造成的。我们知道在表连接查询时，根据查询的字段和表的个数会生成一个迪斯卡尔积，这个迪斯卡尔积的大小就是一次查询需要的临时空间的大小，如果查询的字段过多和数据过大，那么就会消耗非常大的临时表空间。

（3）对查询的某些字段没有建立索引。Oracle 中，如果表没有索引，那么会将所有的数据都复制到临时表空间，而如果有索引的话，一般只是将索引的数据复制到临时表空间中。

针对以上的分析，可以对查询语句和索引进行优化，以解决临时表空间暴涨。

13.8.2　创建索引出现 ORA-01452 的错误

创建索引出现 ORA-01452 的错误

网络课堂：http://bbs.itzcn.com/thread-19672-1-1.html

【问题描述】：我在实际工作中经常会遇到这样的问题：试图对数据表中的某一列或多列创建唯一索引时，系统提示"ORA-01452：不能创建唯一索引，发现重复记录"。遇到这样的情况，应该如何解决？

【解决办法】：作为一个 Oracle 数据库开发者或者 DBA，在工作中的确会经常遇到这样的问题，这个问题很容易解决。从错误提示可以看出，因为系统发现表中存在重复的记录，从而系统无法对数据表创建唯一索引，因此我们首先需要找到表中的重复记录并删除其中几条只剩下一条，这样才可以创建唯一索引。

第14章

数据加载与传输

Oracle 10g 以上版本使用 Data Pump（数据泵）来代替以前的 EXP 和 IMP 实用程序。所有的 Data Pump 都作为一个服务器进程，支持网络操作，数据不再必须有一个客户程序处理。Data Pump 工具的导出和导入实现 Oracle 数据库之间数据的传递，如果想要将外部数据添加到 Oracle 数据库，则可以使用 SQL*Loader 工具。

本章学习要点：

- ➢ 了解 Data Pump 工具
- ➢ 熟练掌握 Data Pump 导出数据
- ➢ 熟练掌握 Data Pump 导入数据
- ➢ 熟练掌握表空间传输的综合应用
- ➢ 了解 SQL*Loader 工具
- ➢ 掌握使用 SQL*Loader 工具加载外部数据

14.1 Data Pump 工具的概述

Data Pump 工具中包含 Data Pump Export（数据泵导出）和 Data Pump Export（数据泵导入），所使用的命令行客户程序为 EXPDP 和 IMPDP。

1. Data Pump 的作用

数据泵是用来对数据和数据库元数据进行导入导出，它有以下作用。

- ❑ 实现逻辑备份和逻辑恢复。利用 Oracle 提供的导出工具，将数据库中选定的记录集或数据字典的逻辑副本以二进制文件（DMP）的形式存储到操作系统中。与物理备份与恢复不同，逻辑备份与恢复必须在数据库运行的状态下进行。
- ❑ 在数据库用户之间移动对象。
- ❑ 在数据库之间移动对象。可以从 Oracle 数据库的低版本移植到高版本；可以在不同操作系统上运行的数据库间进行数据移植。
- ❑ 实现表空间迁移。

2. Data Pump 的特点

与原有的 Export 和 Import 实用程序相比，Oracle 的 Data Pump Import 工具特性如下。

- ❑ 在导出或导入作业中，能够控制用于此作业的并行线程的数量。

❏ 支持在网络上进行导出或导入，而不需要使用转储文件集。

 转储文件集是指由一个或多个包含元数据、数据和控制信息的磁盘文件构成，并按照一种专有的二进制格式写入。

❏ 如果作业失败或停止，能够重启一个 Data Pump 作业。

❏ 能够挂起和恢复导出和导入作业。

❏ 通过一个客户端程序能够连接或脱离一个运行的作业。

❏ 可以指定导出或导入对象的数据库版本。允许对导出和导入对象进行版本控制，以便与低版本的数据库兼容。

3. 与数据泵有关的数据字典视图

Oracle 数据库提供了一些与数据泵有关的数据字典视图，通过这些视图可以查看数据泵的工作情况。这些视图如表 14-1 所示。

表 14-1　与数据泵有关的数据字典

视图名	描述
DBA_DATAPUMP_JOBS	显示当前数据泵作业的信息
DBA_DATAPUMP_SESSIONS	提供数据泵作业会话级的信息
DATAPUMP_PATHS	提供一系列有效的对象类型，可以将其与 EXPDP 或者 IMPDP 的 INCLUDE 或 EXCLUDE 参数关联起来
DBA_DIRECTORIES	提供一系列已定义的目录

例如，查看 DBA_DATAPUMP_JOBS 视图，查看该视图中的字段，如下。

```
SQL> DESC DBA_DATAPUMP_JOBS
 名称                    是否为空?        类型
 ------------------- -------------- ----------------
 OWNER_NAME                          VARCHAR2(30)
 JOB_NAME                            VARCHAR2(30)
 OPERATION                           VARCHAR2(30)
 JOB_MODE                            VARCHAR2(30)
 STATE                               VARCHAR2(30)
 DEGREE                              NUMBER
 ATTACHED_SESSIONS                   NUMBER
 DATAPUMP_SESSIONS                   NUMBER
```

上述代码中，OWNER_NAME 表示拥有该数据泵作业的用户名；JOB_NAME 表示数据泵作业名；STATE 表示数据泵作业运行状态。

14.2　使用 Data Pump 工具前的准备

Data Pump 要求为将要创建和读取的数据文件和日志文件创建目录。用来指向将使用的外部目录。在 Oracle 中创建目录对象时，需要使用 CREATE DIRECTORY 语句。授予权限时，需要使用 GRANT 语句。

使用 Data Pump 工具时，其转储文件只能被存放在 DIRECTORY 对象对应的操作系统目录中，而不能直接指定转储文件所在的操作系统目录。

在开始操作前需要进行以下 3 个操作。

- ❏ 在环境变量中对 bin 目录进行配置。默认情况下，安装 Oracle 数据库时，自动配置了相应的环境变量，例如 E:\app\Administrator\product\11.2.0\dbhome_1\BIN;。
- ❏ 在 Oracle 安装路径的 bin 文件夹中，确定 expdp.exe 和 impdp.exe 文件的存在。
- ❏ 创建目录对象。例如在操作系统目录 E:\app\Administrator\admin\orcl\dpdump 中，新建一个文件夹 temp。

例如，在$ORACLE_BASE 下创建 mydirectory\dataport 目录，然后使用下列语句为该目录创建一个目录对象 PORT1，如下。

```
SQL> CREATE DIRECTORY myport AS
  2 'E:\app\mydirectory\dataport';
目录已创建。
```

如果想要访问 Data Pump 文件的用户必须拥有该目录的 READ 和 WRITE 权限，所以将该目录的 READ 和 WRITE 权限授予用户 SCOTT。如下。

```
SQL> GRANT READ,WRITE ON DIRECTORY myport TO scott;
授权成功。
```

现在，SOCTT 用户可以对 Data Pump 作业使用 MYPORT 目录。文件系统目录 mydirectory\dataport 可以存在于源服务器、目标服务器或网络上任何服务器，只要服务器可以访问此目录，且此目录上的权限允许 Oracle 用户读写访问即可。

14.3 使用 Data Pump Export 导出数据

Data Pump Export 将数据和元数据转存到转储文件集的一组操作系统文件中，然后只能通过 Data Pump Import 来读取转储文件集。可以在操作系统中命令行中使用 EXPDP 命令来启动 Data Pump Export。

14.3.1 Data Pump Export 导出选项

Oracle 数据泵导出实用程序在使用方面类似于 EXP 实用程序。本节将介绍在使用 EXPDP 命令时可以带有的参数、导出模式以及在交互界面中所使用的命令。

1. EXPDP 命令参数

Oracle 提供了一个名为 EXPDP 的实用程序，作为到 Data Pump Export 的接口。使用

EXPDP 命令时可以带有的参数如表 14-2 所示。

表 14-2　使用 EXPDP 命令可以带有的参数

参数	描述
HELP	显示用于导出的联机帮助，默认为 N
COMPRESS	指定要压缩的数据，可选值有：ALL、DATA_ONLY、METADATA_ONLY 和 NONE
CONTENT	筛选导出的内容，可选值有：ALL、DATA_ONLY 和 METADATA_ONLY
DIRECTORY	指定用于日志文件和转储文件集的目的目录
DUMPFILE	为转储文件指定名称和目录
ENCRYPTION	输出的加密级别，可选值有：ALL、DATA_ONLY、ENCRYPTED_COLUMNS_ONLY、ETADATA_ONLY 和 NONE
EXCLUDE	排除导出的对象和数据
FLASHBACK_SCH	用于数据库在导出过程中闪回的系统更改号
FLASHBACK_TIME	用于数据库在导出过程中闪回的时间戳
INCLUDE	规定用于导出对象和数据的标准
LOGFILE	导出日志的名字和可选的目录名字
PARFILE	指定参数文件名
QUERY	在导出过程中从表中筛选行
REUSE_DMUPFILES	覆盖已有的转储文件
STATUS	显示 Data Pump 作业的详细状态
ATTACH	将一个客户会话连接到一个当前运行的 Data Pump Export 作业上
TRANSPORTABLE	只为表模式导出而导出元数据
FULL	在一个 FULL 模式下通知 Data Pump 导出所有的数据和元数据
SCHEMAS	在一个 Schemas 模式导出中命名将导出的模式
TABLES	列出将用于一个 TABLE 模式导出而导出的表和分区
TABLESPACES	列出将导出的表空间
TRANSPORT_TABLESPACES	指定一个 Transportable Tablespace 模式导出
TRANSPORT_FULL_CHECK	是否应该验证正在导出的表空间是一个自包含集
EXPDP	交互模式中的命令列表

在命令提示符窗口中，进入到 Oracle 的 BIN 目录，然后就可以使用 EXPDP 命令了，例如，使用 HELP 参数显示程序有效参数信息如下。

```
E:\app\Administrator\product\11.2.0\dbhome_1\BIN>EXPDP help=y;
Export: Release 11.2.0.1.0 - Production on 星期三 6 月 27 17:41:14 2012
Copyright (c) 1982, 2009, Oracle and/or its affiliates.  All rights reserved.
数据泵导出实用程序提供了一种用于在 Oracle 数据库之间传输
数据对象的机制。该实用程序可以使用以下命令进行调用：
    示例: expdp scott/tiger DIRECTORY=dmpdir DUMPFILE=scott.dmp
您可以控制导出的运行方式。具体方法是: 在 'expdp' 命令后输入
各种参数。要指定各参数，请使用关键字：
........................
以下是可用关键字和它们的说明。方括号中列出的是默认值。
ATTACH
连接到现有作业。
例如，ATTACH=job_name。
```

> 下列命令在交互模式下有效。
> 注：允许使用缩写。
> ADD_FILE
> 将转储文件添加到转储文件集。
>
> ⋯⋯⋯⋯⋯⋯⋯
> STOP_JOB
> 按顺序关闭作业执行并退出客户机。
> 有效的关键字值为：IMMEDIATE。

2. 数据泵导出的 5 种模式

根据要导出的对象类型，从单个表到整个数据库，Export 可以使用不同的方式来转存数据。Oracle 支持 5 种模式的 Data Pump Export，如表 14-3 所示。

表 14-3　数据泵导出的 5 种模式

模式	使用的参数	说明	操作角色
Full（全库）	full	导出整个数据库	必须拥有 exp_full_database 角色来导出整个数据库
Schema（模式）	schemas	导出一个或者多个用户模式中的数据和元数据	拥有 exp_full_database 角色，可以导出任何模式否则只能导出自己的模式
Table（表）	tables	导出一组特定的表	拥有 exp_full_database 角色，可以导出任何模式的表
Tablespace（表空间）	tablespaces	导出一个或者多个表空间的数据	exp_full_database
Transportable Tablespace（可移动表空间）	transport_tablespaces	为了迁移表空间，需要导出一个或多个表空间中对象的元数据	导出表空间中对象的元数据

表空间模式，本质上是一种用于导出一个或者多个特定的表空间中所有表的快捷方式。在特定表空间中的表的任何相关的对象都会被导出，即使这些对象位于另一个表空间中。

3. EXPDP 交互模式中的命令列表

在 Oracle 数据库泵操作中，使用 Ctrl+C 快捷键，可以将数据泵操作转移到后台执行，然后 Oracle 会将 EXPDP 设置为交互模式。进入 EXPDP 交互模式后，可以在后台运行时对作业进行管理，或者从作业中完全分离出来，而作业继续运行。

将 EXPDP 设置为交互模式后，可以在 Data Pump 的界面执行表 14-4 中的命令，该表中的命令可以通过 EXPDP 的参数 HELP 来查询。

表 14-4　EXPDP 交互模式下的操作命令

参数	描述
ADD_FILE	将转储文件添加到转储文件集
CONTINUE_CLIENT	返回到事件记录模式。如果处于空闲状态，将重新启动作业
EXIT_CLIENT	退出客户机会话并使作业保持运行状态
FILESIZE	用于后续 ADD_FILE 命令的默认文件大小（字节）

续表

参数	描述
HELP	汇总交互命令
KILL_JOB	分离并删除作业
PARALLEL	更改当前作业的活动 worker 的数量
REUSE_DUMPFILES	覆盖目标转储文件（如果文件存在）[N]
START_JOB	启动或恢复当前作业，有效的关键字值为:SKIP_CURRENT
STATUS	监视作业状态的频率，其中默认值[0]表示只要有新状态可用，就立即显示新状态
STOP_JOB	按顺序关闭作业执行并退出客户机，有效的关键字值为:IMMEDIATE

14.3.2 实现数据导出

使用 EXPDP 程序来启动一项 Data Pump Export 作业。在命令提示符窗口中，进入到 Oracle 的 BIN 目录，然后使用 EXPDP 命令，根据执行结果查看执行过程。

1. 使用不同的导出模式

数据泵导出可以有 5 种模式，下面使用不同的执行命令实现不同的导出模式。

（1）表导出模式。导出 scott 模式下的 dept 表，转储文件名称为 emp_dept.dmp，日志文件命名为 emp_dept.log，作业命名为 emp_dept_job，导出操作启动 3 个进程，如下。

```
E:\app\Administrator\product\11.2.0\dbhome_1\BIN>EXPDP scott/tiger
DIRECTORY=myp
ort DUMPFILE=emp_dept.dmp TABLES=scott.dept LOGFILE=emp_dept.log JOB_NAME=
mp_de
pt_job
Export: Release 11.2.0.1.0 - Production on 星期四 6 月 28 10:32:38 2012
........................
启动 "SCOTT"."EMP_DEPT_JOB":  scott/******** directory=myport dumpfile=
emp_dept.
dmp TABLES=scott.dept LOGFILE=emp_dept.log JOB_NAME=emp_dept_job
正在使用 BLOCKS 方法进行估计...
处理对象类型 TABLE_EXPORT/TABLE/TABLE_DATA
使用 BLOCKS 方法的总估计: 64KB
处理对象类型 TABLE_EXPORT/TABLE/TABLE
处理对象类型 TABLE_EXPORT/TABLE/INDEX/INDEX
处理对象类型 TABLE_EXPORT/TABLE/CONSTRAINT/CONSTRAINT
. . 导出了 "SCOTT"."DEPT"                          5.937 KB      4 行
已成功加载/卸载了主表 "SCOTT"."EMP_DEPT_JOB"
******************************************************************
SCOTT.EMP_DEPT_JOB 的转储文件集为:
  E:\APP\MYDIRECTORY\DATAPORT\EMP_DEPT.DMP
作业 "SCOTT"."EMP_DEPT_JOB" 已于 10:32:55 成功完成
```

上述语句输出结果中，输出文件的名称为 EMP_DEPT.DMP，保存在 E:\app\mydirectory\
dataport 中，在导出过程中，Data Pump 创建并使用了一个名为 SCOTT.EMP_DEPT_JOB 的
外部表。

（2）模式导出模式。导出 SCOTT 模式下的所有对象及其数据，执行语句如下。

```
E:\app\Administrator\product\11.2.0\dbhome_1\BIN>EXPDP scott/tiger
DIRECTORY=myp
ort DUMPFILE=scott.dmp LOGFILE=scott.log SCHEMAS=scott JOB_NAME=
exp_scott_schema
..............................
. . 导出了 "SCOTT"."DEPT"                         5.937 KB        4 行
. . 导出了 "SCOTT"."EMP"                          8.570 KB       14 行
. . 导出了 "SCOTT"."SALGRADE"                     5.867KB         5 行
. . 导出了 "SCOTT"."BONUS"                           0 KB         0 行
已成功加载/卸载了主表 "SCOTT"."EXP_SCOTT_SCHEMA"
********************************************************
SCOTT.EXP_SCOTT_SCHEMA 的转储文件集为：
  E:\APP\MYDIRECTORY\DATAPORT\SCOTT.DMP
作业 "SCOTT"."EXP_SCOTT_SCHEMA" 已于 11:00:07 成功完成
```

（3）表空间导出模式。导出 EXAMPLE，USERS 表空间中的所有对象及其数据，执行
语句如下。

```
E:\app\Administrator\product\11.2.0\dbhome_1\BIN>EXPDP scott/tiger
DIRECTORY=my
ort DUMPFILE=tsp.dmp TABLESPACES=example,users
........................... . .
. . 导出了 "SCOTT"."DEPT"                         5.937 KB        4 行
. . 导出了 "SCOTT"."EMP"                          8.570 KB       14行
. . 导出了 "SCOTT"."SALGRADE"                     5.867 KB        5 行
. . 导出了 "SCOTT"."BONUS"                           0 KB         0 行
已成功加载/卸载了主表 "SCOTT"."SYS_EXPORT_TABLESPACE_01"
********************************************************
SCOTT.SYS_EXPORT_TABLESPACE_01 的转储文件集为：
  E:\APP\MYDIRECTORY\DATAPORT\TSP.DMP
作业 "SCOTT"."SYS_EXPORT_TABLESPACE_01" 已于 11:07:14 成功完成
```

（4）可移动表空间导出模式。导出 EXAMPLE，USERS 表空间中数据对象的定义信息，
执行语句如下。

```
E:\app\Administrator\product\11.2.0\dbhome_1\BIN>EXPDP system/root
DIRECTORY=myp
ort DUMPFILE=mytrans.dmp TRANSPORT_TABLESPACES=example,users,Nologfile=y;
```

（5）数据库导出模式。将当前数据全部导出。例如，使用 EXPDP 命令导出整个数据

库、数据和所有对象的转储，执行语句和执行结果如下。

```
E:\app\Administrator\product\11.2.0\dbhome_1\BIN>EXPDP scott/tiger
DIRECTORY=myp
ort DUMPFILE=expfull.dmp FULL=Y NOLOGFILE=y;
...................
. . 导出了 "SYSTEM"."SQLPLUS_PRODUCT_PROFILE"              0 KB        0 行
已成功加载/卸载了主表 "SCOTT"."SYS_EXPORT_FULL_01"
*************************************************************
SCOTT.SYS_EXPORT_FULL_01 的转储文件集为:
  E:\APP\MYDIRECTORY\DATAPORT\EXPFULL.DMP
作业 "SCOTT"."SYS_EXPORT_FULL_01" 已于 11:41:27 成功完成
```

上述文件中，是以 SCOTT 身份登录，需要授予 SCOTT 用户 EXP_FULL_DATABASE 角色来导出整个数据库。

（6）交互命令方式导出数据。在当前运行作业的终端中按 Ctrl+C 组合键，进入交互式命令状态；在另一个非运行导出作业的终端中，通过导出作业名称来进行导出作业的管理。下面我们通过一个示例来演示交互命令方式导出数据。首先，执行一个作业，如下。

```
E:\app\Administrator\product\11.2.0\dbhome_1\BIN>EXPDP scott/tiger FULL=Y
DIRECT
ORY=myport DUMPFILE=fullda1.dmp,fulldb2.dmp FILESIZE=2G PARALLEL=3
LOGFILE=expfu
ll.log JOB_NAME=expfull
```

作业开始执行以后，使用 Ctrl+C 组合键，之后会出现如下的命令。

```
Export>
```

在该提示符下，就可以使用 EXPDP 的交互模式操作命令（见表 14-4）

在交互模式中输入导出作业的管理命令，根据提示进行操作。例如，输入 STOP_JOB 命令，如下。

```
Export> STOP_JOB=IMMEDIATE
是否确实要停止此作业 ([Y]/N): Y
```

上述命令以后，作业并没有被取消，只是被挂起。可以使用 START_JOB 命令重启作业，如下。

```
Export> START_JOB
```

2. 使用 EXCLUDE 参数

在 EXPDP 命令中使用参数 EXCLUDE 和 INCLUDE，可以实现从 Data Pump Export 中排除或包含表集合，也可以按照类型和名称来排除对象。

在 EXPDP 命令中指定参数 EXCLUDE，用来实现从 Data Pump Export 中排除对象，如果排除了一个对象，也将排除所有与它相关的对象。它的语法格式如下。

```
EXCLUDE=object_type[:name_clause][,...]
```

其中，object_type 可以是任何 Oracle 对象类型，包括权限、索引和表等；name_clause 用来限制返回的值。

例如，导出 users 表空间中的视图，其他所有对象均不导出，如下。

```
E:\app\Administrator\product\11.2.0\dbhome_1\BIN>EXPDP scott/tiger
DIRECTORY=myp
ort DUMPFILE=exclude.dmp EXCLUDE=table:"in('EMP')" EXCLUDE=TABLE:"IN('DEPT')"
.............................
. . 导出了 "SCOTT"."EXPFULL"                        39.26 MB       7572 行
. . 导出了 "SCOTT"."SALGRADE"                       5.867 KB          5 行
. . 导出了 "SCOTT"."BONUS"                              0 KB          0 行
已成功加载/卸载了主表 "SCOTT"."SYS_EXPORT_SCHEMA_01"
****************************************************************
SCOTT.SYS_EXPORT_SCHEMA_01 的转储文件集为：
  E:\APP\MYDIRECTORY\DATAPORT\EXCLUDE.DMP
作业 "SCOTT"."SYS_EXPORT_SCHEMA_01" 已于 15:01:30 成功完成
```

 提示

> 如果 object_type 的值为 CONSTRAINT，将会排除出 NOT NULL 外的所有约束；如果 object_type 的值为 USERS，将排除用户定义，但是仍将导出用户模式中的对象；如果 object_type 值为 SCHEMA，则排除一个用户以及该用户所有的对象；如果 object_type 值为 GRANT，将排除所有的对象授权和系统授权。

3. 使用 INCLUDE 参数

如果在 data pump export 中使用 include，可以只导出符合要求的对象，其他所有对象均被排除。使用 include 参数的格式如下：

```
include=object_type[:name_clause][,...]
```

例如，导出 users 表空间的索引信息，如下。

```
E:\app\Administrator\product\11.2.0\dbhome_1\BIN>EXPDP scott/tiger
DIRECTORY=my
ort DUMPFILE=include.dmp TABLESPACES=users INCLUDE=index
...........................
已成功加载/卸载了主表 "SCOTT"."SYS_EXPORT_TABLESPACE_01"
****************************************************************
SCOTT.SYS_EXPORT_TABLESPACE_01 的转储文件集为：
  E:\APP\MYDIRECTORY\DATAPORT\INCLUDE.DMP
作业 "SCOTT"."SYS_EXPORT_TABLESPACE_01" 已于 15:17:40 成功完成
```

如果在 EXPDP 命令中使用了 CONTENT=DATA_ONLY，则不能指定 EXCLUDE 参数和 INCLUDE 参数。

对于满足 exclude 和 include 标准的对象，将会导出该对象的所有行。这时，可以使用 query 参数来限制返回的行，使用 query 参数格式如下：

```
query=[schema.][table_name:]query_clause
```

其中，schema 是指定表所属的用户名，或者所属的用户模式名称；table_name 指定表名；query_clause 用来指定限制条件。

例如，指定 SCOTT 用户的 DEPT 表，导出列 DEPTNO 小于 10 的记录，如下。

```
E:\app\Administrator\product\11.2.0\dbhome_1\BIN>EXPDP scott/tiger
DIRECTORY=myp
ort DUMPFILE=query.dmp TABLES=dept query=\"where deptno<10\"
· · · · · · · · · · · · · · · · · · · · · · · · · · · · · ·
. . 导出了 "SCOTT"."DEPT"                        5.843 KB        0 行
已成功加载/卸载了主表 "SCOTT"."SYS_EXPORT_TABLE_01"
****************************************************************
SCOTT.SYS_EXPORT_TABLE_01 的转储文件集为:
  E:\APP\MYDIRECTORY\DATAPORT\QUERY.DMP
作业 "SCOTT"."SYS_EXPORT_TABLE_01" 已于 15:36:42 成功完成 14.4  使用 Data Pump
Import 导入数据
```

14.4 使用 Data Pump Import 导入数据

Data Pump Import 数据导入工具。它能把利用 Data Pump Export 导出生成的文件导入到数据库中。特别注意的是，Data Pump Import 只能导入由 Data Pump Export 生成的文件。Data Pump Import、Data Pump Export 和 Oracle 以前的导入/导出工具不兼容。Data Pump Import 不仅能从导出文件（Pump File）中把对象导入目标数据库，它还能直接把数据从源数据库导入到目标数据库。

14.4.1 Data Pump Import 选项

Data Pump Import 工具在操作系统命令行通过使用 IMPDP 来启动导入。IMPDP 的功能包括将数据加载到整个数据库、特定的模式、特定的表空间或者特定的表，在将表空间中传输到数据库中时也要使用 IMPDP 命令。

使用 Data Pump Import 导入由 Data Pump Export 输出的传输文件，与导出进程相同，导入进程作为一个基于服务器的作业运行，可以在执行作业过程中对作业进行管理。

1. Data Pump Import 选项

在 IMPDP 实用进程中，可以使用表 14-5 所示的参数。

表 14-5　使用 IMPDP 命令可以带有的参数

参数	说明
ATTACH	连接到现有作业。例如，ATTACH=job_name
CONTENT	指定要加载的数据。有效的关键字为:[ALL]，DATA_ONLY 和 METADATA_ONLY
DATA_OPTIONS	数据层选项标记。有效的关键字为:SKIP_CONSTRAINT_ERRORS
DIRECTORY	用于转储文件，日志文件和 SQL 文件的目录对象
DUMPFILE	要从中导入的转储文件的列表[expdat.dmp]。 例如，DUMPFILE=scott1.dmp,scott2.dmp,dmpdir:scott3.dmp
ENCRYPTION_PASSWORD	用于访问转储文件中的加密数据的口令密钥。对于网络导入作业无效
ESTIMATE	计算作业估计值。有效的关键字为:[BLOCKS]和 STATISTICS
EXCLUDE	排除特定对象类型。例如，EXCLUDE=SCHEMA:"='HR'"
FLASHBACK_SCN	用于重置会话快照的 SCN
FLASHBACK_TIME	用于查找最接近的相应 SCN 值的时间
FULL	导入源中的所有对象[Y]
HELP	显示帮助消息[N]
INCLUDE	包括特定对象类型。例如,INCLUDE=TABLE_DATA
JOB_NAME	要创建的导入作业的名称
LOGFILE	日志文件名[import.log]
NETWORK_LINK	源系统的远程数据库链接的名称
NOLOGFILE	不写入日志文件[N]
PARALLEL	更改当前作业的活动 worker 的数量
PARTITION_OPTIONS	指定应如何转换分区 有效的关键字为:DEPARTITION，MERGE 和[NONE]
QUERY	用于导入表的子集的谓词子句 例如，QUERY=employees:"WHEREdepartment_id>10"
REMAP_DATA	指定数据转换函数。例如，REMAP_DATA=EMP.EMPNO:REMAPPKG.EMPNO
REMAP_DATAFILE	在所有 DDL 语句中重新定义数据文件引用
REMAP_SCHEMA	将一个方案中的对象加载到另一个方案
REMAP_TABLE	将表名重新映射到另一个表。例如，REMAP_TABLE=EMP.EMPNO:REMAPPKG.EMPNO
REMAP_TABLESPACE	将表空间对象重新映射到另一个表空间
REUSE_DATAFILES	如果表空间已存在，则将其初始化[N]
SCHEMAS	要导入的方案的列表
SKIP_UNUSABLE_INDEXES	跳过设置为"索引不可用"状态的索引
SOURCE_EDITION	用于提取元数据的版本
SQLFILE	将所有的 SQL DDL 写入指定的文件
STATUS	监视作业状态的频率，其中默认值[0]表示只要有新状态可用，就立即显示新状态
STREAMS_CONFIGURATION	启用流元数据的加载
TABLE_EXISTS_ACTION	导入对象已存在时执行的操作。有效的关键字为：APPEND，REPLACE，[SKIP]和 TRUNCATE
TABLES	标识要导入的表的列表。例如，TABLES=HR.EMPLOYEES，SH.SALES:SALES_1995

续表

参数	说明
TABLESPACES	标识要导入的表空间的列表
TARGET_EDITION	用于加载元数据的版本
TRANSFORM	要应用于适用对象的元数据转换。有效的关键字为: OID, PCTSPACE, SEGMENT_ATTRIBUTES 和 STORAGE
TRANSPORTABLE	用于选择可传输数据移动的选项。有效的关键字为: ALWAYS 和 [NEVER]。仅在 NETWORK_LINK 模式导入操作中有效
TRANSPORT_DATAFILES	按可传输模式导入的数据文件的列表
TRANSPORT_FULL_CHECK	验证所有表的存储段[N]
TRANSPORT_TABLESPACES	要从中加载元数据的表空间的列表,仅在 NETWORK_LINK 模式导入操作中有效
VERSION	要导入的对象的版本。有效的关键字为: [COMPATIBLE], LATEST 或任何有效的数据库版本。仅对 NETWORK_LINK 和 SQLFILE 有效

在命令提示符窗口,进入到 E:\app\Administrator\product\11.2.0\dbhome_1\BIN 目录下,然后使用 HELP 参数,查看使用 IMPDP 命令的参数信息,如下。

```
E:\app\Administrator\product\11.2.0\dbhome_1\BIN>IMPDP HELP=y
Import: Release 11.2.0.1.0 - Production on 星期四 6 月 28 16:03:37 2012
Copyright (c) 1982, 2009, Oracle and/or its affiliates.  All rights reserved.
数据泵导入实用程序提供了一种用于在 Oracle 数据库之间传输
····································
USERID 必须是命令行中的第一个参数。
------------------------------------------------
以下是可用关键字和它们的说明。方括号中列出的是默认值。
ATTACH
连接到现有作业。
例如, ATTACH=job_name。
------------------------------------------------
下列命令在交互模式下有效。
注: 允许使用缩写。
CONTINUE_CLIENT
返回到事件记录模式。如果处于空闲状态,将重新启动作业。
····································
```

2. Import 导入数据的 5 种模式

与 Export 中的导出方式相对应,Import 导入也有 5 种方式: FULL、SCHEMA、TABLE、TABLESPACE 和 TABLESPOTABLE Tablespace,如表 14-6 所示。

表 14-6　使用 IMPDP 命令带有的参数

模式	使用的参数	说明
Full(全库)	full	导入整个数据库
Schema(模式)	schemas	导入一个或者多个用户模式中的数据和元数据

续表

模式	使用的参数	说明
Table（表）	tables	导入一组特定的表
Tablespace（表空间）	tablespaces	导入一个或者多个表空间的数据
Transportable Tablespace（可移动表空间）	transport_tablespaces	为了迁移表空间，需要导出一个或多个表空间中对象的元数据

如果使用 IMPDP，必须知道需要的权限。如果创建要使用的导出转储文件，需要 EXP_FULL_DATABASE 权限；如果使用 FULL 参数完成导入，则执行导入的用户必须拥有 IMP_FULL_DATABASE 权限。在其他多数情况下，用户只需要拥有与创建转储文件用户相同的权限。如果未指定模式，则 Data Pump Import 将加载整个转储文件。

3. IMPDP 交互模式下的命令列表

和 EXPDP 一样，IMPDP 也可以通过 Ctrl+C 组合键，使 IMPDP 进入交互模式将数据泵操作转移到后台执行。IMPDP 进入交互模式以后，可以在数据泵界面中执行的参数如表 14-7 所示。

表 14-7　IMPDP 交互模式下的命令列表

参数	描述
CONTINUE_CLIENT	返回到事件记录模式。如果处于空闲状态，重新启动作业
EXIT_CLIENT	退出客户机会话并使作业保持运行状态
HELP	汇总交互命令
KILL_JOB	分离并删除作业
PARALLEL	更改当前作业的活动 worker 的数量
START_JOB	启动或恢复当前作业。有效的关键字为:SKIP_CURRENT
STATUS	监视作业状态的频率，其中默认值[0]表示只要有新状态可用，就立即显示新状态
STOP_JOB	按顺序关闭作业执行并退出客户机。关键字为：IMMEDIATE

14.4.2　实现数据导入

使用 IMPDP 程序启动一项 Data Pump Import 作业。在命令提示符窗口中进入到 Oracle 的 BIN 目录，之后使用 IMPDP 命令，根据执行结果查看执行过程。例如，我们通过 EXPDP 导出数据库如下。

```
E:\app\Administrator\product\11.2.0\dbhome_1\BIN>EXPDP scott/tiger
DUMPFILE=mypo
rt.dmp LOGFILE=sys.log
```

使用 IMPDP 将 myport.dmp 导入到数据库。代码如下。

```
E:\app\Administrator\product\11.2.0\dbhome_1\BIN>IMPDP scott/tiger
```

```
DUMPFILE=mypo
rt LOGFILE=syst.log
Import: Release 11.2.0.1.0 - Production on 星期五 6 月 29 09:52:42 2012
Copyright (c) 1982, 2009, Oracle and/or its affiliates.  All rights reserved.
连接到: Oracle Database 11g Enterprise Edition Release 11.2.0.1.0 - Production
With the Partitioning, OLAP, Data Mining and Real Application Testing options
已成功加载/卸载了主表 "SCOTT"."SYS_IMPORT_FULL_01"
启动"SCOTT"."SYS_IMPORT_FULL_01":  scott/******** dumpfile=myport
logfile=syst.
log
处理对象类型 SCHEMA_EXPORT/USER
..........................
```

在上述命令执行的过程中，可以使用 Ctrl+C 组合键切换到数据泵的作业交互模式，切换到交互模式以后，数据泵将返回 IMPORT 提示符，如下。

```
Import>
```

在该提示符下，可以使用 IMPORT 的交互模式操作命令（表 14-7 所示）。

如果想要退出客户机会话，但是想要作业保持运行可以使用 EXIT_CLIENT 命令，如下。

```
Import> exit_client
```

如果想重启作业，可以通过下列语句。

```
E:\app\Administrator\product\11.2.0\dbhome_1\BIN>impdp scott/tiger
dumpfile=myport;
```

如果要取消当前作业，可以使用 KILL_JOB 命令，如下。

```
Import> kill_job
```

1. 导入不同的数据信息

下面我们通过简单的示例，使用 IMPDP 命令将不同的数据信息进行导入。它可以导入表、表空间、数据库、数据以及特定数据库对象类型。

（1）表导入模式。使用逻辑备份文件 emp_dept.dmp 恢复 scott 模式下的 emp 表和 dept 表中数据。

```
E:\app\Administrator\product\11.2.0\dbhome_1\BIN>IMPDP scott/tiger
DIRECTORY=myport
DUMPFILE=emp_dept.dmp  TABLES=emp,dept NOLOGFILE=Y CONTENT=DATA_ONLY
```

（2）模式导入模式。使用备份文件 scott.dmp 恢复 scott 模式。

```
E:\app\Administrator\product\11.2.0\dbhome_1\BIN>IMPDP scott/tiger
DIRECTORY=myport
DUMPFILE=scott.dmp SCHEMAS=scott JOB_NAME=imp_scott_schema
```

如果要将一个备份模式的所有对象导入另一个模式中，可以使用 REMAP_SCHEMAN
参数设置。例如，将备份的 scott 模式对象导入 dan 模式中。

```
E:\app\Administrator\product\11.2.0\dbhome_1\BIN>IMPDP scott/tiger
DIRECTORY=dumpdir
DUMPFILE=scott.dmp  LOGFILE=scott.log REMAP_SCHEMA=scott:dan JOB_NAME=
imp_wang_schema
```

（3）表空间导入模式。利用 EXAMPLE，USERS 表空间的逻辑备份 tsp.dmp 恢复 USERS，
EXAMPLE 表空间。

```
E:\app\Administrator\product\11.2.0\dbhome_1\BIN>IMPDP scott/tiger
DIRECTORY=myp
ort DUMPFILE=tsp.dmp LOGFILE=tsp1.log TABLESPACES=example,users
```

如果要将备份的表空间导入另一个表空间中，可以使用 REMAP_TABLESPACE 参数
设置。例如，将 USERS 表空间的逻辑备份导入 IMPTBS 表空间，命令为如下。

```
E:\app\Administrator\product\11.2.0\dbhome_1\BIN>IMPDP scott/tiger
DIRECTORY=dumpdir
DUMPFILE=tsp.dmp REMAP_TABLESPACE=users:imptbs
```

（4）导入特定表数据。使用 CONTENT 参数指出只将数据导入到数据库中，如下。

```
E:\app\Administrator\product\11.2.0\dbhome_1\BIN>IMPDP scott/tiger
DUMPFILE=emp.
dmp  CONTENT=data_only TABLES=emp
```

导入特定表数据时，如果将要导入的数据的表不存在则导入失败。如果 CONTENT 的
值为 DATA_ONLY，则不会导入其他的对象，例如约束和相似等。

2. 转换导入的对象

除了在导入过程中改变或选择模式、表空间、数据文件和数据行之外，还可以在导入
过程中使用 TRANSFORM 选项，改变属性和存储要求。该选项的格式如下。

```
TRANSFORM = transform_name:value[:object_type]
```

其中，参数 transform_name 表示，指定转换名，取值可以为用于标识段属性的
SEGMENT_ATTRIBUTES 和用于标识段存储属性的 STORAGE；value 表示包含或排除段
属性；object_type 用来指定对象类型，有以下几个可选值：CLUSTER、CONSTRAINT、
INC_TYPE、INDEX、ROLLBACK_SEGMENT、TABLE、TABLESPACE 和 TYPE。

 段属性是指存储属性、物理属性、表空间和日志等信息。

例如，在导入过程中可能要改变对象存储要求，比如使用 QUERY 选项限制导入的行，

或者可能只是导入不带表数据的元数据。为了从导入的表中排除导出的存储子句，可以使用如下语句。

```
E:\app\Administrator\product\11.2.0\dbhome_1\BIN>IMPDP scott/tiger
DIRECTORY=myp
ort DUMPFILE=query.dmp TRANSFORM=storage:n:table
```

3. 生成 SQL 语句

可以为对象生成 SQL，并将信息存储在操作系统的指定文件中，该文件的目录与文件名由 SQLFILE 指定。SQLFIEL 命令格式如下。

```
SQLFILE=[directory_object:]file_name
```

其中，directory_object 用来指定目录对象名也即是 dmp 文件，如果不指定 directory_object，导入工具会自动使用 DIRECTORY 指定的目录对象；file_name 用于指定转储文件名。

例如，使用 SQLFILE 选项，生成存储 SQL 语句的文件为 sql.txt，代码如下。

```
E:\app\Administrator\product\11.2.0\dbhome_1\BIN>IMPDP scott/tiger
DIRECTORY=myp
ort DUMPFILE=query.dmp SQLFILE=sql.txt
```

执行该命令后，将会在指定 DIRECTORY 指定的目录 E:\app\mydirectory\dataport 中生成一个 sql.txt 文件，该文件如图 14-1 所示。

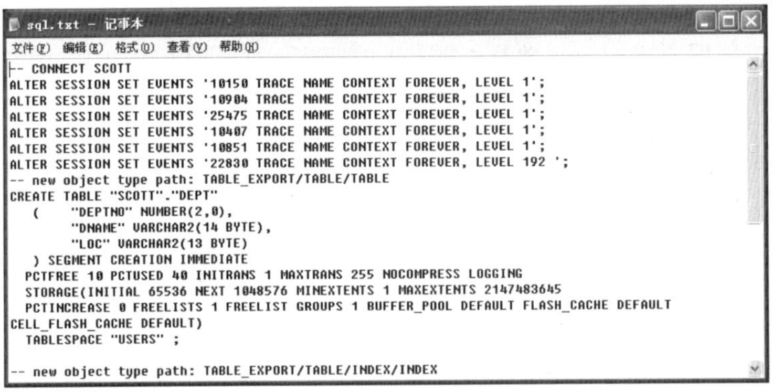

图 14-1　SQL 文件

使用 SQLFILE 输出的是一个纯文本文件，因此可以编辑该文件，在 SQL*Plus 或 SQL Developer 中使用它，或者将其保存为应用程序的数据库结构文档。

14.5　使用 EXPDP 和 IMPDP 工具传输表空间

在本节中，我们使用 EXPDP 和 IMPDP 工具，将表空间 TEMP1401 从 ORCL 数据库复制到 MYDB 数据库。实现步骤如下。

（1）在源和目标数据库上为转储文件集和表空间数据文件设置目录。

（2）使用 DBMS_TTS.TRANSPOTR_SET_CHECK()过程检查表空间的自相容性。

（3）使用 EXPDP 为 TEMP1401 表空间创建元数据。

（4）使用 DBMS_FILE_TRANSFER 将转储文件集和数据文件复制到目标数据库。

（5）在目标数据库上，使用 IMPDP 插入表空间。

1. 设置目录对象

在数据库 ORCL 上，需要创建保存转储文件集的目录对象，以及一个指向表空间 TEMP1409 的数据文件的存放位置的目录对象，代码如下。

```
SQL> CONN system/root@orcl
已连接。
SQL> CREATE DIRECTORY orcl_dmp AS 'E:\app\mydirectory\dataport\orcl';
目录已创建。
SQL> CREATE DIRECTORY orcl_dbf AS 'E:\app\mydirectory\dataport\orcl';
目录已创建。
```

在目标数据库 MYDB 上，使用相应的命令，也可以创建两个目录对象，如下。

```
SQL> CREATE DIRECTORY mydb_dmp AS 'E:\app\mydirectory\dataport\db';
目录已创建。
SQL> CREATE DIRECTORY mydb_dbf AS 'E:\app\mydirectory\dataport\db';
目录已创建。
```

2. 检查表空间的自相容性

在迁移表空间 TEMP1401 之前，使用 DBMS_TTS.TRANSPORT_SET_CHECK()过程进行检查，确保表空间中的所有对象都是字包含的，如下所示。

```
SQL> CONN system/root@orcl as sysdba;
已连接。
SQL> EXEC DBMS_TTS.TRANSPORT_SET_CHECK('temp1401',TRUE);
PL/SQL 过程已成功完成。
SQL> SELECt * FROM TRANSPORT_SET_VIOLATIONS;
未选定行
```

上述代码中必须以 DBA 的身份登录才可以使用 DBMS_TTS.TRANSPORT_SET_CHECK()过程。如果在 TRANSPORT_SET_VIOLATIONS 中没有找到任何行，这表示表空间没有外部相关对象，或者属于 SYS 拥有的任何对象。在每次运行 DBMS_TTS.TRANSPORT_SET_CHECK()过程时，都将重新创建该视图。

3. 使用 EXPDP 创建元数据

在 ORCL 数据库中，将表空间 TEMP1401 设置为只读，表示不允许用户对该表空间进行修改，如下。

```
SQL> ALTER TABLESPACE temp1401 READ ONLY;
表空间已更改。
```

下面将执行 EXPDP 命令，导出与表空间 TEMP1401 相关的数据，如下。

```
E:\app\Administrator\product\11.2.0\dbhome_1\BIN>EXPDP system/root@orcl
DUMPFILE
=myport.dmp DIRECTORY=lin TRANSPORT_TABLESPACES=temp1401
Export: Release 11.2.0.1.0 - Production on 星期五 6月 29 16:52:30 2012
Copyright (c) 1982, 2009, Oracle and/or its affiliates.  All rights reserved.
连接到: Oracle Database 11g Enterprise Edition Release 11.2.0.1.0 - Production
With the Partitioning, OLAP, Data Mining and Real Application Testing options
启动 "SYSTEM"."SYS_EXPORT_TRANSPORTABLE_01":  system/********@orcl
dumpfile=mypo
rt.dmp directory=lin transport_tablespaces=temp1401
处理对象类型 TRANSPORTABLE_EXPORT/PLUGTS_BLK
处理对象类型 TRANSPORTABLE_EXPORT/TABLE
.................
已成功加载/卸载了主表 "SYSTEM"."SYS_EXPORT_TRANSPORTABLE_01"
******************************************************************
SYSTEM.SYS_EXPORT_TRANSPORTABLE_01 的转储文件集为:
  E:\APP\MYDIRECTORY\DATAPORT\ORCL\MYPORT.DMP
******************************************************************
可传输表空间 TEMP1401 所需的数据文件:
  E:\APP\ADMINISTRATOR\ORADATA\ORCL\TEMP1401.DBF
作业 "SYSTEM"."SYS_EXPORT_TRANSPORTABLE_01" 已于 16:53:59 成功完成
```

4. 使用 DBMS_FILE_TRANSFER 复制文件

调用 DBMS_FILE_TRANSFER()过程，将表空间 TEMP1401 的数据文件复制到远程数
据库 MYDB。

```
SQL> EXECUTE dbms_file_transfer.put_file('orcl_dbf','temp1401.dbf','mydb_
dbf','temp1401.dbf','mydb');
PL/SQL 过程已成功完成。
```

5. 使用 IMPDP 导入元数据

在目标数据库 MYDB 上运行 IMPDP，以便读取元数据，并导入空间数据文件，如下。

```
E:\app\Administrator\product\11.2.0\dbhome_1\BIN>IMPDP system/SYStiger1
@mydb DIR
```

```
ECTORY=mydb_dmp DUMPFILE=myport.dmp TRANSPORT_TABLESPACES= E:\app\
mydirectory\dataport\db\temp1401.dbf
Import: Release 11.2.0.1.0 - Production on 星期五 6月 29 18:21:36 2012
Copyright (c) 1982, 2009, Oracle and/or its affiliates.  All rights reserved.
连接到: Oracle Database 11g Enterprise Edition Release 11.2.0.1.0 - Production
With the Partitioning, OLAP, Data Mining and Real Application Testing options
已成功加载/卸载了主表 "SYSTEM"."SYS_IMPORT_TRANSPORTABLE_01"
启动 "SYSTEM"."SYS_IMPORT_TRANSPORTABLE_01":  system/********@orcl
directory=lin dumpfile=myport.dmp transport_datafiles=\app\mydirectory\
dataport\db\temp1401.dbf
处理对象类型 TRANSPORTABLE_EXPORT/PLUGTS_BLK
.................... .
```

成功执行上述语句后，通过数据字典视图 user_tablespaces 检索 mydb 数据库中是否存在 TEMP1401 表空间。然后将该表空间修改为可读写操作，如下：

```
SQL> SELECT TABLESPACE_NAME FROM user_tables WHERE
  2  TABLESPACE_NAME='temp1401';
TABLESPACE_NAME
------------------------
TEMP1401
SQL> ALTER TABLESPACE temp1401 READ WRITE;
表空间已更改。
```

14.6 SQL*Loader

Oracle 自己带了很多的工具可以用来进行数据的迁移、备份和恢复等工作。但是每个工具都有自己的特点。例如数据泵可以对数据库中的数据进行导入和导出的工作，是一种很好的数据库备份和恢复的工具，因此主要用在数据库的热备份和恢复方面，有着速度快，使用简单，快捷的优点；同时也有一些缺点，比如在不同版本数据库之间的导出、导入的过程之中，会出现很多问题。

sql loader 工具却没有这方面的问题，它可以把一些以文本格式存放的数据顺利地导入到 Oracle 数据库中，是一种在不同数据库之间进行数据迁移的非常方便而且通用的工具。缺点就是速度比较慢，另外对处理 blob 等类型的数据比较麻烦。

14.6.1 SQL*Loader 概述

想要使用 SQL*Loader，必须要编辑一个控制文件（.ctl）和一个数据文件（.dat）。其中，控制文件用于描述要加载的数据信息；数据文件用来保存数据库的数据信息。

控制文件要加载的数据信息主要包括：数据文件名、数据文件中数据的存储格式、文件中的数据要存储到哪一个字段、哪些表和列要加载数据以及数据的加载方式等。

在 SQL*Loader 执行结束以后，系统会自动产生一些文件。这些文件包括日志文件、坏文件和被丢掉的文件，具体如下。

❑ **日志文件**　存储了在加载数据过程中的所有信息。

❑ **坏文件**　包含了 SQL*Loader 或 Oracle 拒绝加载的数据。

❑ **丢掉文件**　记录了不满足加载条件被滤出的数据。

用户可以根据上述的文件信息，了解加载的结果是否成功。

调用 SQL*Loader 的命令 SQLLDR，在命令提示窗口中可以输出 SQL*Loader 的关键字信息，如下。

```
C:\Documents and Settings\Administrator>SQLLDR
SQL*Loader: Release 11.2.0.1.0 - Production on 星期六 6月 30 10:26:31 2012
Copyright (c) 1982, 2009, Oracle and/or its affiliates.  All rights reserved.
用法: SQLLDR keyword=value [,keyword=value,...]
有效的关键字:
    userid -- ORACLE 用户名/口令
   control -- 控制文件名
       log -- 日志文件名
       bad -- 错误文件名
      data -- 数据文件名
   discard -- 废弃文件名
discardmax -- 允许废弃的文件的数目            (全部默认)
      skip -- 要跳过的逻辑记录的数目   (默认 0)
      load -- 要加载的逻辑记录的数目   (全部默认)
    errors -- 允许的错误的数目             (默认 50)
      rows -- 常规路径绑定数组中或直接路径保存数据间的行数
              (默认: 常规路径 64, 所有直接路径)
  bindsize -- 常规路径绑定数组的大小 (以字节计)   (默认 256000)
    silent -- 运行过程中隐藏消息 (标题,反馈,错误,废弃,分区)
    direct -- 使用直接路径                      (默认 FALSE)
   parfile -- 参数文件: 包含参数说明的文件的名称
  parallel -- 执行并行加载                      (默认 FALSE)
      file -- 要从以下对象中分配区的文件
skip_unusable_indexes -- 不允许/允许使用无用的索引或索引分区   (默认 FALSE)
skip_index_maintenance -- 没有维护索引, 将受到影响的索引标记为无用   (默认 FALSE)

commit_discontinued -- 提交加载中断时已加载的行   (默认 FALSE)
  readsize -- 读取缓冲区的大小             (默认 1048576)
external_table -- 使用外部表进行加载; NOT_USED, GENERATE_ONLY, EXECUTE(默认 NO
T_USED)
columnarrayrows -- 直接路径列数组的行数   (默认 5000)
streamsize -- 直接路径流缓冲区的大小 (以字节计)   (默认 256000)
multithreading -- 在直接路径中使用多线程
 resumable -- 启用或禁用当前的可恢复会话   (默认 FALSE)
resumable_name -- 有助于标识可恢复语句的文本字符串
```

```
resumable_timeout -- RESUMABLE 的等待时间 (以秒计) (默认 7200)
date_cache -- 日期转换高速缓存的大小 (以条目计) (默认 1000)
no_index_errors -- 出现任何索引错误时中止加载 (默认 FALSE)

PLEASE NOTE: 命令行参数可以由位置或关键字指定。
前者的例子是 'sqlldr
scott/tiger foo'; 后一种情况的一个示例是 'sqlldr control=foo
userid=scott/tiger'. 位置指定参数的时间必须早于
但不可迟于由关键字指定的参数。例如,
允许 'sqlldr scott/tiger control=foo logfile=log', 但是
不允许 'sqlldr scott/tiger control=foo log', 即使
参数 'log' 的位置正确。
```

14.6.2　数据加载实例

使用 SQL*Loader 加载数据的关键是编写控制文件,控制文件决定要加载的数据格式。可以通过编写数据文件来导入数据,也可以在控制文件中直接导入数据,下面我们通过示例演示这两种方式导入数据。

1. 将 Excel 数据导入到 Oracle

下面我们以 Excel 为例,将 Excel 表中的数据导入到 Oracle 中,步骤如下。

(1)在用户 SI 中创建一个表 GOODS,代码如下:

```
SQL> CREATE TABLE goods(
  2  goodsID number(10),
  3  goodsName varchar2(10),
  4  goodsPrice number(10)
  5  );
表已创建。
```

(2)创建一个 Excel 文件,在该文件中输入数据,数据信息与表 GOODS 中字段相对应,如表 14-8 所示。

表 14-8　Excel 中数据

1	计算机	4550
2	冰箱	7500
3	衣柜	2330
4	音响	5000

保存 Excel 文件为 goods.csv。保存时,选择保存文件的格式为 CSV(逗号分隔)(*.csv),将文件保存到目录 "E:\app" 下。

(3)创建一个控制文件,在目录 E:\app 下,创建一个文本文档 goods.ctl,该文件为了确定加载数据的方式,文件内容如下:

```
LOAD DATA                                        ❶
INFILE 'E:\app\goods.csv'                        ❷
APPEND INTO TABLE goods                          ❸
FIELDS TERMINATED BY ','                         ❹
(GOODSID,GOODSNAME,GOODSPRICE)                    ❺
```

上述代码中，❶表示控制文件标识；❷表示要输入的数据文件名；❸表示向表 goods 中追加记录；❹表示指定数据文件中的分隔符为 ","；❺表示定义对应列的顺序。

在❸中，还可以使用以下装入表的方式。

❑ **INSERT**　为缺省方式，在数据装载开始时要求表为空。

❑ **APPEND**　在表中追加新记录。

❑ **REPLACE**　删除旧记录，替换成新装载的记录。

❑ **TRUNCATE**　删除旧记录，替换成新装载的记录。

（4）调用 SQL*Loader 加载数据，指定所创建的控制文件，代码如下。

```
C:\Documents and Settings\Administrator>SQLLDR USERID=si/si@orcl
CONTROL=E:\app\
goods.ctl
SQL*Loader: Release 11.2.0.1.0 - Production on 星期一 7月 2 09:24:07 2012
Copyright (c) 1982, 2009, Oracle and/or its affiliates.  All rights reserved.
达到提交点 - 逻辑记录计数 4
```

（5）数据加载成功后，连接到 SQL*Plus 中，查询表 goods 中的数据信息，如下。

```
SQL> SELECT * FROM goods;

    GOODSID  GOODSNAME   GOODSPRICE
    -------  --------    ----------
          1  计算机         4550
          2  冰箱           7500
          3  衣柜           2330
          4  音响           5000
```

使用 Excel 导入数据还有一种方式，即可以将 Excel 文件保存为文本文件格式（goods.txt），它的控制文件如下。

```
LOAD DATA
INFILE 'E:\app\goods.txt'
APPEND INTO TABLE goods
FIELDS TERMINATED BY X'09'
(GOODSID,GOODSNAME,GOODSPRICE)
```

下面的过程和上述示例相同，导入数据之后查询表中数据；在这里就不再演示该过程，读者可以自己动手练习一下。

2. 控制文件中直接导入数据

我们也可以直接在控制文件中导入数据，在目录 E:\app 下创建控制文件 good.ctl，用来确定加载数据的方式。在这里我们仍然使用 goods 表，控制文件内容如下。

```
LOAD DATA
INFILE *
APPEND INTO TABLE goods
FIELDS TERMINATED BY ',' OPTIONALLY ENCLOSED BY '"'
(GOODSID,GOODSNAME,GOODSPRICE)
BEGINDATA
10,电脑桌,150,null
11,长椅,500,null
```

上述代码中，INFILE *表示要导入的内容就在 control 文件里，下面的 BEGINDATA 关键字后面就是导入的内容。

调用 SQL*Loader 加载数据，指定所创建的控制文件，代码如下。

```
C:\Documents and Settings\Administrator>SQLLDR USERID=si/si@orcl
CONTROL=E:\app\
good.ctl
SQL*Loader: Release 11.2.0.1.0 - Production on 星期一 7月 2 14:27:13 2012
Copyright (c) 1982, 2009, Oracle and/or its affiliates.  All rights reserved.
达到提交点 - 逻辑记录计数 2
```

导入成功后，在 SQL/Plus 中查询表中数据，结果如下。

```
SQL> SELECT * FROM goods;
   GOODSID  GOODSNAME  GOODSPRICE
  --------  ---------  ----------
        10  电脑桌           150
        11  长椅             500
```

14.7　项目案例：导出和导入 books 表

本章我们学习了数据泵工具和 SQL*工具用来实现数据的加载和传输，本节我们将使用这些知识，实现表 books 的导入和导出。

表 books 的导入和导出的实现步骤如下。

（1）在用户 book 中，创建表 books，并使用 SQL*Loader 工具向表中添加数据，如下。

```
SQL> CREATE TABLE books(
  2  booksid number(10),
  3  booksname varchar(20)
  4  );
```

（2）使用 EXCEL 工具将数据导入到表 books 中。首先，创建 EXCEL 文件，在该文件中输入数据保存为 txt 格式（book.txt），在 E:\app 目录下编写该文件的控制文件 book.ctl，该文件内容如下。

```
LOAD DATA
INFILE 'E:\app\books.txt'
APPEND INTO TABLE bookss
FIELDS TERMINATED BY X'09'
(GOODSID,GOODSNAME,GOODSPRICE)
```

（3）调用 SQL*Loader 加载数据，指定所创建的控制文件，代码如下。

```
C:\Documents and Settings\Administrator>SQLLDR USERID=si/si@orcl
CONTROL=E:\app\
books.ctl
SQL*Loader: Release 11.2.0.1.0 - Production on 星期一 7月 2 14:24:07 2012
Copyright (c) 1982, 2009, Oracle and/or its affiliates.  All rights reserved.
达到提交点 - 逻辑记录计数 4
```

导入成功后，查询表 BOOKS，如下.

```
SQL> SELECT * FROM books;
   BOOKSID         BOOKSNAME
-------------- -----------------
        1        jianai
        2        java
        3        jsp
        4        asp.net
```

（4）为数据泵的导入导出创建目录对象 book，并为想要访问 Data Pump 文件的用户授予该目录的 READ 和 WRITE 权限，如下。

```
SQL> CONN system/root@orcl
已连接。
SQL> CREATE DIRECTORY book AS
  2  'E:\app\mydirectory\dataport';
目录已创建。
SQL> GRANT READ,WRITE ON DIRECTORY book TO book;
授权成功。
```

（5）导出数据。在命令提示符窗口中，进入到 Oracle 的 BIN 目录，然后使用 EXPDP 命令导出表 books，如下。

```
E:\app\Administrator\product\11.2.0\dbhome_1\BIN>EXPDP book/book@orcl
DIRECTORy=
book DUMPFILE=book.dmp TABLES=book.books LOGFILE=book.log
Export: Release 11.2.0.1.0 - Production on 星期一 7月 2 15:18:53 2012
Copyright (c) 1982, 2009, Oracle and/or its affiliates.  All rights reserved.
连接到: Oracle Database 11g Enterprise Edition Release 11.2.0.1.0 - Production
With the Partitioning, OLAP, Data Mining and Real Application Testing options
```

```
启动 "BOOK"."SYS_EXPORT_TABLE_01": book/********@orcl directory=book
dumpfile=b
ook.dmp tables=book.books logfile=book.log
正在使用 BLOCKS 方法进行估计...
处理对象类型 TABLE_EXPORT/TABLE/TABLE_DATA
使用 BLOCKS 方法的总估计: 64 KB
处理对象类型 TABLE_EXPORT/TABLE/TABLE
. . 导出了 "BOOK"."BOOKS"                           5.507 KB      4 行
已成功加载/卸载了主表 "BOOK"."SYS_EXPORT_TABLE_01"
***********************************************************************
BOOK.SYS_EXPORT_TABLE_01 的转储文件集为:
  E:\APP\MYDIRECTORY\DATAPORT\BOOK.DMP
作业 "BOOK"."SYS_EXPORT_TABLE_01" 已于 15:20:06 成功完成
```

（6）导入数据，进入到 Oracle 的 BIN 目录中，使用 IMPDP 命令将表 books 导入，如下。

```
E:\app\Administrator\product\11.2.0\dbhome_1\BIN>IMPDP book/book@orcl
DIRECTORY=
book DUMPFILE=book.dmp TABLES=books TABLE_EXISTS_ACTION=REPLACE
Import: Release 11.2.0.1.0 - Production on 星期一 7月 2 15:24:46 2012
Copyright (c) 1982, 2009, Oracle and/or its affiliates.  All rights reserved.
连接到: Oracle Database 11g Enterprise Edition Release 11.2.0.1.0 - Production
With the Partitioning, OLAP, Data Mining and Real Application Testing options
已成功加载/卸载了主表 "BOOK"."SYS_IMPORT_TABLE_01"
启动 "BOOK"."SYS_IMPORT_TABLE_01": book/********@orcl directory=book
dumpfile=b
ook.dmp tables=books
处理对象类型 TABLE_EXPORT/TABLE/TABLE
处理对象类型 TABLE_EXPORT/TABLE/TABLE_DATA
. . 导入了 "BOOK"."BOOKS"                           5.507 KB      4 行
作业 "BOOK"."SYS_IMPORT_TABLE_01" 已于 15:24:50 成功完成
```

14.8 习题

一、填空题

1. Data Pump 要求为将要创建和读取的数据文件和日志文件创建目录。用来指向将使用的外部目录。在 Oracle 中创建目录对象时，需要使用_____语句。

2. 在 Oracle 数据泵操作中，使用_____快捷键，可以将数据泵操作转移到后台执行，进入到用户交互模式。

3. 在 SQL*Loader 执行结束以后，系统会自动产生一些文件。这些文件包括_____坏文件和被丢掉的文件。

4．使用 SQL*Loader 加载数据的关键是编写_____，该文件决定要加载的数据格式。

二、选择题

1．数据泵导出有 5 种模式，下列_____不是数据泵导出模式。

    A．Full

    B．Schema

    C．Table

    D．User

2．EXPDP 交互模式下的操作命令中，_____按顺序关闭作业执行并退出客户机。

    A．STOP_JOB

    B．KILL_JOB

    C．EXIT_CLIENT

    D．STATUS

3．如果在 data pump export 中使用_____，可以只导出符合要求的对象，其他所有对象均被排除。

    A．QUERY

    B．EXCLUDE

    C．INCLUDE

    D．都不是

三、上机练习

1．导入和导出表 talbe1

创建一个表 table1，在使用控制文件直接导入数据的形式将数据导入表 table1，然后使用数据泵将该表导入和导出。

14.9　实践疑难解答

14.9.1　IMPDP 导入数据问题

IMPDP 导入数据问题

网络课堂：http://bbs.itzcn.com/thread-19433-1-1.html

【问题描述】：Oracle IMPDP 导入的时候，能自动把之前表中的数据都删除吗？以前 IMP 的时候，是实现自己手动删除后再导入，这个 IMPDP 能实现自动删除后再导入吗？

【正确回答】：IMPDP 的命令应该用 TABLE_EXISTS_ACTION 参数来处理当使用 IMPDP 完成数据库导入时遇到表已存在的情况，该参数提供了以下四个值来处理这种情况：

□ **SKIP**　忽略，该行为是默认行为。

□ **APPEND**　在原有数据基础上继续增加。

□ **REPLACE**　先删除表，然后创建表最后完成数据插入。

□ **TRUNCATE**　先 TRUNCATE 然后完成数据插入。

也就是说当 TABLE_EXISTS_ACTION= TRUNCATE 就可以删除目标库里的表的原来的数据再从 DUMP 文件里导入新的数据。

14.9.2　Oracle 导入 DMP 出错

Oracle 导入 DMP 出错

网络课堂：http://bbs.itzcn.com/thread-19434-1-1.html

【问题描述】：IMP 导入 DMP 文件出错，出错语句如下：

```
第一个错误：
IMP-00003: 遇到 ORACLE 错误 29339
ORA-29339: 表空间块大小 4096 与配置的块大小不匹配
IMP-00017: 由于 ORACLE 错误 29339，以下语句失败：
 "CREATE TABLESPACE "CWMLITE" BLOCKSIZE 4096 DATAFILE  'D:\ORACLE\ORADATA\ED
 "\CWMLITE01.DBF' SIZE 20971520  AUTOEXTEND ON NEXT 655360  MAXSIZE 163
 "3M EXTENT MANAGEMENT LOCAL  AUTOALLOCATE  ONLINE PERMANENT "
IMP-00003: 遇到 ORACLE 错误 29339
第二个错误
IMP-00003: 遇到 ORACLE 错误 959
ORA-00959: 表空间 'TOOLS' 不存在
IMP-00017: 由于 ORACLE 错误 990，以下语句失败：
 "GRANT CREATE SECURITY PROFILE TO "WKSYS""
IMP-00003: 遇到 ORACLE 错误 990
ORA-00990: 权限缺失或无效
第三个错误：
IMP-00003: 遇到 ORACLE 错误 1918
ORA-01918: 用户 'RMAN' 不存在
第四个错误
IMP-00003: 遇到 ORACLE 错误 1435
ORA-01435: 用户不存在
IMP-00000: 未成功终止导入
```

【解决办法】：

1. ORA-29339: 表空间块大小 4096 与配置的块大小不匹配是因为和读者配置数据的 db block size 有关，默认是 8k。

2. 导入前先要建好表空间和用户。建议读者导出的时候按用户导出，不要用 sys 全部导出来。还有在导入的时候需要指定导入到哪个用户中去。

读者可以按照下面顺序进行操作。

（1）导出

```
EXPDP user\user@dbname OWNER=user FILE=path\file;
```

（2）查看原数据库，你导出的用户的默认表空间（sys 用户权限）

```
SELECT * FROM DBA_EXTENTS WHEREOWNER='想导出的用户名'
```

（3）查看表空间对应数据文件（sys 用户权限）

```
SELECT * FROM DBA_DATA_FILES where tablespace_name ='想导出的用户对应的表空间'
```

（4）目的数据库建立表空间（最大表空间与 db block size 相关，如果是默认的话，不能超过 32G）

```
CREATE TABLESPACE '目标表空间（与读者想导出的用户对应的表空间对应）' LOGGING
DATAFILE '路径数据文件名如 G:\oracle\oradata\lodw\TEST01.DBF'SIZE 500M
AUTOEXTEND ON
 NEXT 50M MAXSIZE 50000M EXTENT MANAGEMENT LOCAL
```

（5）创建用户

```
CREATE USER '目标数据库上的用户'IDENTIFIED BY '读者自己设的 PASSWORD' DEFAULT
TABLESPACE '上面的目标表空间' TEMPORARY TABLESPACE TEMP PROFILE DEFAULT;
```

（6）授权给新建用户

```
GRANT CONNECT ,RESOUCE TO'新建的用户';
```

（7）导入

```
IMPDP '目标 db user'/'password'@目标数据库 FROMUSER='原数据库导出的用户'
TOUSER='新建的用户' FILE='刚才导出的 dump'
```

建议你 exp 按用户导出，导入时也按用户导入。导入前先把所有用户和表空间建好，再导，可能该用户的表要授权给其他用户检索更新，如果其他用户不存在就会报错。

第15章

　　数据库停工造成的影响是全局的，一旦数据库系统发生故障，所有业务活动（如电子商务、银行交易等都将被迫停止）随着各类信息系统应用的广泛和深入，应用系统对数据的依赖性越来越大，用户希望获得稳定持续数据支持的要求也越来越迫切。数据库备份和恢复作为提高系统可靠性的一项重要措施，也得到了人们的充分重视。

　　RMAN（Recovery Manager，恢复管理器）是 Oracle DBA 的一个重要工具，能够实现数据库定制备份、自动备份等功能，简化了备份和恢复操作，降低了手工备份的复杂性和风险，提高了备份操作的可靠性和可恢复性。本章将详细介绍如何通过 RMAN 工具对数据库进行备份和不同形式的恢复操作。

本章学习要点：

➢ 了解 RMAN 的特点
➢ 掌握 RMAN 的常用命令
➢ 掌握 RMAN 的基本操作
➢ 熟练掌握使用 RMAN 实现备份
➢ 熟练掌握使用 RMAN 实现恢复

15.1　RMAN 简介

　　RMAN 是 Oracle 的一个工具，该工具可以用来备份、还原、恢复 Oracle 数据库。用 RMAN 创建的备份可以存储在磁盘或者磁带介质上，备份的相关信息被记录在备份数据库（目标数据库）的控制文件和一个被称为恢复目录（Recovery Catalog）的可选存储区中。RMAN 被称为服务器管理的恢复是因为它负责处理绝大多数备份、还原以及恢复的工作。

15.1.1　RMAN 的特点

　　RMAN 是一种用于集备份、还原和恢复数据库于一体的 Oracle 工具，是随 Oracle 服务器软件一同安装的 Oracle 工具软件。

　　RMAN 程序和其他 Oracle 实用程序都位于 app/administrator/product/11.2.0/dbhome_1/BIN/BIN 目录中，随 Oracle 服务器软件一同安装。

与传统的备份和恢复方式相比，RMAN 具有以下特点：

1．开放的数据库备份

可以在 RMAN 中执行表空间备份，但是不需要使用 ALTER TABLESPACE 的 BEGIN/END BACKUP 子句。

2．跳过未使用的数据块

当备份一个 RMAN 备份集时，RMAN 不会备份从未被写入的数据块。

3．备份压缩

RMAN 使用一种 Oracle 特有的二进制压缩模式来节省备份设备上的空间。尽管传统的备份方法也可以使用操作系统的压缩技术，但 RMAN 使用的压缩算法是定制的，能够最大程度地压缩数据块中一些典型的数据。

> 无论使用 RMAN 还是传统的备份方法，数据块都需要处于 ARCHIVELOG 模式下。

4．执行增量备份

如果不使用增量备份，那么每次 RMAN 都备份已使用块；如果使用增量备份，那么每次都备份上次备份以来变化的数据块，这样可以节省大量的磁盘空间、I/O 时间、CPU 时间和备份时间。

5．块级别的恢复

RMAN 支持块级别的恢复，只需要还原或修复标识为损坏的少量数据块。在 RMAN 修复损坏的数据块时，表空间的其他部分以及表空间中的对象仍可以联机。

6．平台无关性

无论采用何种硬件或软件平台，使用 RMAN 命令实现备份时，在语法上都是相同的，唯一的区别在于介质管理通道配置。

7．备份加密

RMAN 使用集成到 Oracle Database 11g 中的备份加密功能，来存储已经加密的备份。

8．脚本功能

可以将 RMAN 脚本保存在恢复目录中，以便在一个备份会话中进行检索。

> 在某些情况下，传统的备份方法可能优于 RMAN。例如，RMAN 不支持口令文件和其他非数据块文件的备份。

15.1.2 RMAN 体系结构

RMAN 一般安装在数据库客户端，由 RMAN 命令执行器、目标数据库及其实例、恢复目录、介质管理器等部分构成，如图 15-1 所示。

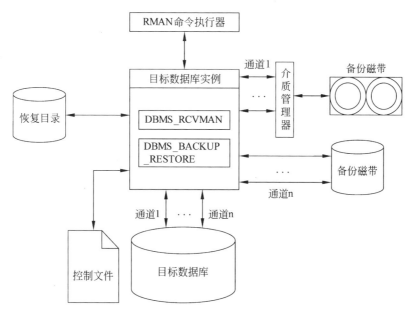

图 15-1　RMAN 体系结构

1. RMAN 命令执行器

RMAN 命令执行器（RMAN Executable）本质上是一种命令解释程序。它获取用户输入的控制命令，并将其翻译成 PL/SQL 指令，通过网络连接目标数据库，并将 PL/SQL 指令传送给数据库实例中的 DBMS_BACKUP_RESTORE 和 DBMS_RCVMAN 两个 PL/SQL 程序包，再由这两个程序包从目标数据库控制文件中获取备份知识信息，按照其中的指示要求，对目标数据库实施备份、还原、恢复或其他控制操作。

开始一个 RMAN 会话时，系统将为 RMAN 创建一个用户进程，并在 Oracle 服务器上启动两个默认进程，分别用于提供与目标数据库的链接和监视远程调用。除此之外，根据会话期间执行的操作命令，系统还会启动其他进程。

启动 RMAN 命令执行器最简单的方法是从操作系统中运行 RMAN，不为其提供连接请求参数。在启动 RMAN 命令执行器之后，再设置连接的目标数据库等参数。

在 Windows 操作系统中执行【开始】|【运行】命令，在【运行】对话框中输入 RMAN。单击【确定】按钮，将打开 RMAN.exe 窗口，如图 15-2 所示。当出现 RMAN>提示符时，则表示已成功地启动了 RMAN 命令执行器。

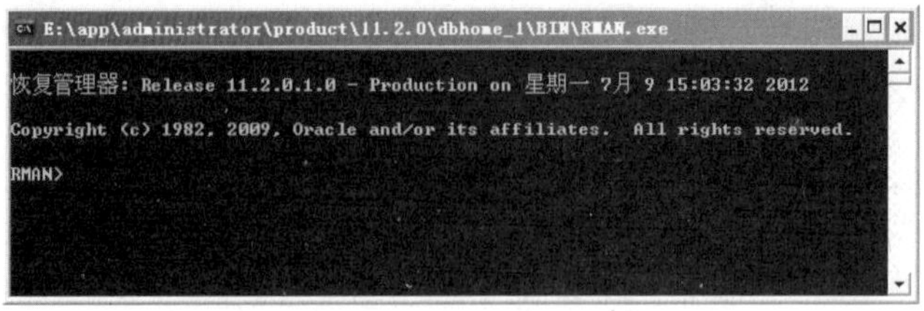

图 15-2　RMAN.exe 窗口

也可以在命令提示符窗口中，输入 RMAN 命令启动 RMAN 命令执行器。在 RMAN 窗口中输入 EXIT 或 QUIT 命令，关闭（或退出）RMAN 执行器实用程序。

2. 目标数据库

目标数据库（Target Database）是指要执行备份、还原和恢复操作的对象。RMAN 通过数据库实例与目标数据库控制文件紧密相连。控制文件是一种二进制文件，是数据库执行恢复动作的入口，也是 RMAN 启动备份和恢复工作首要访问对象。RMAN 执行恢复操作时，通过控制文件找到备份路径和备份文件，然后执行还原和恢复任务。如果控制文件丢失，就无法获取相关信息来启动恢复工作。因此，控制文件的存在和正确是确保完成备份和恢复任务的关键。

3. RMAN 恢复目录

恢复目录（RMAN Recover Catalog）是独立于目标数据库且位于异地数据库的特定存储空间，用于记录目标数据库备份与恢复信息，是目标数据库控制文件中有关数据备份内容的一个精确副本。它包括一些列基本表、视图、触发器、存储过程以及程序包等，共计126 个数据库对象。

4. RMAN 资料档案库

在使用 RMAN 进行备份与恢复操作时，需要使用到的管理信息和数据称为 RMAN 资料档案库（RMAN Repository）。资料档案库可以包括以下信息：

- **备份集**　备份操作的所有输出文件，包括文件创建的日期和时间。
- **备份段**　备份集中的各个文件。
- **镜像副本**　数据库文件的镜像副本。
- **目标数据库结构**　目标数据库的控制文件、日志文件和数据文件信息。
- **配置设置**　在覆盖备份集之前应该设置备份集存储的时间等。

5. 介质管理器

介质管理器（Media Management）是 RMAN 用于像磁带一样的串行设备进行接口的应用程序，它在备份和恢复期间控制这些设备，管理它们装载、标识和卸载。介质管理的设备也称为 SBT（系统备份到磁带）设备。

6．备用数据库

备用数据库（Standby Database）是对目标数据库的一个精确复制，通过不断地由目标数据库对应用生成归档重做日志，可以保持备用数据库与目标数据库的同步。

7．恢复目录数据库

用来保存 RMAN 恢复目录的数据库（Recover Catalog Database），它是一个独立于目标数据库的 Oracle 数据库。

15.2　RMAN 操作

RMAN 命令执行器是一个命令行方式的工具，它具有自己的命令。所有的操作都是通过 RMAN 命令来完成的。本节将介绍 RMAN 中的常用命令，以及 RMAN 操作。

15.2.1　RMAN 命令

常用的 RMAN 命令如表 15-1 所示。

表 15-1　常用的 RMAN 命令

RMAN 命令	说明
@	在@后指定的路径名处运行 RMAN 脚本。如果没有指定路径，则假定路径为调用 RMAN 所用的目录
STARTUP	启动目标数据库。相当于 SQL*Plus 中的 STARTUP 命令
RUN	运行"{"和"}"之间的一组 RMAN 语句，在执行该组语句时，允许重写默认的 RMAN 参数
SET	为 RMAN 会话过程设置配置信息
SHOW	显示所有的或单个的 RMAN 配置
SHUTDOWN	从 RMAN 关闭目标数据库。相当于 SQL*Plus 中的 SHUTDOWN 命令
SQL	运行那些使用标准的 RMAN 命令不能直接或间接的完成 SQL 命令
ADVISE FAILURE	显示针对所发现故障的修复选项
BACKUP	执行带有或不带有归档重做日志的 RMAN 备份。备份数据文件、数据文件副本或执行增量 0 级或 1 级备份。备份整个数据库或一个单独的表空间或数据文件。使用 VALIDATE 子句来验证要备份的数据库
CATALOG	将有关文件副本和用户管理备份的信息添加到存储库
CHANGE	改变 RMAN 存储库中的备份状态。可以用于显式地从还原或恢复操作中排除备份，或者将操作系统命令删除了备份文件的操作通知 RMAN
CONFIGURE	为 RMAN 配置持久化参数。在接下来的每个 RMAN 会话中这些配置参数都是有效的，除非显式地清除或修改它们
CONVERT	为跨平台传送表空间或整个数据库而转换数据文件个数
CREATE CATALOG	为一个或多个目标数据库创建包含 RMAN 元数据的存储库目录。强烈建议不要将该目录存储在其中的一个目标数据库中

RMAN 命令	说明
CROSSCHECK	对照磁盘或磁带上的实际文件，检查 RMAN 存储库中的备份记录。将对象标识为 EXPIRED、AVAILABLE、UNAVAILABLE 或 OBSOLETE。如果对象对 RMAN 是不可用的，那么把它标识为 UNAVAILABLE
DELETE	删除备份文件或副本，并在目标数据库控制文件中将它们标识为 DELETED。如果使用了存储库，将清除备份文件的记录
DROP DATABASE	从磁盘删除目标数据库，并反注册数据库
DUPLICATE	使用目标数据库的备份来创建副本数据库
FLASHBACK	执行 FLASHBACK DATABASE（闪回数据库）操作
LIST	显示在目标数据库控制文件或存储库中记录的有关备份集和映像副本的信息
RECOVER	对数据文件、表空间或者整个数据库执行完全的或不完全的恢复。还可以将增量备份应用到一个数据文件映射副本，以便在时间上向前回滚该副本
REGISTER DATABASE	在 RMAN 存储库中注册目标数据库
REPAIR FAILURE	修复自动诊断存储库中记录的一个或多个故障
REPORT	对 RMAN 存储库进行详尽的分析
RESTORE	通常在存储介质失效后，将文件从映像副本或备份集恢复到磁盘上
TRANSPORT TABLESPACE	为一个或多个表空间的备份创建可移植的表空间集
VALIDATE	检查备份集并报告它的数据是否原样未动，以及是否一致

15.2.2 创建恢复目录

恢复目录是 RMAN 的一个可选组件，它被存放在一个独立于目标数据库的 Oracle 数据库中，RMAN 利用目标数据库控制文件中的信息不断地对恢复目录进行更新。

 在执行备份与恢复操作时，RMAN 将直接从恢复目录中获取所需的信息，而不是再从目标数据库的控制文件中获取信息。

创建恢复目录的具体步骤如下：

（1）使用 DBA 身份登录数据库。

（2）在创建恢复目录之前，必须先为 RMAN 创建一个数据库（这里使用系统默认数据库 ORCL），即恢复目录数据库。在恢复目录数据库中创建恢复目录所用的表空间，如下：

```
SQL> CREATE TABLESPACE rman_space
  2  DATAFILE 'F:\rman_space.dbf' SIZE 125M
  3  AUTOEXTEND ON NEXT 50M;
表空间已创建。
```

上面创建了一个大小为 125MB 的表空间 RMAN_SPACE。

（3）在恢复目录数据库中创建用户 RMAN_USER，并授予它 RECOVER_CATALOG_OWNER 权限，如下：

```
SQL> CREATE USER rman_user IDENTIFIED BY tiger
```

```
    2  DEFAULT TABLESPACE rman_space;
用户已创建。
SQL> GRANT connect,resource TO rman_user;
授权成功。
SQL> GRANT recovery_catalog_owner TO rman_user;
授权成功。
```

（4）启动 RMAN 命令执行器，以用户 RMAN 登录，在恢复目录数据库中创建恢复目录，如下：

```
RMAN> CONNECT CATALOG rman_user/tiger;
连接到恢复目录数据库
RMAN> CREATE CATALOG;
恢复目录已创建
```

15.2.3 连接目标数据库

在使用 RMAN 时，首先需要为它建立到目标数据库的连接。在 RMAN 中，可以在无恢复目录和有恢复目录两种情况下连接目标数据库。

1. 在无恢复目录的情况下连接目标数据库

在无恢复目录的情况下建立 RMAN 到目标数据库的连接，主要有以下几种连接方式。

❏ 使用 RMAN TARGET 语句连接目标数据库 ORCL，如下：

```
C:\Documents and Settings\Administrator>RMAN TARGET/
恢复管理器: Release 11.2.0.1.0 - Production on 星期一 7月 9 16:09:05 2012
Copyright (c) 1982, 2009, Oracle and/or its affiliates.  All rights reserved.
连接到目标数据库: ORCL (DBID=1313467361)
```

❏ 使用 RMAN NOCATALOG 语句连接目标数据库 ORCL，如下：

```
C:\Documents and Settings\Administrator>RMAN NOCATALOG;
恢复管理器: Release 11.2.0.1.0 - Production on 星期一 7月 9 16:10:46 2012
Copyright (c) 1982, 2009, Oracle and/or its affiliates.  All rights reserved.
```

❏ 使用 RMAN TARGET ... NOCATALOG 语句连接目标数据库 ORCL，如下：

```
C:\Documents and Settings\Administrator>RMAN TARGET rman_user/tiger
NOCATALOG;
恢复管理器: Release 11.2.0.1.0 - Production on 星期一 7月 9 16:12:20 2012
Copyright (c) 1982, 2009, Oracle and/or its affiliates.  All rights reserved.
连接到目标数据库: ORCL (DBID=1313467361)
使用目标数据库控制文件替代恢复目录
```

2. 在有恢复目录的情况下连接目标数据库

在创建了恢复目录之后，则可以使用如下两种方式来建立与目标数据库的连接。

❑ 使用 RMAN 命令连接目标数据库，如下：

```
RMAN> CONNECT TARGET rman_user/tiger;
连接到目标数据库: ORCL (DBID=1313467361)
RMAN> CONNECT CATALOG rman_user/tiger;
连接到恢复目录数据库
```

❑ 在命令提示符窗口中连接目标数据库，如下：

```
C:\Documents and Settings\Administrator>RMAN TARGET sys/admin CATALOG rman_
user/tiger;
恢复管理器: Release 11.2.0.1.0 - Production on 星期一 7月 9 16:20:32 2012
Copyright (c) 1982, 2009, Oracle and/or its affiliates.  All rights reserved.
连接到目标数据库: ORCL (DBID=1313467361)
连接到恢复目录数据库
```

在 RMAN 中有恢复目录的情况下，连接目标数据库后还需要注册数据库，即将目标数据库中的控制文件转移到恢复目录中。在同一个恢复目录中只能注册一个目标数据库。注册目标数据库时，输入 REGISTER DATABASE 命令即可。

```
RMAN> REGISTER DATABASE;
注册在恢复目录中的数据库
正在启动全部恢复目录的 resync
完成全部 resync
```

为了维护恢复目录与目标数据库控制文件之间的同步，在 RMAN 连接到目标数据库之后，必须运行 RESYNC CATALOG 命令，将目标数据库的同步信息输入到恢复目录。如下：

```
RMAN> RESYNC CATALOG;
正在启动全部恢复目录的 resync
完成全部 resync
```

> 如果目标数据库中的表空间、数据文件发生改变，则必须进行一次同步化过程。除手工同步外，还可以增加参数 CONTROL_FILE_RECORD_KEEP_TIME 设置同步时间，该参数默认为 7 天，即每 7 天系统自动同步一次。

15.2.4 取消目标数据库的注册

如果要取消已注册的目标数据库信息，可以使用如下的两种方式。

1. 使用 UNREGISTER DATABASE 命令

```
RMAN> UNREGISTER DATABASE;
```

```
数据库名为 "ORCL" 且 DBID 为 1313467361
是否确实要注销数据库（输入 YES 或 NO）？ YES
已从恢复目录中注销数据库
```

2. 使用过程

可以查询数据库字典 DB，获取 DB_KEY 与 DB_ID，然后连接到 RMAN 恢复目录数据库，执行 DBMS_RCVCAL.UNREGISTERDATABASE 过程注销数据库。具体实现过程如下：

```
SQL> CONNECT rman_user/tiger;
已连接。
SQL> SELECT * FROM DB;

DB_KEY      DB_ID               CURR_DBINC_KEY
---------- ----------  --------------------
1          1313467361          2
SQL> EXEC DBMS_RCVCAT.UNREGISTERDATABASE(1,1313467361);
PL/SQL 过程已成功完成。
```

 在有恢复目录的情况下连接目标数据库时，在显示结果中会有 DBID 值，该值与数据库字典 DB 中的 DB_ID 相对应，即 1313467361。

15.3 RMAN 备份

所谓备份，就是将数据库复制到转储设备的过程。其中，转储设备是指用于放置数据库拷贝的磁带或磁盘。通常也将存放于转储设备中的数据库的拷贝称为原数据库的备份或转储。本节将介绍 RMAN 支持的不同备份策略，以及备份的具体实现。

15.3.1 RMAN 备份策略

RMAN 在备份数据库时有两种操作的模式：增量备份（Incremental Backup）和完全备份（Full Backup）。

1. 增量备份

在进行增量备份时，RMAN 会读取整个数据文件，但是仅仅会将那些与前一次备份相比发生变化的数据块复制到备份集中。在 RMAN 中，可以为单独的数据文件、表空间，或者整个数据库进行增量备份。

增量备份的级别是一个 0 到 4 之间的整数，增量备份时，数据检查点存储在目标数据库控制文件中，随后的增量备份决定了需要拷贝哪些与以前的增量备份级别相关而且发生在检查点时间的数据块，备份级别 0 是全集备份级别，是其他级别增量备份的基础。

增量备份又分为差异型备份和累积型备份：差异型备份是指备份上一次进行的同级或者低级备份以来所有变化的数据块；累积性备份是指备份上次低级增量备份以来所有的数据块。默认情况下，RMAN 创建的增量备份是差异性备份方式。

典型的备份部署方案一般是在周末进行增量级别为 0 的备份。然后，在整个星期内，需要进行不同的级别 1 或 2 的备份。这样每周循环可以使每一周都有一个基准增量备份以及每周内的少量增量备份。具体如下：

❑ 星期天　0 级别备份。
❑ 星期一　2 级别备份。
❑ 星期二　2 级别备份。
❑ 星期三　2 级别备份。
❑ 星期四　1 级别备份。
❑ 星期五　2 级别备份。
❑ 星期六　2 级别备份。

2. 完全备份

完全备份和增量备份级别 0 一样，但不是增量备份，不能作为其他增量备份的基准。在进行完全备份时，RMAN 会将数据文件中除空白的数据块之外，所有的数据块都复制到备份集中。在进行完全备份之后，并不会对后续的任何备份操作产生影响。

 在 RMAN 中，可以对数据文件进行完全备份或者增量备份，但是对控制文件和日志文件只能进行完全备份。

15.3.2　BACKUP 命令

在进行 RMAN 备份时，可以使用 BACKUP 命令，该命令的语法格式如下：

```
BACKUP [ FULL | INCREMENTAL LEVEL [ = ] n ] ( backup_type option );
```

其中，FULL 表示完全备份；INCREMENTAL 表示增量备份；LEVEL 是增量备份的级别，取值为 0 - 4（表示 0、1、2、3、4 级增量），0 级增量备份相当于完全备份。

 LEVEL [=] n 中的等号（=）可有可无，例如 level = 0 或者 level 0 都正确。

backup_type 是备份对象。BACKUP 命令可以备份的对象包括以下几种：
❑ **DATABASE**　表示备份全部数据库，包括所有数据文件和控制文件。
❑ **TABLESPACE**　表示备份表空间，可以备份一个或多个指定的表空间。
❑ **DATAFILE**　表示备份数据文件。

❑ **ARCHIVELOG [ALL]**　表示备份归档日志文件。

❑ **CURRENT CONTROLFILE**　表示备份控制文件。

❑ **DATAFILECOPY [TAG]**　表示使用 COPY 命令备份的数据文件。

❑ **CONTROLFILECOPY**　表示使用 COPY 命令备份的控制文件。

❑ **BACKUPSET [ALL]**　表示使用 BACKUP 命令备份的所有文件。

option 为可选项，主要参数如下：

❑ **TAG**　指定一个标记。

❑ **FORMAT**　表示文件存储格式。

❑ **INCLUDE CURRENT CONTROLFILE**　表示备份控制文件。

❑ **FILESPERSET**　表示每个备份集所包含的文件。

❑ **CHANNEL**　指定备份通道。

❑ **DELETE [ALL] INPUT**　备份结束后删除归档日志。

❑ **MAXSETSIZE**　指定备份集的最大尺寸。

❑ **SKIP [OFFLINE | READONLY | INACCESSIBLE]**　可以选择的备份条件。

> **注意**　在备份数据库时使用 SKIP 选项，可以设置不备份某些特殊属性的表空间。

15.3.3　备份数据库

当数据库打开时，可以使用 RMAN BACKUP 命令对数据库中的多个对象进行备份，包括：数据库、表空间、控制文件、数据文件、归档文件等。RMAN 中所有的备份操作，都是通过 BACKUP 命令进行的，对于比较简单的备份需求，甚至只需要执行一条命令，下面分别演示通过 BACKUP 命令进行不同级别的备份。

1. 数据库备份

对 DBA 来说，经常要做的备份操作就是对整个数据库进行备份。当成功连接目标数据库之后，即可使用 BACKUP 命令对数据库进行全库备份，如下：

```
RMAN> BACKUP FULL DATABASE TAG backup_full_db FORMAT 'F:\oracle\backup\
bak_%U';
启动 backup 于 09-7月 -12
分配的通道: ORA_DISK_1
通道 ORA_DISK_1: SID=146 设备类型=DISK
通道 ORA_DISK_1: 正在启动全部数据文件备份集
通道 ORA_DISK_1: 正在指定备份集内的数据文件
输入数据文件: 文件号=00001名称=E:\APP\ADMINISTRATOR\ORADATA\ORCL\SYSTEM01.DB
F
输入数据文件: 文件号=00002名称=E:\APP\ADMINISTRATOR\ORADATA\ORCL\SYSAUX01.DB
F
```

423

```
输入数据文件：文件号=00006 名称=F:\RMAN_SPACE.DBF
输入数据文件：文件号=00003名称=E:\APP\ADMINISTRATOR\ORADATA\ORCL\UNDOTBS01.D
BF
输入数据文件：文件号=00005名称=E:\APP\ADMINISTRATOR\ORADATA\ORCL\EXAMPLE01.D
BF
输入数据文件：文件号=00004名称=E:\APP\ADMINISTRATOR\ORADATA\ORCL\USERS01.DBF
通道 ORA_DISK_1：正在启动段 1 于 09-7月 -12
通道 ORA_DISK_1：已完成段 1 于 09-7月 -12
段句柄=F:\ORACLE\BACKUP\BAK_03NFQII6_1_1 标记=BACKUP_FULL_DB 注释=NONE
通道 ORA_DISK_1：备份集已完成，经过时间:00:02:05
通道 ORA_DISK_1：正在启动全部数据文件备份集
通道 ORA_DISK_1：正在指定备份集内的数据文件
备份集内包括当前控制文件
备份集内包括当前的 SPFILE
通道 ORA_DISK_1：正在启动段 1 于 09-7月 -12
通道 ORA_DISK_1：已完成段 1 于 09-7月 -12
段句柄=F:\ORACLE\BACKUP\BAK_04NFQIM3_1_1 标记=BACKUP_FULL_DB 注释=NONE
通道 ORA_DISK_1：备份集已完成，经过时间:00:00:01
完成 backup 于 09-7月 -12
```

执行上述命令后，将对目标数据库中的所有数据文件进行备份。该备份集生成了两个备份片段：一个存储数据文件，另一个存储控制文件和 SPFILE（服务器端初始化参数文件），都被保存到 Oracle 软件的安装目录下，这是因为没有为备份集指定存储路径，默认情况下就会存储到 Oracle 的安装目录中。

通过 RMAN 中的 LIST 命令可以查看建立的备份集与备份段信息，如下：

```
RMAN> LIST BACKUP OF DATABASE;
```

2. 表空间备份

在数据库中创建一个表空间后，或者在对表空间执行修改操作后，立即对这个表空间进行备份，可以在出现介质失效时缩短恢复表空间所花费的时间。

启动 RMAN 并连接到目标数据库后，执行 BACKUP TABLESPACE 命令对表空间 rman_space 进行备份，如下：

```
RMAN> BACKUP TABLESPACE rman_space;

启动 backup 于 09-7月 -12
使用目标数据库控制文件替代恢复目录
分配的通道: ORA_DISK_1
通道 ORA_DISK_1: SID=145 设备类型=DISK
通道 ORA_DISK_1: 正在启动全部数据文件备份集
通道 ORA_DISK_1: 正在指定备份集内的数据文件
输入数据文件: 文件号=00006 名称=F:\RMAN_SPACE.DBF
通道 ORA_DISK_1: 正在启动段 1 于 09-7月 -12
```

```
通道 ORA_DISK_1: 已完成段 1 于 09-7 月 -12
段句柄=E:\APP\ADMINISTRATOR\FLASH_RECOVERY_AREA\ORCL\BACKUPSET\2012_07_
09\O1_
MF_NNNDF_TAG20120709T112813_7ZWK2GDP_.BKP 标记=TAG20120709T112813 注释=NONE
通道 ORA_DISK_1: 备份集已完成，经过时间:00:00:01
完成 backup 于 09-7 月 -12
```

 同样，我们在使用 BACKUP TABLESPACE 命令对表空间进行备份时，也可以通过显式指定 FORMAT 参数自定义备份片段名称。

当对表空间进行备份之后，可以通过 LIST BACKUP OF TABLESPACE 命令来查看建立的表空间备份信息。如下：

```
RMAN> LIST BACKUP OF TABLESPACE rman_space;
```

3. 控制文件备份

在 RMAN 中对控制文件进行备份时，最简单的方法通过 CONFIGURE 命令将 CONTROLFILE AUTOBACKUP 设置为 ON，如下形式：

```
RMAN> CONFIGURE CONTROLFILE AUTOBACKUP ON;
```

当 AUTOBACKUP 设置为 ON 时，RMAN 在做任何备份操作时，都会自动对控制文件进行备份操作。

如果没有启动自动备份功能，那么需要手动方式对控制文件进行备份。手动备份控制文件的方法有如下两种。

❏ 通过 BACKUP CURRENT CONTROLFILE 命令手动执行备份命令，如下：

```
RMAN> BACKUP CURRENT CONTROLFILE;

启动 backup 于 09-7 月 -12
使用通道 ORA_DISK_1
通道 ORA_DISK_1: 正在启动全部数据文件备份集
通道 ORA_DISK_1: 正在指定备份集内的数据文件
备份集内包括当前控制文件
...
启动 Control File and SPFILE Autobackup 于 09-7 月 -12
段 handle=
E:\APP\ADMINISTRATOR\FLASH_RECOVERY_AREA\ORCL\AUTOBACKUP\2012_07_09\O1
_MF_S_788210013_7ZOH6YXG_.BKP comment=NONE
完成 Control File and SPFILE Autobackup 于 09-7 月 -12
```

❏ 执行 BACKUP 命令时指定 INCLUDE CURRENT CONTROLFILE 子句手动执行备份命令。例如，在对表空间 RMAN_SPACE 进行备份时指定 INCLUDE CURRENT

CONTROLFILE 子句, 如下:

```
RMAN> BACKUP TABLESPACE rman_space INCLUDE CURRENT CONTROLFILE;

启动 backup 于 09-7月 -12
使用通道 ORA_DISK_1
通道 ORA_DISK_1: 正在启动全部数据文件备份集
通道 ORA_DISK_1: 正在指定备份集内的数据文件
输入数据文件: 文件号=00008 名称=F:\RMAN_SPACE.DBF
通道 ORA_DISK_1: 正在启动段 1 于 09-7月 -12
通道 ORA_DISK_1: 已完成段 1 于 09-7月 -12
段句柄=
E:\APP\ADMINISTRATOR\FLASH_RECOVERY_AREA\ORCL\BACKUPSET\2012_07_09\O1_MF_
NNNDF_TAG20120709T191739_7ZOHGMN5_.BKP 标记=TAG20120709T191739 注释=NONE
...
```

以手动方式对控制文件进行备份, 备份的控制文件中仅包含与当前相关的管理信息, 并且 RMAN 不会利用备份的控制文件进行自动修改。

 在完成对数据库文件的备份后, 可以使用 LIST BACKUP OF CONTROLFILE 命令来查看包含控制文件的备份集与备份段的信息。

4. 数据文件备份

在 RMAN 中可以使用 BACKUP DATAFILE 命令对单独的数据文件进行备份, 备份数据文件时即可以使用其详细路径指定数据文件, 也可以使用其在数据库中的编号指定数据文件。数据文件的详细路径和编号信息都可以从数据字典 DBA_DATA_FILES 中查询, 例如:

```
SQL> SELECT file_id,file_name FROM dba_data_files;
FILE_ID          FILE_NAME
------------     ----------------------------------------
1                E:\APP\ADMINISTRATOR\ORADATA\ORCL\SYSTEM01.DBF
2                E:\APP\ADMINISTRATOR\ORADATA\ORCL\SYSAUX01.DBF
3                E:\APP\ADMINISTRATOR\ORADATA\ORCL\UNDOTBS01.DBF
4                E:\APP\ADMINISTRATOR\ORADATA\ORCL\USERS01.DBF
5                E:\APP\ADMINISTRATOR\ORADATA\ORCL\EXAMPLE01.DBF
6                F:\RMAN_SPACE.DBF
已选择 6 行。
```

接着通过在 BACKUP DATAFILE 命令中使用数据文件的编号备份 RMAN_SPACE 表空间的数据文件:

```
RMAN> BACKUP DATAFILE 6;
```

同时, 也可以在 BACKUP DATAFILE 命令中使用数据文件的详细路径来备份

RMAN_SPACE 表空间的数据文件，上述备份语句等价于：

```
RMAN> BACKUP DATAFILE 'F:\RMAN_SPACE.DBF';
```

 如果需要备份的数据文件有多个，则备份的数据文件编号或详细路径中间
使用逗号分隔即可。

如果要查看指定数据文件的备份，可以使用如下的命令：

```
LIST BACKUP OF DATAFILE n;
```

其中，n 用于指定数据文件编号。如果需要查看多个备份数据文件的信息，则中间以
逗号分隔即可，指定的编号在备份中必须存在对应的数据文件，否则会报错。例如，查看
RMAN_SPACE 表空间的备份信息，如下：

```
RMAN> LIST BACKUP OF DATAFILE 6;
备份集列表
===================
BS 关键字  类型 LV 大小      设备类型 经过时间 完成时间
---- ---- -- ----- ----- --- ----
2      Full  1.10G    DISK      00:01:56    09-7月 -12
       BP 关键字：2   状态：AVAILABLE  已压缩：NO  标记：BACKUP_FULL_DB
段名:F:\ORACLE\BACKUP\BAK_03NFQII6_1_1
 备份集 2 中的数据文件列表
 文件 LV 类型 Ckp SCN   Ckp 时间   名称
 ---- -- ---- ---------- ---------- ----
 6      Full 1036910   09-7月 -12 F:\RMAN_SPACE.DBF
...
```

5. 归档文件备份

归档日志是成功进行介质恢复的关键，因此有必要对归档日志文件进行备份。在
RMAN 中对归档日志文件进行备份有两种方式：一是使用 BACKUP ARCHIVELOG 命令，
二是使用 BACKUP PLUS ASRCHIVELOG 命令。

❑ **使用 BACKUP ARCHIVELOG 命令备份**

BACKUP ARCHIVELOG 命令的使用如下：

```
RMAN> BACKUP ARCHIVELOG ALL;

启动 backup 于 10-7月 -12
当前日志已存档
使用通道 ORA_DISK_1
通道 ORA_DISK_1：正在启动归档日志备份集
通道 ORA_DISK_1：正在指定备份集内的归档日志
```

```
...
段 handle=
E:\APP\ADMINISTRATOR\FLASH_RECOVERY_AREA\ORCL\AUTOBACKUP\2012_07_10\O1
_MF_S_788264220_7ZQ44XG5_.BKP comment=NONE
完成 Control File and SPFILE Autobackup 于 10-7月 -12
```

在使用 BACKUP ARCHIVELOG ALL 命令进行备份时，RMAN 会在备份过程中进行一次日志切换，因此备份集中将包含当前联机重做日志。

❏ **执行 BACKUP 命令时指定 PLUS ARCHIVELOG 子句**

执行 BACKUP 命令时指定 PLUS ARCHIVELOG 子句对归档文件进行备份的语句如下：

```
RMAN> BACKUP CURRENT CONTROLFILE PLUS ARCHIVELOG;

启动 backup 于 10-7月 -12
当前日志已存档
使用通道 ORA_DISK_1
通道 ORA_DISK_1: 正在启动归档日志备份集
通道 ORA_DISK_1: 正在指定备份集内的归档日志
输入归档日志线程=1 序列=37 RECID=1 STAMP=788257769
输入归档日志线程=1 序列=38 RECID=2 STAMP=788264210
输入归档日志线程=1 序列=39 RECID=3 STAMP=788264640
通道 ORA_DISK_1: 正在启动段 1 于 10-7月 -12
通道 ORA_DISK_1: 已完成段 1 于 10-7月 -12
段句柄=
E:\APP\ADMINISTRATOR\FLASH_RECOVERY_AREA\ORCL\BACKUPSET\2012_07_10\O1_MF_
ANNNN_TAG20120710T102404_7ZQ4L5J3_.BKP 标记=TAG20120710T102404 注释=NONE
通道 ORA_DISK_1: 备份集已完成, 经过时间:00:00:03
完成 backup 于 10-7月 -12
...
```

 在备份控制文件之前首先要对所有的归档文件进行备份。

15.3.4　增量备份

增量备份就是将那些与前一次备份相比发生变化的数据块赋值到备份集中。在 RMAN 中可以通过增量备份的方式对整个数据库、单独的表空间或单独的数据文件进行备份。

建立增量备份相当简单，实质就是指定一个参数 INCREMENTAL LEVEL = n。增量备份可以创建两个级别，用整数数字 0~4 表示，从 0 开始，所有增量备份都必须先创建 0 级备份（0 级备份相当于数据库的完整备份）。

级别为 0 的增量备份是所有增量备份的基础，因为在进行级别为 0 的备份时，RMAN 会将数据文件中所有已使用的数据块都复制到备份集中，类似于建立完全备份；级别大于 0 的增量备份将只包含与前一次备份相比发生了变化的数据块。

如果数据库运行在归档模式下时，即可以在数据库关闭状态下进行增量备份，也可以在数据库打开关状态下进行增量备份。而当数据库运行在非归档模式下，则只能在关闭数据库后进行增量备份，因为增量备份需要使用 SCN 来识别已经更改的数据块。

【实践案例 15-1】

下面的案例演示了数据库的增量备份。首先执行 0 级备份，也就是实现完全数据库备份，具体语句如下：

```
RMAN> BACKUP INCREMENTAL LEVEL=0 DATABASE;
```

在备份语句中没有指定备份文件的保存路径，默认情况下，保存在 app/administrator/flash_recovery_area/orcl 目录下。

在 0 级备份完成后，可以执行增量为 1 的差异备份，语句如下：

```
RMAN> BACKUP INCREMENTAL LEVEL 1
2> AS COMPRESSED BACKUPSET DATABASE;
```

如果仅在 BACKUP 命令中指定 INCREMENTAL 参数，默认创建的增量备份为差异增量备份。如果需要建立累积增量备份，则需要在 BACKUP 命令中指定 CUMULATIVE 选项。例如，下面的命令对表空间 RMAN_SPACE 进行 2 级累积增量备份。

```
RMAN> BACKUP INCREMENTAL LEVEL=2
2> CUMULATIVE TABLESPACE rman_space;
```

15.3.5 镜像复制

RMAN 可以使用 COPY 命令创建数据文件的准确副本，即镜像副本。COPY 命令可以复制数据文件、归档日志文件和控制文件。因为 COPY 命令复制了所有的数据块，因此只能在 0 级增量备份创建。COPY 命令的基本语法格式如下：

```
COPY [FULL | INCREMENTAL LEVEL [=] 0]
 input_file TO location_name;
```

其中，input_file 表示被备份的文件，主要包括：DATAFILE、ARCHIVELOG 和 CURRENT CONTROLFILE；location_name 表示复制后的文件。

镜像副本可以作为一个完全备份，也可以是增量备份策略中的 0 级增量备份。如果没有指定备份类型，则默认为 FULL。

【实践案例 15-2】

使用 COPY 命令备份数据库时，需要管理员指定每个需要备份的数据文件，并且设置镜像副本的名称。具体操作步骤如下：

（1）在 RMAN 中使用 REPORT 获取需要备份的数据文件信息。

```
RMAN> REPORT SCHEMA;
db_unique_name 为 ORCL 的数据库的数据库方案报表
永久数据文件列表
============================
文件大小 (MB) 表空间    回退段 数据文件名称
-- ------ --------- ------ ------------------------------------
1  690    SYSTEM    ***   E:\APP\ADMINISTRATOR\ORADATA\ORCL\SYSTEM01.DBF
2  510    SYSAUX    ***   E:\APP\ADMINISTRATOR\ORADATA\ORCL\SYSAUX01.DBF
3  100    UNDOTBS1  ***   E:\APP\ADMINISTRATOR\ORADATA\ORCL\UNDOTBS01.DBF
4  5      USERS     ***   E:\APP\ADMINISTRATOR\ORADATA\ORCL\USERS01.DBF
5  100    EXAMPLE   ***   E:\APP\ADMINISTRATOR\ORADATA\ORCL\EXAMPLE01.DBF
6  125    RMAN_SPACE *** F:\RMAN_SPACE.DBF
临时文件列表
=======================
文件大小 (MB) 表空间      最大大小 (MB)    临时文件名称
--- ----- --------- ------------------ ------------------------------
1  29     TEMP       32767             E:\APP\ADMINISTRATOR\ORADATA\ORCL
123\TEMP01.DBF
```

（2）使用 COPY 命令对列出的永久数据文件列表进行备份，如下：

```
RMAN> COPY DATAFILE 1 TO 'F:\oracle\backup\SYSTEM01.DBF ',
2> DATAFILE 2 TO 'F:\oracle\backup\SYSAUX01.DBF',
3> DATAFILE 3 TO 'F:\oracle\backup\UNDOTBS01.DBF',
4> DATAFILE 4 TO 'F:\oracle\backup\USERS01.DBF',
5> DATAFILE 5 TO 'F:\oracle\backup\EXAMPLE01.DBF',
6> DATAFILE 6 TO 'F:\oracle\backup\TABLESPACE1.DBF';
```

如上述语句所示，使用 COPY … TO …语句将所有的数据文件都备份到了 F:/oracle/backup 目录下。

> 在 RMAN 中使用 COPY 命令创建文件的镜像副本时，它将复制所有数据块，包括空闲数据块。此外，RMAN 还会检查创建的镜像副本是否正确。

在 RMAN 中，可以通过 LIST COPY OF DATABASE 命令查看镜像复制备份的信息，如下：

```
RMAN> LIST COPY OF DATABASE;
```

15.4 RMAN 恢复

在应用系统中，数据库往往是最核心的部分，一旦数据库损坏，将会带来巨大的损失，所以数据库恢复越来越重要。在使用数据库的过程中，由于断电或其他原因，有可能导致数据库出现一些小错误，比如检索某些表时运行速度很慢、查询不到符合条件的数据等。出现这些情况的原因往往是数据库有些损坏或索引不完整,这就需要使用 RMAN 工具对数据库进行恢复，所谓的恢复就是把数据库由存在故障的状态转变为无故障状态的过程。

15.4.1 RMAN 恢复机制

使用 RMAN 恢复数据库时，一般情况下需要进行修复和恢复两个过程。

1. 修复数据库

修复数据库是指物理上文件的复制。RMAN 在进行修复数据库操作时，将启动一个服务器进程，通过恢复目录和目标数据库的控制文件获取所有的备份，包括备份集和镜像副本的信息，并从中选择最合适的备份来完成修复操作。

执行修复数据库时，需要使用 RESTORE 命令，语法格式如下：

```
RESTORE object_name option;
```

其中，object_name 表示要修复的数据文件对象，可以恢复的对象包括以下几种：
- ❑ **DATAFILE**　表示修复数据文件。
- ❑ **TABLESPACE**　表示修复一个表空间。
- ❑ **DATABASE**　表示修复整个数据库。
- ❑ **CONTROLFILE TO**　表示将控制文件的备份修复到指定的目录。
- ❑ **ARCHIVELOG ALL**　表示将全部的归档日志复制到指定的目录，用于后续的 RECOVER 命令对数据库实施修复。

option 选项包括以下几方面：
- ❑ **CHANNEL=channel_id**　修复指定的通道。
- ❑ **PARMS='channel_parms'**　设置磁带参数，磁盘通道不使用此参数。
- ❑ **FROM BACKUPSET | DATAFILECOPY**　指定是从备份集还是镜像副本中进行修复。
- ❑ **UNTILCLAUSE**　表示修复的终止条件。
- ❑ **FROM TAG='tag_name'**　使用该参数指定修复文件的标记。
- ❑ **VALIDATE**　表示是否检查文件的有效性。
- ❑ **device_type**　用于指定通道设备类型。

在使用 RMAN 进行数据库修复时，可以根据出现的故障，选择修复整个数据库、单独的表空间、单独的数据文件、控制文件或者归档重做日志文件。

2. 恢复数据库

恢复数据库主要是指数据文件的介质恢复，即为修复后的数据文件应用联机或归档重做日志，从而将修复的数据库文件更新到当前时刻或指定时刻下的状态。执行恢复数据库时，需要使用 RECOVER 命令，其语法格式如下：

```
RECOVER device_type object_name option
```

其中，device_type 用于指定通道设备的类型；object_name 表示要恢复的对象类型，包括 DATAFILE 恢复数据文件、TABLESPACE 恢复表空间、DATABASE 恢复整个数据库；option 选项的取值如下：

❑ **DELETE ARCHIELOG**　表示数据库恢复后删除归档日志。

❑ **CHECK READONLY**　表示数据库恢复时对只读表空间进行检查。

❑ **NOREDO**　用于非归档模式下的数据库恢复。

❑ **FROM TAG**　指定备份文件的标记。

❑ **ARCHIVELOG TAG='tag_name'**　指定归档日志标记。

15.4.2　对数据库进行完全介质恢复

如果当前数据库只剩下控制文件和 SPFILE，其他数据文件因为某些原因导致全部丢失，不过幸运的是之前创建过整库的备份，并且执行备份操作之后，所有的归档文件和重做日志文件都还在，这种情况下就可以将数据库恢复到崩溃前那一刻的状态，而这种恢复方式，就叫做完全介质恢复。

执行完全介质恢复有以下三个步骤：

（1）连接目标数据库，并启动数据库到加载状态：

```
RMAN> SHUTDOWN IMMEDIATE;
RMAN> STARTUP MOUNT;
```

（2）执行恢复操作，如下：

```
RMAN> RESTORE DATABASE;
RMAN> RECOVER DATABASE DELETE ARCHIVELOG;
```

如上述两条执行语句，其中，第一条为修复数据库语句；第二条为恢复数据库语句。

（3）打开数据库：

```
RMAN> ALTER DATABASE OPEN;
```

上述操作是假设数据库在归档模式下进行的，如果数据库处于非归档模式，在执行 RESTORE 命令之前，首先需要恢复之前备份的控制文件，并且在执行了 RESTORE 和 RECOVER 命令后，必须以 OPEN RESETLOGS 方式打开数据库。

　RMAN 备份时不会备份临时表空间的数据文件，但是在执行整库恢复操作时，会自动创建临时表空间的数据文件。

15.4.3 恢复表空间和数据文件

执行表空间或数据文件级的恢复时，数据库既可以是 MOUNT 状态，也可以是 OPEN 状态。从表空间和数据文件的自身特点来说，两者的恢复也非常类似，只不过数据文件相对来说粒度更细。下面分别对恢复表空间和恢复数据文件的步骤进行说明。

1. 恢复表空间

在执行恢复之前，如果被操作的表空间未处于 OFFLINE 状态，必须首先通过 ALTER TABLESPACE ... OFFLINE 语句将其置为脱机，操作步骤如下：

```
❶RMAN> SQL 'ALTER TABLESPACE rman_space OFFLINE IMMEDIATE';
sql 语句: ALTER TABLESPACE rman_space OFFLINE IMMEDIATE

❷RMAN>  RESTORE TABLESPACE rman_space;
启动 restore 于 11-7月 -12
使用通道 ORA_DISK_1
通道 ORA_DISK_1: 正在开始还原数据文件备份集
通道 ORA_DISK_1: 正在指定从备份集还原的数据文件
通道 ORA_DISK_1: 将数据文件 00006 还原到 F:\RMAN_SPACE.DBF
通道 ORA_DISK_1: 正在读取备份片段 E:\APP\ADMINISTRATOR\FLASH_RECOVERY_AREA\
ORCL1
23\BACKUPSET\2012_07_11\O1_MF_NNNDF_TAG20120711T103630_7ZSSOGQG_.BKP
通道 ORA_DISK_1: 段句柄 = E:\APP\ADMINISTRATOR\FLASH_RECOVERY_AREA\ORCL\BACKU
PSET\2012_07_11\O1_MF_NNNDF_TAG20120711T103630_7ZSSOGQG_.BKP 标记 =
TAG20120711T
103630
通道 ORA_DISK_1: 已还原备份片段 1
通道 ORA_DISK_1: 还原完成, 用时: 00:00:07
完成 restore 于 11-7月 -12


❸RMAN> RECOVER TABLESPACE rman_space;
启动 recover 于 11-7月 -12
使用通道 ORA_DISK_1
正在开始介质的恢复
介质恢复完成, 用时: 00:00:00
完成 recover 于 11-7月 -12


❹RMAN> SQL 'ALTER TABLESPACE rman_space ONLINE';
sql 语句: ALTER TABLESPACE rman_space ONLINE
```

如上述执行语句，❶表示将表空间 RMAN_SPACE 置于 OFFLINE 状态；❷表示对表空间进行修复操作；❸表示对表空间进行恢复操作；❹表示将表空间置于 ONLINE 状态。

如果一次对多个表空间进行恢复,那么只需要在执行RESOTRE/RECOVER命令时同时指定多个表空间名称即可,中间使用逗号分隔。但是将表空间置为 ONLINE/OFFLINE,则不能合并。

2. 恢复数据文件

恢复表空间实际就是恢复其所对应的数据文件(一个表空间可能对应多个数据文件),因此恢复数据文件的操作步骤与恢复表空间的操作步骤相似。同样在恢复数据文件操作之前,如果需要被恢复的数据文件未处于 OFFLINE 状态,需要通过 ALTER DATABASE DATAFILE ... OFFLINE 语句将其置为脱机。操作步骤如下:

```
RMAN> SQL 'ALTER DATABASE DATAFILE 6 OFFLINE';
sql 语句: ALTER DATABASE DATAFILE 6 OFFLINE

RMAN> RESTORE DATAFILE 6;
启动 restore 于 11-7月 -12
使用通道 ORA_DISK_1
通道 ORA_DISK_1: 正在开始还原数据文件备份集
通道 ORA_DISK_1: 正在指定从备份集还原的数据文件
通道 ORA_DISK_1: 将数据文件 00006 还原到 F:\RMAN_SPACE.DBF
通道 ORA_DISK_1: 正在读取备份片段
E:\APP\ADMINISTRATOR\FLASH_RECOVERY_AREA\ORCL1
23\BACKUPSET\2012_07_11\O1_MF_NNNDF_TAG20120711T103630_7ZSSOGQG_.BKP
通道 ORA_DISK_1: 段句柄 =
E:\APP\ADMINISTRATOR\FLASH_RECOVERY_AREA\ORCL\BACKU
PSET\2012_07_11\O1_MF_NNNDF_TAG20120711T103630_7ZSSOGQG_.BKP 标记 =
TAG20120711T
103630
通道 ORA_DISK_1: 已还原备份片段 1
通道 ORA_DISK_1: 还原完成, 用时: 00:00:07
完成 restore 于 11-7月 -12

RMAN> RECOVER DATAFILE 6;
启动 recover 于 11-7月 -12
使用通道 ORA_DISK_1
正在开始介质的恢复
介质恢复完成, 用时: 00:00:01
完成 recover 于 11-7月 -12

RMAN> SQL 'ALTER DATABASE DATAFILE 6 ONLINE';
sql 语句: ALTER DATABASE DATAFILE 6 ONLINE
```

 在执行 RESTORE/RECOVER 操作指定数据文件时,既可以直接指定数据文件的详细路径,也可以指定数据文件编号。

这是最简单的恢复，数据文件会被恢复到默认的位置。如果由于磁盘损坏导致数据文件无法访问，那么恢复数据文件时可能无法再恢复到原路径，必须在执行 RESTORE 命令之前，给数据文件指定新的路径，方式如下：

```
RMAN> RUN{
2> SQL 'ALTER DATABASE DATAFILE 6 OFFLINE ';
3> SET NEWNAME FOR DATAFILE 6 TO 'F:\oracle\backup\new_rman_space.dbf';
4> RESTORE DATAFILE 6;
5> SWITCH DATAFILE 6;
6> RECOVER DATAFILE 6;
7> }
sql 语句: ALTER DATABASE DATAFILE 6 OFFLINE
正在执行命令: SET NEWNAME
启动 restore 于 11-7 月 -12
使用通道 ORA_DISK_1
数据文件 6 已经还原到文件 F:\oracle\backup\new_rman_space.dbf 中
没有完成还原; 所有文件均为只读或脱机文件或者已经还原
完成 restore 于 11-7 月 -12
数据文件 6 已转换成数据文件副本
输入数据文件副本 RECID=6 STAMP=788443130 文件名=F:\oracle\backup\new_rman_
space.
dbf
启动 recover 于 11-7 月 -12
使用通道 ORA_DISK_1
正在开始介质的恢复
介质恢复完成, 用时: 00:00:01
完成 recover 于 11-7 月 -12
```

完成数据文件的恢复之后，要使 RMAN_SPACE 表空间的数据文件联机，如下：

```
RMAN> SQL 'ALTER DATABASE DATAFILE 6 ONLINE';
sql 语句: ALTER DATABASE DATAFILE 6 ONLINE
```

15.4.4　恢复归档日志文件

恢复归档日志文件也是使用 RESTORE 命令。如果只是为了在恢复数据文件后应用归档文件，那并不需要手动对归档文件进行恢复，RMAN 会在执行 RECOVER 时自动对适当的归档日志文件进行恢复。

恢复归档日志文件非常灵活，RMAN 的 RECOVER 命令中提供了多种限定条件，可以精确指定恢复哪些备份的归档文件，例如，恢复归档编号为 10～20 之间的归档文件：

```
RMAN> RESTORE ARCHIVELOG SEQUENCE BETWEEN 10 AND 20;
```

默认情况下，RMAN 将归档文件恢复到初始化参数 LOG_ARCHIVE_DEST_1 指定的路径下，有时候我们希望将恢复出来的归档文件存储到其他路径下，而不要与当前系统正在生成的归档文件混在一起，那么可以在执行 RESTORE 命令前，通过 SET ARCHIVELOG DESTINATION TO 命令设置归档的新路径，例如：

```
RMAN> RUN{
2> SET ARCHIVELOG DESTINATION TO 'F:\oracle\backup\archlog';
3> RESTORE ARCHIVELOG SEQUENCE BETWEEN 35 AND 40;
4> }
```

这样，恢复出来的序号为 35～40 的归档文件就被存储到 F:\oracle\backup\archlog 目录下。同一个 RUN 块中允许同时出现多个 SET ARCHIVELOG 命令，也就是说可以通过在不同位置设置不同的归档路径的方式，将归档恢复到不同的目录，例如：

```
RMAN> RUN{
2> SET ARCHIVELOG DESTINATION TO 'F:\oracle\backup\ARCLOG1';
3> RESTORE ARCHIVELOG SEQUENCE BETWEEN 15 AND 20;
4> SET ARCHIVELOG DESTINATION TO 'F:\oracle\backup\ARCLOG2';
5> RESTORE ARCHIVELOG SEQUENCE BETWEEN 21 AND 30;
6> SET ARCHIVELOG DESTINATION TO 'F:\oracle\backup\ARCLOG3';
7> RESTORE ARCHIVELOG SEQUENCE BETWEEN 31 AND 40;
8> }
```

15.5　项目案例：实现数据库的完全备份和恢复

RMAN 可以用来备份和还原数据库文件、归档日志和控制文件，它也可以用来执行完全或不完全的数据库恢复。本节将通过一个案例来讲述 RMAN 对数据库的备份和恢复操作。

【实例分析】

RMAN 只能对处于归档模式的数据库进行备份，因此，在备份之前，需要将数据库置于归档模式。然后创建恢复目录，并连接目标数据库，执行数据库的完全备份和恢复操作，具体的步骤如下所示。

（1）以管理员身份连接数据库，并查询数据库模式，如下：

```
SQL> SELECT dbid,name,log_mode FROM v$database;
DBID            NAME        LOG_MODE
--------------- ----------- -------------
1313467361      ORCL        ARCHIVELOG
```

从查询结果可以看出，当前数据库已经处于归档模式。如果当前数据库处于非归档模式，则需要将其更改为归档模式。

（2）创建表空间：

```
SQL> CREATE TABLESPACE rman_ts DATAFILE 'F:\oracle\backup\rman_ts.dbf'
  2  SIZE 500M;
表空间已创建。
```

（3）创建用户，并指定该用户的默认表空间为 RMAN_TS，如下：

```
SQL> CREATE USER rman IDENTIFIED BY tiger
  2  DEFAULT TABLESPACE rman_ts
  3  TEMPORARY TABLESPACE temp;
用户已创建。
```

（4）为用户 RMAN 授权：

```
SQL> GRANT connect,recovery_catalog_owner,resource TO rman;
授权成功。
```

（5）使用 EXIT 命令退出 SQL*Plus 工具。

（6）启动 RMAN 命令执行器，以 RMAN 用户连接恢复目录数据库，并创建恢复目录，如下：

```
RMAN> CONNECT CATALOG rman/tiger;
连接到恢复目录数据库
RMAN> CREATE CATALOG TABLESPACE rman_ts;
恢复目录已创建
```

（7）连接目标数据库，并注册恢复目录中的数据库，如下：

```
RMAN> CONNECT TARGET/
连接到目标数据库: ORCL (DBID=1313467361)
RMAN> REGISTER DATABASE;
注册在恢复目录中的数据库
正在启动全部恢复目录的 resync
完成全部 resync
```

（8）使用 BACKUP 命令对数据库进行完全备份，如下：

```
RMAN> BACKUP FULL DATABASE TAG backup_full_db FORMAT 'F:\oracle\backup\%U';

启动 backup 于 12-7月 -12
分配的通道: ORA_DISK_1
通道 ORA_DISK_1: SID=143 设备类型=DISK
通道 ORA_DISK_1: 正在启动全部数据文件备份集
通道 ORA_DISK_1: 正在指定备份集内的数据文件
输入数据文件:文件号=00001名称=E:\APP\ADMINISTRATOR\ORADATA\ORCL\SYSTEM01.DB
F
输入数据文件:文件号=00002名称=E:\APP\ADMINISTRATOR\ORADATA\ORCL\SYSAUX01.DB
F
...
通道 ORA_DISK_1: 备份集已完成, 经过时间:00:00:01
完成 backup 于 12-7月 -12
```

（9）使用 RESTORE 命令对数据库进行恢复，如下：

```
RMAN> RESTORE ARCHIVELOG ALL;

启动 restore 于 12-7月 -12
使用通道 ORA_DISK_1
线程 1 序列 6 的归档日志已作为文件
E:\APP\ADMINISTRATOR\FLASH_RECOVERY_AREA\ORCL
\ARCHIVELOG\2012_07_12\O1_MF_1_6_7ZW7NC1G_.ARC 存在于磁盘上
没有完成还原；所有文件均为只读或脱机文件或者已经还原
完成 restore 于 12-7月 -12
```

（10）使用 EXIT 命令退出恢复管理器。

15.6 习题

一、填空题

1．当数据库在_____模式中运行时，无法使用单个备份文件对数据库进行恢复。因为对模式数据库进行恢复时，必须使用所有的数据库备份，使数据库恢复后处于一致状态。

2．使用 RMAN 进行目标数据库的备份时，可以使用 COPY 和_____命令。其中，前者用于数据文件备份，可以将指定的数据库文件备份到磁盘或磁带中。而后者是数据的备份，可以复制一个或多个表空间，以及整个数据库中的数据。

3．如果要取消已注册的目标数据库信息，可以使用_____命令。

二、选择题

1．下列选项中，能使 RMAN 成功连接到目标数据库的语句为_____。

    A．C:\Documents and Settings\Administrator>CONNECT TARGET/

    B．RMAN>RMAN TARGET/

    C．C:\Documents and Settings\Administrator>RMAN TARGET/

    D．RMAN> RMAN NOCATALOG;

2．如果要对表空间 STUDENT 进行备份，则下列选项中，正确的是_____。

    A．COPY TABLESPACE student;

    B．BACKUP TABLESPACE student;

    C．COPY DATABASE TABLESPACE student;

    D．BACKUP DATABASE TABLESPACE student;

3．假设已知数据文件在数据库中的编号为 2，则如果要对该数据文件进行恢复操作，正确的步骤是_____。

    A．

```
RMAN> SQL 'ALTER DATABASE DATAFILE 2 OFFLINE';
RMAN> RESTORE DATAFILE 2;
```

```
RMAN> RECOVER DATAFILE 2;
RMAN> SQL 'ALTER DATABASE DATAFILE 2 ONLINE';
```

    B.

```
RMAN> SQL 'ALTER DATABASE DATAFILE 6 OFFLINE';
RMAN> RECOVER DATAFILE 6;
RMAN> SQL 'ALTER DATABASE DATAFILE 6 ONLINE';
```

    C.

```
RMAN> SQL 'ALTER DATABASE DATAFILE 6 OFFLINE';
RMAN> RESTORE DATAFILE 6;
RMAN> SQL 'ALTER DATABASE DATAFILE 6 ONLINE';
```

    D.

```
RMAN> RESTORE DATAFILE 6;
RMAN> RECOVER DATAFILE 6;
```

三、上机练习

1．备份和恢复 USER_SPACE 表空间

将数据库切换到归档模式（如果已经是归档模式则可以跳过此步），然后启动 RMAN 命令执行器，连接到目标数据库，对表空间 USER_SPACE 进行备份和恢复操作（在对表空间进行备份时，首先需要将表空间处于脱机状态）。

15.7　实践疑难解答

15.7.1　无法按 NOARCHIVELOG 模式备份数据库

无法按 NOARCHIVELOG 模式备份数据库
网络课堂：http://bbs.itzcn.com/thread-19673-1-1.html

【问题描述】：用 RMAN 对数据库进行完全备份时，报 ORA-19602：无法按 NOARCHIVELOG 模式备份或复制活动文件错误，这是怎么回事啊？该如何解决？

【解决办法】：出现该问题的原因是因为你当前的数据库处于 NOARCHIVELOG 模式，即非归档模式，需要将其更改为 ARCHIVELOG 模式才可以对数据库进行 RMAN 备份操作，步骤如下：

（1）启动 SQL*Plus 工具，以管理员身份连接数据库，并将数据库模式由非归档模式（NOARCHIVELOG）更改为归档模式（ARCHIVELOG），如下：

```
SQL> CONNECT sys/admin AS SYSDBA;
已连接。
```

```
SQL> SHUTDOWN IMMEDIATE;
数据库已经关闭。
已经卸载数据库。
ORACLE 例程已经关闭。

SQL> STARTUP MOUNT;
ORACLE 例程已经启动。
Total System Global Area  431038464 bytes
Fixed Size                  1375088 bytes
Variable Size             306185360 bytes
Database Buffers          117440512 bytes
Redo Buffers                6037504 bytes
数据库装载完毕。

SQL> ALTER DATABASE ARCHIVELOG;
数据库已更改。

SQL> ALTER DATABASE OPEN;
数据库已更改。

SQL> ARCHIVE LOG LIST;
数据库日志模式              存档模式
自动存档              启用
存档终点              USE_DB_RECOVERY_FILE_DEST
最早的联机日志序列       5
下一个存档日志序列       7
当前日志序列             7
```

（2）重新启动 RMAN 命令执行器，连接目标数据库，对数据库进行备份，如下：

```
C:\Documents and Settings\Administrator>RMAN TARGET/
恢复管理器: Release 11.2.0.1.0 - Production on 星期四 7月 12 09:16:16 2012
Copyright (c) 1982, 2009, Oracle and/or its affiliates.  All rights reserved.
连接到目标数据库: ORCL123 (DBID=4118235212)

RMAN> BACKUP DATABASE;
启动 backup 于 12-7月 -12
使用目标数据库控制文件替代恢复目录
分配的通道: ORA_DISK_1
通道 ORA_DISK_1: SID=10 设备类型=DISK
通道 ORA_DISK_1: 正在启动全部数据文件备份集
通道 ORA_DISK_1: 正在指定备份集内的数据文件
输入数据文件: 文件号=00001 名称=E:\APP\ADMINISTRATOR\ORADATA\ORCL123\SYSTEM01.DB
F
...
```

```
完成 backup 于 12-7月 -12
```

备份成功，可以使用 LIST BACKUP OF DATABASE 查看备份集。

15.7.2　如何避免数据库的备份文件损坏而导致数据库崩溃

如何避免数据库的备份文件损坏而导致数据库崩溃

网络课堂：http://bbs.itzcn.com/thread-19674-1-1.html

【问题描述】：刚到一家公司上班，经理给我出了个难题：数据库服务器被攻击后，数据文件损坏可能导致数据库无法打开，而如果备份文件也被删除，那么应该如何避免类似的事情发生呢？各位大侠，有何高见啊？

【解决办法】：解决此类问题的办法其实很多的，最简单的办法就是将数据库的数据文件备份多个，并且放置于不同的位置。这样如果其中一个文件损坏还有其他文件，可以减少损失。那么在 RMAN 中 BACKUP COPIES 命令可以做到这点，如下代码：

```
RMAN> BACKUP DATAFILE 6 FORMAT 'F:\oracle\backup\test_%c.dbf','F:\test_%c.dbf';

启动 backup 于 12-7月 -12
使用通道 ORA_DISK_1
通道 ORA_DISK_1: 正在启动全部数据文件备份集
通道 ORA_DISK_1: 正在指定备份集内的数据文件
输入数据文件: 文件号=00006 名称=F:\RMAN_SPACE.DBF
通道 ORA_DISK_1: 正在启动段 1 于 12-7月 -12
通道 ORA_DISK_1: 已完成段 1 于 12-7月 -12
段句柄=F:\ORACLE\BACKUP\TEST_1.DBF 标记=TAG20120712T114648 注释=NONE
通道 ORA_DISK_1: 备份集已完成，经过时间:00:00:02
完成 backup 于 12-7月 -12
```

如果需要备份更多的地方，只需要在后面填写路径即可，中间使用逗号隔开。

441

第**16**章

权限管理系统

权限管理，一般指根据系统设置的安全规则或者安全策略，用户可以访问而且只能访问自己被授权的资源。权限管理几乎出现在任何有用户和密码系统里面。

本章基于 JSP+Struts 2+Oracle 开发一个权限管理系统。其中，Oracle 用于数据的存储，JSP 用于页面的显示，Struts 2 用于处理页面表单提交的数据，实现页面跳转控制。通过本章的学习，可以更深入地了解 JSP+Struts 2+Oracle 开发模式，可以更好地掌握 Oracle 数据库的应用。

本章学习要点：

➢ 掌握系统需求分析的过程

➢ 掌握 Oracle 怎样连接数据库

➢ 掌握 Oracle 数据表的创建

➢ 掌握 Oracle 对数据表的操作

➢ 掌握 Struts 2 框架的基本应用

16.1 系统分析与设计

现在对权限管理系统进行设计分析，确定本系统需要实现的功能和需要注意的问题。首先需要对系统进行需求分析，将系统需要实现的功能抽象出来，然后再进行功能设计，将功能详细化。

16.1.1 需求分析

权限管理系统一直以来是我们应用系统不可缺少的一个部分，若每个应用系统都重新对系统的权限进行设计，以满足不同系统用户的需求，将会浪费我们很多时间，所以设计一个相对通用的权限管理系统是很有意义的。

权限管理系统最重要的三个部分就是权限、用户和角色。角色被授予特定的权限，之后被授予权限的角色可以被授予用户，然后用户就拥有了角色中的权限。通过分析，本系统主要有以下功能。

1. 登录

为了安全，进入该系统必须通过登录验证。不同的用户具有不同的权限，所能执行的操作也不相同。如果没有登录则不能进入该系统。

2. 个人信息管理

登录用户可以对自己的信息进行修改，也可以对自己登录的密码进行修改。

3. 用户管理

拥有权限的用户可以对该模块进行操作，该模块中的创建用户、删除用户、修改用户以及查询用户都需要相应的权限，如果拥有对应的权限即可对对应的功能进行操作。

4. 角色管理

和用户管理类似，只有拥有对应的权限方可对该模块进行操作。

16.1.2　系统设计

根据前面的分析，根据系统用例划分功能模块，实现系统功能。包括个人信息、用户管理和角色管理，模块之间的关系如图 16-1 所示。

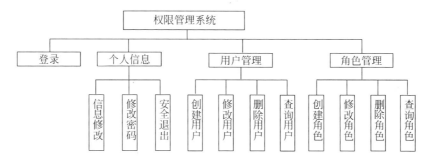

图 16-1　权限管理系统功能模块图

在该系统中，没有注册模块，需要在数据库中先创建一个用户。如果用户没有被授予权限，该用户登录以后只能操作个人信息模块。所以，在创建用户之前应该先将所有权限从数据库添加进去。例如本系统有 8 个权限，可以先将这 8 个权限添加进数据库的权限表中。通过权限角色表将角色与权限连接，通过角色用户表将角色与用户连接，这样也就实现了权限与用户的连接。

16.2　数据库设计

在对系统了解之后，就可以考虑数据在数据库中的存储了。本系统采用 Oracle 数据库，在 Oracle 数据库中创建一个用户：SI（密码为 SI）。本系统需要如下 5 个表：用户表 TB_USERS、权限表 TB_PERMISSION、角色表 TB_ROLE、用户与角色连接表 TB_USER_ROLE 和权限与用户连接表 TB_PERMISSION_ROLE。

1. 用户表 TB_USER

该表用来保存用户信息，用户信息主要包括用户名、密码、用户真实姓名、性别等字段，该表详细信息如表 16-1 所示。

表 16-1　用户表 TB_USERS

字段名称	含义	类型	约束
USERID	自增列	number	主键
USERNAME	用户名	varchar2	非空
PASSWORD	密码	varchar2	非空
ADDRESS	地址	varchar2	无
SEX	性别	varchar2	无
REALNAME	真实姓名	varchar2	无
PHONE	电话号码	varchar2	无
EMAIL	邮箱	varchar2	无
USERDELFLAG	删除标志	number	非空
CREATOR	创建者 ID	number	无

创建用户表 TB_USERS 的代码如下：

```
CREATE TABLE "TB_USERS" (
     "CREATORID" NUMBER(10, 0) NULL,
     "USERDELFLAG" NUMBER(10, 0) default 0 NOT NULL,
     "EMAIL" VARCHAR2(20) NULL,
     "PHONE" VARCHAR2(11) NULL,
     "REALNAME" VARCHAR2(10) NULL,
     "ADDRESS" VARCHAR2(20) NULL,
     "PASSWORD" VARCHAR2(10) NOT NULL,
     "USERNAME" VARCHAR2(10) NOT NULL,
     "USERID" NUMBER(10, 0) NOT NULL);
ALTER TABLE "TB_USERS" ADD CONSTRAINT "PK_TB_USERS" PRIMARY KEY  (userID);
```

上述代码中添加 USERID 为主键，字段 USERDELFLAG 默认值为 0。

2. 权限表 TB_PERMISSION

该表用来存储权限信息，权限信息主要包括权限 ID、权限名称等信息。详细信息如表 16-2 所示。

表 16-2　权限表 TB_PERMISSION

字段名称	含义	类型	约束
PERMISSIONID	自增列	number	主键
PERMISSIONNAME	权限名称	varchar2	无
PERMISSIONALIAS	权限别称	varchar2	无
PERMISSIONDELFLAG	删除标志	number	非空

创建权限表 TB_PERMISSION 的代码如下：

```
CREATE TABLE "TB_PERMISSION" (
    "PERMISSIONDELFLAG" NUMBER(10, 0) default 0 NOT NULL,
    "PERMISSIONALIAS" VARCHAR2(10) NULL,
    "PERMISSIONNAME" VARCHAR2(10) NULL,
    "PERMISSIONID" NUMBER(10, 0) NOT NULL);
ALTER TABLE "TB_PERMISSION" ADD CONSTRAINT "PK_TB_PERMISSION" PRIMARY KEY
(permissionID);
```

上述代码中添加 PERMISSIONID 为主键，字段 PERMISSIONDELFLAG 默认值为 0。

3. 角色表 TB_ROLES

该表用来存储角色信息，角色信息主要包括 ID、角色名称和删除标志。详细信息如表 16-3 所示。

表 16-3　角色表 TB_ROLES

字段名称	含义	类型	约束
ROLEID	自增列	number	主键
ROLENAME	角色名字	varchar2	无
ROLEDELFLAG	删除标志	number	非空

创建角色表 TB_ROLES 的代码如下。

```
CREATE TABLE "TB_ROLES" (
    "ROLEDELFLAG" NUMBER(10, 0) default 0 NOT NULL,
    "ROLENAME" VARCHAR2(10) NULL,
    "ROLEID" NUMBER(10, 0) NOT NULL);
ALTER TABLE "TB_ROLES" ADD CONSTRAINT "PK_TB_ROLES" PRIMARY KEY  (roleID);
```

4. 用户与角色连接表 TB_USER_ROLE

该表用来存储用户表与角色表的连接信息，该表详细信息如表 16-4 所示。

表 16-4　用户与角色连接表 TB_USER_ROLE

字段名称	含义	类型	约束
ROLEID	角色 ID	number	外键
USERID	用户 ID	number	外键

创建表 TB_USER_ROLE 的代码如下。

```
CREATE TABLE "TB_USER_ROLE" (
    "USERID" NUMBER(10, 0) NULL,
    "ROLEID" NUMBER(10, 0) NULL);
ALTER  TABLE  "TB_USER_ROLE"  ADD  CONSTRAINT  "FK_TB_USER_ROLE_TB_USERS"
FOREIGN KEY (userID) REFERENCES "TB_USERS" (userID) ;
```

```
ALTER TABLE "TB_USER_ROLE" ADD CONSTRAINT "FK_TB_USER_ROLE_TB_ROLES"
FOREIGN KEY (roleID) REFERENCES "TB_ROLES" (roleID);
```

上述代码中，为表 TB_USER_ROLE 创建了两个外键 USERID 和 ROLEID，分别指向表 TB_USERS 的 USERID 列和表 TB_ROLES 的 ROLEID 列。

5. 角色与权限连接表 TB_PERMISSION_ROLE

该表用来存储角色表与权限表的连接信息，该表的详细信息如表 16-5 所示。

表 16-5　角色与权限连接表 TB_PERMISSION_ROLE

字段名称	含义	类型	约束
ROLEID	角色 ID	number	外键
PREMISSIONID	权限 ID	number	外键

创建表 TB_PERMISSION_ROLE 代码如下。

```
CREATE TABLE "TB_PERMISSION_ROLE" (
      "PERMISSIONID" NUMBER(10, 0) NULL,
      "ROLEID" NUMBER(10, 0) NULL);
ALTER TABLE "TB_PERMISSION_ROLE" ADD CONSTRAINT "FK_TB_PERMISSION_ROLE_
TB_RO" FOREIGN KEY (roleID) REFERENCES "TB_ROLES"  (roleID) ;
ALTER TABLE "TB_PERMISSION_ROLE" ADD CONSTRAINT "FK_TB_PERMISSION_ROLE_TB_
PE" FOREIGN KEY (permissionID) REFERENCES "TB_PERMISSION" (permissionID);
```

上述代码中，为表 TB_PERMISSION_ROLE 创建了两个外键 ROLEID 和 PREMISSIONID，分别指向表 TB_ROLES 的 ROLEID 列和表 TB_PERMISSION 的 PERMISSINID 列。

6. 创建序列

MYSQL 等其他数据库中有随着记录的插入而主键自动增长的功能，但是 Oracle 却没有这样的功能。如果想要主键自动增长，我们可以通过序列来实现。下面我们创建这几个表的序列。

```
CREATE SEQUENCE user_sequence   --TB_USER 表序列
INCREMENT BY 1      -- 每次加几个
START WITH 1        -- 从 1 开始计数
NOMAXVALUE          -- 不设置最大值
NOCYCLE             -- 一直累加，不循环
CACHE 10;

CREATE SEQUENCE roles_sequence -TB_ROLES 表序列
INCREMENT BY 1      -- 每次加几个
START WITH 1        -- 从 1 开始计数
NOMAXVALUE          -- 不设置最大值
NOCYCLE             -- 一直累加，不循环
CACHE 10;
```

```
CREATE SEQUENCE permission_sequence —TB_PERMISSION 表序列
INCREMENT BY 1          -- 每次加几个
START WITH 1            -- 从 1 开始计数
NOMAXVALUE             -- 不设置最大值
NOCYCLE               -- 一直累加，不循环
CACHE 10;
```

上述序列中，均是从 1 开始累加计数，每次加 1，而且设置为没有最大值且不循环。

上述代码中别没有为表 TB_USER_ROLE 和 TB_PERMISSION_ROLE 创建序列，是因为这两个表并没有主键，不需要设置主键自动增长。

16.3 公共模块设计

公共类也是代码重用的一种形式，它将各个功能模块经常调用的方法提取到共用的 Java 类中，例如数据模型公共类，该类封装了数据表中的所有字段，被用于访问数据库等各种组件。这样不但实现了项目代码的重用，还提高了程序的性能和代码的可读性。本节将介绍权限管理系统的公共类设计。

16.3.1 数据模型公共类

数据模型公共类对应不同的数据表，这些模型将被访问数据库的 DAO 类甚至各个组件所使用。这些数据模型是对数据表中所有字段的封装，模型类主要用于存储数据，并通过对应的 getter 和 setter 方法实现不同属性的访问。

根据上节介绍的数据库表，确定本系统共有 4 个数据模型公共类：User.java（用户类）、Role.java（角色类）、Permission.java（权限类）和 UserRoleId.java（用户角色连接类）。

1. 用户类

在 MyEcliepse 中创建 Web 项目 grant，在该项目的 src 目录下存储所有 Java 类文件以及相关配置文件。在 src 下创建包 com.hp.trainee.entity，在该包下新建 User.java 类，在该类中主要定义了数据表 TB_USER 中的几个属性，其主要内容代码如下：

```
package com.hp.trainee.entity;
public class User {
    private int userId;
    private String userName;
    private String realName;
    private String password;
    private String email;
    private String sex;
    private String phone;
```

```
    private String address;
    private int creatorId;
    private int userDelFlag;
    //省略 getter 和 setter 方法
    }
```

2. 角色类

在用户类同目录下创建角色类 Role.java，该类主要用于封装表 TB_ROLES 中的字段，该类主要内容如下。

```
package com.hp.trainee.entity;
public class Role {
    private int roleId;
    private String roleName;
    //省略 getter 和 setter 方法
    }
```

3. 权限类

在上述两个类同目录下创建权限类 Permission.java，该类用于封装表 TB_PERMISSION 中的字段，该类主要内容如下。

```
package com.hp.trainee.entity;
public class Permission {
    private int rightId;
    private String rightName;
    private String rightAliAs;
    //省略 getter 和 setter 方法
    }
```

4. 用户角色类

在上述实体类同目录下创建用户角色类 UserRoleId.java，该类用于封装 TB_USER_ROLE 中的字段，该类主要内容如下。

```
package com.hp.trainee.entity;
public class UserRoleId {
    private int userId;
    private int roleId;
    //省略 getter 和 setter 方法
    }
```

16.3.2 通用数据库连接类

几乎每个方法都会用到数据库连接类，所以在这里单独使用一个类实现数据库连接，方便程序调用。

在项目 grant 中创建包 com.hp.trainee.tool，在该包中创建数据库连接类 Connection Factory.java 类，实现对数据库功能的封装。具体内容如下。

```java
package com.hp.trainee.tool;
import java.sql.*;
public class ConnectionFactory {                        //数据库连接类
    public static Connection conn;                      //连接对象 Connection
    public final static String DRIVER="oracle.jdbc.driver.OracleDriver";
                                                        //数据库驱动
    //连接数据库的 URL，指定数据库 ORCL
    public final static String URL="jdbc:oracle:thin:@localhost:1521:
    ORCL";
    public final static String userName="si";          //连接 Oracle 的用户名
    public final static String password="si";          //连接数据库的用户密码
    public static Connection getConnection(){
        try {
            Class.forName(DRIVER);
        } catch (ClassNotFoundException e1) {
            System.out.println("驱动加载失败");
        }
        try {
            conn=DriverManager.getConnection(URL,userName,password);
            System.out.println("数据库连接成功! ");
        } catch (SQLException e1) {
            System.out.println("数据库连接失败");
        }
        return conn;
    }
    public static void closeAll(ResultSet rs, PreparedStatement ps,
        Connection conn) {                  //关闭数据库连接
        try {
            if (rs != null) {                           //如果 rs 不为空，关闭 rs
                rs.close();
                rs = null;
            }
            if (ps != null) {                           //如果 ps 不为空，关闭 ps
                ps.close();
                ps = null;
            }
            if (conn != null) {                         //如果 conn 不为空，关闭 conn
                conn.close();
                conn = null;
            }
        } catch (Exception e) {
```

```
            e.printStackTrace();
        }
    }
}
```

上述代码中，使用 static 关键字定义了 4 个静态变量，初始化了数据库连接驱动类 DRIVER、连接地址 URL、数据库用户名 USERNAME 和数据库用户密码 PASSWORD，在 getConnection()方法中通过 java.lang 包中的静态方法 forName()来加载 JDBC 驱动程序，如果加载失败会提示"驱动加载失败"。使用 DriverManager 类的 getConnection()方法获取数据库的连接，如果连接失败会提示"数据库连接失败"。

上述代码中的 closeAll()方法是关闭数据库连接，当操作完成后，调用这个方法关闭数据库连接，该方法分别判断了 Connection、PreparedStatement 和 ResultSet 对象是否为空，如果不为空则分别关闭它们。

上述两个方法完成以后，如果想要测试数据库是否连接成功，可以在该类中测试。例如，在上述类 ConnectionFactory 中添加一个主方法，用来查询表 TB_ROLE 中 ROLEID 列的值，如下。

```java
public static void main(String[] args ) {
    Connection conn = ConnectionFactory.getConnection();//获取数据库连接
    System.out.println(conn);
    PreparedStatement ps= null;
    ResultSet rs = null;
    try {
        ps = conn.prepareStatement("select * from tb_roles");
                                        //得到 perpareStatement 对象
        rs = ps.executeQuery();         //执行 SQL 语句
        int i = 1;
        while(rs.next())                //依次输出查询结果集
        {
            System.out.println(rs.getString("ROLEID"));
        }
        ConnectionFactory.closeAll(rs, ps, conn);   //调用关闭数据库的方法
    } catch (SQLException e) {
        e.printStackTrace();
    }
    finally{
        ConnectionFactory.closeAll(rs, ps, conn);   //释放资源
    }
}
```

上述方法为测试数据库是否连接成功的方法，如果数据库连接成功，在控制台会输出提示"数据库连接成功"和运行结果；如果数据库连接失败则会输出"数据库连接失败"或"驱动加载失败"的错误提示。

16.4 DAO 实现

业务对象只应该关注业务逻辑，不应该关心数据存取的细节，这样就抽出了 DAO 层，作为数据源层，如果将那些实现了数据访问操作的所有细节都放入到数据模型的话，系统的结构在层次上来说会变得混乱。本系统采用了 DAO 层封装了对数据库表的操作，这样使业务逻辑处理和数据访问分离。

16.4.1 UserDao

UserDao 主要封装了对用户的基本操作，该类使用了单例模式，实现了对用户表、角色表以及用户角色表的查询和更新操作。

在包 com.hp.trainee.dao 下创建用户接口 UserInterface，该接口包含两个方法 executeQuery() 和 executeUpdate()，代码如下。

```
package com.hp.trainee.dao;
import java.util.ArrayList;
public interface UserInterface {
    public ArrayList executeQuery(String sql);  //用于数据的查询
    public boolean executeUpdate(String sql);   //用于数据添加、修改和删除
}
```

在包 com.hp.trainee.daoIm 下创建 UserDao 类，该类实现了 UserInterface 接口中的方法。代码如下。

```
//省略部分代码
public class UserDao implements UserInterface{
    private ResultSet rs;                    //定义 ResultSet 对象
    private Statement st;                    //定义 Statement 对象
    private Connection conn;                 //定义 Connection 对象
    private static UserDao userDao=null;     //将 UserDao 私有化
    public UserDao(){}                       //构造方法
    public static UserDao getInstance(){     //获取本身实例对象
        if(userDao == null){                 //如果没有 UserDao 实例，创建一个
            userDao = new UserDao();
        }
        return userDao;
    }
    public ArrayList executeQuery(String sql) {
        if(!this.Statement()){  //调用 Statement()方法，获取 Statement 实例
            return null;
        }
        ArrayList list = new ArrayList();    //定义 list
```

```
        int index1=sql.indexOf("tb_users");
                        //判断 SQL 语句中是否出现 tb_users 字符串
        int index2=sql.indexOf("tb_user_role");        ❶
        int index3=sql.indexOf("tb_roles");
        try {
            rs=st.executeQuery(sql);            //执行 SQL 语句
            if(index1>-1 && index2==-1 && index3==-1){ ❷
                        //执行 tb_users 表的查询
                list.clear();                       //清除 list 中的值
                while(rs.next()){                   //迭代 rs 结果集
                    User user=new User();
                    user.setUserId(rs.getInt("USERID"));
                    user.setUserName(rs.getString("USERNAME"));
                    user.setAddress(rs.getString("ADDRESS"));
                    user.setCreatorId(rs.getInt("CREATORID"));
                    user.setEmail(rs.getString("EMAIL"));
                    user.setSex(rs.getString("SEX"));
                    user.setPassword(rs.getString("PASSWORD"));
                    user.setPhone(rs.getString("PHONE"));
                    user.setRealName(rs.getString("REALNAME"));
                    list.add(user);                 //将结果集放入 list
                }
            }
            if(index1==-1 && index2 >-1 && index3 == -1){ ❸
                        //执行对 tb_user_role 表的查询
                list.clear();
                while(rs.next()){
                    UserRoleId userRoleId=new UserRoleId();
                    userRoleId.setUserId(rs.getInt("USERID"));
                    userRoleId.setRoleId(rs.getInt("ROLEID"));
                    list.add(userRoleId);
                }
            }
            if(index1 ==-1 && index2 >-1 && index3 > -1){ ❹
                            //执行对 tb_roles 表的查询
                list.clear();
                while(rs.next()){
                    Role role = new Role();
                    role.setRoleId(rs.getInt("roleid"));
                    role.setRoleName(rs.getString("rolename"));
                    list.add(role);
                }
            }
        } catch (SQLException e) {
            e.printStackTrace();
```

```java
        }
        return list;
    }
    public boolean executeUpdate(String sql) {
        int count = 0;
        try {
            this.Statement();                        //获取 Statement 对象
            count = st.executeUpdate(sql);           //执行 SQL 语句
        } catch (SQLException e) {
            e.printStackTrace();
        }
        return count > 0 ? true : false;//count 大于 0 返回 true, 否则 false
    }
    public boolean Statement(){
        if(conn == null){
            conn = ConnectionFactory.getConnection();    //获取连接
            if(conn == null){
                return false;
            }
        }
        if(st == null){
            try {
                st = conn.createStatement();             //获取 Statement 对象
            } catch (SQLException e) {
                System.out.println("创建处理异常! ");
                return false;
            }
        }
        return true;
    }
    public void closeAll() {
        try {
            if (rs != null) {
                rs.close();
            }
            if (st != null) {
                st.close();
            }
            if (conn != null) {
                conn.close();
            }
        } catch (Exception e) {
            System.out.println("关闭连接异常");
        }
    }
}
```

454

上述代码使用了单例模式，所谓单例模式就是一个类只有一个实例，且自行实例化并向整个系统提供这个实例。

上述类中的 executeQuery()方法中❶代码表示的是：返回 tb_user_role 字符串在 SQL 语句中第一次出现处的索引，如果指定字符串（tb_user_role）存在，则返回该字符串在 SQL 语句中第一次出现的索引，如果该字符串不存在，则返回–1。❶中这三句代码是为了判断传递过来的 SQL 查询语句是针对哪个表的。例如，index1 的值为 14（说明 SQL 语句中出现了 tb_user 字符串），index2 的值为–1 且 index3 的值为–1。说明该 SQL 语句出现了 tb_user 字符串而没有出现另外两个字符串，即该 SQL 语句为查询 tb_user 表的语句，也就是❷。❸和❹的判断是一样的。上述类中 executeUpdate()方法，主要是为了更新数据。close()方法关闭数据库连接。

16.4.2　RoleDaoIm

RoleDaoIm 类主要封装了对角色的基本操作，该类也使用了单例模式，实现了对角色表、用户表、权限角色表以及用户角色表的查询和更新操作。

在包 com.hp.trainee.dao 下创建用户接口 RoleInterface，该接口包含两个方法 executeQuery()和 executeUpdate()，代码如下。

```
package com.hp.trainee.dao;
import java.util.ArrayList;
public interface RoleInterface {
    public ArrayList executeQuery(String sql);        //用于数据的查询
    public boolean executeUpdate(String sql);         //用于数据的更新
}
```

在包 com.hp.trainee.daoIm 下创建 RoleDaoIm 类，该类实现了 RoleInterface 接口中的方法。该类和 UserDao 类类似，只有 executeQuery()方法有所不同，下面代码中我们省略相同的部分。

```
//省略部分代码
public class RoleDaoIm implements RoleInterface {
    //省略部分代码
    public ArrayList executeQuery(String sql) {
        this.Statement();                             //获取 Statement 实例
        ArrayList list = new ArrayList();             //定义 list
        try {
            rs = st.executeQuery(sql);                //执行 SQL 语句
            //返回字符串 tb_roles 在 SQL 语句中的索引
            int index = sql.indexOf("tb_roles");
            int index2 = sql.indexOf("tb_permission_role");
            int index3 = sql.indexOf("tb_users");
            int index4 = sql.indexOf("tb_user_role");
            if(index2 >-1 && index3 >-1 && index4 > -1){//根据判断执行语句
```

```
                while(rs.next()){
                    list.add(rs.getString("permissionname"));
                }
                return list;
            }
            if(index > -1){
                while(rs.next()){
                    Role role = new Role();
                    role.setRoleId(rs.getInt("ROLEID"));
                    role.setRoleName(rs.getString("ROLENAME"));
                    list.add(role);
                }
                return list;
            }
            if(index2 > -1){
                while(rs.next()){
                    list.add(rs.getInt("PERMISSIONID"));
                }
                return list;
            }
            if(index3 > -1){
                while(rs.next()){
                    User user = new User();
                    user.setCreatorId(rs.getInt("CREATORID"));
                    user.setUserName(rs.getString("USERNAME"));
                    user.setRealName(rs.getString("REALNAME"));
                    user.setEmail(rs.getString("EMAIL"));
                    user.setPhone(rs.getString("PHONE"));
                    user.setAddress(rs.getString("ADDRESS"));
                    user.setUserId(rs.getInt("USERID"));
                    list.add(user);
                }
            }
            if(index4 > -1){
                while(rs.next()){
                    list.add(rs.getInt("roleid"));
                }
            }
        } catch (SQLException e) {
            e.printStackTrace();
        }
        return list;
    }
    //省略 executeUpdate()方法、Statement()方法和 closeAll()方法代码
}
```

16.5　系统模块的实现

结合系统分析可以将系统分为四大模块，即登录模块、个人信息模块、用户管理模块和角色管理模块。个人信息模块主要包括个人信息修改，密码修改以及安全退出；用户管理模块包括创建用户、修改用户、查询和删除用户；权限管理模块包括创建角色、修改角色、查询和删除角色。下面我们分别介绍各个模块。

16.5.1　登录

在进入本系统之前，首先需要登录系统，现在我们先看一下本系统的登录功能是怎样实现的。本系统采用的是 Struts 2+JSP 架构，所以需要业务层 Service 和 Struts 2 控制器。

1. 业务类

在项目 grant 中创建 com.hp.trainee.service 包，在该包下创建业务接口 UserServiceInterface，在该接口中定义登录以及用户管理所需要的方法，代码如下。

```
package com.hp.trainee.service;
import java.util.ArrayList;
import com.hp.trainee.entity.User;
public interface UserServiceInterface {
    public ArrayList userLogin(User user);
    ……..  //省略了其他方法
}
```

在该接口中还定义了很多用户所需要的方法，在这里用不到先省略。介绍用户管理的时候会将其他方法一一介绍。

创建 com.hp.trainee.serviceIm 包，在该包下创建上述接口实现类，创建 UserService 类，该类实现 UserServiceInterface 接口且该类使用了单例模式。代码如下。

```
package com.hp.trainee.serviceIm;
//省略部分代码
public class UserService implements UserServiceInterface {
    private UserInterface userInterface = UserDao.getInstance();
                                            //获取 UserDao 实例
    UserDao userDao=new UserDao();
    ArrayList list = new ArrayList();
    String sql = "";
    private static UserService userService = null;
    public static UserService getInstance(){
        if(userService == null){
            userService = new UserService();
```

```
    }
    return userService;
}
public ArrayList userLogin(User user) {                    //登录业务类
    sql = "select * from tb_users where username= '" + user.getUserName()
                                                           //查询语句
        + "' and password='" + user.getPassword() + "' and userdelflag=0";
    list = userInterface.executeQuery(sql);                //执行 SQL 语句
    return list;
}
}
```

2. Action 类及其配置

在项目 grant 中创建 com.hp.trainee.action 包，在该包下创建 Action 类 UserAction.java。在该类中定义登录方法 login()，该方法代码如下。

```
//省略部分代码
public class UserAction extends ActionSupport {
    private UserServiceInterface userService = new UserService();
    private RoleService roleService;
    private User user;
    private String username;
    private String password;
    private String methodvalue;
    private String pwdMD5;                                  // 密码 MD5 加密
    private String type;
    private String typeValue;
    private String[] roles;
    //省略 getter 和 setter 方法
    ActionContext ctx;
    HttpServletRequest request;
    // 用户登录 login()方法
    public String login() throws Exception {
        ctx = ActionContext.getContext();
        request = (HttpServletRequest) ctx.get(ServletActionContext.HTTP_
        REQUEST);                                          // 获取 request
       String rand = request.getSession().getAttribute("rand").toString();
                                                           //获取验证码
        user = new User();
        user.setUserName(username);
        user.setPassword(password);
        //判断验证码，如果验证码错误返回 login 视图
        if(!request.getParameter("rand").equals(rand)){
            request.setAttribute("loginFalse", "验证码错误!");
```

```
        return "login";
    }
    ArrayList<User> list = userService.userLogin(user);
                                    //将 userLogin()方法查询结果放入 list
    if (list != null && list.size() > 0) {
        roleService = roleService.getInstance();//获取 roleService 实例
        user = list.get(0);
        // 根据用户 ID 获取所有该用户的权限 ID
        ArrayList<Integer> per = roleService.selectPermission(user
        .getUserId());❶
        for (int i = 0; i < per.size(); i++) {
            int k = per.get(i);
            if (k >= 1 && k <= 4) {
                request.setAttribute("userManage", true);
            }
            if (k >= 5 && k <= 8) {
                request.setAttribute("roleManage", true);
            }
        }
        request.setAttribute("permission", per);//将 per 放入 request
        HttpSession session = request.getSession();//获取 session
        session.setAttribute("user", user);       //将登录用户放入 session
        session.setMaxInactiveInterval(30 * 60);
        return "index";
    } else {
        request.setAttribute("loginFalse", "用户名和密码错误!");
        return "login";
    }
}
```

上述代码为登录的 Action 代码，在登录过程中需要查询用户所拥有的角色以及权限，根据角色获取用户所拥有的权限。❶中的方法 selectPermission()可以根据用户 id 获取到权限。这里用到了 RoleService 类中的 selectPermission()方法

在 RoleServiece 类中创建 selectPermission()方法，代码如下：

```
public ArrayList selectPermission(int userid) {
    roleDao = RoleDaoIm.getInstance();              //获取 roleDao 实例
    String sql = "select DISTINCT  * from tb_permission_role join (select
    tb_user_role.roleid from tb_user_role where userID = "+userid+") a on
    tb_permission_role.roleid =
    a.roleid order by tb_permission_role.permissionid asc";
    ArrayList<Integer> list = roleDao.executeQuery(sql);    //执行 SQL 语句
    RoleDaoIm.closeAll();
    return list;
}
```

上述代码实现了根据用户 ID 查询用户权限 ID 的功能。在登录的 Action 中，查询到权限的 ID，根据权限 ID 可以获取到相应权限。

在 src 目录下创建 struts.xml 文件，在该文件中配置 Action，login()方法在 struts.xml 中的配置如下。

```xml
<?xml version="1.0" encoding="UTF-8" ?>
<!DOCTYPE struts PUBLIC
    "-//Apache Software Foundation//DTD Struts Configuration 2.0//EN"
    "http://struts.apache.org/dtds/struts-2.0.dtd">
<struts>
    <package name="system" extends="struts-default">
        <action name="login" class="com.hp.trainee.action.UserAction"
            method="login">
            <result name="index">index.jsp</result>
            <result name="login">login.jsp</result>
        </action>
    </package>
</struts>
```

配置 web.xml 文件，代码如下：

```xml
<filter>
    <filter-name>action</filter-name>
    <filter-class>org.apache.struts2.dispatcher.FilterDispatcher</filter
    -class>
</filter>
<filter-mapping>
    <filter-name>action</filter-name>
    <url-pattern>/*</url-pattern>
</filter-mapping>
```

3. 客户端页面

在 WebRoot 目录下创建页面 login.jsp，该页面为系统登录入口。在该页面中创建一个 form 表单，在该表单下创建三个文本框，分别用来输入用户名、密码和验证码。由于本书篇幅所限，这里我们只给出重要 JSP 代码，省略一些样式代码，如下：

```jsp
<head>
<script type="text/javascript">
    function check() {
        if (loginForm.username.value == "") {
            alert("请输入用户名!");
            return false;
        }
........省略密码和验证码客户端验证
 // 重载验证码
```

```
function reloadVerifyCode(){
     var timenow = new Date().getTime();
     document.getElementById("safecode").src="./code.jsp?d="+timenow;
      }
function validate(){
       var code = document.getElementsByName("rand");
        return code.value;
     }
</script>
</head>
<body>
<FORM action="login.action" method="post" name="loginForm">
    <TABLE height=109 cellSpacing=0 cellPadding=0 align=center border=0>
       <TR><TD align=left height=20><DIV align=right>用户名</DIV></TD>
          <TD height=20><INPUT class="input_1" id="username"
          type="text" size="15" name="username" ></TD>
       </TR>
       <TR><TD align=left height=20><DIV align=right>密  码</DIV></TD>
          <TD height=20><INPUT class="input_1"
          type="password" size="15" name="password" value=""></TD>
       </TR>
       <TR>
          <td><a href="javascript:reloadVerifyCode();" mce_href="j
          avascript:reloadVerifyCode();">
          <img id="safecode" alt="securityCode" src="./code.jsp" /></a>
          </td>
          <TD align=left height=20><INPUT class="input_1"
          type="text" id="rand" size="15" name="rand" >
          </TD>
       </TR>
       <TR>
          <TD valign="middle" colSpan=2 height=25>
             <DIV align=center><INPUT type="submit"
             value="登录" onclick=" return check();"></DIV>
          </TD>
       </TR>
       <tr>
       <td colspan=2><FONT color="red"><s:propertyvalue="#request.login
       False" /></FONT></td>
       </tr>
    </TABLE>
</FORM>
</body>
```

上述代码进行了一些简单的客户端验证，即输入内容不能为空。

4. 运行程序

启动 Tomcat 服务器，打开浏览器，在地址栏中输入 http://localhost:8080/grant/login.jsp，
运行结果如图 16-2 所示。

图 16-2　系统登录

如图 16-2 所示，我们输入内置的一个用户 sijuan1，输入密码和验证码，单击【登录】
按钮，运行结果如图 16-3 所示。

图 16-3　登录成功

16.5.2　角色管理模块

角色管理模块分为修改角色、查询角色、创建角色和删除角色四个功能，每个功能对
应着相应的权限。由于本系统不提供注册功能，即所有的权限都是在数据库中定义好的。
例如，权限 ID 为 1 对应的即为创建用户权限。在本系统中我们内置了一个用户 sijuan1，
该用户拥有所有的系统权限。

1. 创建角色

用户必须拥有创建角色的权限才可以创建角色，创建角色的步骤如下。

（1）在包 com.hp.trainee.service 下创建角色接口 RoleInterface，该接口提供了操作角色的方法，其中 addRole() 方法为创建角色所需方法。代码如下。

```java
//省略部分代码
public interface RoleServiceInterface {
    public boolean addRole(Role roleForm,String[] permission);  //添加角色
    public boolean deleteRole(int id);                          //删除角色
    public boolean updateRole(Role roleForm,String[] permission);//修改角色
    public ArrayList searchAll(String sql);                     //查询所有角色
    public ArrayList searchById(int id);                        //根据 ID 查询角色
    public ArrayList searchByType(String sql);                  //根据类型查询角色
}
```

（2）在包 com.hp.trainee.serviceIm 下创建类 roleService.java，该类实现 RoleServiceInterface 接口，代码如下。

```java
//省略部分代码
public class RoleService implements RoleServiceInterface {
    private RoleInterface roleDao;
    private static RoleService roleService = null;//本身类对象，用于获取单例模式
    private ArrayList list = null;
    private RoleService(){};                       //私有的构造方法
    public static RoleService getInstance(){      //获取 RoleService 的实例
        if(roleService == null){
            roleService = new RoleService();
        }
        return roleService;
    }
    public boolean addRole(Role roleForm, String[] permission) {
        roleDao = RoleDaoIm.getInstance();          //获取 RoleDao 实例
        String sql = "insert into tb_roles(ROLEDELFLAG, ROLENAME, ROLEID) " +
                "values (0,'"+roleForm.getRoleName()+"',roles_sequence
                .nextval)";
        boolean flag = roleDao.executeUpdate(sql);          //执行 SQL 语句
        for(String perId : permission){
            String sql2 = "insert into tb_permission_role(PERMISSIONID,
            ROLEID) " +
                    "values('"+perId+"',roles_sequence.currval)";
            flag = roleDao.executeUpdate(sql2);
        }
        RoleDaoIm.closeAll();
        return flag;
```

```
        }
        public ArrayList searchAll(String sql) {      //查询所有角色记录
        roleDao = RoleDaoIm.getInstance();            //获取 RoleDao 实例
        list = roleDao.executeQuery(sql);             //执行 SQL 语句
        RoleDaoIm.closeAll();
        return list;
        }
        ...                         //省略其他方法
}
```

（3）在 com.hp.trainee.action 包中创建 RoleAction.java，当用户提交创建角色请求时，系统会将请求提交到该类进行处理。代码如下。

```
//省略部分代码
public class RoleAction extends ActionSupport {
    private static final long serialVersionUID = 1L;
                                        //用户的 sessionID,防止反复提交
    private Role role;                  //角色实例
    private String[] permission;        //权限数组
    private RoleService roleService;
    ArrayList list = null;
    // 定义一个 request,本类中使用的 request 对象
    HttpServletRequest request = null;
    public void setRequst() {
        if (request == null) {
            ActionContext ctx = ActionContext.getContext();
            request = (HttpServletRequest) ctx
            .get(ServletActionContext.HTTP_REQUEST);
        }
    }
    //省略 role 的 getter 和 setter 方法
    public void validateAdd() {              //服务器端验证 add()方法
        this.setRequst();
        if(role.getRoleName().length() == 0){//如果角色名称为空，输出该提示信息
            this.addActionError("请输入角色名称!");
        }
        if(request.getParameter("permission") == null){
            this.addActionError("至少选择一项权限!");
        }
    }
    public String add() {
        if(this.isLogin().equals("login")){
                            //验证是否登录，如果没有，返回到 login 视图
            return "login";
        }
        roleService = RoleService.getInstance();//获取 RoleService 实例
```

```
                this.setRequst();
                permission = request.getParameterValues("permission");
                                                    //获取客户端请求参数
                String sql = "select * from tb_roles where ROLENAME='"
                        + role.getRoleName() + "' and ROLEDELFLAG = 0";
                list = roleService.searchAll(sql);          //调用 searchAll()方法
                if(list != null && list.size() > 0){        //验证角色名称是否相同
                    request.setAttribute("n_error", "角色名称 "+
                            role.getRoleName()+" 已存在在 DBMS 中!");
                    return "error";
            } else {
                roleService.addRole(role, permission);  //执行添加角色操作
                return this.searchAll();
            }
        }
    }
    public String isLogin(){                             //验证用户是否登录
        this.setRequst();
        if(request.getSession().getAttribute("user") == null){
                                        //如果 session 为空, 用户没有登录
            request.setAttribute("loginFalse", "您还没有登录, 清先登录!");
            return "login";
        }
        return "";
    }
}
```

上述代码定义了 4 个方法。其中，setRequst()方法为 request 对象；validateAdd()方法是对 add()方法进行服务器端验证；add()方法为创建角色的 Action 方法，该方法处理来自客户端的请求；isLogin()方法判断用户是否登录，如果没有登录无法访问该网站。

（4）在 WebRoot/role 目录下创建 JSP 页面 addRole.jsp，该页面用来显示添加的角色信息，由于篇幅限制，我们省略了部分样式代码和 JS 验证代码，主要代码如下：

```
<body>
<font color="red"><s:actionerror/>
<s:property value="#request.n_error"/>
<s:property value="#request.p_error"/>
</font>
<s:form action="addRole" onsubmit="return check();">
    <s:textfield name="role.roleName" label="请输入角色名称 " />
    <table>
        <tr><td colspan="4">请选择角色权限:</td></tr>
        <tr>
        <td><fieldset style="margin-right: 30px">
                <legend>用户</legend>
                <input type="checkbox" name="permission" value="1" />
```

```
        添加用户<br>
        <input type="checkbox" name="permission"value="2" />
        删除用户<br>
        <input type="checkbox" name="permission"value="3" />
        修改用户<br>
        <input type="checkbox" name="permission"value="4" />
        查询用户
    </fieldset></td>
    <td><fieldset>
        <legend>角色</legend>
        <input type="checkbox" name="permission" value="5" />
        添加角色<br>
        <input type="checkbox" name="permission"value="6" />
        删除角色<br>
        <input type="checkbox" name="permission"value="7" />
        修改角色<br>
        <input type="checkbox" name="permission"value="8" />
查询角色
    </fieldset></td>
</tr>
<tr><td><s:token/></td><td><s:submit value="提交" method="add"></s:
submit></td></tr>
    </table>
</s:form>
</body>
```

（5）在 struts.xml 中添加代码如下：

```
<package name="default" extends="struts-default">
    <global-results>
        <result name="login">/login.jsp</result>
        <result name="success">/success.jsp</result>
    </global-results>
    <action name="addRole" class="com.hp.trainee.action.RoleAction">
        <result name="input">/role/addRole.jsp</result>
        <result name="invalid.token">/role/addRole.jsp</result>
        <result name="error">/role/addRole.jsp</result>
        <result name="search">/role/searchRoleByName.jsp</result>
        <interceptor-ref name="defaultStack" />
        <interceptor-ref name="token" />
    </action>
</package>
```

（6）运行程序，登录以后单击左侧菜单栏中【角色管理】，在出现的下拉菜单中单击
【新建角色】，运行结果如图 16-4 所示。

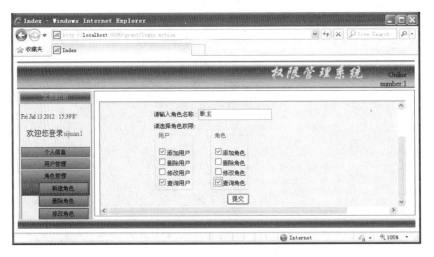

图 16-4　创建角色

如图 16-3 所示，填写完成之后，单击【提交】按钮，如果添加成功就会进入查询页面，如果添加失败就会有相应提示信息。上述角色"版主"具有添加用户、查询用户、添加角色和查询角色的权限。

2. 修改角色

单击图 16-4 左侧菜单栏中【修改角色】按钮可以对角色信息进行修改，角色修改步骤如下。

（1）在类 RoleService 中添加 searchAll()方法、searchById()方法和 UpdateRole()方法。因为，如果想要修改某个角色的信息需要先将该角色信息查询出来方可修改。所以，seeachAll()方法是查询出所有角色列表，使用户能够选择需要修改的角色；searchById()方法的作用是根据 ID 查询某个角色信息；UpdateRole()方法的作用是修改角色。代码如下：

```java
public ArrayList searchAll(String sql) {
    roleDao = RoleDaoIm.getInstance();
    list = roleDao.executeQuery(sql);
    RoleDaoIm.closeAll();
    return list;
}
public ArrayList searchById(int id) {              //根据 ID 查询角色信息
    roleDao = RoleDaoIm.getInstance();             //获取 roleDao 实例
    String sql = "select * from tb_roles where ROLEID="+id+" and ROLEDELFLAG
    = 0";
    list = roleDao.executeQuery(sql);              //执行 SQL 语句，将结果集放入 list
    sql = "select PERMISSIONID from tb_permission_role where ROLEID="+id;
    ArrayList<Integer> list2 = roleDao.executeQuery(sql);
                                                   //执行 SQL 语句,将结果集放入 list2
    RoleDaoIm.closeAll();                          //关闭数据库连接
    for(Integer s : list2){                        //将 list2 中元素放入 list
```

```
            list.add(s);
        }
        return list;
    }
    public boolean updateRole(Role roleForm,String[] permission){//修改角色信息
        roleDao = RoleDaoIm.getInstance();              //获取 RoleDao 对象
        String sql = "update tb_roles set ROLENAME='"+roleForm.getRoleName()+
        "' where ROLEID='"+roleForm.getRoleId()+"'";
        boolean flag = roleDao.executeUpdate(sql);         //执行 SQL 语句
        sql = "delete from tb_permission_role where ROLEID='"+roleForm.get
        RoleId()+"'";
        roleDao.executeUpdate(sql);
        for(String perId : permission){
            String sql2 = "insert into tb_permission_role(PERMISSIONID,ROLEID)"+
                    "values('"+perId+"','"+roleForm.getRoleId()+"')";
            roleDao.executeUpdate(sql2);
        }
        RoleDaoIm.closeAll();
        return flag;
    }
}
```

（2）在 RoleAction.java 中添加 searchAll()方法、searchById()方法和 Update()方法用来
处理用户请求，代码如下：

```
//获取列表，根据条件跳转到不同页面
public String searchAll() {
        if(this.isLogin().equals("login")){          //判断用户是否登录
            return "login";
        }
        this.setRequst();                            //获取 request
        String sql = "select * from tb_roles where ROLEDELFLAG = 0 and roleid
        <> 0 order by roleid           asc ";
        roleService = RoleService.getInstance();
        list = roleService.searchAll(sql);            //将查询结果放入 list
        String path = "search";
        String operation = request.getParameter("operation");//获取客户端参数
        if (operation != null) {
            if (operation.equals("delete")) {
                list = this.setPage(list);
                request.setAttribute("list", list);
                path = "showDeleteRole";     //
            } else if (operation.equals("update")) {
                list = this.setPage(list);
                request.setAttribute("list", list);
                path = "showUpdateRole";
            }else if(operation.equals("search")){
```

```
                    list = setPage(list);
                    request.getSession().setAttribute("list", list);
                    path = "addUser";
                }
            }
        return path;
    }
    public String searchById() {
        if(this.isLogin().equals("login")){              //判断用户是否登录
            return "login";
        }
        this.setRequst();                                //获取 request
        int id = Integer.parseInt(request.getParameter("id"));
                                                         //获取用户的请求 ID
        String opration = request.getParameter("opration");//获取用户端请求权限
        roleService = RoleService.getInstance();         //获取 RoleService 实例
        list = roleService.searchById(id);               //将查询结果集放入 list
        role = (Role) list.get(0);                       //获取集合中第一个元素
        list.remove(0);                                  //移除该元素
        request.setAttribute("list", list);              //将 list 放入 request
        String path = "";
        if(opration.equals("delUser")){
            path = "deleteUser";
        }else if(opration.equals("update")){
            path = "update";
        }
        return path;                                     //返回逻辑视图
    }
    public String update() {
        if(this.isLogin().equals("login")){              //判断是否登录
            return "login";
        }
        this.setRequst();                                //获取 request
        permission = request.getParameterValues("permission");
                                                         //获取客户端请求参数
        roleService = RoleService.getInstance();//获取 RoleService 实例
        String sql = "select * from tb_roles where ROLENAME='"
            + role.getRoleName() + "' and " + "ROLEID <> "
            + role.getRoleId() + " and ROLEDELFLAG = 0 ";
        list = roleService.searchAll(sql);               //将查询结果集放入 list
        if(list != null && list.size() > 0){
            request.setAttribute("n_error", "角色名称"+
                    role.getRoleName()+"已存在在 DBMS 中!");
            return "error";
        } else {
```

```
            roleService.updateRole(role, permission);//执行 UpdateRole()方法
            return "success";                        //返回逻辑视图
        }
    }
```

在查询角色列表时，有可能有很多个角色，一页不能够完全显示。这种情况下我们就需要用到分页查询。在 RoleAction 中添加 setPage()方法和 setPageSession()方法来完成分页显示，代码如下：

```java
public ArrayList setPage(ArrayList list) {
    this.setRequst();
    int page = 0;
    if (request.getParameter("page") != null) {//获取客户端参数值 page
        page = Integer.parseInt(request.getParameter("page"));
                                        //将 page 值转换为整型
    } else {
        page = 1;                       //如果 page 值为空,设置 page 值为 1
    }
    request.setAttribute("total", PageList.getTotal(list, 5));
    request.setAttribute("page", page);
    list = PageList.showList(list, page, 5);
    return list;
}
```

上述代码中用到了 PageList 类及其方法，在包 com.hp.trainee.tool 下创建类 PageList.java，该类代码如下：

```java
//省略部分代码
public class PageList {
    //方法中提供了三个参数，list 为集合；page 为当前页，pageSize 为每页显示的记录数
    public static ArrayList showList(List list,int page,int pageSize){
                                        //获取每一页的结果集
        ArrayList plist = new ArrayList();
        int n = 0;
        for(int i = (page-1)* pageSize;i<list.size();i++){
            if(n == pageSize){
            break;
        }
            plist.add(list.get(i));
            n++;
        }
        return plist;
    }
    public static int getTotal(List list,int pageSize){     //获取总页数
        int total = list.size()/pageSize;
        if(list.size()%pageSize > 0){
```

```
                total ++;
            }
            return total;
        }
    }
```

上述代码中的 getTotal() 方法中，总页数的计算方法如下：总记录数（list.size()）/pageSize 的值是一个去掉余数的整数；如果有余数（也就是 list.size()%pageSize > 0 为真）就应该在 total 上加上 1，如果没有余数不用加。

（3）打开 struts.xml 文件，在包 default 中添加 Action 配置，代码如下：

```xml
<action name="searchById" class="com.hp.trainee.action.Role
Action"method="searchById">
    <result name="update">/role/updateRole.jsp</result>
    <result name="deleteUser">/user/deleteUser.jsp</result>
</action>
<action name="update" class="com.hp.trainee.action.Role
Action"method="update">
    <result name="input">/role/updateRole.jsp</result>
    <result name="error">/role/updateRole.jsp</result>
    <result name="success">/success.jsp</result>
</action>
```

（4）在 WebRoot/role 文件夹下创建 JSP 页面 showUpdateRole.jsp，用来显示查询结果。同样，给出的重要代码如下：

```jsp
<body>
<table>
    <tr align="center" bgcolor="#0080C0" height="22">
        <td width="20%">ID</td>
        <td width="40%">角色名称</td>
        <td width="40%" align="center">操作</td>
    </tr>
    <s:iterator value="#request.list" var="role">
        <td><s:property value="#role.roleId" /></td>
        <td><s:property value="#role.roleName" /></td>
        <td><a href="<s:url action='./role/searchById.action'>
            <s:param name='id'><s:property value="#role.roleId"/></s:
            param>
            <s:param name='opration'>update</s:param>
            </s:url> ">修改</a>
            </td>
        </tr>
    </s:iterator>
</table>
<s:if test="%{#request.page > 1}">                    <!--分页代码-->
```

```
            <a href=" <s:url action='./role/searchAll.action'>
                <s:param name='operation'>update</s:param>
                <s:param name='page'><s:property value="#request.page-1"/>
                </s:param>
            </s:url> ">上一页</a></s:if>
<s:if test="%{#request.page < #request.total && #request.page > 0}">
            <a href="<s:url action='./role/searchAll.action'>
                <s:param name='operation'>update</s:param>
                <s:param name='page'><s:property value="#request.page
                +1"/></s:param>
            </s:url> ">下一页</a></s:if>
<s:if test="#request.page != null">当前页 :<s:property value="#request.page"
/></s:if>
<s:if test="#request.total != null">总页数 :<s:property value="#request
.total" /></s:if>
</div>
<div id="div2">
    <a href="javascript:history.go(-1)">返回</a>
</div>
</body>
```

（5）运行程序，单击主页左侧菜单栏中角色管理下拉菜单下【修改角色】按钮，运行结果如图 16-5 所示。

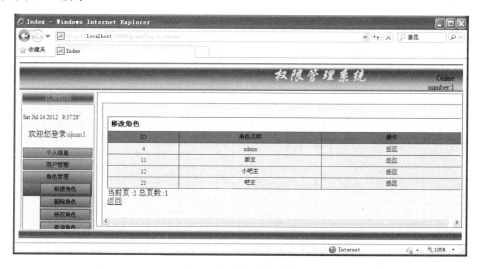

图 16-5　查询所有角色

单击图 16-5 中 ID 为 12 的角色右侧的【修改】链接，可以查询 ID 为 12 的角色详细信息，在 WebRoot/role 下创建 UpdateRole.jsp 页面，用来查询并修改角色信息，主要代码如下。

```
<body bgcolor="#C4EEFE">
    <s:form action="update" onsubmit="return check();">
```

```
<s:textfield name="role.roleName" label="请输入角色名称" />
<s:hidden name="role.roleId" />
<table>
    <tr><td colspan="4">请选择角色权限:</td></tr>
    <tr>
        <td><fieldset style="margin-right: 30px">
            <legend>角色</legend><br>
        <input type="checkbox" name="permission" value="1" <s:iterator
        value="#request.list"id="id" ><s:if test="# id == 1"> checked=
        "checked" </s:if></s:iterator> />添加用户<br>
        <input type="checkbox" name="permission"value="2" <s:iterator
        value="#request.list"id="id" ><s:if test="# id == 2"> checked=
        "checked" </s:if> </s:iterator>/>删除用户<br>
<input type="checkbox" name="permission"value="3" <s:iterator
value="#request.list"id="id" ><s:if test="# id == 3"> checked=
"checked" </s:if></s:iterator> />修改用户<br>
<input type="checkbox" name="permission"value="4" <s:iterator
value="#request.list"id="id" ><s:if test="# id == 4"> checked=
"checked" </s:if> </s:iterator>/>查询用户
</fieldset></td>
    <td>
        <fieldset><legend>角色</legend><br>
    <input type="checkbox" name="permission" value="5" <s:iterator
    value="#request.list"id="id" ><s:if test="# id == 5"> checked=
    "checked" </s:if></s:iterator>/>添加角色<br>
    <input type="checkbox" name="permission"value="6" <s:iterator
    value="#request.list"id="id" ><s:if test="# id == 6"> checked=
    "checked" </s:if></s:iterator>/>删除角色<br>
    <input type="checkbox" name="permission"value="7" <s:iterator
    value="#request.list"id="id" ><s:if test="# id == 7"> checked=
    "checked" </s:if></s:iterator>/>修改角色<br>
    <input type="checkbox" name="permission"value="8" <s:iterator
    value="#request.list"id="id" ><s:if test="# id == 8"> checked=
    "checked" </s:if></s:iterator>/>查询角色 e
        </fieldset>
    </td>
</tr>
    <tr><td><s:submit value="提交"></s:submit></td></tr>
</table>
</s:form>
</body>
```

上述代码定义了一个 form 表单，在该表单下定义了一个文本框和八个复选框，表单用来修改角色名称，复选框用来修改角色权限。单击 ID 为 12 的角色【修改】链接，运行结果如图 16-6 所示。

图 16-6　角色修改页面

如图 16-6 所示，将角色名称修改为"小吧"，添加一个"添加用户"的权限。单击【提交】按钮，如果修改成功系统会提示"恭喜您修改成功"。如果再次回到修改页面会发现角色信息已经修改成功。如图 16-7 所示。

图 16-7　角色修改成功

3.　查询角色

本系统的查询角色使用的是模糊查询，可以通过两种方式：一种是通过角色 ID，另一种是通过角色名称。查询角色步骤如下。

（1）在 RoleService 类中添加方法 searchByType()。代码如下：

```
public ArrayList searchByType(String sql) {
    roleDao = RoleDaoIm.getInstance();
    list = roleDao.executeQuery(sql);
    RoleDaoIm.closeAll();
```

```
    return list;
}
```

（2）在 RoleAction 类中添加方法 searchByType()，该方法用来处理查询角色的客户请求，代码如下：

```
public String searchByType() {
    if(this.isLogin().equals("login")){              //检查是否登录
        return "login";
    }
    this.setRequst();
    String type = request.getParameter("type");      //获取客户端参数
    String key = request.getParameter("key");
    if (type == "") {
        key = "select * from tb_roles where ROLEDELFLAG = 0 and roleid <> 0";
    } else {
        request.setAttribute("type", type);
        request.setAttribute("key", key);
        key = "select * from tb_roles where " + type + " like '%" + key
        + "%' and ROLEDELFLAG = 0 and roleid<>0";
    }
    String id = request.getParameter("id");          //获取 id
    if (id != null) {
        key = "select DISTINCT   *from tb_users u left JOIN tb_user_role r "
            + "on u.USERID=r.USERID where r.ROLEID='"+id + "' and roleid <> 0";
    }
    roleService = RoleService.getInstance();
    list = roleService.searchByType(key);
    if (list != null && list.size() > 0 && id == null) {
        list = this.setPage(list);
        request.setAttribute("list", list);
    } else if (id != null && list.size() > 0) {
        request.setAttribute("id", id);
        list = this.setPage(list);
        request.setAttribute("users", list);
    } else {
    }
    return "searchByName";
}
```

（3）打开 struts.xml 页面，向包 default 中添加下列代码：

```
<action name="searchByType" class="com.hp.trainee.action.Role
Action"
    method="searchByType">
    <result name="searchByName">/role/searchRoleByName.jsp</result>
</action>
```

（4）在 WebRoot/role 目录下创建 JSP 页面 searchRoleByName.jsp，该页面用来查询和显示角色信息，主要代码如下：

```html
<body bgcolor="#C4EEFE">
<h1>查询角色</h1>
<div id="div">
<br>
<form action="./role/searchByType.action" method="post">
<table>
    <tr>
        <td>请选择查询条件 :</td>
        <td><select name="type">
            <option value="ROLEID">id</option>
            <option value="ROLENAME" selected>name</option>
        </select></td>
        <td>请输入对应关键字:</td>
        <td><input type="text" name="key"
            value="<s:property value="role.roleName"/>"></td>
        <td><input type="submit" value="提交" /></td>
    </tr>
</table>
</form>
<br />
<table border="1" cellpadding="0" cellspacing="0" >
<s:if test="%{#request.list != null}">
        <tr bgcolor="#00CCCC" align="center">
            <td width="10%">ID</td>
            <td width="20%" colspan="1">角色名称</td>
            <td width="20%" colspan="2">对应用户</td>
        </tr></s:if>
    <s:iterator value="#request.list" var="role">
        <tr align="center">
            <td><s:property value="#role.roleId" /></td>
            <td colspan="1"><s:property value="#role.roleName" /></td>
            <td colspan="2"><a
                href="<s:url action='./role/searchByType.action'>
                    <s:param name='id'><s:property value="#role.roleId"/></s:
                    param>
                </s:url> ">the users</a></td>
        </tr>
    </s:iterator>
    <tr align="center">
        <td><s:if test="%{#request.page > 1 && #request.id == null}">
            <a href="<s:url action='./role/searchByType.action'>
                <s:param name='type'><s:property value="#request.type"/>
                </s:param>
```

```
                <s:param name='key'><s:property value="#request.key"/></s:
                param>
                    <s:param name='page'><s:property value="#request
                .page-1"/></s:param>
        </s:url>">before</a>
        </s:if></td>
        <td><s:if test="%{#request.page < #request.total && #request.page > 0
        && #request.id == null}">
                <a href="<s:url action='./role/searchByType.action'>
                <s:param name='type'><s:property value="#request.type"/></s:
                param>
                    <s:param name='key'><s:property value="#request.key"/></s:
                param>
                        <s:param name='page'><s:property value="#request.page+1"/>
                        </s:param>
            </s:url>">next</a>
            </s:if></td>
    </tr>
    <s:if test="%{#request.users != null}">
        <tr bgcolor="#00CCCC" align="center">
            <td>创建 Id</td>
            <td>用户 ID</td>
            <td>用户名</td>
            <td>真实姓名</td>
            <td>Email</td>
            <td>电话号码</td>
            <td>地址</td>
        </tr>
    </s:if>
    <s:iterator value="#request.users" var="user">
        <tr align="center">
            <td><s:property value="#user.creatorId" /></td>
            <td><s:property value="#user.userId" /></td>
            <td><s:property value="#user.userName" /></td>
            <td><s:property value="#user.realName" /></td>
            <td><s:property value="#user.email" /></td>
            <td><s:property value="#user.phone" /></td>
            <td><s:property value="#user.address" /></td>
        </tr>
    </s:iterator>
</table>
<s:if test="%{#request.page > 1 && #request.id != null}">
            <a href="<s:url action='./role/searchByType.action'>
            <s:param name='id'><s:property value="#request.id"/></s:param>
            <s:param name='page'><s:property value="#request.page-1"/>
        </s:param>
            </s:url> ">before</a></s:if>
```

```
<s:if test="%{#request.page < #request.total && #request.page > 0
#request.id != null}">
            <a href="<s:url action='./role/searchByType.action'><s:param
            name='id'>
            <s:property value="#request.id"/></s:param>
            <s:param name='page'><s:property value="#request.page+1"/>
            </s:param></s:url>">next</a></s:if>
<s:if test="#request.page != null">当前页:<s:property value="#request.page"
/></s:if>
<s:if test="#request.total != null">总页数 :<s:property value="#request
.total" /></s:if>
    <div id="div2"><a href="javascript:history.go(-1)">返回</a></div>
    </div>
</body>
```

（5）单击主页菜单栏角色管理下拉菜单中【查询角色】按钮，运行结果如图 16-8 所示。

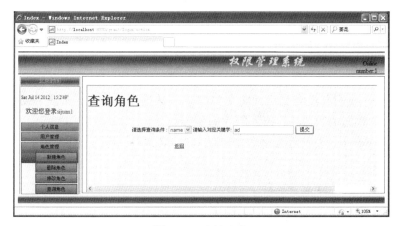

图 16-8　查询角色

如图 16-8 所示，在查询条件中选择 name，关键字输入 ad，单击【提交】按钮，运行结果如图 16-9 所示。

图 16-9　显示查询角色

如图 16-9 所示，单击表右侧 the user 连接，可以查看哪些用户拥有该角色，单击该链接运行结果如图 16-10 所示。

图 16-10   查询该角色所有用户

4．删除角色

删除角色时，我们并没有真正地将角色信息从数据库中删除。而是将数据表中角色的 ROLEDELFLAG 数据值改为 1。角色删除的步骤如下。

（1）在 RoleService 类中重写接口中方法 deleteRole()，代码如下。

```
public boolean deleteRole(int id) {                      //删除角色
    roleDao = RoleDaoIm.getInstance();                   //获取 RoleDao 实例
    String sql = "update tb_roles set ROLEDELFLAG = 1 where ROLEID="+id;
    boolean flag = roleDao.executeUpdate(sql);           //执行 SQL 语句
    sql = "delete from tb_user_role where ROLEID='"+id+"'";
                                                         //删除连接表中该角色信息
    roleDao.executeUpdate(sql);                          //执行 SQL 语句
    sql = "delete from tb_permission_role where ROLEID='"+id+"'";
    roleDao.executeUpdate(sql);
    RoleDaoIm.closeAll();                                //关闭数据库连接
    return flag;
}
```

上述代码中，将 ROLEDELFLAG 的值改为 1 以后（默认值为 0），将两个连接表的该角色信息删除，所有用户都不能对该角色进行操作了。

（2）在 RoleAction 类中创建 delete()方法，该方法用来处理删除角色的客户请求。代码如下。

```
public String delete() {
    if(this.isLogin().equals("login")){                  //判断用户是否登录
        return "login";
```

```
    }
    this.setRequst();                              //获取 request
    int id = Integer.parseInt(request.getParameter("id"));
                                                   //获取用户端请求 ID
    roleService = RoleService.getInstance();       //获取 roleService 实例
    roleService.deleteRole(id);                    //执行业务逻辑方法
    return this.searchAll();
}
```

（3）删除角色操作和修改角色类似，都是先将所有角色信息查询出来，然后选定某个角色进行操作。在 WebRoot/role 目录下创建 JSP 页面 showDeleteRole.jsp，该页面和修改页面类似，只是使用的 Action 不同，该页面可以参照 showUpdateRole.jsp 页面。在这里就不再给出 showDeleteRole.jsp 页面了。

（4）运行程序。在登录成功后的主页中，如果用户拥有该权限。可以在角色管理菜单的下拉菜单中单击【删除角色】按钮，运行结果如图 16-11 所示。

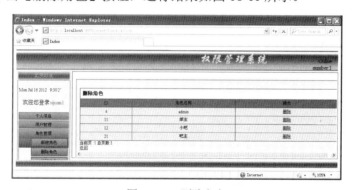

图 16-11　删除角色

单击图 16-11 右侧【删除】链接，系统会弹出一个确认窗口，询问用户是否要删除该角色。例如，我们单击"小吧"右侧【删除】链接，运行结果如图 16-12 所示。

图 16-12　确认角色信息是否删除

如果单击【确定】按钮，该信息就会被删除，如果单击【取消】按钮，则会返回原页面。

由于本书篇幅有限，本系统的另一模块——用户管理，该模块的操作和角色管理模块类似，在这里就不介绍用户管理的操作了，读者可以模仿角色管理将用户管理做出来。完整的完成本系统一定会使读者对 Oracle 的了解更加透彻，对 Oracle 的操作更加娴熟。